# 조선시대 세계지도와 세계인식

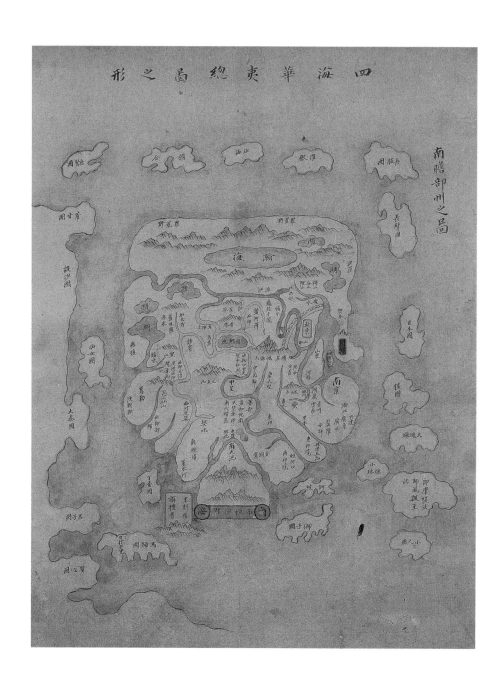

1. 필사본 사해화이총도 · 국립중앙박물관 소장

2. 『대명국도』· 일본 텐리대 도서관 소장

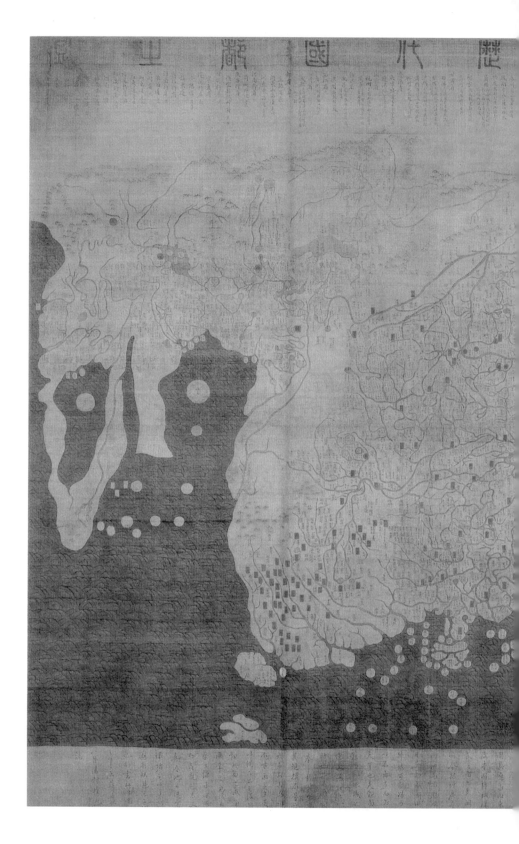

3.『혼일강리역대국도지도』· 일본 류우꼬꾸대 도서관 소장

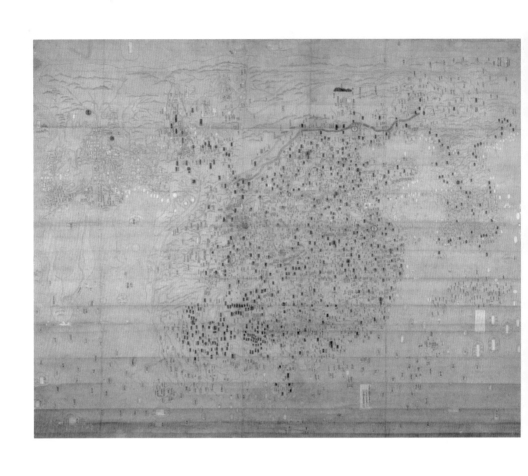

4. 『대명국지도』 · 일본 혼묘오지 소장

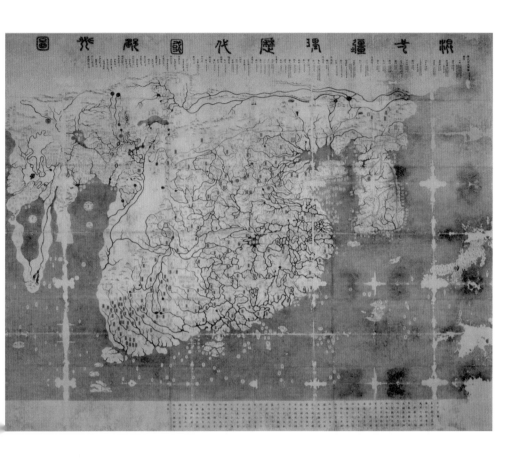

5. 『혼일강리역대국도지도』· 일본 혼꼬오지 소장

6.『대명혼일도』· 중국 뻬이징 중국제1역사아카이브 소장

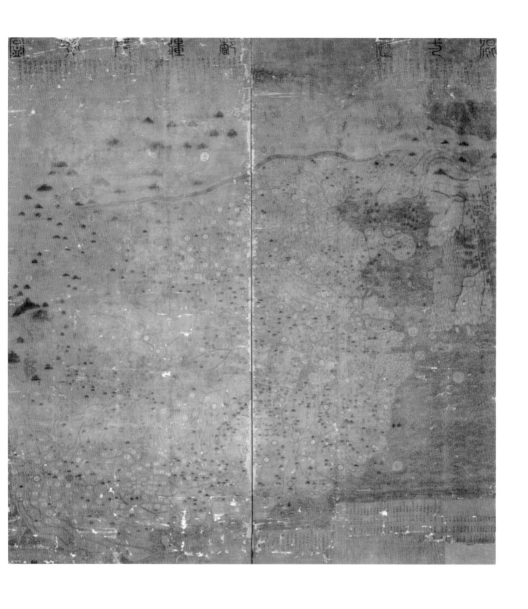

7. 『혼일역대국도강리지도』 · 고려대학교 인촌기념관 소장

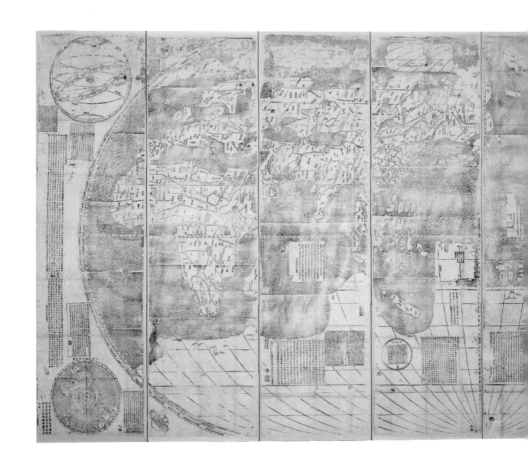

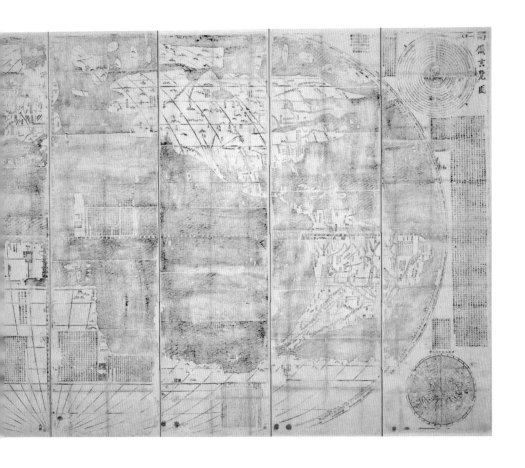

8.『양의현람도』· 숭실대학교 한국기독교박물관 소장

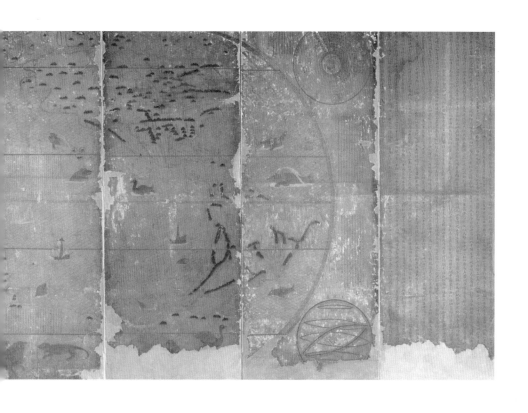

9. 회입『곤여만국전도』· 서울대학교 박물관 소장

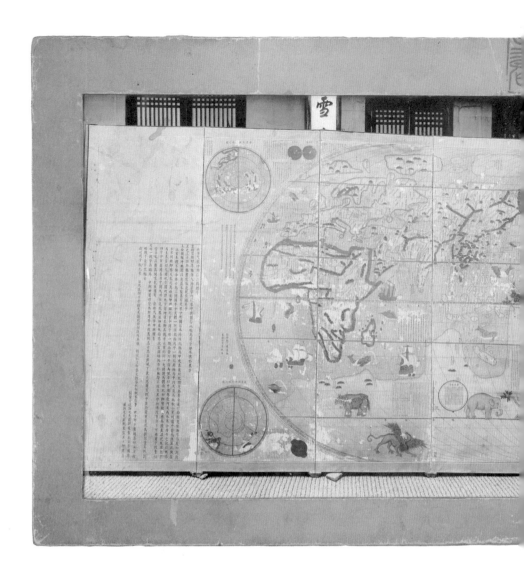

坤輿萬國全圖

10. 봉선사본 추정 『곤여만국전도』의 사진·서울대학교 규장각한국학연구원 소장

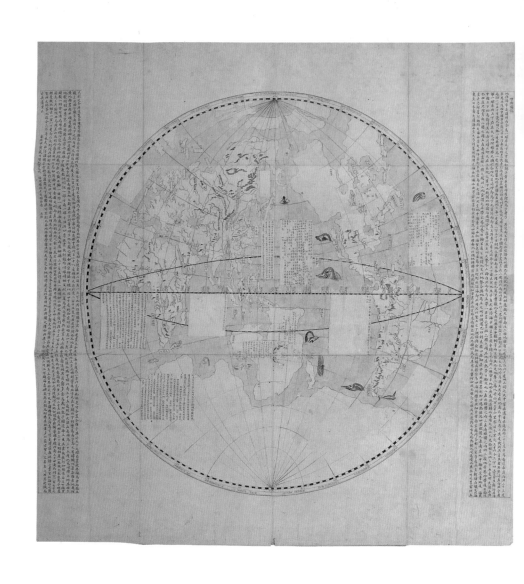

11. 양반구도가 합쳐진 세계지도 · 국립중앙박물관 소장

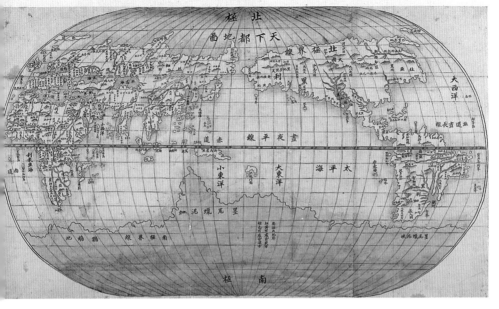

12.『만국전도』의 필사본인『천하도지도』· 서울대학교 규장각한국학연구원 소장

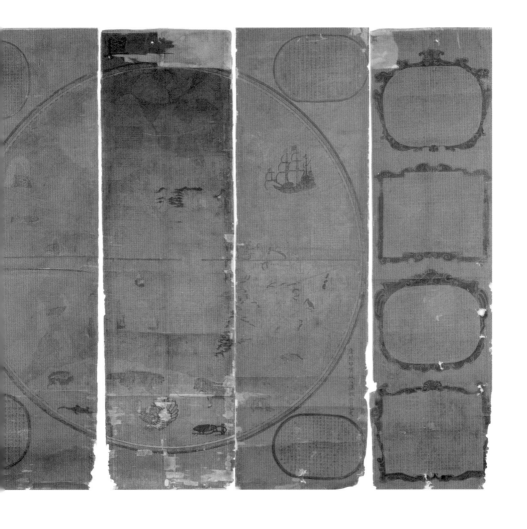

13. 필사본 『곤여전도』 · 부산박물관 소장

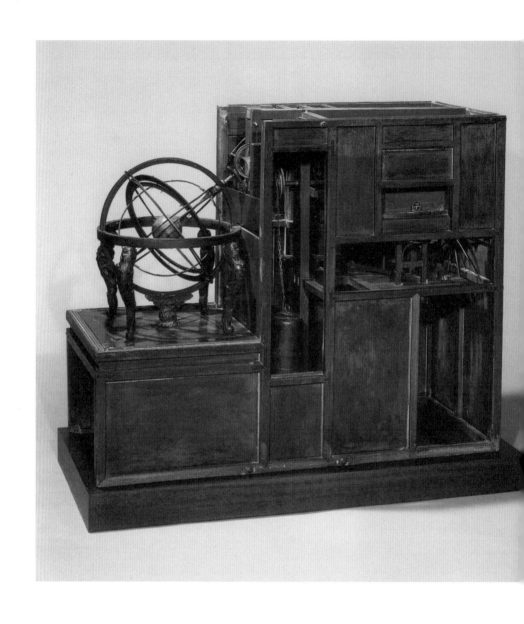

14. 국보 제230호 혼천시계 · 고려대학교 박물관 소장

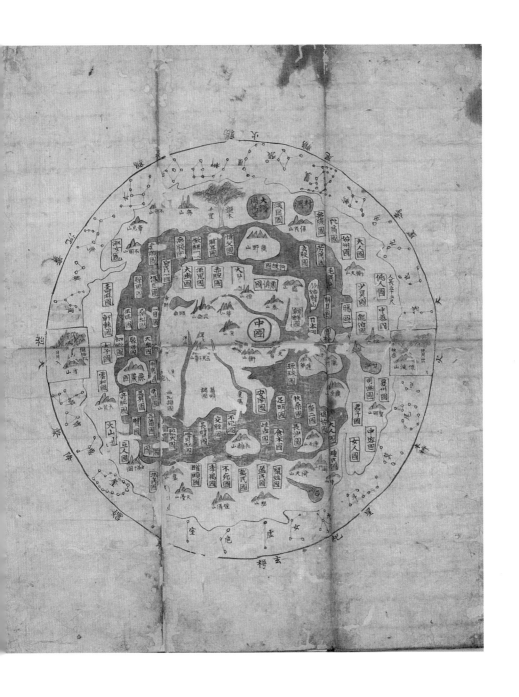

15. 별자리가 그려진 원형 천하도 · 국립중앙박물관 소장

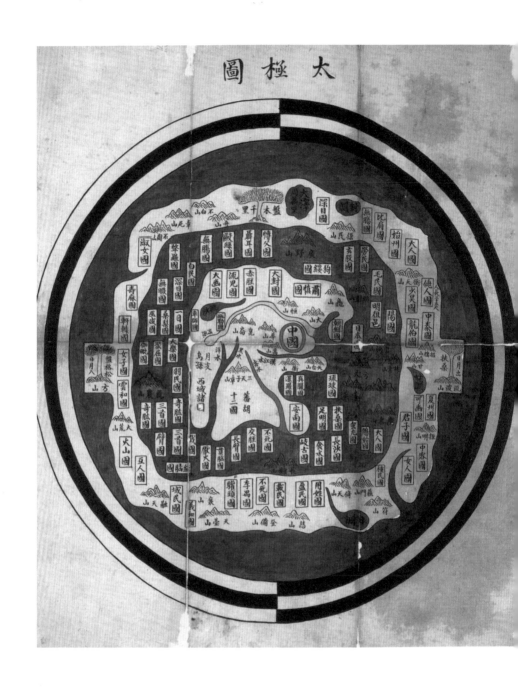

16.『태극도』·영남대학교 박물관 소장

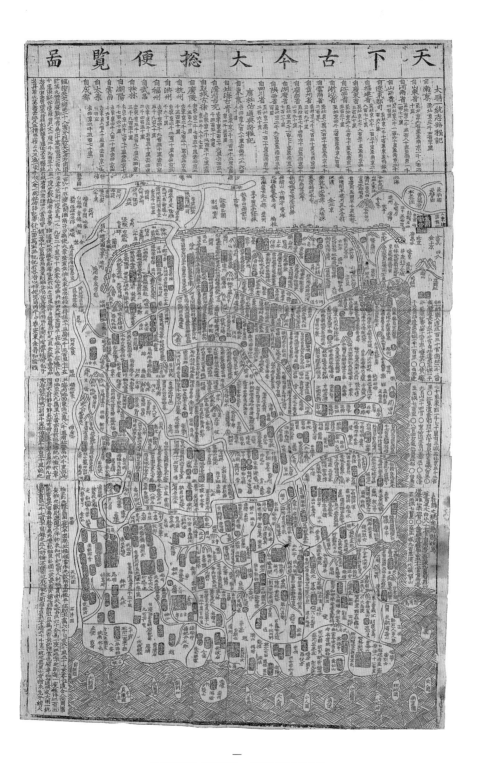

17.『천하고금대총편람도』· 서울역사박물관 소장

18. 왕반의 지문이 실린 여지도 · 프랑스 파리 국립도서관 소장

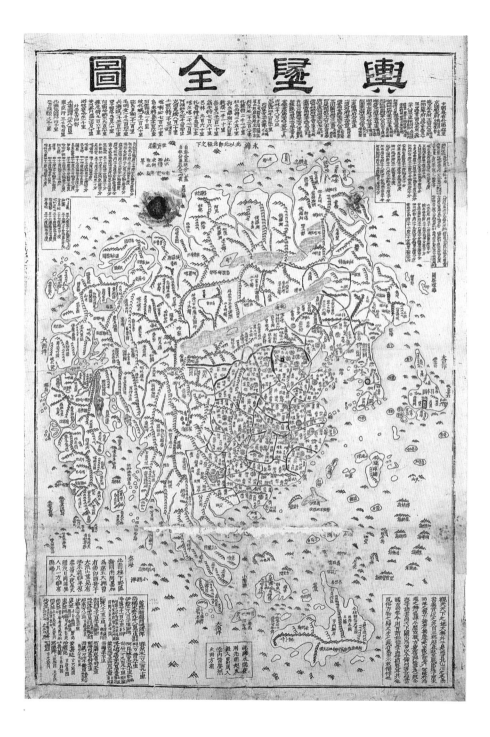

19. 『여지전도』 · 서울역사박물관 소장

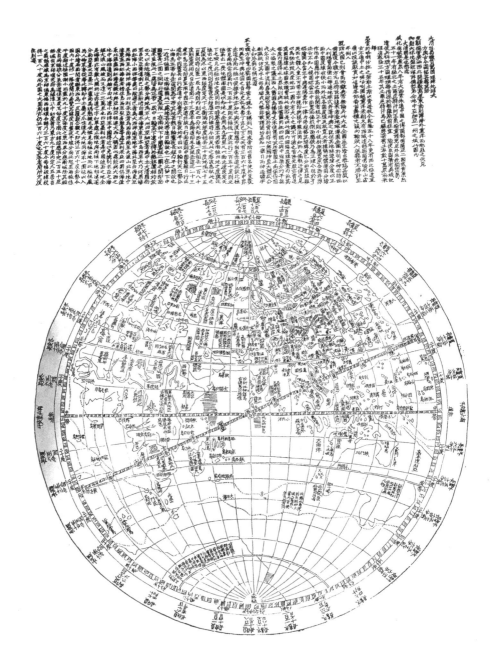

20. 대청통속직공만국경위지구식의 동반구도 · 프랑스 파리 국립도서관 소장

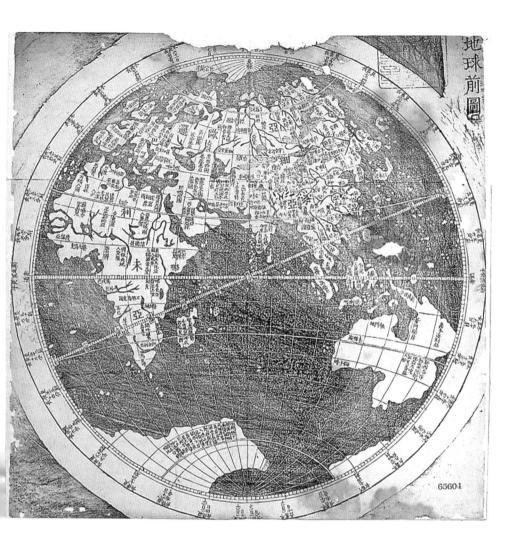

地球前圖

65604

21. 최한기의 『지구전후도』 동반구도 · 서울대학교 규장각한국학연구원 소장

22. 최한기 제작으로 추정되는 청동 지구의 · 숭실대학교 한국기독교박물관 소장

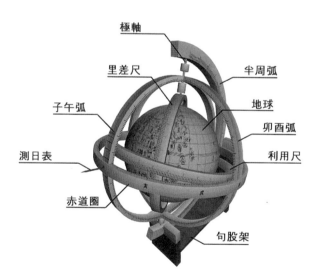

極軸

里差尺

半周弧

子午弧

地球

卯酉弧

測日表

利用尺

赤道圈

句股架

—
23. 박규수가 제작한 '지세의'의 복원도(김명호·남문현 복원)
—

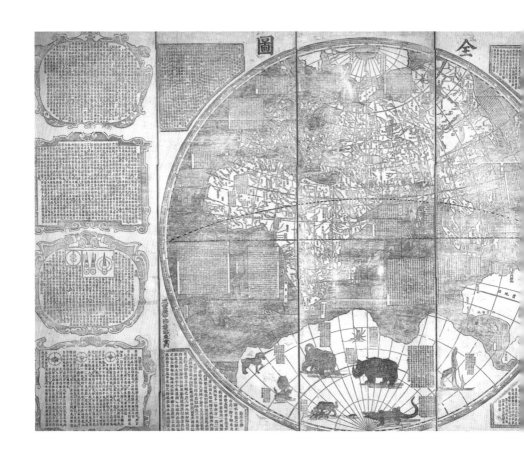

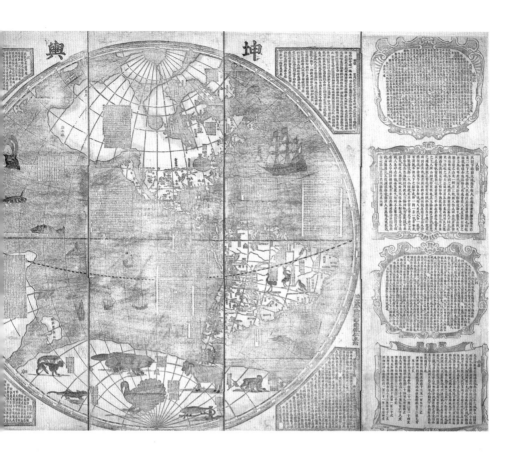

24. 『곤여전도』 해동 중간본 · 숭실대학교 한국기독교박물관 소장

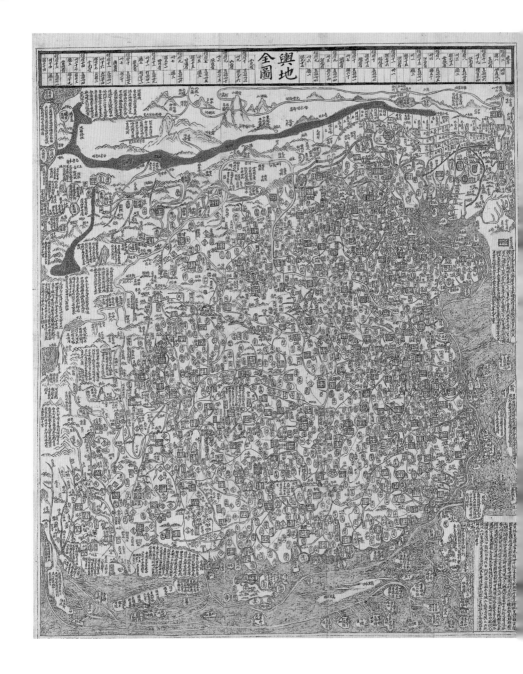

25. 『여지도』첩의 「여지전도」· 서울역사박물관 소장

# 조선시대 세계지도와
# 세계인식

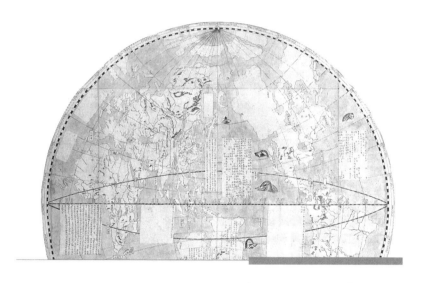

오상학 지음

창비

# 21세기에 다시 쓴 간행사

서남 동양학술총서 30호 돌파를 계기로 우리는 2005년, 기왕의 편집위원 회를 서남포럼으로 개편했다. 학술사업 10년의 성과를 바탕으로 이제 새로운 토론, 새로운 실천이 요구되는 시점이라고 판단했기 때문이다.

알다시피 우리의 동아시아론은 동아시아의 발칸, 한반도에 평화체제를 구축하고자 하는 비원(悲願)에 기초한다. 4강의 이해가 한반도의 분단선을 따라 날카롭게 교착하는 이 아슬한 상황을 근본적으로 해결하는 방책은 그 분쟁의 근원, 분단을 평화적으로 해소하는 데 있다. 민족 내부의 문제이면서 동시에 국제적 문제이기도 한 한반도 분단체제의 극복이라는 이 난제를 제대로 해결하기 위해서는 우선 서구주의와 민족주의, 이 두 경사 속에서 침묵하는 동아시아를 호출하는 일, 즉 동아시아를 하나의 사유단위로 설정하는 사고의 변혁이 종요롭다. 동양학술총서는 바로 이 염원에 기초하여 기획되었다.

10년의 축적 속에 동아시아론은 이제 담론의 차원을 넘어 하나의 학(學)으로 이동할 거점을 확보했다. 우리의 충정적 발신에 호응한 나라 안팎의 지식인들에게 깊은 감사를 표하는 한편, 이 돈독한 토의의 발전이 또한 동아시아 각 나라 또는 민족들 사이의 상호연관성의 심화가 생활세계의 차원으로까지 진전된 덕에 크게 힘입고 있음에 괄목한다. 그리고 이러한 변화가 6·15남북합의(2000)로 상징되듯이 남북관계의 결정적 이정표 건설을 추동했음을 겸허히 수용한다. 바야흐로 우리는 분쟁과 갈등으로 얼룩진 20세기의 동아시아로부터 탈각하여 21세기, 평화와 공치(共治)의 동아시아를 꿈꿀 그 입구에 도착한 것이다. 아직도 길은 멀다. 하강하는 제국들의 초조와 부활하는 제국들의 미망이 교착하는 동아시아, 그곳에는 발칸적 요소들이 곳곳에 숨어 있다. 남과 북이 통일시대의 진전과정에서 함께 새로워질 수 있다면, 그리고 그 바탕에서 주변 4강을 성심으로 달랠 수 있다면 무서운 희망이 비관을 무찌를 것이다.

동양학술총서사업은 새로운 토론공동체 서남포럼의 든든한 학적 기반이다. 총서사업의 새 돛을 올리면서 대륙과 바다 사이에 지중해의 사상과 꿈이 문명의 새벽처럼 동트기를 희망한다. 우리의 오랜 꿈이 실현될 길을 찾는 이 공동의 작업에 뜻있는 분들의 동참과 편달을 바라 마지않는 바이다.

서남포럼운영위원회
www.seonamforum.net

# 조선의 지도에 담긴 세계 읽기

고향의 옛 모습이 아스라이 떠오른다. 넘실대는 푸른 파도, 저 멀리 보이는 수평선, 간간이 지나가는 커다란 화물선, 갯바위 근처에서 노니는 돌고래 떼들, 영원히 잊지 못할 고향의 풍경이다. 지금은 세상이 개벽하여 관광객이 즐겨 찾는 명소가 되었지만 예전에는 외지인의 발길이 닿지 않는 한적한 곳이었다.

어린 시절 여름이면 매일이다시피 이곳에 놀러 나왔다. 친구들과 함께 작달막한 낚싯대로 낚시하거나 헤엄치며 놀다보면 어느새 하루가 저물었다. 가끔 혼자 바위에 걸터앉아 낚싯대를 드리운 채 사색에 잠기기도 했다. 수평선 멀리 시커먼 연기를 뿜으며 화물선이 지나갈 때면 문득 바다 건너에 있을 미지의 세상을 그려보곤 했다. 배를 타고 망망대해로 나아가 만나게 될 미지의 세상을 상상하는 것만으로도 즐거운 경험이었다. 소년에게 바닷가는 최고의 놀이터이자 미지의 세계에 대한 호기심을 자극하는 장소였다.

이 책의 연구주제는 어린 시절 고향의 바닷가에서 꿈꾸었던 상상과 호기심에서 비롯되었다. 질서 정연한 경위선의 조직과 아름다운 채색으로 장식

4

된 멋진 세계지도를 접하기 이전, 소년의 인식 속의 세계는 지금과 판이했다. 북쪽에 버티고 서 있는 한라산과 그 아래로 흩어져 있는 오름들, 남쪽으로 펼쳐진 넓은 바다와 근처 몇개의 섬들로 세계가 구성되어 있었다. 소년의 눈에 비치고 노니는 공간이 곧 천하이자 세계였던 것이다.

소년의 세계인식은 '둥근 지구'에 생소했던 옛날 사람들의 세계인식과 연결된다. 광대한 세계 가운데 동아시아의 반도국이라는 조선에서 태어나 살았던 사람들은 세계를 어떻게 바라보았을까? 서양의 지리지식이 보편적 권위를 획득하기 이전 조선 사람들이 인식하고 표현했던 세계는 어떤 모습이었을까? 이들이 인식했던 세계는 시기적으로 어떻게 변해갔으며 이의 계기는 무엇일까? 이러한 물음들은 대학원에서 고지도를 연구하면서 보다 구체화되어갔다.

나의 연구는 현존하는 조선시대 세계지도를 모으는 것에서 시작했다. 그러나 시작부터 어려움에 봉착했다. 조선 전기에 제작된 세계지도들은 주로 일본에 소장되어 있었고 국내에 소장된 지도들도 여러 기관에 분산되어 있었다. 그마저도 시기적 경향성을 파악할 정도의 수량은 아니었다. 전근대 시기의 많은 세계지도를 보유하고 있는 일본과 비교하면 현존하는 조선의 세계지도는 미미해 보였다.

그러나 연구가 진행되면서 자신감이 생겼다. 비록 남아 있는 세계지도의 숫자가 적지만 세계지도가 지닌 사회적 성격은 적은 숫자를 상쇄하고 남음이 있다고 판단했다. 즉, 미지의 세계까지 포함하는 넓은 영역의 세계지도에는 작은 지역을 표현하는 지도와 달리 역사적으로 축적되고 사회적으로 공유된 고도의 추상적 도상이 표현되기 때문에, 한 장의 세계지도를 통해서도 당시 사회의 세계인식을 충분히 읽어낼 수 있다고 생각했다. 이러한 판단이 서자 연구가 한층 탄력을 받았다. 먼저 연구대상으로 삼은 세계지도들을 시대순으로 배치한 후 그 속에 내재된 세계인식을 읽어내고 이를 정리하였다. 특히 세계지도가 제작되는 사회적 과정에 주목하였다. 그리고 지도 이면에

숨겨 있는 인식을 파악하기 위해 세계인식과 관련된 문헌사료들을 적극 활용하였다. 이러한 것을 종합하여 2001년 『조선시대 세계지도와 세계인식』이라는 박사학위논문으로 엮어낼 수 있었다.

이 책은 서남재단의 『서남동양학술총서』 연구과제 가운데 박사학위논문 부문의 지원을 받아 필자의 박사학위논문을 수정, 보완하여 출간한 것이다. 진작 간행했어야 했지만 필자의 무능과 게으름으로 인해 이제야 내놓게 되었다. 애초 부족한 부분을 대폭 수정하고 최신의 연구성과를 반영하고자 했으나 욕심만 앞선 듯하다.

본서는 총 4부로 구성되었다. 1부에서는 15, 16세기에 제작된 세계지도들을 통해 당시인들의 세계인식을 파악하였다. 이 시기의 세계지도는 1402년에 제작된 『혼일강리역대국도지도』 계열과 16세기에 제작되는 『혼일역대국도강리지도』 계열로 구분된다. 아프리카와 유럽까지 포괄했던 15세기 『혼일강리역대국도지도』와 중국 중심의 동아시아 일대로 범위가 좁혀진 16세기의 『혼일역대국도강리지도』에 담겨 있는 세계인식을 비교하면서 변화의 양상을 밝혔다.

2부에서는 17, 18세기에 중국에서 전래된 서구식 세계지도의 영향을 밝히고자 했다. 17세기 이후 조선은 중국으로부터 서양 선교사들이 제작한 서구식 세계지도를 도입하게 되는데, 이는 당시 지식인 사회에 적지 않은 충격을 주었다. 여기서는 서구식 세계지도가 전래되어 제작되는 과정과 이후 전개되는 세계인식에서의 변화를 파악해보았다.

3부에서는 17, 18세기에 제작되었던 원형 천하도와 전통적인 세계지도에 담겨 있는 세계인식의 특성을 파악했다. 이 시기 민간의 지식인들에 널리 유포되었던 원형 천하도는 독특한 모습과 내용으로 기존의 전통적인 세계지도와는 많은 차이를 보인다. 원형 천하도의 발생과 기원 문제를 검토하고 형태와 내용을 분석한 후 그 속에 내재된 세계인식의 특성을 시대상과 관련하여 해명해보았다.

4부에서는 19세기의 세계지도를 통해 세계인식의 흐름을 파악했다. 19세기는 18세기에 일어난 서학의 붐이 천주교 탄압으로 인해 서서히 쇠퇴한 시기로 평가되는데 이 시기에도 여전히 세계지도 제작은 지속되었다. 특히 최한기의 『지구전후도』를 비롯한 서구식 세계지도도 제작되었고, 『여지전도』와 같은 변형된 형태와 더불어 전통적인 세계지도도 계속 이어졌다. 이러한 세계지도의 분석을 통해 세계인식의 중층성을 확인해보았다.

이상의 연구결과는 세계인식의 변화라는 차원에서 다음과 같이 정리할 수 있을 것이다. 첫째, 조선에서 세계인식의 변화는 단선적인 방향으로 진행되지 않고 시대적 여건에 따라 상이한 형태로 나타났다고 볼 수 있다. 따라서 세계인식의 흐름을 진화론에 입각하여 저차(좁은 세계)에서 고차(넓은 세계)로 진행했다고 보기는 어렵다. 15세기 아프리카와 유럽까지 포괄했던 세계가 16세기에 접어들어 동아시아 세계로 축소된 사실과 17세기 이후 경험세계뿐만 아니라 광범한 미지세계를 표현하고 있는 원형 천하도가 출현한 점을 고려할 때, 조선의 세계인식은 시대직 조건에 따라 상이한 형태로 변화했다고 볼 수 있다. 둘째, 조선 전기의 단층적 세계인식이 조선 후기에는 중층적으로 변화하는 양상을 띤다. 18세기 이후 서양의 지리지식이 유입되면서 주류의 전통적인 세계인식 위에 서양의 세계인식이 중층적으로 존재하는 경향이 나타나 19세기까지 지속되었다고 정리할 수 있다. 이러한 연구성과에도 불구하고 동아시아 사회에서 세계지도를 매개로 나타나는 지리정보의 흐름을 세계사적 차원에서 고찰하는 작업은 여전히 미약하다. 차후의 과제로 남겨두고자 한다.

한 권의 책이 나오기까지 많은 분들의 은혜를 입었다. 먼저 지도교수이신 박영한 선생님께서는 연구의 초기 기획부터 완성 단계까지 큰 가르침을 주셨다. 허우긍 선생님을 비롯하여 이기석 선생님, 양보경 선생님, 이정만 선생님은 연구의 체제를 가다듬고 완성도를 높이는 데 많은 도움을 주셨다. 마음 깊이 감사드린다. 지도 자료의 열람에 도움을 준 서울대학교 규장각한국학연구원, 국립중앙박물관, 국립중앙도서관, 국립민속박물관, 서울역사박물관, 숭실대학교 한국기독교박물관, 고려대학교 박물관, 성신여자대학교 박물관, 영남대학교 박물관 관계자분들께도 고마움을 표하고 싶다. 아울러 본 연구가 완성될 수 있도록 소중한 가르침을 베풀고 조언을 해준 선후배, 동학 여러분께 감사를 드린다. 필자의 게으름을 참아내면서 전폭적인 지원을 해준 서남재단과 관계자 여러분께도 고마움을 전한다. 난삽한 원고를 가다듬어 깔끔하게 편집해주신 창비 편집진의 노고에도 감사드린다.

가족은 학자적 삶을 지탱하는 자양분이자 활력소였다. 불의의 중환으로 시련을 겪기도 했지만 꿋꿋하게 이겨낸 아들 해담이는 인생의 영원한 희망이다. 공부하는 남편을 이해하고 후원해준 아내 최숙 선생에게는 더없는 고마움을 느낀다. 고향의 부모님은 어려서부터 학문의 소중함을 가르쳐주셨고, 학자의 길을 갈 수 있도록 지원해주셨다. 자식의 도리를 다하지 못해 송구스러울 따름이다.

끝으로 어린 시절 지리적 감수성과 상상력을 키워준 고향 '쇠소깍'에 이 책을 바치고 싶다.

2011년 4월
오상학

# 제2부 17·18세기 서구식 세계지도의 전래와 그 영향

# 서론

## 1. 연구의 목적과 방법

### 1) 연구의 목적과 내용

인간은 원시시대부터 주변 환경과의 상호작용을 통해 자신들의 생활공간을 인식해왔다. 인간의 호기심은 그들이 경험하지 못했던 미지의 세계에 대한 상상을 자극했고, 이를 통해 인식의 영역이 확대되기도 했다. 이러한 역사적 과정 속에서 인간은 생활공간으로서의 지리적 세계를 인식하게 되었고 이를 그림이나 도상(圖像)의 형태로 표현하였다. 이것은 지도의 초기적 형태로 현재에도 다양한 문화권에서 유물로 발견되고 있는데, 미시적 지역을 표현한 것뿐만 아니라 기원전 600년경 바빌로니아의 점토판 지도처럼 광범한 영역의 세계를 그린 것도 있다.[1]

역사가 전개되면서 인간의 경험을 통해 인식되고 표현되는 지리적 세계는 확장되어갔지만 언제나 단선적인 형태를 띠는 것은 아니었다. 서양의 고대

---

[1] 이처럼 광대한 미지의 세계를 포함하는 세계지도는 문화가 어느 정도 구체적인 세계를 구상할 수 있는 단계에 도달했을 때 비로소 생겨나게 된다(海野一隆 『地圖の文化史: 世界と日本』, 八坂書房 1996, 17면).

그리스·로마시대에 둥근 지구를 전제로 투영법을 전개했던 톨레미(Ptolemy)의 지도학은 중세 기독교적 세계관에 의해 단절되었고, 아프리카나 신대륙 등 다른 문화권의 경우 그들이 인식하고 표현했던 지리적 세계는 서구문명과 접촉하기 전까지 여전히 제한되어 있었다. 객관적 실재로서 지리적 세계를 인식하고 이를 표현하는 방식은 시·공간에 따라 다르게 나타나며 해당 지역의 문화와 긴밀하게 관련되어 있다. 현존하는 여러 문화권의 세계지도는 세계를 이해했던 다양한 방식을 보여준다.

기독교적 세계관이 반영된 중세 서양의 세계지도, 아시아나 신대륙과 같은 비서구 문명권에서 볼 수 있는 여러 유형의 세계지도 또는 우주지(宇宙誌, cosmography) 등은 객관적 실재로서 지리적 세계를 묘사하는 것과는 거리가 멀지만 그 사회에서는 나름의 역할과 의미를 지니고 있었다. 이러한 세계지도에는 당시인들이 세계에 대해 지니고 있던 이미지가 표현되어 있는데, 사람들은 이를 통해 삶의 영역에 대한 공간적 위치를 확인하였다. 공간적 위치의 확인은 그들의 삶의 방향을 설정하는 데 가장 기초적인 부분을 이루는 것이라 할 수 있다. 즉, 지금 '어디에 있는가'의 문제는 '어디로 가는가'의 문제에 앞서 해결되어야 하는 것으로 이 과정을 거쳐 그들 자신의 정체성을 확인하기도 했다.[2]

지리적 세계에 대한 인식의 형성과 이의 표현은 사회적 과정 속에서 이루어진다. 개인적인 현실 경험만으로도 제작될 수 있는 미시적 규모의 지도와는 달리 광범한 영역을 아우르는 세계지도의 경우는 역사적으로 축적된 다양한 지리지식과 이들을 결합하고 종합할 수 있는 문화적 코드 없이는 제작되기 어렵다. 다시 말해서 일개인에 의해 제작된 세계지도라 하더라도 그 속에는 긴 역사적 과정 속에서 형성되어 전수된 세계에 대한 사고가 투영되어 있으며, 당시 사회의 지배적인 사상·관습·종교 등도 반영되어 있다. 또한 세

---

2) 서정철 『서양 고지도와 한국』, 대원사 1991, 6면.

계지도는 물리적 세계와 내부의 정신세계를 매개하는 것으로 실재세계의 축소나 유사 공간의 창조를 통해 표현되는 고도의 추상적 사고의 결과라고도 할 수 있다.[3]

세계지도가 지닌 이러한 존재론적, 인식론적 측면을 받아들인다면 과거의 세계지도 연구를 통해 몇가지 중요한 점들을 구명해볼 수 있을 것이다. 먼저 특정의 시·공간적 조건 속에서 제작된 세계지도를 분석함으로써 당시인들이 인식했던 세계를 파악해볼 수 있다. 인간 경험의 부단한 축적을 통해 형상화된 세계의 이미지와 그 이면에 놓여 있는 세계인식의 성격을 밝히는 것은 세계지도 연구의 가장 중요한 부분이라 할 수 있다.

이와 더불어 세계지도의 분석을 통해 과거 지역간 문화교류의 일단을 파악해볼 수 있다. 세계지도는 국지적 지역을 그려낸 지도와는 달리 지역간 문화교류를 통해 제작되기도 한다. 완전히 고립되고 폐쇄된 사회가 아니라면 지리적 세계에 대한 인식과 그의 표현은 주변 문화권과의 상호작용을 통해서 형성되고 변용(變容)되는 것이 일반적이다. 이처럼 다른 문화권에서 제작된 세계지도가 도입됨에 따라 기존에 형성된 세계인식이 어떻게 변형되는가는 인식의 변화와 관련하여 매우 중요한 문제가 된다. 세계인식에서의 변화는 그들의 삶의 방향을 설정하는 데에서도 큰 영향을 미치는 것으로, 이러한 변화를 이해하는 것은 전체 역사의 흐름을 이해하는 데에 도움이 될 것이다. 더 나아가 개별 문화권에서 제작된 세계지도의 비교, 분석을 통해 지리적 인식의 일반성과 특수성을 파악해볼 수도 있다.

중국, 일본과 더불어 동아시아 한자문화권에 속하는 우리나라는 일찍부터 기록문화가 발달하였고 이와 맞물려 지도도 활발히 제작되었다. 국가가 주도하여 제작했던 지도뿐만 아니라, 조선 후기 민간에서 제작된 여러 유형의 지도가 현존하고 있다. 이 가운데 세계를 그린 지도들도 다수 전하는데, 『혼

---

3) J. B. Harley and David Woodward eds. *The History of Cartography*, University of Chicago Press 1987, 5면.

일강리역대국도지도(混一疆理歷代國都之圖)』와 원형 천하도 등은 세계적으로 널리 알려져 있다.

1402년에 제작된 『혼일강리역대국도지도』는 당시에 제작된 세계지도로는 동·서양을 막론하고 가장 뛰어난 세계지도 중의 하나로 평가받아왔다. 또한 동양과 서양의 문화교류를 보여주는 대표적인 지도이기도 하다. 반면에 조선 후기에 유행했던 원형 천하도는 다른 문화권에서는 볼 수 없는 독특한 모습을 띠고 있으며 당시인들의 전통적인 세계인식을 표현하고 있다는 점에서 세계적인 관심을 끌어왔다. 이들 두 유형의 지도 이외에도 중국 중심의 세계지도, 서양 선교사들이 제작한 한역(漢譯)의 서구식 세계지도, 서구식 세계지도가 변형된 지도 등 다수의 세계지도가 현존하고 있다.

이러한 세계지도는 그 안에 세계에 대한 인식이 투영되어 있다는 점에서 중요한 텍스트가 된다. 인간이 바라보는 세계는 객관적 실재로서의 세계가 아니라 인식된 세계다. 인식된 세계가 표현된 세계지도야말로 당시인들이 세계를 어떻게 바라보고 인식했는가를 파악할 수 있는 대표적인 텍스트인 것이다.

본 연구의 목적은 앞서 제시한 문제의식을 바탕으로, 각 시기별로 제작된 조선시대의 세계지도를 분석하여 그 속에 내재된 세계인식의 특성을 밝히는 것이다. 즉, 조선 전기부터 개항기 이전까지 제작된 세계지도를 각각의 시대상에 기초하여 분석함으로써 지도의 이면에 있는 세계에 대한 인식이 어떠했는가를 밝히고, 더 나아가 이러한 세계인식이 어떻게 변화해갔는가를 통시적으로 검토하는 것이다.

이상의 연구목적을 달성하기 위해 본서는 다음의 4부로 구성되었다.

제1부에서는 15, 16세기에 제작된 세계지도들을 통해 당시인들의 세계인식을 파악할 것이다. 이 시기의 세계지도는 1402년에 제작된 『혼일강리역대국도지도』계열과 16세기에 제작된 『혼일역대국도강리지도(混一歷代國都疆理地圖)』계열을 들 수 있다. 아프리카, 유럽까지 포괄했던 15세기 『혼일강

16

리역대국도지도』와 중국 중심의 동아시아 일대로 축소된 16세기의『혼일역대국도강리지도』에 담겨 있는 세계인식을 파악, 비교하여 변화의 양상을 밝히고자 한다.

　제2부에서는 17, 18세기에 전래된 서구식 세계지도로 인한 영향을 밝힌다. 17세기 이후 조선은 중국으로부터 서양의 선교사들이 제작한 서구식 세계지도를 도입하게 되는데, 이는 당시 지식인 사회에 큰 영향을 주었다. 여기서는 서구식 세계지도가 전래되어 제작되는 과정과 이로 인해 나타나는 세계인식에서의 변화를 파악할 것이다.

　제3부에서는 17, 18세기에 광범하게 제작, 이용되었던 원형 천하도와 전통적인 세계지도에 담겨 있는 세계인식의 특성을 파악한다. 이 시기 민간의 지식인들에 광범하게 유포되었던 원형 천하도는 독특한 모습과 내용으로 인해 기존의 전통적인 세계지도와는 많은 차이를 보이고 있다. 따라서 원형 천하도의 발생과 기원, 그 속에 내재된 세계인식의 특성을 시대상과 관련하여 해명하는 것이 필요하다. 아울러 중국 중심의 전통적인 세계지도를 분석하여 전통적인 세계인식이 어떻게 지속되고 있는지 검토할 것이다.

　제4부에서는 19세기의 세계지도를 통해 세계인식의 흐름을 파악한다. 19세기는 18세기에 일어난 서학의 붐이 천주교의 탄압으로 인해 서서히 쇠퇴한 시기로 평가되는데 이 시기에도 여전히 세계지도의 제작은 지속되었다. 특히 최한기(崔漢綺)의『지구전후도(地球前後圖)』를 비롯한 서구식 세계지도와,『여지전도(輿墬全圖)』와 같은 변형된 형태와 더불어 전통적인 세계지도도 계속 제작되었다. 이들 세계지도들을 검토함으로써 19세기 세계인식의 특성을 밝힐 것이다.

## 2) 연구의 방법과 자료

### (1) 연구방법

본 연구는 조선시대 세계지도를 통해서 당시인들의 세계[4]에 대한 인식[5]이 어떠했는가를 밝히는 것을 일차적인 목적으로 삼고 있다. 조선시대에 제작된 세계지도라는 실체를 통해 그 지도의 이면에 존재하는 세계인식의 특성을 파악하는 작업이 핵심이 된다.[6] 이러한 작업은 지도가 지니는 본래적

---

[4] '세계(世界)'에 대한 사전적 정의로는 ① 지구상의 모든 나라 또는 인류 사회 전체 ② 어떤 분야나 영역 ③ 우주 또는 천체 ④ 대상이나 현상의 모든 범위가 있다(한글학회 엮음 『우리말큰사전』). 가장 넓게는 우주, 좁게는 지구 또는 하나의 특정 영역까지 지칭하는 말로서 다양한 범위를 포괄하는 개념이다. 동아시아 문화에서 '세계'라는 말은 불교의 영향을 받아 생겼다. 이 말은 산스크리트어 'loka'의 번역어로 '世'는 과거, 현재, 미래의 시간적 흐름을 말하고 '界'는 위, 아래와 사방의 공간적 경계를 말한다(엘리자베스 클레망 외 지음, 이정우 옮김 『철학사전』, 동녘 1996, 162면). 또한 '삼세(三世: 과거, 현재, 미래)'와 '삼계(三界: 欲界, 色界, 無色界)'를 합한 의미를 지닌 시간적 요소를 포함하고 있기도 하다(高橋正 「『混一疆理歷代國都之圖』 研究 小史: 日本의 경우」, 『문화역사지리』 7호, 1995, 22면). 이처럼 '세계'라는 용어가 지니는 다의성, 광범성으로 인해 이를 대상으로 할 경우 연구의 범위가 무한히 확장되는 문제가 생겨난다. 이러한 문제를 해결하기 위해 여기서는 세계를 지리적인 부분으로 한정하였다.

[5] 여기에서 사용한 '인식'은 체계화된 이론, 또는 통일적 관점이 형성되기 이전 단계에 인간의 의식 속에 존재하는 다양한 지식과 사고라는 개념이다. 인간의 직접적인 경험이나 서적과 같은 매체를 통한 간접 경험 등에 의해 형성된 다양한 사고들과 더 나아가 의식 속에 지니고 있던 이미지, 자국(自國)을 넘어선 다양한 지역에 대한 지식 등이 세계에 대한 '인식'에 해당한다. 다시 말해 하늘과 대비되는 땅의 형상에 대한 사고, 이국(異國)에 대한 여러 지식들, 미지의 세계에 대한 관념들이 '세계인식'의 범주에 포함된다. 조선시대 여러 유형의 세계지도를 통해 파악할 수 있는 인식의 형태는 세계에 대한 통일적 이해를 제공하는 '세계관'과 같은 고차원적 관념이기보다는 다소 하위적 단계의 지식과 사고들이기 때문에 위와 같이 개념을 규정한 것이다.

[6] 지도학사에 대한 체계적인 연구사를 저술했던 스켈톤(R. A. Skelton)은 지도를 경험, 이론적 개념, 기술적 제작의 종합으로 보면서, 사람마다 이에 대해 다양하게 접근할 수 있다고 했다. 즉, 어떤 이는 역사적 사실에 대한 증거자료로, 어떤 이는 지도제작자의 지식·사상·정신 상태의 반영으로, 어떤 이는 예술작품으로서 지도를 다룬다고 했는데 본 연구에서는 둘째 부류인 사상적 반영으로서 지도를 다룰 것이다(R. A. Skelton, *Maps: A Historical Survey*

의미를 독해하는 것에 중점을 두는 것으로, 서구에서는 1980년대 이후 고지도 연구에서 활성화되었다.[7] 기존의 서지학적 연구, 지도제작의 기술사적 검토, 지도의 정확성 측정 등과 같은 진화론적 관점에 입각한 연구에서 탈피하여, 지도가 제작되는 사회적 과정과 지도 속에 담겨 있는 의미를 중시한 연구이다.[8]

근대적인 측량기술, 위성사진, 다양한 투영법에 기초하여 제작되는 현대의 지도와는 다르게 전근대적 방식에 의해 제작된 조선시대의 세계지도를 독해하기 위해서는 일차적으로 전통시대의 세계지도에 대한 새로운 관점이 필요하다. 현대인들은 일상생활에서 다양한 지도를 접하는데, 일반적으로 지도는 인간이 경험한 객관적 사실을 표현한 것이라는 믿음을 지니고 있다. 과학적 투영법, 경위선망의 조직, 수학적 기호, 축척, 다양한 색상 등은 이러한 믿음을 더욱 강화해준다.[9] 그러나 전근대의 세계지도는 제작과정에서 선택

---

*of Their Study and Collecting*, The University of Chicago Press 1972, 3면).

7) M. J. Blakemore and J. B. Harley, "Concepts in the history of cartography: a review and perspective," *Cartographica* 17:4, 1980; 長谷川孝治「地圖史研究の現在: 1980年代以降の動向を中心に」,『人文地理』45卷 2号, 1993. 보다 최근의 논의로는 다음을 참조. J. B. Harley, *The New Nature of Maps: Essays in the History of Cartography*, Johns Hopkins University Press 2001.

8) 근래 일본에서는 의미 해독을 중시하는 고지도 연구의 새로운 흐름을 다양한 회도(繪圖)의 연구에서 볼 수 있다. 이러한 연구에서는 지도를 하나의 텍스트로 삼아 지도 내에 담겨 있는 의미와 세계상을 해독하는 것이 핵심적인 작업이 된다. 쿠즈까와(葛川) 회도와 같이 미시적 지역을 그린 지도를 대상으로 분석하기도 하고(葛川繪圖研究會 編『繪圖のコスモロジー』, 地人書房 1988), 국토도(國土圖)와 세계도(世界圖)를 대상으로 지도의 이면에 있는 지각 내용 또는 인식을 파악하기도 했다(應地利明『繪地圖の世界像』, 岩波新書 1996). 보다 최근에는 지도(또는 회도)를 정치문화적으로 해독하려는 시도도 있다(黑田日出男·M. E. 베리·杉本史子『地圖と繪圖の政治文化史』, 東京大學出版會 2001).

9) 그러나 아무리 과학적 방식에 입각하여 제작된 지도라 하더라도 객관적 실재를 그대로 반영할 수는 없다. 3차원의 공간을 2차원으로 표현하는 데에는 기본적인 한계가 따를 수밖에 없기 때문이다. 또한 과학적 방식으로 제작되는 지도도 제작목적, 사회적 배경 등에 따라 또다른 왜곡이 행해지기도 한다(마크 몬머니어 지음, 손일·정인철 옮김『지도와 거짓말』,

과 생략, 과장과 왜곡 등이 빈번하게 이루어진다. 이러한 것은 지도제작의 목적에 따라 다양하게 나타나며 그 지역의 문화와 긴밀한 관련을 지니고 있음은 물론이다.

전통시대의 세계지도에는 인간이 경험했던 공간이 표현되기도 하지만 상상 속에서 형성된 공간도 그려진다. 또한 인간이 경험했던 현실의 공간은 제작의 목적에 따라 선택되거나 생략되며, 선택된 공간도 현실을 그대로 반영하는 것이 아니라 왜곡되어 나타나기도 한다. 조선시대 세계지도에서는 흔히 중국과 조선이 매우 과장되게 그려지는 반면 동남아시아, 인도 서쪽 지역은 생략되거나 작게 그려지는 것이 보통이다. 따라서 전통시대의 세계지도를 통해서 그 속에 내재된 의미를 독해하는 데에는 세심한 주의가 필요하다.

지도에 표현된 모든 공간을 당시인들이 객관적 실재로 인식하고 있었던 것이라고 할 수 없으며, 또한 지도에 그려져 있지 않다고 해서 그 지역을 전혀 인식하지 못했다고 할 수도 없다. 오히려 지도에는 표현되어 있지만 실제 그들이 경험적으로 인식하지 못했던 공간일 수 있으며, 반면에 지도에 그려진 공간 이외에 훨씬 넓은 영역을 인식하고 있었지만 그들에게 의미있는 공간만이 표현되고 나머지는 생략되기도 했다. 이러한 표현의 방식은 앞서 지적한 것처럼 시간과 공간에 따라 다르게 나타난다.

전통시대의 세계지도가 갖는 이 같은 특성으로 인해 지도를 분석하는 일반화된 방법을 제시하기란 용이하지 않다. 다양한 문화적 토양에서 제작된 지도를 하나의 방법과 기준에 의해 분석하기는 거의 불가능하기 때문이다. 특히 고대 그리스의 세계지도나 중세 세계지도인 마파 문디(Mappa Mundi), 그리고 투영법에 의해 제작되는 서구식 세계지도와는 다른 특성을 지닌 동양의 세계지도에 서구식 분석방법을 그대로 적용하는 것은 상당한 무리가 따른다. 이로 인해 일본을 비롯한 동양의 연구에서는 분석방법을 명시적으

---

푸른길 1998).

로 제시하는 사례가 매우 드물다. 대부분이 지도의 지명분석에 큰 비중을 두는 정도이다.

그러나 본 연구에서는 단순한 지명분석에서 탈피하고 해석의 폭을 넓히기 위해 서양의 중세지도 연구에서 사용했던 분석방법을 다소 수정하여 제시하고자 한다. 중세의 세계지도는 근대적인 지도투영법이 사용되기 이전의 지도로 종교적, 이념적 성격이 강하다. 따라서 이들 지도의 분석에 사용되었던 방법도 조선시대 지도 분석에 참고가 될 수 있다고 판단된다.

할리(J. B. Harley)와 더불어 서양 고지도 연구의 권위자인 우드워드(David Woodward)는 1987년 『지도학의 역사』(The History of Cartography)의 첫 권에 수록된 논문에서 중세 마파 문디의 분석방법을 제시하였는데, 형태적인 분석과 내용적인 분석으로 구분하였다. 형태적인 측면은 지도의 전체적인 구조(육지, 해양, 도서 등으로 이루어지는 전체 지리적 세계의 모습), 지구에 대한 관념, 경위선과 같은 좌표체계, 추상적 기호와 도형, 지도제작의 기술적 방식과 관련된 사항(종이, 물감, 색채, 활자 등)을 포함하는 것이고, 내용적인 측면은 지도 내에 수록된 역사적·지리적 정보(사실), 전설·신화(전통), 상징성(역사, 권력, 방위)을 해석하는 것이다.[10] 여기서도 대체로 이러한 분석방법을 원용하였다. 하지만 내용적인 측면에 있어서 조선시대의 세계지도가 서양의 세계지도와 달리 종교적 신화나 전설, 도상이 다양하지 않기 때문에 지도의 지명과 지도에 기재된 주기(注記)의 분석을 위주로 하였다.

그러나 이러한 형태와 내용에 대한 분석만으로 세계지도 속에 담겨 있는 의미를 온전하게 파악하기는 어렵다. 지도는 점·선·면, 기호와 도형, 색채, 지명, 여백, 주기, 문양 등 다양한 요소들이 종합되어 이뤄지는 시각매체이다. 개별 요소들의 단순한 조합에 의해 형성되는 것이 아니라 개별 요소들이 긴밀한 관계 속에서 통일적인 전체를 이루게 된다. 이처럼 전체론적(holistic)

---

10) D. Woodward, "Medieval Mappaemundi," J. B. Harley and D. Woodward, eds., The History of Cartography, University of Chicago Press 1987, 318~41면.

성격을 지닌 지도를 통해 제작자의 인식을 파악하는 데 있어서 지도 내 개별 요소들만을 분석하는 것은 한계를 지닐 수밖에 없다.

이러한 점을 보완하기 위해서는 지도의 형태와 내용 이외의 다양한 요소들을 고려하여 지도를 종합적으로 해석할 필요가 있다. 제작의 목적과 용도, 지도의 제작과정, 지도의 계보, 제작 당시의 사회적 배경, 지배적인 사상, 정치적 환경 등 여러 변수들을 고려했을 때 하나의 세계지도가 지닌 의미가 제대로 파악될 수 있기 때문이다. 이를 위해 본 연구에서는 지도제작과 관련된 문헌들을 검토함과 아울러, 기존 지도사 연구의 성과뿐만 아니라 과학사, 사상사, 미술사 등 인접 분야의 성과도 가능한 한 활용하였다.

### (2) 연구자료

본 연구를 수행하기 위한 연구자료는 크게 현존하는 조선시대의 세계지도와 문헌자료로 구분해볼 수 있다.

조선시대 세계지도[11]의 경우 국내의 도서관, 박물관 등지에 소장되어 있는 것들이 일차적인 자료가 되며 현재 일본에 소장된 『혼일강리역대국도지도』 계열의 지도 등도 중요한 자료로 취급했다. 또한 한국인이 제작한 세계지도뿐만 아니라 외국에서 제작되어 조선으로 유입되어 전해 내려온 세계지도들도 중요한 연구자료로 삼았다. 특히 중국에서 서양 선교사들에 의해 제작된 서구식 세계지도나 중국인에 의해 제작된 중국 중심의 세계지도는 조선의 지식인들에게 많은 영향을 주었고, 조선에서도 여러 번 모사, 제작되면

---

11) 우리가 사용하는 '지도(地圖)'라는 용어에는 땅을 그린 그림이란 의미가 내포되어 있기 때문에 세계지도는 바로 지리적 세계를 그린 그림이 된다. 그런데 '세계'라는 용어가 불교에 기원을 둔 것이어서 중국을 비롯한 전통적인 동양사회에서는 '세계도' 또는 '세계지도'라는 용어는 거의 사용되지 않았다. 대신에 '천하도(天下圖)' '여지도(輿地圖)' '만국도(萬國圖)' '곤여도(坤輿圖)' 등의 용어가 사용되었다. 특별히 지도의 제목이 없더라도 표현하고 있는 내용이 세계와 관련이 있다면 이 역시 세계지도의 범주로 놓고 분석할 것이다.

서 세계인식에 영향을 미쳤기 때문에 무시할 수 없는 자료이다. 이와 더불어 문헌에 수록된 세계지도도 비중 있게 다루었는데 대형의 세계지도보다는 휴대와 열람이 편리하여 많은 사람들에게 영향을 줄 수 있었기 때문이다.

현재 국내외 소장된 고지도 목록의 데이터베이스가 완전히 구축된 단계는 아니지만 도서관과 박물관 등을 중심으로 목록이 정리되어 있다. 1979년에 건설부 국립지리원에서 국내 고지도에 대해 최초로 본격적인 조사를 시작했는데, 국내의 주요 도서관과 박물관에 소장된 중요한 지도들을 파악하여 서지사항을 정리하였다.[12] 국사편찬위원회에서 국내에 소장된 고지도에 대한 기초조사사업을 수행하고 이를 데이터베이스로 구축하여 인터넷으로 제공하고 있는데 방면의 연구에 기초자료로 활용되고 있다.[13] 본 연구에서도 이 자료를 바탕으로 각지에 소장된 세계지도를 조사, 열람해 분석의 자료로 삼았다.

조사된 고지도 자료와 더불어 고지도의 도판이 실린 영인자료는 고지도 연구에 실질적인 도움을 주는데, 1971년의 『한국고지도(韓國古地圖)』,[14] 1991년 간행한 『한국(韓國)의 고지도(古地圖)』[15] 등이 대표적이다. 최근에는 서울대학교 규장각한국학연구원, 영남대학교 박물관, 서울역사박물관 등 주요 기관에서 소장하고 있는 지도들의 영인, 간행을 활발히 하고 있다.[16] 또한 특정 지역의 지도만을 따로 영인, 간행하기도 했는데, 이 분야 연구자들에게

---

12) 建設部 國立地理院 『韓國古地圖目錄』, 1979.
13) 국사편찬위원회 『한국고지도목록 DB』, 1995.
14) 韓國圖書館學硏究會 『韓國古地圖』, 1971.
15) 李燦 『韓國의 古地圖』, 汎友社 1991.
16) 서울대학교 규장각 『海東地圖』, 1995; 서울대학교 규장각 『朝鮮後期 地方地圖』 시리즈, 1996~2002; 영남대학교 박물관 『韓國의 옛 地圖』, 1998; 서울역사박물관 『李燦 寄贈 우리 옛地圖』, 2006. 최근에 각 기관별로 간행된 고지도 도록의 현황은 다음 연구를 참조. 김기혁 「우리나라 도서관·박물관 소장 고지도의 유형 및 관리실태 연구」, 『대한지리학회지』 41권 6호, 2006.

중요한 자료로 이용되고 있다.17) 본 연구에서는 이러한 영인자료를 최대한 활용하면서 여기에서 누락된 지도들은 각 소장처별로 자료를 열람하고 사진을 촬영하여 분석의 대상으로 삼았다. 이 과정에서 중요하다고 판단되는 개인 소장본들도 가능한 선에서 조사, 발굴하여 분석하였다. 『혼일강리역대국도지도』 계열의 사본과 같은 외국에 소장된 세계지도는 직접 열람이 불가능하기 때문에 영인본이나 연구물에 수록된 사진본을 활용하였다. 아울러 지도문화사적인 면에서 중요한 중국의 세계지도들은 최근 중국에서 제작시기별로 고지도를 조사하여 원색 도판으로 간행한 지도집과 지도 해설서,18) 외국에 소장된 중국 고지도를 조사, 정리한 목록집19) 등을 통해 분석할 수 있었다.

이와 같은 자료를 토대로 조사, 정리한 조선시대 세계지도를 유형화한다면 대략 세 부류로 나눠볼 수 있다.20) 첫째는 천원지방(天圓地方)과 중화적 세계인식에 기초한 전통적인 세계지도이다. 이 유형은 조선시대 세계지도의 주류를 이루는 것으로서 조선 전기부터 19세기까지 지속적으로 제작되었다. 중국을 중심에 위치시키고 소중화(小中華)인 조선을 중국 다음의 대국으로 표현하며, 주변의 일본, 유구(琉球), 동남아시아 및 중국과 조공관계를 맺고 있는 서역의 일부 국가들이 표시되는 정도이다. 이 유형의 지도들 가운데 15, 16세기의 것은 대부분 국가적 차원에서 제작되었지만 17세기 이후에는

---

17) 李燦·楊普景 『서울의 옛 지도』, 서울학연구소 1995; 許英煥 『서울의 古地圖』, 삼성출판사 1991.

18) 曹婉如 外 編 『中國古代地圖集: 戰國-元』, 文物出版社 1990; 曹婉如 外 編 『中國古代地圖集: 明代』, 文物出版社 1995; 曹婉如 外 編 『中國古代地圖集: 淸代』, 文物出版社 1997; 李孝聰 『美國國會圖書館藏中文古地圖叙錄』, 文物出版社 2004; J. Smith Richard, *Chinese Maps: Images of 'All Under Heaven,'* Oxford University Press 1996.

19) 李孝聰 『歐洲收藏部分中文古地圖叙錄』, 國際文化出版公司 1996.

20) 양보경은 현존하는 세계지도의 유형을 전통적 동양식 세계지도, 상상적 원형 천하도, 서양식 세계지도로 분류하였다(楊普景 「韓國의 옛 地圖」, 『韓國의 옛 地圖』, 영남대학교 박물관 1998, 114~16면).

민간을 중심으로 제작되기도 했다.

둘째 유형은 17세기 이후 제작된 서구식 세계지도이다. 17세기 초반 마테오 리치(Matteo Ricci)의 『곤여만국전도(坤輿萬國全圖)』 도입 이후 다양한 서구식 세계지도가 중국으로부터 전래되었다. 이러한 서구식 세계지도는 국가기관의 주도하에 다시 제작되기도 했고, 일부는 민간의 지식인들에 의해 모사(摹寫)되기도 했다. 민간에서는 대형의 지도보다 책에 수록된 소형의 서구식 세계지도가 지식인들에 더 많이 유포되었다. 이러한 서구식 지도는 주변국인 일본에 비해 수량은 매우 적다. 그러나 현존하는 지도가 적다고 해서 이들의 영향력을 과소평가할 수는 없다. 현존하는 마테오 리치의 지도 가운데 서울대학교 박물관 소장의 회입(繪入) 『곤여만국전도』와 숭실대학교 박물관 소장의 『양의현람도(兩儀玄覽圖)』 등은 세계적으로도 희소하고 그 가치가 널리 인정된 것들이다.

셋째 유형으로 들 수 있는 것은 원형 천하도인데, 현존하는 세계지도 중에서 수량이 가장 많다. 17세기 이후 제작되어 민간에 널리 보급된 지도로 그 구조와 내용이 독특하다. 조선과 같은 한자문화권인 동아시아의 중국, 일본 등지에서는 전혀 발견되지 않고 있어서 조선의 독특한 세계인식을 보여주는 지도로 평가되어왔다. 원형 천하도는 낱장으로 존재하는 경우가 거의 드물고 대부분 지도책에 수록되어 있다. 필사본뿐만 아니라 목판인쇄본도 10종 이상 남아 있다.

문헌자료는 세계인식의 의미를 파악하고 지도제작의 사회적 맥락과 세계지도를 매개로 초래되는 세계인식의 변화를 살피는 데 필요하다. 세계지도의 분석만으로는 그 안에 내재해 있는 세계인식의 특성을 온전하게 파악하기가 쉽지 않기 때문에 관련 제반 문헌들을 검토할 수밖에 없다. 이러한 문헌자료에는 지리 관련 저작들이 일차적인 자료가 된다. 먼저 전통적인 세계인식의 파악과 중국을 통한 세계지도의 유입을 고찰하기 위해서 중국 측 문헌들을 이용하였다. 예를 들면 『회남자(淮南子)』 『산해경(山海經)』 『여씨

춘추(呂氏春秋)』등과 같은 중국 고대의 문헌을 비롯하여『사기(史記)』『한서(漢書)』『진서(晉書)』등의 사서류(史書類)의 기록들도 중요 자료로 활용했다. 또한 후대의『삼재도회(三才圖會)』『도서편(圖書編)』『고금도서집성(古今圖書集成)』등과 백과사전적 유서(類書),『사고전서(四庫全書)』에 수록된 여러 문헌들도 자료로 활용하였다.

조선에서 세계지도 제작과 관련된 사회적 맥락을 검토하는 데에는『조선왕조실록(朝鮮王朝實錄)』과 같은 연대기, 지도제작과 관련된 사람들의 개인문집 등이 일차적으로 중요한 자료가 된다. 이와 더불어 각종 여행기, 사행(使行) 기록류,『지봉유설(芝峰類說)』『성호사설(星湖僿說)』『오주연문장전산고(五洲衍文長箋散稿)』같은 실학자들의 유서류, 서구의 지리지식에 관심을 갖고 있었던 여러 실학자들의 저작과 문집 등을 당시 세계인식의 변화를 추적하는 데 중요한 자료로 활용하였다.

### (3) 연구의 범위와 한계

본 연구에서 다룬 시기는 조선 전기부터 19세기 개항기 이전까지다. 개항 이후의 시기는 이전 시기와는 세계지도의 제작뿐만 아니라 세계인식에서도 뚜렷하게 구분되기 때문에 본 연구에서 제외했다. 개항 이후는 제국주의 열강의 본격적인 한반도 진출로 인해 정치·사회·제도적 부분을 비롯하여 세계인식 또한 급변했던 시기로, 국가 주도하에 많은 서구식 세계지도들이 제작되면서 근대적 교육기관을 통해 급속하게 보급되었다. 따라서 이 시기의 세계지도 제작과 이를 통한 인식의 변화는 이전 시기와 더불어 연속적으로 파악할 수는 없고 별도의 연구가 필요하다고 생각된다.

시기별 세계지도 분석을 위해 15세기부터 19세기 개항기 이전까지의 연구시기를, 현존하는 세계지도와 시대상을 토대로 세 시기로 구분하였다. 즉, 조선 초기부터 임진왜란 이전까지인 15, 16세기, 중국을 통해 서구식 세계지도가 유입되기 시작하면서 실학의 분위기가 무르익는 17, 18세기, 천주교 탄압과 정치·사회적인 혼란기로 특징 지워지는 개항 이전의 19세기 등으로 나누었다.

조선시대의 시기 구분에 대해서는 조선사회의 성격과 관련하여 많은 논의들이 있어왔다.[21] 이는 한국사회의 근·현대를 설정하는 문제와도 관련된 중요한 부분으로서 다수의 이견이 존재한다. 최근의 역사연구에서는 전·중·후기 등의 구분보다는 세기별로 구분하는 경향을 많이 볼 수 있다. 본 연구는 세계지도와 이를 통한 지리적 인식에 초점을 두고 있기 때문에 시기 구분의 시점은 중국을 통해 서구식 세계지도를 비롯한 새로운 지리지식이 도입되는 1600년 전후로 삼았다. 또한 조선 후기 18세기에 실학적 연구 활동이 활발해지면서 서학에 대한 관심이 고조되었으나 정조(正祖)의 죽음과 더불어 1801년 천주교 탄압이 시작되어 서학 연구가 급속히 퇴조하게 된다. 따라서 1800년을 전후한 시기를 제2의 구분 시점으로 삼아 전체 세 시기로 구분하였다.

15, 16세기는 서양의 지리지식이 들어오기 이전으로 전통적인 세계지도가 제작되었던 시기이다. 이때 제작된 현존하는 세계지도는 1402년의 『혼일강리역대국도지도』와 16세기의 『혼일역대국도강리지도』 계열의 사본이 대표적이다. 두 계열의 지도를 통해 지리적 세계인식에서의 변화를 단편적이나마 파악해볼 수 있다.

17, 18세기는 양대 전란을 거치면서 사회가 점차 안정되는데 18세기 영·정조 대에 이르러서는 조선시대 르네상스라 불릴 정도로 문화적 성취가 절정에 달했다. 중국을 통해 들여온 서학이 실학자들에 큰 영향을 주었고 서구식 세계지도를 통해 전통적인 세계인식에서도 많은 변화가 일어났던 시기였다. 국가 주도하에 서구식 세계지도가 도입되어 다시 제작되면서 지식인 사회에 영향을 주었다. 다른 한편으로 민간에서 원형 천하도가 제작되어 유행

---

21) 韓國古代史硏究會 『韓國史의 時代區分』, 新書苑 1995.

하였고 이와 더불어 전통적인 중국 중심의 세계지도도 꾸준히 제작되었다.

개항 이전의 19세기에는 1801년의 신유교난을 시작으로 천주교 탄압이 지속됨에 따라 이전 시기에 형성된 서학에 대한 관심이 사라지게 되었다. 이로 인해 중국을 통한 서양학문의 공식적 수용은 거의 이뤄질 수 없었다. 또한 세도정치로 인해 사회적 혼란이 가중되었고 백성들의 궁핍은 더욱 심해졌으며, 점차 다가오는 서양세력에 대해 쇄국적인 정책을 강화했던 시기라는 점에서 이전 시기와 구별된다. 그러나 이 시기에도 세계지도의 제작이 민간에서 행해졌는데 최한기, 김정호(金正浩), 박규수(朴珪壽) 등이 주도적인 역할을 했다.

이와 같이 개항 이전까지의 조선시대를 크게 세 시기로 구분하여, 각 시기에 제작된 세계지도를 분석하고 그 이면에 담겨진 세계인식이 어떠했는가를 밝히며 더 나아가 세계인식의 시기별 변화까지 포착하는 것이 본 연구의 핵심이다. 그러나 조선시대 제작된 세계지도는 시계열적 분석이 용이할 정도로 수량이 풍부하지 못하다. 전국도(全國圖)나 군현지도(郡縣地圖)에 비해 상대적으로 수량이 적고, 동아시아 문화권인 중국과 일본에 비해서도 남아 있는 양이 적은 편이다. 특히 15, 16세기의 세계지도는 2~3종에 불과하다.[22] 이러한 자료적 한계는 다음과 같은 문제를 야기할 수 있다. 즉, 한두 종의 세계지도에 담겨 있는 세계인식이 그 시기의 세계인식을 대표할 수 있는가 라는 소위 '대표성의 문제'이다.

이와 같은 '대표성의 문제'는 한정된 사료를 통해 시대상을 밝히는 역사적 연구에서 흔히 부딪히는 문제다. 그러나 이러한 문제는 수량적으로 풍부한 자료를 확보했다고 해서 해결되는 것은 아니다. 다시 말해서 한두 종의

---

22) 현존하는 세계지도가 일본이나 중국에 비해 적은 것은 세계지도의 제작 자체가 드물었다기보다는 잦은 전란으로 많은 지도들이 소실된 데서 기인한다. 『조선왕조실록』과 같은 문헌을 보면 국가적 차원에서 중국을 통한 세계지도의 구득과 국내에서의 제작이 빈번하게 행해졌던 사실을 알 수 있다.

세계지도가 아닌 여러 종류의 세계지도가 남아 있고 특정 종류의 지도가 수량적으로 다수를 차지하고 있다 하더라도 그 지도가 그 시기를 대표하는 지도라 단정 짓기는 곤란하다. 수량적 차원을 넘어 각각의 세계지도가 제작된 배경과 목적, 지도의 계보, 사회적 영향력, 이용계층 등이 명확해질 때 당시의 대표적인 세계인식이 파악될 수 있을 것이다.

이와 관련하여 앞서도 언급했지만 작은 규모의 지역을 그린 지도와 달리 광범한 영역을 포괄하고 있는 세계지도는 오랜 역사적 과정 속에서 사회적으로 형성된 인식에 기초하고 있다. 다시 말해 일개인에 의해 저술되는 문집과 같은 사료나 주변의 생활공간을 그린 대축척의 지도와는 달리, 개인이 경험할 수 없는 광범한 영역을 그린 세계지도는 긴 역사적 과정 속에서 전수된 지식의 축적을 바탕으로 제작된다. 또한 이러한 지리적 지식은 일개인의 독립적인 행위에 의해 이뤄지지 않고 반드시 사회적으로 형성된다. 개인의 경험을 토대로 세계지도를 제작하는 것은 거의 불가능하다. 더구나 활동 반경이 한반도와 중국, 일본의 일부 지역에 한정되어 있던 조선시대의 경우는 더욱 그러하다. 세계지도가 지니는 이러한 특성을 고려할 때 조선시대 특정 시기에 제작된 한 장의 세계지도라 하더라도 그 속에는 역사적, 사회적으로 형성된 세계인식이 담겨 있는 것이다. 바로 이러한 점이 지도를 개인의 창작물인 예술작품과 구별 짓는 중요한 기준이기도 하다.

따라서 당시 제작된 지도가 한두 점에 불과하다 할지라도 그 한두 점의 세계지도에는 사회적으로 형성된 세계인식이 투영되어 있는 것이기 때문에 연구자료로서 충분한 가치를 지닌다고 볼 수 있다. 특히 『혼일강리역대국도지도』처럼 국가적 사업으로 제작된 세계지도의 경우에는 더욱 그러하다. 국왕과 일부 신하들에 의해 국정이 운영되던 왕조시대에서 이들의 주도하에 제작된 세계지도는 그 시대를 대표하는 것이라 할 수 있고, 이러한 지도에 내재하고 있는 세계인식 역시도 당시 지배적인 인식의 반영으로 볼 수 있다.[23]

그러나 조선시대의 세계지도들이 매 시기 균등하게 남아 있지 않기 때문에 조선시기 전 과정을 통시적으로 분석하여 세계인식에 있어서 변화의 흐름과 패턴을 확실하게 파악하는 것은 쉽지 않다. 또한 특정 시기에 제작된 세계지도라 하더라도 이후에 계속 모사되면서 이용될 수 있기 때문에 제작된 시기만을 고려하여 그 지도의 세계인식을 파악하는 것도 여전히 한계를 지닐 수밖에 없다. 특히 본 연구에서는 세계지도를 일차적인 분석의 대상으로 삼고 있기 때문에 세계인식에서의 변화를 전 시기에 걸쳐 균질적으로 파악하는 것은 무리이다. 다만 세계지도의 분석을 통해 파악된 세계인식을 시계열적으로 배열하여 대략적인 흐름을 살펴보고자 했다.

## 2. 연구동향

### 1) 국내외 연구동향

조선시대 세계지도에 대한 연구는 개별 논문들과 더불어 전체 지도학사를 다루는 글에서 일부 찾아볼 수 있다. 개별 논문들은 한 종류의 세계지도를 대상으로 분석하는 것이 주류를 이루지만 최근에는 두세 종의 지도를 비교

---

23) 조선시대와 같은 왕조사회에서 세계지도의 제작과 이용은 관료나 학자 등 특정 계층에 한정될 수밖에 없었다. 특히 한자를 주요 문자언어로 사용했던 조선시대의 경우 일반 평민이 세계지도나 학술서적을 접하기는 매우 어려웠을 것이다. 이는 신분사회가 지니는 불가피한 현상으로 현대와 같이 평등을 전제로 하는 민주주의 사회와는 근본적으로 다르다고 할 수 있다. 이로 인해 당시 특정 계층이 제작, 이용했던 세계지도에 담겨 있는 세계인식도 엄밀하게 말하면 전체 사회의 인식이기보다는 지배계층의 인식이라고 할 수도 있다. 그러나 왕조사회는 왕을 정점으로 일부의 계층이 지배하던 사회라는 점을 감안한다면 이들이 지녔던 지리적 세계에 대한 인식은 당시의 지배적인 인식이라고 할 수 있다. 일반 백성들이 사용했던 세계지도가 발견되지 않는 상황에서—당시 일반 백성들이 세계지도를 사용했는가의 문제는 별도로 치더라도—이러한 세계지도를 일부 계층의 인식이 반영된 것이라는 이유로 폄하할 수는 없을 것이다.

검토한 연구도 일부 이뤄졌다. 조선시대 지도학사를 통사적으로 기술한 글에서도 세계지도에 대한 내용이 수록되어 있는데, 심도 있는 분석보다는 개략적인 흐름을 정리한 것이 대부분이다. 따라서 기존의 연구성과를 정리하거나 재해석하는 것이 보통인데 수적으로는 풍부하나 내용적으로 그다지 특별한 차이를 보이지 않는다. 이러한 유형은 지도학 개론서 등에 실린 비교적 간략한 글에서부터[24] 지도학사를 전문적으로 다루는 저술이나 논문에서 비교적 비중 있게 취급된 것도 있다.[25] 이와 더불어 현존하는 한국의 고지도를 영인 간행한 책자에 수록된 글에서도 세계지도에 대한 내용이 다뤄졌다.[26]

또한 할리 등이 중심이 되어 지도학의 역사를 세계의 다양한 문화권에서 조명하는 프로젝트를 진행했는데 한국 부분은 미국의 레드야드(Gari Ledyard)가 맡아 정리하였다. 그는 한국 지도학의 역사를 통시적으로 정리하면서 조선시대 세계지도의 제작과 세계에 대한 인식, 서양 지도학의 영향 등을 개괄적으로 분석하였다.[27] 최근에는 국토지리정보원에서 한국 지도학의 전개과정을 통사적으로 정리한 책을 간행하였는데, 전통시대 세계지도에 대한 내

---

24) 이 부류에 속하는 연구로서 다음을 들 수 있는데 주로 과학사, 지도학 교재 등에 수록되어 있다. 洪以燮『朝鮮科學史』, 正音社 1949; 洪始煥『地圖의 歷史』, 전파과학사 1976; 김주환·강영복『지도학』, 대학교재출판사 1980; 이희연『지도학』, 법문사 1995.

25) 이와 같은 유형의 연구로는 다음을 들 수 있다. 全相運『韓國科學技術史』, 과학세계사 1966; 國立建設研究所『韓國地圖小史』, 1972; 방동인『한국의 지도』, 세종대왕기념사업회 1976; 李燦「韓國地圖發達史」,『韓國地誌: 總論』, 建設部 國立地理院 1982; 李相泰「朝鮮時代 地圖研究」, 동국대학교 박사학위논문 1991; 李燦「韓國 古地圖의 發達」,『海東地圖』, 서울대학교 규장각 1995; 이상태『한국 고지도 발달사』, 혜안 1999.

26) 이 범주에 속하는 연구로는 다음을 들 수 있다. 李燦「韓國 古地圖의 發達」,『韓國古地圖』, 韓國圖書館研究會 1977; 李燦『韓國의 古地圖』, 汎友社 1991; 楊普景「韓國의 옛 地圖」,『韓國의 옛 地圖』, 영남대학교박물관 1998.

27) Gari Ledyard, "Cartography in Korea," J. B. Harley and David Woodward, eds., *The History of Carrography* Vol.2, Book.2, University of Chicago Press 1994, 256~67면.

용을 한 부분으로 다루기도 했다.[28]

이와 같이 한국 지도사의 통사적 기술에 포함된 개략적 성격의 연구 이외에 지금까지 연구성과로 축적된 개별 논문들을 연구대상에 따라 나누면 다음의 세 가지 유형으로 분류해볼 수 있다.

첫째 유형은 동양의 전통적인 천지관(天地觀)인 천원지방과 중화적 세계인식에 기초한 전통적인 세계지도를 연구한 것이다. 15, 16세기의 『혼일강리역대국도지도』 『혼일역대국도강리지도』와 김수홍(金壽弘)의 『천하고금대총편람도(天下古今大總便覽圖)』에 대한 연구가 이에 해당한다. 둘째는 서구식 세계지도와 이의 영향에 대한 연구이다. 마테오 리치의 『곤여만국전도』를 필두로 알레니(Giulio Aleni)의 『만국전도(萬國全圖)』, 페르비스트(Ferdinand Verbiest)의 『곤여전도(坤輿全圖)』 등이 도입되는 과정과 이들이 조선사회에 미친 영향을 분석한 연구가 이 유형에 해당한다. 이와 더불어 지구의(地球儀)의 도입으로 나타나는 지구설(地球說)의 수용을 다룬 것도 이 분야의 중요한 연구주제가 된다. 셋째 유형은 원형 천하도에 관한 연구이다. 독특한 구조와 내용을 지닌 원형 천하도에 대한 연구는 다른 유형에 비해 독립된 성격이 강하다.

### (1) 전통적인 세계지도의 연구

전통적인 세계지도에 대한 연구에서는 『혼일강리역대국도지도』에 대한 연구가 대부분을 차지한다. 이 지도의 사본은 현재 4종이 알려져 있는데 모두 일본에 소장되어 있다. 따라서 이에 대한 연구도 대부분 일본인 학자에 의해 이루어졌다.

1910년 일본인 학자 오가와 타꾸지(小川琢治)는 일본의 류우꼬꾸대(龍谷大)에 소장되어 있는 『혼일강리역대국도지도』를 최초로 학계에 소개하였다.

---

28) 국토해양부 국토지리정보원 『한국 지도학 발달사』, 2009.

그는 이 지도의 착색법과 인도 해안선 등을 검토하여 이슬람 지도의 영향을 추적했다. 바다와 염호(鹽湖)를 녹색으로, 하천과 담수호를 청색으로 채색한 것은 아라비아 지구의의 채색법과 동일하고 인도의 해안선이 반도로 표시되지 않은 점은 톨레미의 지도에서 동일하게 볼 수 있는 것으로, 이는 톨레미의 지도학을 계승한 아라비아 지도의 영향을 받았다는 사실을 입증하는 것으로 보았다.[29] 이러한 그의 입론은 이후 『혼일강리역대국도지도』 연구에서 정설로 굳어지면서 이슬람 지도학의 영향을 중요한 주제로 부각시켰다.

오가와 타꾸지의 뒤를 이어 『혼일강리역대국도지도』의 연구에 몰두한 학자는 아오야마 사다오(靑山定雄)였다. 아오야마는 류우꼬꾸대에 소장된 지도의 발문(跋文)과 지명분석을 통해 지도가 제작된 경위와 제작시기를 구체적으로 파악하였는데, 1399년 중국 건문제(建文帝)의 축하 사절단으로 명나라에 갔던 김사형(金士衡)이 중국의 지도를 입수하고 1402년 일본에서 입수한 일본지도와 조선지도를 증보(增補)하여 제작한 것이라 하였다. 또한 조선측 지명을 통해 보았을 때 1402년이 아닌 후대 사본이며 이후에 일본으로 건너왔다고 지적했다.[30]

제2차 세계대전 이후 일본에서 류우꼬꾸대에 소장된 『혼일강리역대국도지도』 이외에 같은 유형의 지도가 텐리대(天理大), 혼묘오지(本妙寺) 등지에서 발견되면서 본격적인 연구가 진행되었다. 아끼오까 타께지로오(秋岡武次郞)는 혼묘오지에 소장된 『혼일강리역대국도지도』 유형의 『대명국도(大明國圖)』를 소개하였고,[31] 운노 가즈따까(海野一隆)는 텐리대에 소장된 같은 계열의 지도를 검토하여 계보를 파악하고자 했다.[32] 이보다 앞서 푹스(Walter

---

29) 小川琢治 「近世西洋交通以前の支那地圖に就て」, 『地學雜誌』 258卷 160號, 1910; 小
　　川琢治 『支那歷史地理硏究』, 弘文堂 1928, 61~62면.
30) 靑山定雄 「元代の地圖について」, 『東方學報』 8冊, 1938.
31) 秋岡武次郞 『日本地圖史』, 河出書房 1955.
32) 海野一隆 「天理大圖書館所藏大明圖について」, 『大阪學藝大學紀要』 6號, 1958.

Fuchs)는 중국 뻬이징 고궁박물원(故宮博物院)에 소장된 『대명혼일도(大明混一圖)』를 검토하여 『혼일강리역대국도지도』와의 관계를 밝히고자 했다.[33] 특히 이 『대명혼일도』는 혼일강리도가 저본으로 삼았다고 추정되는 『성교광피도(聲敎廣被圖)』의 모습과 관련하여 매우 중요한 지도로 판단된다.

타까하시 타다시(高橋正)는 이 분야에서 가장 활발하게 연구하는 대표적 학자이다. 일찍이 수행했던 중세 이슬람 지리학의 연구[34]를 발판으로, 『혼일강리역대국도지도』에서 표현하고 있는 형태와 지명을 분석하여 이슬람 지도학과의 연관을 추적했다.[35] 그는 혼일강리도의 아프리카 부분에 표시된 지명과 나일강의 모습을 통해 이를 입증하였다. 그는 "아프리카 남부에 표기된 '저불노마(這不魯痲)'는 아라비아어로 '제벨 알 카말'인데 '월산(月山)'을 의미하며 톨레미의 세계지도에서 보이는 '달의 산맥'(Lunae Montes)과 동일하다. 또한 톨레미 지도에서는 나일강이 '달의 산맥'으로부터 북류하여 그 산록에 있는 두 개의 큰 호수에 들어가 여기에서 다시 북류해 합류하는데, 이러한 나일강 하원(河源)의 모습은 중세 이슬람의 알 이드리시(al-Idrish) 지도에서 재현되고 있다. 『혼일강리역대국도지도』에도 나일강의 이러한 모습이 동일하게 나타나고 있는데, 이는 중세 이슬람 지도에 기초하여 제작된 강력한 증거이다"라고 주장했다.

이러한 일련의 연구를 통해 중세 이슬람 지도학이 중국에 유입되고 그것이 다시 조선에서 편집, 제작된 사실이 밝혀졌는데, 이는 지도제작 부분에서 동서문화의 교류를 보여주는 대표적인 사례로 평가되었다. 이와 더불어 『혼

---

33) W. Fuchs, 織田武雄 譯 「北京の明代世界圖について」, 『地理學史研究』 2, 1962.

34) 高橋正 「中世イスラーム地理學再評價への試み」, 『人文地理』 12-4, 1960.

35) 高橋正 「東漸せる中世イスラム世界圖」, 『龍谷大學論集』 第374, 1963; 高橋正 「『混一疆理歷代國都之圖』再考」, 『龍谷史壇』 56·57, 1969; 高橋正 「『混一疆理歷代國都之圖』續考」, 『龍谷大學論集』 400·401, 1973; 高橋正 「元代地圖の一系譜: 主として李澤民圖系地圖について」, 『待兼山論叢』 9, 1975; 高橋正 「中國人的世界觀と地圖」, 『月刊しにか』 6-2, 1995.

일강리역대국도지도』의 일본 유입에 대한 부분도 일본인 학자에 의해 일부 해명되어 앞으로 이 분야의 연구에 상당한 도움이 될 것으로 기대된다.[36] 1988년에는 일본의 혼꼬오지(本光寺)에서도 같은 유형의 지도가 발견되어 다른 지도와 비교, 검토되었다.[37] 특히 혼꼬오지 사본에서는 류우꼬꾸대 사본과 마찬가지로 권근(權近)의 발문이 수록되어 있는데 일본 부분의 모습은 류우꼬꾸대 소장본과 상이하여 주목된다.

보다 최근에는『혼일강리역대국도지도』유형에 대한 학제간 공동 연구가 이뤄졌다. 쿄오또대학(京都大學) 대학원 문학연구과(文學研究科)에서는 21세기 COE프로그램인 '글로벌시대 다원적 인문학의 거점 형성'의 일환으로 '15, 16, 17세기 제작된 회도·지도와 세계관'의 연구를 일본사학, 동양사학, 지리학을 중심으로 진행해 그 성과를 책으로 간행했다.[38] 여기에는『혼일강리역대국도지도』의 서방 지명을 현존 사본별로 비교, 고증한 연구와『혼일강리역대국도지도』의 계보에 관한 연구,『혼일강리역대국도지도』에 수록된 조선지도에 관한 연구 등이 수록되어 있다. 또한 위의 '15, 16, 17세기 제작된 회도·지도와 세계관'이라는 프로젝트의 중간보고서『그림·지도로 본 세계상』에 수록된「『혼일강리역대국도지도』로의 길: 14세기 사명(四明) 지방의 지식의 행방」을 토대로『혼일강리역대국도지도』에 대한 단행본 연구서가 간행되었다.[39]

이와 같이『혼일강리역대국도지도』의 연구는 대부분 일본에서 이뤄졌는데 한국에서는 이찬(李燦)의 연구가 거의 유일하다. 그는 류우꼬꾸대 소장본을 검토하여, 지도에 표현된 각 지역별로 특징들을 파악하고 지도학사적 의의를 제시하였다.[40] 여기에서 제시된 지도학사적 의의는 첫째, 현존하는 우

36) 辻稜三「李朝の世界地圖」,『月刊韓國文化』3卷 6號, 1981.

37) 弘中芳男「島原市本光寺藏「混一疆理歷代國都地圖」」1·2,『地圖』27-3·4, 1989.

38) 藤井讓治·杉山正明·金田章裕 編『大地の肖像』, 京都大學學術出版會 2007.

39) 宮紀子『モンゴル帝國が生んだ世界圖』, 日本經濟新聞出版社 2007.

리나라 전도의 최고본(最古本)이고 둘째, 조선 초기 국가적 지도제작 사업의 일면을 볼 수 있으며 셋째, 한국의 지리학 및 지도학적 지식과 중국 고유의 지도 전통, 아라비아 및 아라비아를 통해서 볼 수 있는 그리스 지도학의 발달 등을 살펴볼 수 있는 귀중한 지도라는 점이다. 이상에서 서술한 개별 논문 외에 연구사를 정리한 논문도 있다. 타까하시 타다시는 1995년 한국에서 열린 국제고지도심포지엄에서 『혼일강리역대국도지도』에 대한 연구사를 정리, 발표하면서 이 지도에 대한 국제적 공동연구의 필요성을 제기하였다.[41]

16세기에 제작된 전통적인 세계지도로 대표적인 것은 『혼일역대국도강리지도』를 들 수 있다. 이 지도도 역시 중국에서 들여온 양자기(楊子器)의 지도를 기초로 조선에서 편집, 제작한 것이다. 현재 한국의 인촌기념관, 서울대학교 규장각한국학연구원을 비롯하여 일본의 묘오신지(妙心寺) 린쇼오인(麟祥院), 쿠나이쬬오(宮內廳), 미또(水戶) 쇼오꼬오깐(彰考館) 등 여러 곳에 소장되어 있다. 이 유형의 세계지도를 처음으로 학계에 보고한 이는 아오야마 사다오였다. 그는 일본의 쿠나이쬬오 도서료(圖書寮)에 소장된 『혼일역대국도강리지도(混一歷代國都彊理之圖)』의 사진과 함께 양자기의 발문, 지도의 내용 등을 소개하였다.[42]

아오야마에 이어 미야자끼 이찌사다(宮崎市定)는 묘오신지 린쇼오인에 소장된 『혼일역대국도강리지도』의 제작시기, 지도의 계보와 지도에 수록된 내용을 검토하였다.[43] 이찬은 국내에 소장된 같은 유형의 사본으로 인촌기념관의 『혼일역대국도강리지도』와 서울대학교 규장각 소장의 『화동고지도(華

40) 李燦 「韓國의 古世界地圖에 관한 研究: 天下圖와 混一疆理歷代國都之圖에 대하여」, 『1971년 문교부 학술연구 조성비에 의한 연구보고서』, 1971; 李燦 「韓國의 古世界地圖: 天下圖와 混一疆理歷代國都之圖에 대하여」, 『韓國學報』 제2집, 一志社 1976.
41) 高橋正 「『混一疆理歷代國都之圖』 研究 小史: 日本의 경우」, 『문화역사지리』 7호, 1995.
42) 靑山定雄 「明代の地圖について」, 『歷史學研究』 1卷 11號, 1937, 283~88면.
43) 宮崎市定 「妙心寺麟祥院藏の混一歷代國都彊理地圖について」, 『神田博士還曆記念書誌學論集』, 1957.

東古地圖)』를 류우꼬꾸대 소장의 『혼일강리역대국도지도』와 비교, 분석했다. 그 결과 규장각본은 인촌기념관 소장본과 동일 유형에 속하지만 보다 후대에 제작된 것으로 중국 부분이 많이 수정되어 있음이 밝혀졌다.[44]

15, 16세기에 제작된 전통적인 세계지도 이외에도 17세기 민간에서 제작된 전통적인 세계지도를 분석한 연구도 이루어졌다. 맥캐이(A. L. Mackay)는 김수홍이 제작한 세계지도를 분석함으로써 연구의 폭을 확대했는데, 김수홍의 『천하고금대총편람도』가 세계에 대한 종교적이고 중세적인 관점이 과학적, 정량적, 수학적 관점으로 옮겨가는 중간 단계에 속하는 지도라고 보았다.[45] 최근 한영우도 17세기에 제작된 것으로 추정되는 프랑스 국립도서관 소장의 한국본 여지도(輿地圖)를 조사, 분석하여 지도사적 의의를 기술하면서, 이 지도가 과학성과 예술성을 지닌 전통적인 세계지도로서 17세기 국가적 지도제작 사업의 중요한 결실임을 강조했다.[46]

## (2) 원형 천하도의 연구

원형 천하도는 독특한 형상과 내용으로 인해 일찍부터 사람들의 관심을 끌었는데, 19세기말에 이익습(李益習)과 20세기초 헐버트(H. B. Hulbert)에 의해 간략하게 소개되었다.[47] 본격적인 연구는 일본인 학자 나까무라 히로시(中村拓)가 진행했는데 그는 천하도의 기원과 관련하여 중국기원설과 불

---

44) 李燦 「朝鮮前期의 世界地圖」, 『학술원논문집』 제31집, 1992.

45) A. L. Mackay, "Kim Su-hong and the Korean Cartographic Tradition," *Imago Mundi* 27, 1975, 27~38면.

46) 韓永愚 「프랑스 국립도서관 소장 韓國本 輿地圖에 대하여」, 『韓國學報』 91·92, 1998; 한영우 「프랑스 국립도서관 소장 한국본 여지도」, 『우리 옛지도와 그 아름다움』, 효형출판 1999.

47) Yi, Ik Seup, "A Map of the World," *Korean Repository* 1, 1892, 336~41면; H. B. Hulbert, "An Ancient Map of the World," *Bulletin of the American Geographical Society of New York* 36, 1904, 600~605면. 다음에 재수록 됨. *Acta Cartographica* 13, 1972, 172~78면.

교와의 관련을 주장하였다.[48] 특히 서양의 대표적인 지도학사 잡지인『이마고 문디』(Imago Mundi)에 소개함으로써 천하도가 널리 알려지는 계기가 되었다.[49] 그러나 중국기원설과 더불어 불교적 전통과 관련시킨 그의 입론은 서양 학자들에 의해 무비판적으로 받아들여지면서 천하도에 대한 심각한 오해를 낳기도 했다.[50] 이러한 중국기원설은 지도제작에 있어서 조선의 독자성을 부정하는 부작용을 초래하기도 했다.[51]

원형 천하도는 서구에서도 1950년대를 거치면서 서서히 알려지게 되었다. 일찍이 중국의 과학사를 체계적으로 정리하기 시작한 니덤(Joseph Needham)이 중국의 지도학사를 검토하는 과정에서, 이슬람 지도학의 영향을 받아 조선에서 제작된『혼일강리역대국도지도』와 더불어 동아시아의 종교적 우주지의 대표적인 것으로 원형 천하도를 비중 있게 다루었다.[52] 또한 세계지도학사를 정리한 배그로우(Leo Bagrow)도 영국 대영박물관에 소장된 원형 천하도를 간략하게 소개했다.[53] 그러나 이러한 연구는 나까무라의 연구를 뛰어넘지는 못한 소략한 것이었다.

한국 학자들도 원형 천하도에 관심을 갖기 시작했는데, 전상운은 원형 천

---

48) 中村拓「東亞地圖の歷史的變遷」,『續大陸文化硏究』, 京城帝大 大陸文化硏究院 1943; 中村拓「朝鮮に傳わる古きシナ世界地圖」,『朝鮮學報』39・40, 1967.

49) Nakamura, Hiroshi, "Old Chinese World Maps Preserved by the Koreans," Imago Mundi 4, 1947, 3~22면.

50) Gari Ledyard, "Cartography in Korea," J. B. Harley and David Woodward, eds., The History of Cartography Vol.2, Book.2, University of Chicago Press 1994, 256~57면. 일본인 학자들도 불교계 세계지도라는 나까무라 히로시 입론을 무비판적으로 받아들였는데 대표적인 경우가 마끼노 요오이찌(牧野洋一)이다(牧野洋一 「朝鮮に存在した地圖二種について: 大明地圖と淸代の地圖帳について」,『地圖』6-3, 1968).

51) 堀淳一「アジア地圖の表情をかいまみる」,『月刊したか』6卷 2号, 1995, 70~71면.

52) Joseph Needham, Science and Civilisation in China Vol.3(Mathematics and the Science of the Heavens and the Earth), Cambridge University Press 1959 (J. ニーダム『中國の科學と文明』第6卷, 思索社 1976).

53) Leo Bagrow, History of Cartography, Harvard University Press 1964, 204~205면.

38

하도가 불교계 윤상지도(輪狀地圖)로 1607년 중국의 인조(仁潮)가 편찬한
『법계안립도(法界安立圖)』중의 세계지도와 비슷하지만 중세 라틴의 T-O
지도나 중세 아라비아의 윤상지도의 영향을 받아 제작된 흔적이 뚜렷하다고
주장했다.[54] 김양선은 비교적 자세히 천하도를 다루었는데 원형 천하도를
'추연식(騶衍式) 천하도'라 명명하였다. 그는 원형 천하도의 비해(裨海)와 영
해(瀛海), 환대륙(環大陸)의 개념은 분명히 중국의 것이므로 그 지도는 중국
에서 만들어져 우리나라에 전래된 것이라는 중국기원설을 주장했다.[55]

이찬은 원형 천하도가 중국에서 기원했다는 나까무라 히로시의 입론을 비
판하며 조선기원설을 제시했는데, 원형 천하도가 중국이나 일본에서는 발견
되지 않고 있고, 불교계 세계지도인 『사해화이총도(四海華夷總圖)』에서 원
형 천하도가 만들어졌다고 보는 것은 너무 큰 비약이라는 점을 근거로 제시
하였다. 조선의 전통적인 세계지도에 점차 서구에서 도입된 지식이 적용 또
는 첨가되어온 과정으로 볼 때 원형 천하도도 오랜 세월에 걸쳐 진화, 발달
해온 것이며 중국적인 세계관을 수용하여 조선에서 지도화했을 가능성이 크
다고 지적했다.[56] 이러한 조선 기원설은 원형 천하도의 논의를 한 단계 끌
어올린 것으로 평가된다.

일본에서는 나까무라 히로시에 이어 운노 가즈따까도 천하도에 관심을 갖
고 텐리대 소장본을 중심으로 연구하였다. 그는 나까무라의 연구가 천하도
가 수록된 지도첩을 고려하지 않고 단일 천하도만을 대상으로 진행되었기
때문에 문제가 있다고 지적하면서 천하도의 여러 간본(刊本)들을 지도첩과
의 관련 속에서 고찰하였다. 그 결과 천하도의 제작시기는 최소한 1666년
이후로 편년된다는 점을 명확히 했다.[57] 또한 후속 논문을 통해 천하도의

54) 全相運 『韓國科學技術史』, 과학세계사 1966, 310~11면.
55) 金良善 「韓國古地圖研究抄」, 『崇大』 제10호, 1965, 62~88면.
56) 李燦 「韓國의 古世界地圖: 天下圖와 混一疆理歷代國都之圖에 대하여」, 『韓國學報』 제
    2집, 一志社 1976, 47~66면.

중국기원설과 불교와의 관련을 비판하면서 자신의 논지를 전개하였는데, 천하도는 조선 후기 실학자에 의해 서양지도에 대항해서 만들어진 일종의 도교적 세계지도라고 파악하였다.[58] 아울러 『산해경』에 수록되어 있지 않은 도교식 지명을 통해 천하도와 도교, 신선사상 등과의 관계를 파악하여, 서양 지리지식이 조선으로 전래된 이후 이에 대한 반응으로 태동한 것이라 한 점은 음미해볼 만하다.

레드야드도 천하도의 유래에 대해 발표했는데 원형 천하도의 내대륙과 『혼일강리역대국도지도』의 형태적 유사성으로부터 두 지도가 밀접한 관련을 지닌다는 흥미 있는 주장을 펴기도 했다.[59]

최근에는 역사학 분야에서도 원형 천하도에 대한 상세한 연구가 이루어졌다. 배우성은 조선시대의 고지도를 통해 세계인식을 파악하고자 하였는데, 이 과정에서 원형 천하도를 주요 연구대상으로 삼았다. 그는 땅이 하늘과 밀접하게 맞닿아 있다는 조선시대 사람들의 땅에 대한 관념이 원형 천하도에 투영되었다고 보았고, 신선설화와 관련된 많은 지명들이 수록된 것은 17세기 양생설의 유행과 관련된다고 추정했다.[60] 이후 이를 다소 보완, 정리하여 책의 한 부분으로 수록했다.[61] 원형 천하도만을 대상으로 한 개별 논문에서는 원형 천하도가 중국에서 전래된 단원형 서구식 세계지도에 대한 조선적 해석의 산물이라는 점을 분명히 했다.[62]

이상과 같이 원형 천하도에 대한 연구는 지도 자체의 독특함으로 인해 국

57) 海野一隆 「朝鮮李朝時代に流行した地圖帳: 天理圖書館所藏本を中心として」, 『ビブリア』 70, 1978.

58) 海野一隆 「李朝朝鮮における地図と道教」, 『東方學報』 57, 1981.

59) Gari Ledyard 「「天下圖」의 유래에 대하여」, 『문화역사지리』 7호, 1995.

60) 裵祐晟 「古地圖를 통해 본 조선시대의 세계인식」, 『震檀學報』 83호, 1997, 43~83면.

61) 배우성 『조선 후기 국토관과 천하관의 변화』, 일지사 1998, 350~73면.

62) 배우성 「서구식 세계지도의 조선적 해석, 「천하도」」, 『한국과학사학회지』 제22권 제1호, 2000, 51~79면.

내외의 많은 학자들의 관심과 연구가 이루어졌다. 천하도에 대한 기원에 대해서는 분분한 논의가 있었지만 최근에는 17세기 이후 조선에서 제작되었다는 주장이 설득력을 얻고 있는 것으로 보인다. 그러나 지도가 지니는 독특함만큼 아직도 여전히 해결되지 않은 문제들이 존재한다. 원형 천하도가 지니는 의미, 지도 구조상의 계보, 지도의 기능 등이 미해결의 과제이다.

### (3) 서구식 세계지도와 그 영향에 관한 연구

마테오 리치의 『곤여만국전도』, 알레니의 『만국전도』, 페르비스트의 『곤여전도』와 같은 서구식 세계지도는 중국, 조선, 일본 등에 많은 영향을 주었던 대표적인 지도로 이들 지도의 내용에 대해서는 일본인 학자들에 의해 상당한 연구가 축적되어 있다. 이러한 연구 성과는 한국 학자들에게도 수용되어 여러 연구물에서 인용되었다. 일본에서의 연구는 주로 마테오 리치의 세계지도에 대한 연구가 주류를 차지하는데, 다른 지도에 비해 그것이 미친 영향이 지대하기 때문이다. 마테오 리치의 세계지도가 일본사회에 끼친 영향을 다양하게 검토하는 과정에서 일부는 국내의 서구식 세계지도를 검토하기도 했다. 이 가운데 대표적인 것은 마테오 리치의 세계지도에 관한 방대한 연구[63]를 수행했던 아유자와 신따로오(鮎澤信太郎)가 현재 숭실대학교 박물관에 소장되어 있는 『양의현람도』에 대해 연구한 것이다.[64]

아유자와의 뒤를 이어 후나꼬시 아끼오(船越昭生)가 이 분야의 연구에 집중하였다. 그는 마테오 리치의 『곤여만국전도』를 비롯한 예수회 선교사들에 의해 제작된 세계지도들이 쇄국 일본에 미친 영향에 대해 일련의 연구[65]를

---

63) 鮎澤信太郎「マテオ·リッチの世界圖に關する史的研究: 近世日本における世界地理知識の主流」, 『横浜市立大學紀要』18, 1953.

64) 鮎澤信太郎「マテオ·リッチの『兩儀玄覽圖』について」, 『地理學史研究』1, 柳原書店 1957.

65) 船越昭生「鎖國日本にきた『康熙圖』」, 『東方學報』38, 1967; 船越昭生「『坤輿萬國全圖』と鎖國日本: 世界的 視圈成立」, 『東方學報』41, 1970; 船越昭生「在華イエズス

발표하였고, 이러한 연구의 일환으로 마테오 리치의 세계지도가 중국과 조선에 미친 영향에 대해 현존하는 세계지도를 중심으로 검토하기도 했다.[66]

이러한 대표적인 연구 외에도 일제강점기 일부 일인 학자들의 간략한 연구가 있다. 타보하시 키요시(田保橋潔)는 조선에 전래된 페르비스트의 『곤여전도』를 검토하였다.[67] 그리고 페르비스트의 『곤여도설(坤輿圖說)』에 대한 일련의 연구[68]를 수행했던 아끼오까 타께지로오는 그 이전에 안정복(安鼎福)이 제작한 것으로 전해지는 지구의(地球儀)용 세계지도를 검토하여 다양한 유형의 서구식 지도가 조선의 지식인에게 영향을 미쳤음을 밝혔다.[69]

국내에서 이 분야의 선구적 업적은 고지도에 큰 관심을 지니고 있었던 역사학자 김양선의 연구가 대표적이다. 일찍부터 조선시대 세계지도 수집에 관심을 기울였던 김양선은 중국 선교사들이 제작한 서구식 세계지도가 우리나라로 전래되면서 한국문화에 미친 영향을 주로 분석하였다.[70] 특히 그는 『양의현람도』와 같은 귀중한 서구식 세계지도와 중국에서 제작된 각종 세계지도를 수집하기도 하였는데 이러한 지도들을 통해 서양의 지리지식이 조선 사회에 미친 영향을 고찰했다. 그의 선구적 연구는 이후의 학자들에게 많은 영향을 주었다.

會士作成地圖と鎖國時代の地圖」, 『人文地理』 24-2號, 1972; 船越昭生 「中國傳統地圖にあらわれた東西の接觸」, 『地理の思想』, 地人書房 1982.

66) 船越昭生 「マテオリッチ作成世界地圖の中國に對する影響について」, 『地圖』 第9卷, 1971; 船越昭生 「朝鮮におけるマテオ·リッチ世界地圖の影響」, 『人文地理』 23卷 第2號, 1971.

67) 田保橋潔 「朝鮮測地學史上の一業績」, 『歷史地理』 60-6, 1932.

68) 秋岡武次郎 「南懷仁著の坤輿圖說に就りて(一)(二)(三)(四)」, 『地理教育』 29-1號, 1938.

69) 秋岡武次郎 「安鼎福筆地球儀用世界地圖」, 『歷史地理』 61-2號, 1933.

70) 金良善 「明末淸初 耶蘇會宣敎師들이 製作한 世界地圖와 그 韓國文化史上에 미친 影響」, 『崇大』 6호, 1961; 金良善 「韓國古地圖硏究抄」, 『梅山國學散稿』, 崇田大學校 博物館 1972; 金良善 「明末淸初耶蘇會宣敎師들이 製作한 世界地圖」, 『梅山國學散稿』, 崇田大學校博物館 1972.

지리학 분야에서도 서구식 세계지도와 그로 인한 영향을 검토하는 움직임이 있었다. 장보웅은 마테오 리치의 세계지도를 검토하였고[71] 최영준은 서구식 세계지도가 미친 영향으로 중국 중심의 세계관에서 탈피한 것과 축척지도의 발달 등을 제시했다.[72] 이어 조선 후기 지리학의 발달을 서구의 지리지식의 전래와 관련지어 고찰했다.[73] 이찬은 상세한 도판과 함께 서구식 세계지도의 전래와 제작과정, 그리고 그것의 영향에 대해 통시적으로 기술하였다.[74]

이 분야의 가장 많은 연구는 노정식에 의해 이뤄졌는데, 그는 서구의 지리지식이 유입되면서 나타나는 조선 후기 세계지도의 변화과정, 그리고 이로 인한 인식상의 변화를 다년간의 연구를 통해 규명하려 하였다. 먼저 세계지도 전래로 인한 영향을 파악하고 실학자들의 저작 속에서 지리적 내용을 분석하였으며 조선시대 세계지지의 저술도 다루었다.[75] 이어 김정호의『지구전후도』를 분석하고 서양지도에 나타난 한반도 모습의 변화를 추적했다.[76] 계속하여 그는 한국 고지도의 외래적 영향을 지구구체설(地球球體說)의 수용과 서구식 세계지도의 도입을 중심으로 분석하였으며,[77] 고지도에

---

71) 張保雄「利瑪竇의 世界地圖에 관한 硏究」,『東國史學』12, 1975.

72) Choi, Young Joon, "The Impact of Western Culture on Modern Korean Geography,"『地理學과 地理敎育』9, 1979.

73) 崔永俊「朝鮮後期 地理學 發達의 背景과 硏究傳統」,『문화역사지리』제4호, 1992.

74) 李燦『韓國의 古地圖』, 汎友社 1991.

75) 盧禎埴「西洋地理學의 東漸: 특히 韓國에의 世界地圖 傳來와 그 影響을 中心으로」,『大邱敎大論文集』제5집, 1969, 225~55면; 盧禎埴「芝蜂類說에 나타난 地理學的 內容에 관한 硏究」,『大邱敎育大學 論文集』4호, 1969.

76) 盧禎埴「金正浩板刻의 地球前後圖에 관한 硏究」,『大邱敎育大學 論文集』8호, 1972, 257~66면; 盧禎埴「西洋地圖에 나타난 韓半島의 輪廓變遷에 관한 硏究」,『大邱敎育大學 論文集』11호, 1975; 盧禎埴「外國地圖上에 나타난 韓半島의 表面上 變化에 관한 硏究」,『大邱敎育大學 論文集』12호, 1976.

77) 盧禎埴「韓國古世界地圖의 特色과 이에 대한 外來的 影響에 관한 硏究」,『大邱敎育大學 論文集』18호, 1982; 盧禎埴「地球球體說의 受用의 外來的 影響에 관한 硏究」,『大

나타난 외국 지명을 통해 시야의 확대라는 측면에서 고찰했다.[78] 1992년에는 이러한 일련의 연구성과들을 박사학위논문으로 정리하였다.[79]

배우성은 18세기 관찬지도 제작과 지리인식을 박사학위논문으로 구성하였는데 논문의 일부분에서 서양의 지리지식이 이 시기 조선에서 어떻게 수용되어갔는가를 밝혔다.[80] 이어서 그는 고지도와 조선시대의 세계인식을 규명하였는데, 이 과정에서 서구식 세계지도가 조선인의 세계인식에 미친 영향을 추적하였다.[81] 아울러 조선시대의 세계지도를 세계관의 변화와 관련하여 개괄적으로 정리하기도 했다.[82]

보다 최근에는 과학사적인 관점에서 17, 18세기 조선과 중국학자들의 서양 지리학에 대한 해석을 다룬 임종태의 연구가 주목된다. 그는 세계지도를 직접적인 연구대상으로 삼지는 않았지만 서양 지리학에 대한 조선·중국학인들의 대응을 검토하는 과정에서 세계지도를 중요한 텍스트로 활용했다. 일련의 연구 결과 그는 당대 지식인들이 서양의 지리학에 큰 충격을 받았으나 이를 전통적 시각으로 재해석함으로써 인식의 근본적 전환은 어려웠다고 결론짓고 있다.[83]

---

邱教大論文集』 제19집, 1983, 75~89면; 盧禎埴「西歐式 世界地圖의 受用과 抵抗」, 『大邱教育大學 論文集』 20호, 1984.

78) 盧禎埴「古地圖에 나타난 外國地名을 통해서 본 視野의 擴大」, 『大邱教大論文集』 제22집, 1986.

79) 盧禎埴「韓國의 古世界地圖研究」, 효성여자대학교 박사학위논문, 1992.

80) 裵祐晟「18세기 官撰地圖製作과 地理認識」, 서울대학교 박사학위논문, 1996.

81) 裵祐晟「古地圖를 통해 본 조선시대의 세계인식」, 『震檀學報』 83호, 震檀學會 1997; 배우성『조선 후기 국토관과 천하관의 변화』, 일지사 1998.

82) 배우성「옛 지도와 세계관」, 『우리 옛지도와 그 아름다움』, 효형출판 1999, 131~82면.

83) 林宗台「17·18세기 서양 지리학에 대한 朝鮮·中國學人들의 해석」, 서울대학교 박사학위논문 2003; 林宗台「서구 지리학에 대한 동아시아 세계지리 전통의 반응: 17·18세기 중국과 조선의 경우」, 『한국과학사학회지』 26-2, 한국과학사학회 2004; 林宗台「이방의 과학과 고전적 전통: 17세기 서구 과학에 대한 중국적 이해와 그 변천」, 『東洋哲學』 제22집, 한국동양철학회 2004; 林宗台「17·18세기 서양 세계지리 문헌의 도입과 전통적

44

이 외에 서양 지구설의 수용과 관련하여 지구의 제작에 관한 연구도 이뤄졌다. 김문자는 박규수의 지구의에 대한 연구를 발표하였는데, 박규수의 지구의는 아담 샬(Adam Schall, 湯若望, 1592~1666)의 『혼천의설(渾天儀說)』(1636)에 실린 설명용 혼의(渾儀)를 기초로 하면서 홍대용(洪大容), 남병철(南秉哲)의 혼의와 서양 천문학서를 참고로 제작된 것이라 하였다.[84] 김명호는 박규수의 「지세의명병서(地勢儀名幷序)」를 분석해 그가 제작한 지세의(地勢儀)의 구조와 기능을 보다 상세하게 파악했다. 그는 박규수의 지구의는 서양 지구의를 직접적으로 모방한 것이 아니라 박규수의 독창성이 가미된 것으로 여러 가지 천문관측 장치가 설치된 점에서 보통의 지구의와 다르다는 사실을 명확히 했다.[85] 이러한 성과를 바탕으로 최근에 펴낸 박규수의 연구서에서도 지구의의 제작과 활용을 중요하게 다루었다.[86]

이상과 같은 연구들을 통해 서구식 세계지도와 지리지식이 중국을 통해 전래된 과정과 조선에서 제작, 이용되던 사실이 보다 구체적으로 파악될 수 있었다. 그리고 이로 인한 여러 부분에서의 영향도 대략적이나마 그려볼 수 있었다. 그러나 아직도 서구식 세계지도의 도입으로 인한 인식의 변화상에 대한 통시적 고찰이 미흡하다. 아울러 전통적인 세계인식과 관련하여 어떠한 의미를 지니는가의 문제도 해명되어야 할 것이다.


## 2) 기존 연구의 성과와 한계

조선시대 세계지도에 대한 연구는 1950년대까지 몇몇 일본인 학자들에 의해 이뤄졌고 1970년대를 거치면서 한국의 학자들도 연구에 가세하기 시

---

세계 표상의 변화」, 『한국 실학과 동아시아 세계』, 경기문화재단 2004.
84) 金文子 「朴珪壽の實學: 地球儀の製作を中心に」, 『朝鮮史研究會論文集』 17集, 1980.
85) 金明昊 「朴珪壽의 「地勢儀銘幷序」에 대하여」, 『震檀學報』 82호, 1996.
86) 김명호 『환재 박규수 연구』, 창비 2008.

작했다. 1990년대 이후에는 국제학술대회까지 개최하면서 학제간 연구가 행해졌다. 이 과정에서 양적으로 많은 연구물이 축적되었고, 일부의 연구는 해외의 저명한 학술지에 발표됨으로써 조선시대의 세계지도를 널리 알리는 계기가 되기도 했다. 조선시대에 제작된 세계지도를 발굴하고 개별 지도의 서지적 사항을 비롯하여 지도의 제작시기, 지도의 형태와 내용상의 특징, 지도학적 계보 등을 탐구하면서 개별 지도에 대한 이해를 높인 점은 기존 연구의 성과로 지적할 수 있다. 그러나 아직도 연구자들의 수적 한계와 자료 접근의 어려움으로 인해 세계지도 연구는 미진한 실정이다. 또한 기존의 연구들도 몇가지 점에서 여전히 한계를 지니고 있다.

첫째, 대부분의 연구가 형태적이고 정태적인 분석에 치중하는 문제가 있다. 즉, 지도발달사적 입장에서 개별 지도의 제작자와 제작시기, 제작배경, 그리고 지도의 내용분석을 통한 특성과 계보의 확인 등이 연구의 대부분을 차지한다. 이러한 연구는 세계지도 연구의 기초적인 부분을 이룬다는 점에서는 그 중요성이 적지 않다. 그러나 다양한 스펙트럼을 지닌 세계지도를 좀 더 풍부하게 해석하기에는 한계가 따른다. 세계지도는 당시까지 축적된 세계인식이 표현된 것이다. 이의 연구를 통해 중요하게 다뤄야 할 부분은 한 장의 지도 이면에 놓여 있는 세계인식의 의미를 밝히는 작업이다. 조선시대 당시인들이 세계를 어떻게 바라보았으며 그러한 인식을 어떠한 형식으로 표현했는지를 과정적으로 연구하는 것이 요구된다. 이러한 연구방향은 고지도와 지리사상사 연구를 결합함으로써 연구의 종합적 성격을 고양시킬 수 있을 것이다.

둘째, 조선시대 세계지도를 당시 사회적 맥락과 관련지어 파악하는 데 한계를 지닌다. 세계에 대한 인식과 이것이 세계지도로 표현되는 것은 강한 사회성을 갖는다. 광범한 영역을 포괄하는 세계지도는 개인에 의해 제작되기가 거의 불가능하다. 따라서 세계지도를 제대로 해독하기 위해서는 사회적 맥락과 관련지어 분석해야만 한다. 당시의 지배적인 사회이념, 종교, 정치구

46

조, 그리고 지도의 제작자와 이용자 계층의 성격 등을 종합적으로 고려하여 세계지도를 독해해야만 한다. 『혼일강리역대국도지도』가 조선 초기 국가적 프로젝트로 제작되었던 이유는 무엇일까? 조선정부는 『혼일강리역대국도지도』 제작을 통해 무엇을 의도했는가? 왜 17세기 이후 민간에 원형의 천하도가 광범하게 유행했을까? 17세기초 서구식 세계지도가 국가에 의해 제작된 이유는 무엇일까? 그럼에도 불구하고 개항기까지 전통적인 세계인식을 대체하지 못한 원인은 어디 있을까? 이러한 모든 물음들은 당시 사회적 맥락을 고려하지 않고서는 풀 수 없는 문제들이다. 이는 기본적으로 고지도 연구가 지니는 종합적 성격에서 기인하는 문제로 사상사, 정치사, 사회사, 과학사, 예술사 등의 제반 연구성과를 적극 수용함으로써 해결될 수 있을 것이다.

셋째, 시계열적인 변화에 대한 분석이 미흡한 점을 들 수 있다. 대부분의 연구들은 일부 대표적인 지도만을 연구대상으로 삼기 때문에 전체 사본들의 미묘한 변형을 다루지는 못했다. 그리고 특정 시기만을 주로 다루기 때문에 조선의 전 시기를 통시적으로 다루기엔 다소 미흡함이 있었다. 특히 19세기도 세계지도의 제작과 관련해서는 중요한 시기임에도 불구하고 19세기에 대한 부정적 인식으로 인해 심도 있는 분석이 진행되지 못했다. 따라서 대부분의 연구들의 경우 18세기말에서 연구가 중단되어버리는 경향이 강하다. 물론 이러한 한계는 연구자들의 관심분야, 관심시기에서 기인하는 바가 크다. 그렇다 하더라도 조선시대의 전통적인 세계인식이 서양의 문명과 접하면서 개항 이전까지 어떻게 변해갔는지를 시계열적으로 분석한다는 것은 그 자체로 의미가 있다고 생각한다.

마지막으로 지적할 수 있는 점은 지도의 인식론과 관련한 연구방법론의 개발이 미약하다는 것이다. 조선시대 세계지도에 대한 연구는 국내, 국외를 막론하고 명확한 연구방법론에 입각한 연구가 거의 없는 실정이다. 이는 앞서 지적했듯이 1970년대까지 서양의 지도학사 연구에서도 동일하게 나타난다. 그러나 1970년대 이후에도 조선시대 세계지도에 대한 연구에서는 과거의 방법론이 여전히 답습되고 있어서 새로운 방법론의 모색은 두드러지지 않았다. 이는 고지도에 대한 연구가 대부분 역사기술적(歷史記述的) 방법을 사용하여 귀납적으로 이루어지는 데서 기인한다. 역사적인 분야를 다루는 연구에서는 자연과학 또는 사회과학에서처럼 가설-검증과 같은 엄밀한 이론적 체계하에서 연구를 진행하는 것이 용이하지 않기 때문이다. 또한 지도학 분야에서 축적된 이론적 성과들이 고지도 연구에서는 거의 수용되지 못했던 현실도 방법론적 논의가 부재했던 한 요인으로 제시될 수 있다. 고지도를 연구의 중심축에 놓고 당시의 역사적, 문화적 프리즘을 검토하는 것이 아니라 역사 해석의 보조적인 수단으로 고지도를 취급하는 경향도 이러한 현실과 관련된다.

이러한 연구방법론에 대한 논의의 부재는 '지도란 무엇인가'라는 본질적인 물음이 조선시대 고지도 연구에서는 거의 찾아볼 수 없는 것과도 깊은 관계가 있다. 지도란 지리적 실체를 2차원적으로 표현한 것이라는 전통적인 인식이 조선시대 고지도 연구에서도 그대로 전제되어왔다.[87] 그러나 과거에 제작된 지도를 이해하는 데 위와 같은 제한적인 지도 개념으로는 한계가 있기 때문에 이를 좀더 확장할 필요가 있다. 최근에는 지도를 인간세계의 사물, 관념, 상황, 과정 또는 사건들에 대한 공간적 이해를 제공하는 시각적 표현으로 정의하게 되었다.[88]

이같이 확장된 개념을 지닌 지도는 지리적 실체를 넘어서 한 사회의 사고방식, 관념, 가치, 역사적 사건, 신념과 믿음, 심미적 요소 등 다양한 내용들을 포함한다. 그리고 지도는 물리적 공간뿐만 아니라 은유적, 상징적, 형이

---

87) 일찍이 지도학사를 체계적으로 정리하려고 노력했던 배그로우도 지도는 지표면 또는 그의 일부를 표현하는 평면상의 그림으로 정의했다(Leo Bagrow, *History of Cartography*, Harvard University Press 1964, 22면).

88) J. B. Harley and David Woodward, eds., *The History of Cartography*, University of Chicago Press 1987, Preface.

상학적, 우주지적 공간을 표현한다.[89] 더 나아가 지도는 내부의 정신세계와 물리적 세계를 매개하는 것으로서 다양한 규모에서 인간정신의 보편성을 이해하기 위한 중요하고 근본적인 수단으로까지 인식된다.[90] 본 연구에서는 이와 같은 문제의식을 바탕으로 확장된 지도의 개념을 조선시대 세계지도에 적용해 지도 내에 담겨 있는 다양한 의미를 파악하고자 한다.

---

89) Christian Jacob, "Toward a Cultural History of Cartography," *Imago Mundi* Vol. 48, 1996, 193면.

90) J. B. Harley and David Woodward, eds., 앞의 책 1면.

# 제1부

# 세계에 대한 전통적 사고와 15·16세기의 세계지도

인간을 둘러싼 주변세계는 크게 하늘[天]과 땅[地]으로 나눠볼 수 있다. 천체 공간인 하늘에는 해와 달, 그리고 여러 별이 떠 있고, 비·구름·눈·바람 등 각종 기상의 변화를 몰고 오면서 인간생활에 많은 영향을 끼친다. 반면에 땅은 인간 생활이 이루어지는 공간으로 여기에는 동·식물을 비롯하여 인간의 생존에 필요한 각종 자원이 존재한다. 오래전부터 인간은 이러한 주변 세계에 대해 관심을 갖고 독특한 인식을 형성해왔는데, 이는 각 문화권마다 다양한 형태로 나타났다. 이러한 인식에 기초하여 여러 가지 도상이 그려졌으며, 역사가 진전되면서 보다 정교한 형태의 세계지도로 표출되었다.

동아시아 문화권의 중심지였던 중국에서는 고대부터 지리적 세계에 대한 여러 사고가 존재해왔다. 하늘과 땅의 전체적인 형상, 인간이 거주하는 땅의 내부구조, 해양과 육지, 그 내부의 인간세계 등에 관한 인식이 일찍부터 형성되어 이어져 왔으며, 바로 이러한 사고와 인식을 바탕으로 다양한 세계지도가 제작될 수 있었다. 이와 같이 중국에서 제작된 세계지도는 주변 국가로 전파되어 수용되었다. 여러 영역에서 중국 문화의 영향을 강하게 받았던 조선의 경우도 예외는 아니다.

제1부에서는 15, 16세기에 제작된 세계지도를 분석하여 그 속에 담겨 있는 세계인식의 특성을 파악하고자 한다. 이를 위해 중국 고대로부터 형성되어 내려온 지리적 세계에 대한 전통적인 사고들을 우선적으로 고찰할 것이다. 또한 중국 문화권의 대표적인 천지관이라 할 수 있는 천원지방과 그에 기초하여 형성된 중화적 세계인식이 조선에 전래되어 세계지도 제작의 토대가 되는 과정도 밝힐 것이다.

# 1장

# 세계에 대한 전통적인 사고와
# 조선에서의 수용

## 1. 전통적인 천지관: 천원지방

### 1) 우주구조론에 표현된 땅의 형태

세계[1]에 대한 다양한 전통적인 인식을 검토하기 위해서 우주에 대한 고대인들의 인식을 먼저 살펴볼 필요가 있다. 하늘로 표상되는 우주 속에서 땅을 어떻게 위치시켰고, 그러한 땅을 어떤 모습으로 인식하고 있었는가를 파악하는 것이 선결되어야 한다. 이것은 바로 우주구조론[2]을 검토하는 것에

---

1) 세계와 관련된 동양의 용어로는 우주(宇宙), 천하(天下), 육합(六合), 사해(四海), 세계(世界) 등을 들 수 있다. '우주'에서 우(宇)는 상하사방(上下四方)을 말하고 주(宙)는 과거에서 현재까지를 말하는 것으로(崔錫鼎 『明谷集』 卷11, 宇宙圖說), 공간적 개념과 시간적 개념이 결합된 용어이다. '육합'은 천지(天地)와 사방을 일컫는 용어로 우주의 우(宇)의 개념과도 유사하다. 세계에 대한 가장 일반적인 용어는 '천하'이다. 우주와 육합은 수평적 사고와 수직적 사고가 결합되어 있지만 천하는 수평적 사고에 기초하고 있다. 이 밖에 방위 개념에 수평적 사고가 결합된 '사해'와 불교에서 유래된 '세계' 등이 제시될 수 있는 유사한 용어이다.

의해 가능한데 우주의 구조와 형상에 대한 논의는 인간의 거주공간인 지상과의 관계가 핵심을 차지하기 때문이다.

중국의 전통적인 우주구조론을 체계적으로 소개한 최초의 사료는 『진서(晉書)』「천문지(天文志)」로, 이후의 문헌들도 이 내용에서 크게 벗어나지 않는다. 「천문지」에는 개천설(蓋天說), 선야설(宣夜說), 혼천설(渾天說), 안천설(安天說), 궁천설(穹天說), 흔천설(昕天說) 등 여섯 가지의 우주론이 있다. 안천설 이하의 세 가지 설은 혼천설 비판을 계기로 하여 생겨난 개천·선야 두 가지 설의 계통이고, 선야설은 그 주장하고 있는 내용으로 볼 때 과학적 이론과는 거리가 있다.[3] 따라서 여기서는 주류를 이루었던 개천설과 혼천설을 중심으로 각 우주구조론에서 상정하고 있는 땅의 모습을 파악하고자 한다.

### (1) 개천설

흔히 개천설은 하늘과 땅이 평평하다는 지평천평설(地平天平說)로 인식되는데[4] 우주구조론 가운데 가장 오래된 이론이다(그림 1-1). 이는 중국 한대(漢代) 초기의 산경십서(算經十書)의 하나인 『주비산경(周髀算經)』[5]에 상세

---

2) 우주론은 근대과학에 의해 그 기초가 확립될 때까지는 원형적인 과학이론이면서 형이상학이기도 했다. 우주론은 생성론과 구조론으로 나눌 수 있는데 이 책에서 중요하게 다룰 부분은 형태와 관련된 구조론이다. 우주구조론에서 가장 기본적인 요소는 하늘과 땅의 형태나 그것의 위치관계에 대한 설명이다. 일부 학자는 '천체구조론'이라고도 하는데 의미상 질적 차이를 지니지 않는다(李文揆 「고대 중국인의 하늘에 대한 천문학적 이해」, 서울대학교 박사학위논문, 1997, 236면).

3) 야마다 케이지 지음, 김석근 옮김 『朱子의 自然學』, 통나무 1991, 35~36면.

4) 나카야마 시게루 지음, 김향 옮김 『하늘의 과학사』, 가람기획 1991, 131면. 그러나 여기서 땅의 형상에 대한 언급은 없다.

5) 『주비산경』은 약 2,000년 전 전국시대 이전에 원형이 이루어진 역산서(曆算書)로, 피타고라스 정리를 다룬 중국 최초의 산서(算書)로도 유명하다(金容雲·金容局 『東洋의 科學과 思想』, 一志社 1984, 486면).

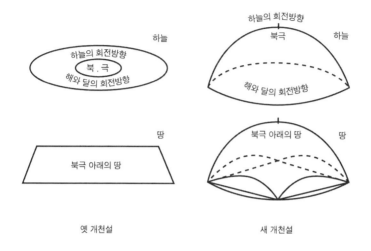

하늘의 회전방향

하늘

하늘의 회전방향

북극

하늘

북.극

해와 달의 회전방향

해와 달의 회전방향

땅

북극 아래의 땅

땅

북극 아래의 땅

옛 개천설

새 개천설

그림 1-1 개천설의 천체구조

히 소개되어 있다. 본래 『주비산경』에서는 구고법(句股法)에 기초를 둔 천문학을 다루는데, 먼저 '비(髀)'라고 하는 8척의 표(表)를 세워서 그 그림자의 길이와 변화를 측정하고, 구고법의 원리를 적용하여 해의 높이나 하늘과 땅의 거리 등을 계산해 주야와 계절의 변화 등 각종 천문현상을 해석하였다. 이 과정에서 천지의 형상에 대한 내용도 언급하였는데 하늘은 삿갓, 땅은 엎어놓은 쟁반에 비유하였다.[6] 그러나 삿갓과 쟁반이 구체적으로 어떤 형태인지 명확하게 제시하지는 않았다. 또한 『주비산경』의 상권에서는 천지를 형이상학적 관점에서 해석하여 천원지방이라 하였는데, 이로 인해 이후의 학자들은 개천설과 천원지방설을 동일시하기도 했다.[7]

---

6) 『周髀算經』 卷下之一. "天象蓋笠 地法覆槃: 見乃謂之象 形乃謂之法 在上故準蓋 在下故擬槃 象法義同 蓋槃形等 互文異器 以別尊卑 仰象俯法 名號殊矣."

7) 『周髀算經』 卷上之一. "方屬地 圓屬天 天圓地方: 物有圓方 數有奇耦 天動爲圓 其數奇 地靜爲方 其數耦 此配陰陽之義 非實天地之體也 天不可窮而見 地不可盡而觀 豈能定其方圓乎."

천체에 대한 하나의 이론으로 개천설이 처음 수록된 것은『진서』「천문지」에서였다. 물론 이전의 저작인『주비산경』에서도 개천설과 유사한 내용이 수록되어 있지만 '개천설'이 명시된 것은『진서』가 처음이다. 따라서『진서』의 내용에 대한 상세한 검토를 통해 개천설의 구체적인 모습을 해명해볼 수 있다.

『진서』「천문지」에서는 "개천설은 포희(庖犧)씨가 주천(周天)의 역도(曆度)를 세운 것에 있다"라고 하면서, 그것이 은고(殷高)를 통해 주공(周公)에 전해져 주대(周代)에 기록되었다는 기원을 밝힌 후, "하늘은 삿갓[蓋笠], 땅은 엎어놓은 쟁반[覆槃]과 같다"라고 하였다.[8] 이것은『주비산경』에 나오는 내용과 유사하다. 이어 주비가(周髀家)의 말을 인용한 글에 천체의 운행과 관련된 내용이 나오는데, 앞의 삿갓과 쟁반이라는 모습과 다소 차이가 있다. 여기서는 "하늘은 둥근 덮개[張蓋]와 같고 땅은 네모진 바둑판[棊局]과 같다"라고 하여 얼핏 '천원지방'의 천지 형태를 연상케 한다.[9] 이러한 사실은 당시의 개천설이 단일한 이론적 형태를 지니는 것이 아니라 여러 부류의 학파로부터 발전되어왔음을 시사한다.

개천설에서의 가장 큰 특징은 하늘과 땅을 상하관계로 파악하고 있는 점이다. 앞의 개천설에서 제시하고 있는 땅의 모습은 바둑판, 쟁반과 같은 사물에 비유되어 있으나 구체적인 형상을 제시한 것은 아니다. 그러나 개천설의 성립과 깊은 관련을 지닌 '비(髀)'라는 관측기구가 평평한 대지를 전제로 한다는 사실로 볼 때, 개천설에서 제시하는 땅의 모습도 이를 벗어나지는 않을 것이다. 높이 솟아 있는 곤륜산(崑崙山)을 중심으로 보면 대지를 곡면이

---

8)『晉書』卷11, 志第一, 天文上, 天體. "蔡邕所謂周髀者 卽蓋天之說也 其本庖犧氏立周天曆度 其所傳則周公受於殷高 周人志之 故曰周髀 髀股也 股者表也 其言天似蓋笠 地法覆槃."

9)『晉書』卷11, 志1, 天文上, 天體. "周髀家云 天圓如張蓋 地方如棊局 天旁轉如推磨而左行 日月右行 隨天左轉 故日月實東行 而天牽之以西沒 譬之於蟻行磨石之上 磨左旋而蟻右去 磨疾而蟻遲 故不得不隨磨以左迴焉."

라 할 수도 있지만 그 역시도 전체적인 차원에서 볼 때는 평평한 대지에 불과할 뿐이다. 따라서 개천설에서 파악되는 땅의 모습은 구의 형태가 아닌 평지로 보아야 할 것이다.

### (2) 혼천설

혼천설은 전국시대에 유행하기 시작하여 한대 이후 우주구조론으로서 본격적으로 논의되기 시작했다. 초기의 혼천설에서는 하늘의 모양을 반은 땅 위에, 반은 땅 밑에 감춰져 있는 탄환의 형상으로 보았다.[10] 혼천설은 한대에 이르러 천문학자 장형(張衡, 78~139)에 의해 그 기본적인 체계를 갖추었고, 육속(陸續)과 왕번(王蕃)을 거치면서 더욱 발전했다. 마침내 당대(唐代) 초기에 이르러 『진서』「천문지」의 공식적인 지지를 받게 되었다.

일반적으로 널리 알려진 혼천설은 장형의 저서로 알려진 『혼천의주(渾天儀注)』에서 나온 것이다. 『혼천의주』에서는 "하늘은 계란과 같고 땅은 계란의 노른자와 같아서 하늘 내부에 홀로 있다. 하늘의 외부와 내부에는 물이 있는데, 하늘의 반은 땅 위를 덮고 있고, 나머지 반은 땅 아래에 있다. 땅은 정지되어 있고, 하늘은 남북극을 축으로 하여 끊임없이 수레바퀴처럼 회전하고 있다"라고 묘사한다.[11] 특히 땅을 계란의 노른자에 비유했기 때문에 땅의 모습을 구형으로 인식한 보다 발전된 우주론으로 평가되기도 했다.[12]

장형의 혼천설을 보다 상세히 파악하기 위해서는 그의 또다른 저술인 『영헌(靈憲)』을 검토할 필요가 있다. 『영헌』은 『주비산경』에서도 혼천설을

---

10) 『愼子』「外篇」. "天地旣判而生兩儀 輕淸浮而爲天 重濁凝而爲地 天形如彈丸 半覆地上 半隱地下 其勢斜依."

11) 『晉書』 卷11, 志1, 天文上, 天體. "渾天儀注云 天如鷄子 地如鷄中黃 孤居於天內 天大而地小 天表裏有水 天地各乘氣而立 載水而行 周天三百六十五度四分度之一 又中分之 則半覆地上 半繞地下 故二十八宿半見半隱 天轉如車轂之運也."

12) 조셉 니덤 지음, 콜린 로넌 축약, 이면우 옮김 『중국의 과학과 문명: 수학, 하늘과 땅의 과학, 물리학』, 까치 2000, 105면.

대표하는 문헌으로 알려져 있다. 이 책에서 천지의 형상에 대한 기술은 천지의 생성과 관련된 부분에서 보이는데 "태초 원기(元氣)가 갈라지면서 청탁이 구분되어 하늘은 밖에서 땅은 안에서 이루어지는데, 천체(天體)는 양에 속하기 때문에 움직여 원을 이루고 땅은 음에 속하기 때문에 정지함으로써 평평하다"라고 기술되어 있다.13) 이는 앞의 『혼천의주』에서 제시된 계란과 같은 천지 형상과는 다르다는 점에서 주목된다. 하늘과 땅을 상하관계가 아닌 내외의 관계로 보고 있는 점은 『혼천의주』와 유사하지만 땅의 경우 달걀의 노른자와 같은 구형이 아닌 평면으로 다루고 있는 점에서 큰 차이를 보인다(그림 1-2).

그러나 얼핏 지구설을 연상시키는 『혼천의주』의 비유는 다소 모호함을 지니고 있다. 천체를 구의 형태로 인식하고 있는 것은 분명하지만, 땅에 대해서는 계란의 노른자 이외의 구체적인 묘사가 없다. 계란의 노른자[鷄中黃]라는 이미지는 구형(球形)의 지구를 말하는 것이 아니라 단지 커다란 천구의 중심 위치에 땅이 있음을 강조하기 위해 제시된 것으로 볼 수 있다. 만약 장형이 구형의 지구를 분명하게 염두에 두고 그것을 그의 혼천설에서 중요하게 생각하고 있었다면, 지구의 모습에 대한 구체적인 기술을 했을 것이다. 이러한 연유로 일부의 학자는 혼천설의 땅을 구형의 모습보다는 평면으로 보기도 한다.14)

이러한 부분을 고려할 때 개천설과 혼천설이 흔히 생각하듯이 타협의 가능성이 없는 대립적 개념으로 보기에는 무리가 따른다. 이보다는 두 이론이 서로 다른 문헌적 연원을 지니며 각기 다른 맥락에서 사용되었다고 보아야 할 것이다. 이것은 또한 서로 다른 목적을 지닌 도구와도 관련되는데, 개천

---

13) 『漢魏六朝百三名家』第11冊 張河間集, 說, 靈憲. "於是元氣剖判 剛柔始分 淸濁異位 天成於外 地成於內 天體於陽 故圓以動 地體於陰 故平以靜."

14) 나카야마 시게루(中山茂)도 혼천설을 지평천구설(地平天球說)로 받아들여 땅의 모양을 평면으로 보고 있다(나카야마 시게루, 앞의 책 132면).

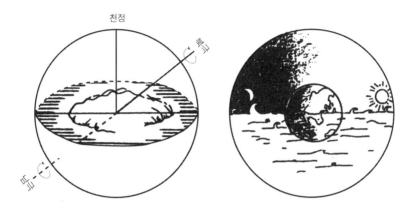

그림 1-2 혼천설의 천체구조

설은 태양의 그림자의 길이를 측정하는 규표(gnomom), 혼천설은 천체의 움직임을 측정하는 혼천의(渾天儀)와 밀접한 관련을 지니고 있다. 따라서 두 우주구조론에서 상정하고 있는 땅의 모습이 반드시 달라야만 하는 것은 아니다. 앞서 검토한 것처럼 개천설과 혼천설에서 제시하는 땅의 모습은 대지평판설(大地平板說)에 가깝다고 볼 수 있다.

이렇듯 중국의 우주구조론에서 보는 땅의 모습은 사각형의 평지에 지나지 않는데, 서양의 선교사들이 중국에 오기 전까지 중국에서 제작된 대부분의 세계지도들은 평평한 땅을 전제로 하여 제작되었다.[15] 한때 원제국 시기에 이슬람의 지구의가 도입된 적이 있었지만 그 영향력은 미미했다. 특히 중국에는 주대(周代) 이래로 천문을 다루는 관직, 지도제작을 담당하는 관직이 서로 전문적인 영역을 구축하고 있어서 천문학의 우주론적 논의가 지도제작에까지 이어질 여지는 거의 없었다. 하늘과 땅을 내외적 관계로 파악했던 혼

---

15) 崔錫鼎『明谷集』卷8, 序引, 西洋乾象坤輿圖二屛總序. "坤輿圖則古今圖子非一揆 而皆以平面爲地方 以中國聖敎所及爲外界."

천설의 경우 서양처럼 경위선망에 기초한 지도제작으로 나아갈 가능성도 있었으나 땅을 여전히 평평한 대지로 인식함으로써 근본적인 한계를 지닐 수밖에 없었다.16)

## 2) 천원지방

고대 중국에서 이론적으로 체계를 갖춘 우주구조론이 나타나기 이전부터 하늘과 땅에 대한 대표적인 관념은 천원지방이었다. "하늘은 둥글고 땅은 네 모졌다"라는 천원지방은 천지에 대한 원형적(原型的) 사고로서 서구의 지식을 수용하기 이전까지 이어져 내려왔다(그림 1-3). 원과 사각형에 의해 세계를 형상화하고 상징하는 것은 고대 중국에서만 특이하게 존재하던 사고는 아니었다. 원은 완전(完全)의 상징으로 고대부터 우주의 개념을 파악하는 데 큰 영향을 미쳤으며, 인간이 만든 최초의 기하학적 형태이자 가장 오래된 상징의 하나이다.17) 이러한 원형은 불교의 가르침을 도상으로 표현한 인도의 만다라에서도 흔히 볼 수 있다. 또한 사각형은 땅을 상징하는데 고대 헤브루인들도 세계는 바다로 둘러싸인 사각형의 땅이라고 여겼다.

인간은 본래 사선보다도 수직선과 수평선을 선호하는 경향을 지니고 있었으며 고대로부터 하늘은 원형으로, 땅은 직선과 관련된 형태로 인식했다.18)

---

16) 중국에서 천문학적 영역이 지도제작으로 이어진 사례가 전혀 없는 것은 아니다. 하늘과 땅의 상관적 사고에서 출현한 분야설(分野說)은 지도에서도 반영되었는데, 중국의 각 지역을 하늘의 별자리에 대응시켜 표시하기도 했다. 그러나 분야설에서 천지의 관계는 투영법에 기초한 서양의 천지관계와는 근본적인 차이가 있다. 서양에서는 천지의 관계가 땅을 확장하면 천구로 이어지는 내외의 대응관계로 이루어진 반면, 중국 분야설에서 천지의 관계는 상하의 대응관계이다. 이러한 천지관의 근본적 차이가 지도학에서도 큰 차이로 나타나며 이는 19세기까지 이어진다(吳尙學 「傳統時代 天地에 대한 相關的 思考와 그의 表現」, 『문화역사지리』 11, 1999).

17) 李揆穆 『都市와 象徵』, 一志社 1988, 55면.

18) Samuel Y. Edgerton Jr., "From Mental Matrix to Mappamundi to Christian Empire: The

60

그림 1-3 천원지방의 모식도

이렇듯 기초적 도형인 원과 사각형으로 세계를 표현하는 것은 일종의 원형적 사고로 볼 수 있다. 원형(原型)은 어떤 형상이나 외관을 구성하면서 인간 심리의 깊은 곳에 내재하는 원초적인 관념이나 이미지로, 시간과 공간이 달라도 유사하게 나타날 수 있다.[19]

고대 중국의 경우 천원지방이란 관념은 인간을 둘러싼 세계에 대한 경험과 관찰을 거치면서 형성되었다. '원(圓)'은 움직이는 하늘이고 '방(方)'은 정지해 있는 땅을 상징한다. 북극성을 중심으로 하는 항성의 일주운동을 보고 '천원(天圓)'이라 생각했고 태양운행에 따른 계절에 의한 변화를 보고 '지방

---

Heritage of Ptolemaic Cartography in the Renaissance," David Woodward, ed., *Art and Cartography: six historical essays*. The University of Chicago Press 1987, 24~27면.

19) 任德淳『文化地理學: 文化와 地理와의 關係』, 법문사 1990, 237면. 그리스의 철학자 아낙시메네스(Anaximenes)는 세계의 모습을 '물 먹은 쿠션처럼 네모난 방형'으로 보았는데, 이는 천원지방과 유사한 세계관이다. 형체를 낳게 한 원인을 공기의 압력에서 찾았으며, 방형(方形)의 세계는 주변을 에워싼 바다에 의해서 세척되고 있었다. 이후 바다의 왕으로 알려진 그리스시대의 포세이돈(Poseidon)이 해양활동을 전개하면서 네모꼴의 세계를 원반으로 바꾸어놓았는데 망망한 대해로 표현하듯 바다 한가운데에 이르렀을 때 항해인들은 레코드판처럼 둥근 모양을 확인하게 되었다. 이것은 지구가 네모지지 않고 둥글다고 보는 시각의 전환점을 마련하게 되는 계기가 되었다(오홍석『인간의 대지』, 고려원 1994, 142~43면).

(地方)'이라 했던 것이다.[20] 이러한 천원지방의 관념은 천지에 대한 형태와 위치관계를 나타내는 우주구조론은 아니지만 천지의 형태에 대한 원형적 관념임은 부정할 수 없다.

천원지방의 내용은 중국 고대의 유명한 산서(算書) 『주비산경』에 언급되는데, 구(矩, 'ㄱ'모양으로 생긴 곱자)의 사용법에 대한 상고(商高)의 답변에서 "방은 땅에 속하고 원은 하늘에 속해서 '천원지방'이다"라고 했다. 그러나 이 문장에 대한 조상(趙爽)의 주(注)에서는 천원지방을 천지의 형태가 아니라 음양의 관점에서 해석한다.[21] 이러한 지적은 천원지방이라는 관념이 지니고 있는 이중적 성격을 시사해준다. 다시 말해 천원지방은 천지의 형태에 대한 것이기도 하지만, 또한 형이상학적 성격을 지니는 음양론으로 이해되기도 한다.[22]

천원지방을 천지의 형태로서 받아들일 때, '둥근 하늘과 네모진 땅' 이상의 구체적인 모습을 제시한 것은 아니다. 특히 원형인 하늘과 방형인 땅이 곡면인지 평면인지 뚜렷하지 않다. 오히려 사물의 형태에 비유하는 형식으로 표현되었다.[23] 이런 연유로 일찍부터 천원지방의 천지 형태에 대해 비판

---

20) 高橋正「中國人的世界觀と地圖」, 『月刊しにか』 6-2, 1995, 24면.
21) 『周髀算經』 卷上之一. "環矩以爲圓 合矩以爲方 方屬地 圓屬天 天圓地方: 物有圓方 數有奇耦 天動爲圓 其數奇 地靜爲方 其數耦 此配陰陽之義 非實天地之體也 天不可窮而見 地不可盡而觀 豈能定其方圓乎."
22) '천원지방'이 지니는 이러한 이중성은 중국 고대의 천문사상이 지니는 두 가지 태도에서 기인하는 것으로 볼 수 있다. 하나는 천체나 자연계의 변화과정을 기술적 언어(descriptive language)로 천착하는 객관적인 태도이며, 다른 하나는 인간의 형이상학적 관심으로 들여다보는 선험적인 태도(transcendental attitude)이다. 전자에서 비롯된 자연과학적 질서체계와 후자에 비롯된 인문과학적 질서체계가 동양의 천문사상 범주를 구성하는 두 기둥이다. 근대에 이르기 전까지 이 둘이 완전히 분리된 경우는 거의 없고 공존하면서 천문우주론적 세계관을 가꾸어왔다(金一權「古代 中國과 韓國의 天文思想 硏究」, 서울대학교 박사학위논문, 1999, 12면).
23) 『周禮』, 冬官, 考工記. "軫之方也 以象地也 蓋之圜也 以象天也."

이 제기되었는데 공자(孔子)의 제자 증삼(曾參)이 천원지방에 대해 묻는 제자 단거리(單居離)의 질문에 답한 것이 대표적이다. 그는 여기에서 천지의 형태가 원형과 방형이라면 하늘이 네모진 땅을 가릴 수 없다는 문제를 제기하며 천원지방을 형태적인 관점보다는 형이상학적 관점에서 이해하려고 했다.[24] 『여씨춘추』에서도 형이상학적 관점의 해석을 볼 수 있는데 천도(天道)와 지도(地道)를 각각 원(圓)과 방(方)이라 하여 천지의 본질을 해석했다.[25]

이러한 연유로 인해 운노 가즈따까와 같은 이는 천원지방이 실제 하늘과 땅의 모습을 나타내는 것이 아니라 대상의 성질에서 추출한 메타포라고 보았다.[26] 그러나 둥글고 모난 것은 형상을 묘사하는 단어인 점을 고려할 때 천원지방이라는 개념이 천지의 형태와 무관하다는 주장은 지나치게 일면을 부각시킨 것이라 판단된다. 오히려 천원지방이라는 개념은 천지의 형태를 기본적인 도형으로 추상화한 것이라 할 수 있으며 이후 학자들에 의해 형이상학적 해석이 덧붙여졌다고 보는 것이 타당할 것이다. 이후 천원지방은 중국뿐만 아니라 조선을 비롯한 인근의 나라에서도 서양의 사구설이 수용되기 전까지 대표적인 천지관으로서의 지위를 확보하며 이어졌다.

---

24) 『大戴禮』「曾子天圓」第五十八. "單居離問於曾子曰 天圓而地方者 誠有之乎 曾子曰 離而聞之云乎 單居離曰 弟子不察 此以敢問也 曾子曰 天之所生上首 地之所生下首 上首謂之圓 下首謂之方 如誠天圓而地方 則是四角之不揜也."

25) 『呂氏春秋』「圓道」. "天道圓 地道方 聖王法之 所以立上下 何以說天道之圓也 精氣一上一下 圓周復雜 無所稽留 故曰天道圓 何以說地道之方也 萬物殊類殊 形皆有分職 不能相爲 故曰地道方."

26) 海野一隆 「古代中國人の地理的世界觀」, 『東方宗敎』 42, 1973. 그러나 이에 대해 코르델(Yee Cordell)은 "운노가 입론의 근거로 제시한 조상의 주는 혼천설이 확실하게 정착된 3세기경에 천문학적 지식과 경전의 권위를 일치시키기 위해 작성된 것으로 이를 지나치게 일반화할 수는 없다"라고 주장했다. 또한 장황(章潢)의 『도서편』에서도 천원지방에 대해 형이상학적 해석을 내리고 있는데, 이는 장황이 전통적인 관념과 서구의 개념을 조화시키기 위해 쓴 것으로 보았다(Yee Cordell, "Taking the World's Measure: Chinese Maps between Observation and Text," J. B. Harley and David Woodward, eds., *The History of Cartography* vol.2, book.2, University of Chicago Press 1994, 120~21면).

대표적인 천지관으로 정착된 천원지방은 천문과 관련된 서적뿐만 아니라 천문도, 시문(詩文) 등에서도 흔히 볼 수 있다. 더 나아가 일상생활의 도구에도 반영되어 거울이나 접시, 심지어 벽돌 등에도 천원지방의 관념이 보인다. 동양의 석각천문도 중에서 가장 오래된 쑤저우(蘇州)의 천문도에도 천원지방의 사고가 포함되어 있고,[27] 『신증상길비요통서(新增象吉備要通書)』에는 「천지정위지도(天地定位之圖)」라는 보다 구체적인 형태의 지도가 실려 있다. 이후 각종의 도상이 실려 있는 대표적인 저술로 명대 왕기(王圻)의 『삼재도회』나 장황의 『도서편』에도 천원지방의 관념을 보여주는 다양한 그림이 실려 있다.

## 2. 세계에 대한 전통적 사고

### 1) 중화적 세계인식: 직방세계[28] 중심의 인식

고대인들은 자기의 생활공간을 세계의 중심으로 생각하는 경향이 강했다. 인간이 지니고 있는 자기중심적 사고와 행동에서 자연스럽게 나타나는 현상이라 볼 수 있다. 이와 같이 자신이 생활하고 거주하는 공간을 세계의 중심으로 여기는 관념은 그 연원이 매우 오래되었을 뿐만 아니라 다양한 문화권

---

27) 天體圓地體方 圓者動方者靜 天包地地依天(Chinese Academy of Surveying and Mapping, *Treasures of Maps: A Collection of Maps in Ancient China*, Harbin Cartographic Publishing House 1998, 76면에서 인용).

28) '직방'이란 문자 그대로 땅(方)을 담당하는(職) 것으로 『주례(周禮)』에 나오는 직방씨(職方氏)라는 관직명에서 연유하는 말인데, 이는 천하의 지도와 사방에서의 조공을 관장하는 직책이었다. 후대의 명·청대에도 직방사(職方司)라는 관청을 두어 천하의 지도와 지리서를 맡아 보고 변강지방의 지도제작을 관장하였다. '직방세계(職方世界)'는 중화 중심의 세계인식에서 중국과 그와 조공관계가 있는 세계를 일컫는 용어다(李元淳 「崔漢綺의 世界地理認識의 歷史性: 惠岡學의 地理學的 側面」, 『문화역사지리』 4호, 1992, 18면).

에서 나타난다. 고대 그리스시대에 우주의 중심으로 권위를 부여받은, 델포이의 아폴론 신전에 있는 옴파로스가 대표적인 예이다. 이와 유사한 사고는 기원전 6세기 메소포타미아의 점토판 지도에서도 찾아볼 수 있다. 기독교적 세계관을 반영하고 있는 중세의 T-O지도에서는 세계의 중심을 예루살렘으로 설정하였다. 이슬람 세계에서는 그들의 성지인 메카를 세계의 중심으로 여기기도 했다.[29]

고대 중국에서도 그들이 살고 있는 공간을 세계의 중심으로 생각하는 중화적 세계인식이 형성되었다. 가운데에 중국인 중화(中華), 그 주위에 이민족의 거주지인 사해(四海), 그 외부에는 미지의 공간인 대황(大荒) 또는 사황(四荒)이 배치되어 있는 동심원적 구조를 띠고 있다.[30] 중심-주변의 지리적 관계에서 생겨난 중화적 세계인식은 이후 문화적 차원의 화이관(華夷觀)으로 발전되어 중국을 문명화된 화(華), 이민족을 야만 상태의 이(夷)로 구분하였다.[31] 이러한 중화적 세계인식은 시대에 따라 다소의 변화가 있었지만 본질적인 요소는 꾸준히 이어져 내려왔다.

중심과 주변의 구분을 통해 형성된 중화적 세계인식의 원형은 중국에서 가장 오래된 지리학적 문헌이라 할 수 있는 『서경(書經)』의 「우공(禹貢)」편에서 볼 수 있다. 여기에는 소박한 중화적 세계인식이 정치적, 문화적인 차원으로 추상화되어 나타난 오복설(五服說)이 수록되어 있는데, 이는 계층적

---

29) David Woodward, ed., *Art and Cartography: six historical essay*, The University of Chicago Press 1987, 26~27면.

30) 海野一隆, 앞의 논문 42면.

31) 이와 같이 자신이 거주하는 지역과 그 주변에 있는 미지의 공간 사이에 대립관계를 상정하는 것은 비단 중국에만 있었던 독특한 사고는 아니다. 서양에서도 사람이 살고 있는 조직된 지역(코스모스)과 그 바깥에 있는 낯설고 혼돈에 찬 공간(카오스)으로 구분하였다. 이러한 구분의 기준은 신과의 교섭을 가짐으로써 획득되는 '신성화(神聖化)'의 여부이다 (멀치아 엘리아데 지음, 이동하 옮김 『聖과 俗』, 학민사 1983, 27면). 중국에서는 '신성화'가 아닌 천자의 '왕화(王化)'가 기준이 되는 점에서 서양과 다른데, 종교보다는 정치·제도적인 영향이 더 컸다고 볼 수 있다.

인 지역구분으로 국토의 이상적 형태를 표시한 것이다. 500리 단위로 지역을 구분하여 중심지인 왕기(王畿), 왕성의 곡식을 확보하기 위한 지역인 전복(甸服), 경대부(卿大夫)·남작(男爵)·제후(諸侯)가 관할하던 후복(侯服), 문치(文治)와 무단정치(武斷政治)가 병존하는 수복(綏服), 오랑캐[夷]와 경죄인이 거주하는 요복(要服), 오랑캐[蠻]와 중죄인이 거주하는 황복(荒服) 등으로 구분하고 있다.

『주례』「직방씨(職方氏)」에는 오복을 좀더 세분하여 후복(侯服), 전복(甸服), 남복(南服), 채복(采服), 위복(衛服), 만복(蠻服), 이복(夷服), 진복(鎭服), 번복(藩服)의 구복(九服)을 제시하고 있으나 내용상 오복설과 유사하다.[32] 1743년 정지교(鄭之僑)가 편집한 『육경도(六經圖)』에 수록된 그림 1-4의 「요제오복도(堯制五服圖)」는 오복설을 모식적으로 표현한 것이다.[33] 중심에서 주변으로 가면 왕화의 정도, 문명의 수준 등이 낮아진다. 동심원적 구조를 지니고 있으면서도 원이 아닌 사각형의 구조를 띠고 있는 것이 이채롭다. 이것은 일종의 지도로서 당시 방형의 대지라는 세계인식에 기초한 것으로 볼 수 있다.[34]

『서경』「우공」에 수록된 소박한 중화적 세계관은 고대 중국의 지리서인 『산해경』에서도 볼 수 있다. 그러나 『산해경』에서 보여주는 세계는 「우공」보다는 훨씬 확대된 것이었다. 『산해경』은 「산경(山經)」「해경(海經)」으로 구성되어 있는데, 이들이 기술하고 있는 공간의 구조를 보면 중국을 중심으로 그 주위에 해내제국(海內諸國), 그 외방에 해외제국(海外諸國), 그리고 그 바깥에는 대황제국(大荒諸國)이 에워싸고 있다.

---

32) 『周禮』夏, 職方氏. "乃辨九服之邦國 方千里曰王畿 其外方五百里曰侯服 又其外方五百里曰甸服 又其外方五百里曰男服 又其外方五百里曰采服 又其外方五百里曰衛服 又其外方五百里曰蠻服 又其外方五百里曰夷服 又其外方五百里曰鎭服 又其外方五百里曰藩服."

33) 이러한 그림은 『흠정서경도설(欽定書經圖說)』에도 수록되어 있는데 내용은 대동소이하다(『欽定書經圖說』 卷6, 禹貢).

34) J. 二―ダム 『中國の科學と文明』第6卷, 思索社 1976, 6~7면.

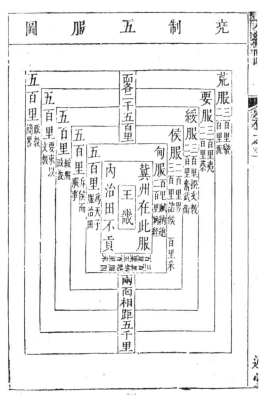

그림 1-4 『육경도』에 수록된 「요제오복도」

중심-주변의 동심원적 공간구조의 정형화된 형태는 중국 고대의 대표적인 백과전서류라 할 수 있는 『회남자』에서 보다 명확하게 나타난다. 여기에서는 중심이 구주(九州)가 되는데 사방천리이다. 그 외부에 팔인(八殥)이 있는데 마찬가지로 사방천리다. 팔인의 밖에는 사방천리의 팔굉(八紘)이 있고 팔굉의 밖에는 팔극(八極)이 있다.[35] 『회남자』에서는 『이아(爾雅)』에서 제

---

35) 『淮南子』 卷4, 地形訓.

시되었던 중심-주변의 방위관계가 기본 4방위에서 중간방위를 추가하여 8방위로 더욱 확장된 점이 특징이다.

그러나 『산해경』이나 『회남자』 등에서 볼 수 있는 보다 확장된 중화적 세계인식은 한대 이후 유교가 정착되면서 크게 주목받지 못했다. 유교적 입장에서 위의 서적들은 이단서에 불과했기 때문에 성현의 사상을 수록하고 있는 유교의 경전처럼 중시할 수는 없었다. 이에 따라 세계에 대한 이후의 논의는 현실적으로 왕화(王化)가 미치는 지역을 중심으로 이루어졌다. 인간이 거주하지 않는 지역, 경험적으로 확증할 수 없는 상상 속의 세계는 현실성을 강조하는 유학의 입장에서는 관심의 대상이 될 수 없었다.

이러한 특성은 지도의 제작과 관련해서 더욱 뚜렷하게 나타난다. 『주례』에서 언급되었듯이 일찍이 중국 고대에서는 직방씨라는 관직을 두어 천하의 지도를 관장하게 하였다. 이를 통해 방국(邦國), 도비(都鄙), 사이(四夷), 팔만(八蠻), 칠민(七閩), 구맥(九貉), 오융(五戎), 육적(六狄)의 사람들과 그 재용(財用), 구곡(九穀), 육축(六畜)의 수(數)를 분별하여 그 이익과 해로움을 두루 파악하고자 했다.[36] 이러한 현실적 필요에 의한 지도제작의 경향은 이후 세계지도에도 반영되어, 제왕의 통치가 행해지는 중화세계는 상세하게 묘사되지만 이민족의 영역, 또는 이역(異域)은 지명만 표기되는 정도로 간략하게 처리되었다. 전체의 세계 가운데 중요한 것은 중국과 그 주변의 조공국으로, 이들로 구성되는 세계가 바로 직방세계이다.[37]

이로 인해 중국의 세계지도는 직방세계를 그린 것에 다름 아니었는데, 이

---

36) 『周禮』 夏, 職方氏. "掌天下之圖 以掌天下之地 辨其邦國都鄙四夷八蠻七閩九貉五戎六狄之人民 與其財用九穀六畜之數要 周知其利害."

37) 이렇듯 직방세계 중심의 세계지도가 포괄하는 영역은 중국과 그 주변 일부의 조공국 정도이다. 그러나 지도에 표현된 지역만이 당시 중국인이 인식하고 있었던 세계라고 보는 것은 문제가 있다. 당시의 지리지 등을 통해 보면 그들은 지도에 표현된 것보다 훨씬 넓은 영역의 세계를 인식하고 있었으나 선택적으로 이를 지도에 표현했을 뿐이다. 이때 가장 중요한 선택기준은 왕화로 표현되는 조공관계였다.

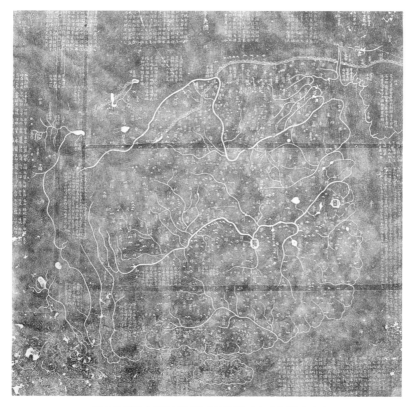

그림 1-5 중국 송대의 석각 『화이도』(중국 시안 비림박물관 소장)

의 대표적인 것으로 1136년 송나라 때 제작된 『우적도(禹跡圖)』와 『화이도 (華夷圖)』(그림 1-5)[38]를 들 수 있다. 이외에도 명대에 제작된 『고금형승지도 (古今形勝地圖)』 『황명직방지도(皇明職方地圖)』 등 많은 지도가 이에 해당 한다. 이러한 전통은 이후 계속 이어져 서양의 지리지식이 도입되었던 19세 기에서도 직방세계 중심의 세계지도가 제작되었다.

---

38) 송대에 석각된 『화이도』의 탁본이 서울대학교 규장각한국학연구원에 소장되어 있는데, 조선시대에 중국에서 입수한 것으로 보인다.

## 2) 불교의 사대주설과 추연의 대구주설

### (1) 불교의 사대주설

인도에서는 기원전 500년 이후 브라만교 이외에 불교, 자이나교 등 새로운 종파가 일어나면서 세계에 대한 인식도 다양하게 전개되었다. 이 중 불교의 세계인식은 인도뿐만 아니라 널리 아시아 여러 민족으로 확산되어 지리적 사고의 형성에 많은 역할을 하기도 했다.

불교의 세계인식과 관련된 가장 오래된 문헌으로는 『장아함경(長阿含經)』의 「세기경(世記經)」이 있고 5세기경에 세친(世親)이 저술한 『아비달마구사론(阿毘達磨俱舍論)』이 있다. 불교에서 말하는 '세계'(Loka-dhātu)는 욕계(欲界), 색계(色界), 무색계(無色界)의 세 가지로 나눠지며, 우리가 살고 있는 곳은 욕계인데 지리적 구상으로서는 수미산(蘇迷盧, Sumeru, 妙高라 번역됨)을 중심으로 하는 지상세계이다. 그것은 수미산을 중심에 두고 각각 7개의 산(육지)이 둘러싸고 있으며 바깥쪽 주위는 바다(외해)인데 이를 철위산(鐵圍山, Cakravada-parvata)이 둘러싸고 있다. 외해에는 각각 두 개의 중주(中洲)를 지닌 사대주(四大洲)가 있는데 남쪽에 있는 것이 염부제(閻浮提, Jambudvipa, 贍部洲), 북방에 울단월(鬱單越, Uttarakuru, 俱盧洲), 동쪽이 불파제(弗婆提, Purvavideha, 勝身洲), 서방이 구야니(瞿耶尼, Avaragodaniya, 牛貨洲)이다. 수미산을 둘러싸는 7개의 산은 황금으로 이루어져 칠금산(七金山)이라 부르고 수미산, 철위산과 바다를 총칭하여 구산팔해(九山八海)라 한다. 그림 1-6은 남송 때 지반(志磐)의 『불조통기(佛祖統紀)』에 수록된 「사주구산팔해도(四洲九山八海圖)」인데 위와 같은 지리적 세계의 모습이 잘 표현되어 있다.[39]

세계의 중앙에 있는 수미산은 사보(四寶, 황금·백은·유리·파리)로 만들어졌는데 안에 있는 금륜(金輪) 위에 위치해 있다. 해와 달이 비추며 여러 천인(天人)이 노니는 곳이다.[40] 이와 같은 수미산 사상은 당시 인간의 힘으로는

---

39) 野間三郎·松田信·海野一隆 『地理學の歷史と方法』, 大明堂 1959, 7~12면.

40) 玄奘 『大唐西域記』 卷1, 三十四國.

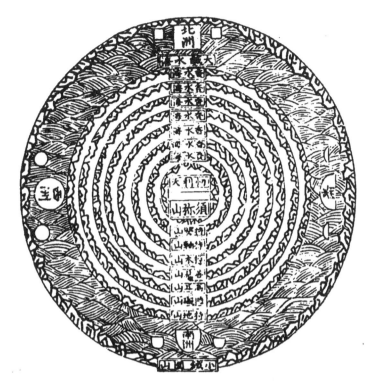

그림 1-6 『불조통기』에 수록된 「사주구산팔해도」

범접할 수 없는 히말라야의 위용을 신비화했을 가능성이 크다.

『장아함경』에 의하면, 사대주 중에서 남쪽 대륙은 남쪽이 좁고 북쪽이 넓은 사람의 얼굴[人面] 모습이고, 북주는 방형, 서주는 원형, 동주는 반월형으로 되어 있다 한다. 남주(또는 남섬부주[南贍部洲])[41]는 인도를 포함하는 대륙으로 인간이 사는 현실 세계이다. 남주의 형상은 인도반도의 형상에서 착상한 것이다. 그림 1-7은 남섬부주를 그린 지도다. 명대의 인조(仁潮)가 1607

41) 중국과 한국의 고문헌에서는 남섬부주(南贍部洲)로 표기하는 데 반해 일본에서는 남첨부주(南瞻部州)로 표기한다.

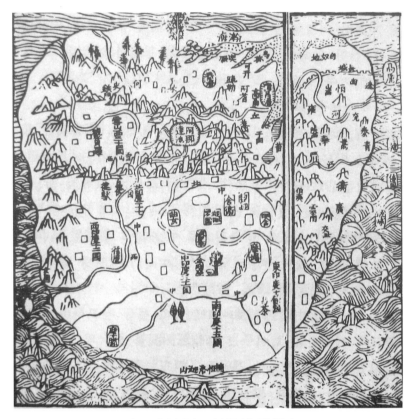

그림 1-7 『법계안립도』에 수록된 「남섬부주도」

년 간행한 『법계안립도』에 수록된 것인데, 현장(玄奘)의 『대당서역기(大唐西域記)』에 기초한 지명들이 기재되어 있다. 대륙의 중앙에 아누달지(阿耨達池, 인도 설산의 북쪽에 있는 못, 무열뇌지)와 여기서 흘러나가는 네 개의 하천이 기본적인 골격을 형성한다.[42] 이 지도에서 중국은 동쪽 구석에 치우쳐있고, 한반도는 섬으로 그려져 '고려(高麗)'라 표기된 것이 특징이다.

---

42) 海野一隆『地圖の文化史: 世界と日本』, 八坂書房 1996, 21면.

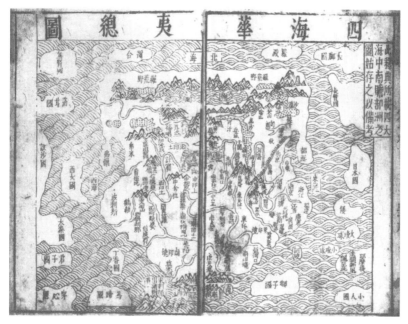

그림 1-8 『도서편』에 수록된 「사해화이총도」

남섬부주를 그린 지도는 1613년 간행된 명대의 『도서편』에도 「사해화이
총도(四海華夷總圖)」라는 제목으로 수록되어 눈길을 끈다(그림 1-8). 『도서편』
에는 마테오 리치의 「산해여지전도(山海輿地全圖)」를 비롯하여, 양반구도
(兩半球圖), 적도남북도 등 서구식 지도와 그의 도설을 수록하는 등 서양의
지리지식을 대폭 수용하고 있다. 또한 불교식 세계지도인 남섬부주의 지도
를 수록함으로써 유교적 입장만을 고수하지 않는 개방적 태도를 보여준다.
이 지도는 『삼장(三藏)』 『불조통기』에 수록된 「진단도(震旦圖)」와 「한서역제
국도(漢西域諸國圖)」 「반사서토오인도(盤師西土五印圖)」의 세 지도를 합하
여 제작한 것인데, 지명은 여러 승려의 서역전(西域傳), 홍범(洪範) 등의 책
을 참고해 표기하였다.[43)]

「사해화이총도」는 불교적 세계관을 보여주는 「남섬부주도(南瞻部洲圖)」를 중국의 전통적인 화이관에 입각하여 다시 그린 것이다. 중화적 세계인식의 지도와는 다르게 지도의 중앙에 중인토(中印土, 지금의 인도)가 위치해 있다. 「사해화이총도」는 기존의 「남섬부주도」와도 다른데, 대륙 동서에 조선, 불름(弗懍)을 반도로 표현하고 불교와 관련 없는 중국 전래의 지명을 대양에 배치하였다. 수록된 지도의 설명문은 화이관에 입각하여 중국문명의 훌륭함을 과시하면서도 중국이 대륙의 동쪽에 치우쳐 있다는 실제의 지리지식도 보여주고 있다. 이러한 점은 당시 마테오 리치의 한역 서구식 세계지도에 의해, 전통적인 세계인식에서 벗어나 객관세계를 이해하려 했던 분위기를 반영하고 있는 것이다. 그러나 「사해화이총도」가 보여주는 세계인식은 당시 주류적인 것이 아니다. 하나의 참고자료로 이러한 지도를 수록했을 뿐이다.

### (2) 추연의 대구주설

세계에 대한 전통적인 사고로 중화적 세계인식, 불교의 사대주설(四大洲說) 이외에 추연(騶衍, 기원전 305~240, 추정)의 대구주설(大九州說)이 있다. 추연은 전국시대 제(齊)나라 사람으로 음양가(陰陽家)의 대표적인 인물이다. 그는 맹자 이후의 사람으로 그의 학설이 많은 제후국에 알려지면서 각국의 제후들로부터 융숭한 대접을 받았다. 저작으로는 『한서』 「예문지(藝文志)」에 '추자(鄒子)' 49편, '추자종시오덕(鄒子終始五德)' 56편이 기록되어 있으나 모두 유실되어 전해지지 않는다. 그의 학설에 대한 단편적인 내용들이 주로 『사기』의 「맹자순경렬전(孟子荀卿列傳)」, 그리고 『여씨춘추』의 「응동(應同)」편 등에 부분적으로 보일 뿐이다.[44]

추연의 사상은 오행설, 부응설(符應說), 오덕종시설(五德終始說), 대구주설, 중도연명설(重道延命說) 등이 혼합되어 있다. 당시 제나라에는 추연을

---

43) 章潢 『圖書編』 卷29, 四海華夷總圖.
44) 송영배 『諸子百家의 思想』, 玄音社 1994, 458면.

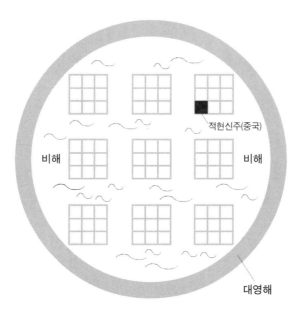

적현신주(중국)

비해

비해

대영해

그림 1-9 대구주설의 모식도

위시해서 전병(田騈), 신도(愼到) 등의 사상가들이 있어 이와 같은 사상을 고취하고 있었으며, 이것은 신선사상의 발전에 영향을 주기도 했다.[45] 다음은 『사기』에 수록된 추연의 대구주설과 관련된 내용이다.

　유자(儒者)들이 말하는 중국은 천하 전체의 81분의 1에 불과하다. 중국을 이름붙이기를 적현신주(赤縣神州)라 했다. 적현신주의 안에 구주(九州)라는 것이 있는데 우(禹)가 정한 구주가 바로 이것이나 대구주는 아니다. 중국의 밖에는 적현신주 같은 것이 9개가 있는데 이것이 구주(九州)인 것이다. 여기에는 비해(裨海)가 그것을 둘러싸고 있어서 인민(人民)과 금수가 서로 통할 수 없다. 하나의 구역과 같은 것이 하나의 주(州)를 이루는데 이와 같은 것이 아홉이다.

45) 福永光司 『道教思想の研究』, 岩波書店 1987, 225~26면.

대영해(大瀛海)가 그 밖을 둘러싸고 있는데 천지가 만나는 곳이다.[46]

위의 내용에서 알 수 있듯이 추연은 우공의 구주 전체를 적현신주라 하고 이것과 똑같은 8개가 더 합쳐져서 하나의 주를 구성한다고 보았다. 또한 이러한 주가 9개가 모여 천하를 이룬다고 했다. 따라서 중국인 적현신주는 천하의 81분의 1에 불과하다. 세계는 전체 9개의 큰 대륙으로 이루어져 있고 각 대륙을 비해가 감싸고 있으며 이 전체를 대영해가 에워싸고 있는 구조이다(그림 1-9). 그러나 방위에 대한 언급이 없어서 중국의 위치가 전체 지리적 세계 중에서 어디에 해당하는지를 분별할 수는 없다.

추연의 대구주설은 유교의 구주설을 확대한 관념이지만 본질적으로는 구주설과 차원을 달리한다. 『서경』의 「우공」편에 보이는 구주설은 추연의 경우처럼 여러 대륙을 상정한 것이 아니었다. 중화적 세계인식에 바탕을 두어 구주를 대륙의 중심에 위치시켰고 이 외부에는 이민족이 거주하는 이역(異域)이 존재한다고 보았던 것이다. 그러나 추연의 사고에서는 문명화된 지역인 중국을 전체 세계의 81분의 1로 축소했고 중국 자체도 세계의 중심이라는 명백한 언급도 보이지 않는다. 따라서 중화적 세계인식인 구주설과는 본질적으로 차원을 달리하고 있다.

이러한 추연의 대담한 세계관은 중국 고유의 것이라기보다는 타문화와의 접촉에 의해 형성되었을 가능성이 크다.[47] 추연의 대구주설에서 각각의 9대륙이 해양을 끼고 있다는 점에서 고대 인도의 지리적 세계관과 관련이 있다고 추정된다.[48] 특히 적현신주의 위치가 중화적 세계관과 일치하지 않는 점

---

46) 『史記』 卷74, 「孟子荀卿列傳」. "儒者所爲中國者 於天下乃八十一分居其一分耳 中國名曰赤縣神州 赤縣神州乃自有九州 禹之序九州是也 不得爲州數 中國外如赤縣神州者九 乃所爲九州也 於是有裨海環之 人民禽獸莫能相通者 如一區中者 乃爲一州 如此者九 內有大瀛海環其外 天地之際焉."

47) 조셉 니덤 지음, 이석호 외 옮김 『中國의 科學과 文明』 2권, 乙酉文化史 1985, 333~34면.

48) 野間三郎·松田信·海野一隆 『地理學の歷史と方法』, 大明堂 1959, 6~7면.

도 외부의 영향을 강하게 시사한다.[49] 이처럼 추연의 대구주설은 하나의 문화권에서 독창적으로 형성된 것이 아니라 문화의 전파에 의해 중국의 토착적인 요소와 외부적인 요소가 결합하여 나타난 세계인식이라 할 수 있다.

추연의 대구주설은 이후 중국사회에서 중화적 세계인식과 실용적인 측면을 강조하는 유학자들로부터 이단의 설로 배척되었다. 특히 유교의 경전에서는 이러한 설에 대한 성현들의 언급이 거의 없기 때문에 경전을 숭상하는 유학자들에게는 받아들일 수 없는 것이었다. 서양의 세계지도가 중국에 전래되어 종전의 세계인식이 확대되어가던 시기에 추연의 대구주설은 다시 관심을 끌게 되었지만, 여전히 이단의 설로 배척되곤 하였다. 명말(明末) 마테오 리치의 『곤여만국전도』에 서문을 썼던 오중명(吳中明)이 서양의 지리지식을 수용하면서도 추연의 설은 굉대(宏大)하고 불경(不經)하다고 하여 배척했던 것은 이의 대표적인 사례이다.[50]


## 3. 조선에서의 수용

### 1) 천원지방과 중화적 세계인식

우리나라에서도 고대부터 주변 세계에 대한 인식을 도상으로 표현해온 사실이 현존하는 유물, 유적을 통해 확인된다. 이러한 도상에는 중국을 통해 들여온 천지관, 세계인식이 기존의 토착적인 요소들과 융합되어 나타나기도 했다. 고대 중국에서 형성된 전통적인 천지관이나 세계인식 등이 정확히 언제 어떠한 경로로 한반도에 유입되었는지는 명확하지 않으나, 낙랑시대의 고분에서 출토된 석판에 천원지방의 천지관을 바탕으로 한 북두칠성의 별자리가 그려져 있던 사실로 볼 때[51] 삼국시대 이전에 이미 전해진 것으로 보

---

49) 高橋正「中國人的世界觀と地圖」,『月刊しにか』6-2, 1995, 26면.
50) 『坤輿萬國全圖』. "鄒子稱中國外 如中國者九 裨海環之 其語似宏大不經."

인다.

이후 천원지방의 관념은 한반도에서도 대표적인 천지관으로 자리 잡게 되었다. 고구려의 고분벽화에서도 이러한 흔적을 볼 수 있으며, 신라 첨성대의 모습도 천원지방을 상징하는 것으로 이해되기도 한다.[52] 천원지방의 관념은 고려시대를 거쳐 조선시대까지 꾸준히 이어져 내려오게 되는데, 천지에 대한 가장 상식적이면서 일반적인 사고로 수용되었다. 이러한 사고는 각종의 문학·예술작품에서도 표현되고 일상생활의 도구에 반영되기도 했다.

선조 대의 문신인 노경임(盧景任, 1569~1620)의 저술에는 이러한 관념이 잘 드러나 있다.[53] 여기서는 천원지방의 개념을 천지의 형태로 수용하면서도, 원은 동적이고 방은 정적이라는 형이상학적 해석도 아울러 받아들였다. 천지에 대한 이러한 해석은 당시 조선의 대부분의 학자들이 공유했던 것이라 할 수 있는데, 각종의 도상으로 표현되기도 했다. 심지어 바둑, 장기 같은 유희도구에서도 반영되어 있는데, 윷놀이의 도구가 대표적인 예이다. 김문표(金文豹)[54]가 쓴 「사도설(柶圖說)」에는 이러한 내용이 소상하게 기록되어 있다.

윷을 만든 이는 그 도(道)를 아는 사람일 것이다. 천원지방이라는 것은 건곤(乾坤)이 정해졌다는 것이다. 별자리에 궤도가 있다는 것은 경위(經緯)가 세워진 것이다. 태양이 운행하는 데 도(度)가 있다는 것은 주야가 나눠진 것이다. 그러나 하늘은 지고(至高)하고 성신(星辰)은 지원(至遠)하다. 기형(璣衡)의 그

---

51) W. C. Rufus, "Korean Astronomy," *Transactions of the Korea Branch* Vol.26, Royal Asatic Society 1936, 3~4면.

52) 全相運 「三國 및 統一新羅의 天文儀器」, 『古文化』 3, 1964.

53) 『敬菴先生文集』 卷4, 說 「天地說」. "天包乎地 地圍乎天 六十四卦 圓於外者爲陽 方於內者爲陰 圓者動而爲天 方者靜而爲地 天附乎地 地附乎天 地在天中 水環地外 天南高而北下 故望之如倚蓋 地東南下西北高 故東南多水 西北多山."

54) 김문표에 대해서는 단지 선조 때 송경 사람이라는 정도만 알려져 있다(李瀷 『星湖僿說』 卷4, 萬物門, 柶圖).

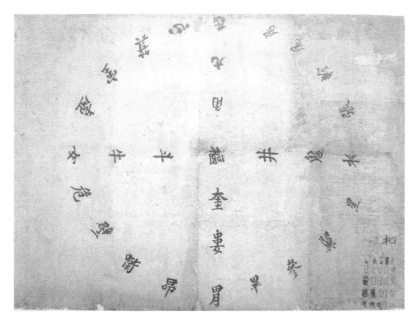

그림 1-10 조선시대의 윷판(국립민속박물관 소상)

림과 혼천(渾天)의 의기(儀器)는 측량해본 뒤에야 알 수 있다. 지극히 간단하
고 쉽게 볼 수 있는 것은 오직 윷뿐일 것이다. 윷의 바깥 원은 하늘을 본 딴
것이고 안쪽의 네모는 땅을 본 딴 것인즉 하늘이 땅 밖을 감싸는 것이다. 별
중에서 중앙에 있는 것은 추성(樞星)이다. 옆으로 벌어 있는 것이 28수이니 북
신(北辰)이 자리를 잡고 뭇별들이 조아리는 것이다.[55]

윷놀이는 천원지방의 전통적인 천지관을 바탕으로 천체의 운행에 따른 계

55) 『松都志』, 「柶圖說」, 金文豹. "作柶者其知通乎 天圓地方乾坤定矣 星辰有躔 經緯立矣
日行有度 晝夜分矣 然天至高星辰至遠 璣衡之圖 渾天之儀 必推測而後知 至簡而易見者
其惟柶乎 柶之外圓象天 內方象地 卽天包地外也 星之居中者 樞星也 旁列者 二十八宿
也 卽北辰居所而象星拱之者也."

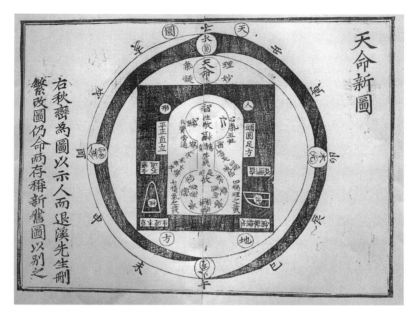

그림 1-11 『천명도설』에 수록된 천명도

절의 변화를 놀이로 엮은 것이다. 여기에 사용되는 윷의 모양이 바로 천지의
형상을 상징하는 것인데 위의 반구형은 하늘, 밑의 평평한 사각형은 땅을 의
미한다. 그림 1-10의 조선시대 윷판에는 위의 인용문처럼 중심에 추성(樞星,
북두칠성의 첫째 별)이 있고 주변에 28수가 배치되어 있다.

천원지방의 관념이 표현된 대표적인 도상으로 천명도(天命圖)를 들 수 있
다. 그림 1-11의 천명도는 조선 중기의 문인인 정지운(鄭之雲, 1509~61)이
천인(天人)의 문제를 천명(天命)으로 도식화하고 해설을 붙인 『천명도설(天
命圖說)』에 실려 있는 그림이다. 정지운이 주희(朱熹)의 『성리대전(性理大
全)』에 있는 인물지성(人物之性)을 논하는 설을 취하고 그 밖에 여러 설을
참고하여 1537년에 그린 것으로, 그 뒤 1553년에 이황(李滉)에게 이 도설을
바로잡을 것을 청하여 새로이 제작하였는데 후에 이황, 기대승(奇大升) 간

80

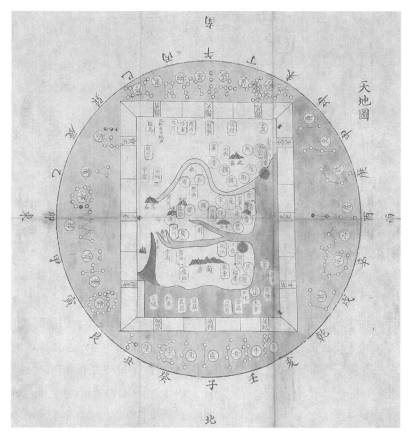

그림 1-12 천원지방의 관념에 기초한 『천지도』(국립중앙박물관 소장)

'사칠논변(四七論辨)'의 발단이 되기도 했다.56) 그림에는 천원지방의 관념에 따라 사각형으로 표현된 땅의 외부를 원형의 하늘이 둘러싸고 있고, '천원 (天圓)'과 '지방(地方)'이란 글자가 표기되어 있다.

---

56) 柳正東 「天命圖說에 관한 硏究」, 『東洋學』 12, 檀國大學校 東洋學硏究所 1982.

천지의 형태에 대한 보다 구체적인 표현으로는『천지도(天地圖)』가 대표
적이다(그림 1-12). 전체적인 구도는『천지정위지도(天地定位之圖)』[57]와 유사
하다. 천원지방의 관념에 따라 하늘과 땅을 같이 그렸으나, 별자리는『천지
정위지도』와 방향이 반대로 되어 있다. 또한 땅을 그린 지도의 주변에 세성
(歲星, 목성)의 운행과 관련된 12차(次)를 배치하여 분야설을 보다 구체화했
다. 지도에는 춘추전국시대의 국명이 더 추가되어 있는 반면 하천은 좀더 단
순하게 되어 있다.

천원지방의 천지관과 더불어 세계에 관한 대표적인 사고는 중국을 통해
유입된 중화적 세계인식이라 할 수 있다. 중화적 세계인식은 지리적 중화관
과 문화적 중화관인 화이관을 포괄하는 것으로 유교적 사고의 토대를 이룬
다. 따라서 중화적 세계인식의 수용은 유교(유학)의 수용과 밀접한 관련을 지
니게 되는데 불교가 사회 전반에 많은 영향을 미쳤던 고려시대에는 불교적
세계인식에 비해 상대적으로 미약했던 것으로 보인다. 그러나 이규보(李奎
報, 1168~1241)와 같은 일부 유학자는 중화적 세계인식을 적극 수용하였다.
그는 천지를 논함에 있어 유가(儒家)가 석가(釋家)보다 먼저 났으므로 유가
를 표준으로 삼아야 한다고 말할 정도로[58] 유학을 가장 중요한 학문으로 받
아들였다. 아울러 직방세계를 중심으로 그린 화이도(華夷圖)에 대한 제문(題
文)을 쓰기도 했다.[59] 이 화이도는 현존하지 않아 구체적인 모습을 말하기
는 어렵지만 남송시대의 석각『화이도』나『우적도』와 같이 전통적인 중국
중심의 세계지도였던 것으로 보인다.

조선시대에 접어들어 유교적 원리가 사회의 전 분야를 지배하게 됨에 따
라 중화적 세계인식은 이 분야에서 최고의 지위를 확보하게 되었다. 억불숭

---

57) J. B. Harley and David Woodward, eds., *The History of Cartography* vol.2, book.2,
    University of Chicago Press 1994, 도판8.5.
58)『東文選』59卷, 寄吳東閣世文論潮水書.
59) 李奎報『東國李相國集』卷17,「題華夷圖長短句」.

유 정책으로 인해 불교적 세계관은 더 이상 전면에 부각될 수 없었다. 그리하여 이 시기에 제작되는 대부분의 전통적인 세계지도들은 천원지방의 천지관과 중화적 세계인식에 기초하여 제작되었다. 이러한 흐름은 이후 19세기까지 계속 이어지면서 조선시대 세계지도의 주류를 형성하게 된다.

### 2) 불교의 사대주설과 추연의 대구주설

우리나라에서 불교는 고려시대까지 대표적인 종교로서 사회적으로 많은 영향을 끼쳤다. 이로 인해 당시 불교적 세계인식을 담고 있는 지도도 많이 제작되었을 것으로 보인다. 불교적 세계인식에 입각한 세계지도에는 중국이 중심이 아닌 동쪽으로 치우쳐 있고 대신 인도가 중앙에 위치하여 전통적인 중화적 세계인식과는 다른 모습을 띠고 있음은 앞서 살펴본 것과 같다. 대표적인 사례로 윤포(尹誧, 1063~1154)의 『오천축국도(五天竺國圖)』를 들 수 있다. 그는 현장법사의 서역기(西域記)에 의거하여 시도를 제작하였다.[60] 실물이 현존하지 않아 구체적인 모습은 알 수 없지만 중국의 전통적인 화이도와는 다른 지도였을 것이다. 윤포의 『오천축국도』와 관련이 있으리라 생각되는 『오천축도(五天竺圖)』가 일본에 몇종류 남아 있다. 그 가운데 가장 연대가 오래된 것으로 14세기에 제작된 것으로 전해지는 호오류우지(法隆寺) 소장의 『오천축도』가 있다(그림 1-13).

가로 166.5센티미터, 세로 177센티미터의 대형지도에는 파도가 그려진 바다 가운데에 계란을 거꾸로 세운 듯한 윤곽을 지닌 대륙이 그려져 있다. 그 중앙과 상부에는 네모난 무열뇌지(無熱惱池)가 있으며 거기에서 네 개의 하천[四河]이 사방으로 흘러간다. 대륙의 내부에는 중첩된 산악 속에 수많은 전당과 탑, 당탑불적(堂塔佛跡, 석가모니의 유적)이 그림으로 묘사되어 있고,

---

60) 朝鮮總督府 編 『朝鮮金石總覽』 上卷, 1919, 尹誧墓地銘. "又據唐玄奘法師西域記 撰進 五天竺國圖 上覽之賜燕糸七束."

그림 1-13 『오천축도』(일본 호오류우지 소장)

천축(天竺, 인도의 옛 이름)으로 가는 승려 현장의 행로가 붉은 선으로 그려져 있으며 이 밖에도 지명과 주기가 기록되어 있다. 그 내용은 주로 인도와 서역제국으로 되어 있고 그 밖의 지역이 거의 빠져 있다. 심지어 중국조차도 지도의 우변에 신단국(晨旦國), 대당국(大唐國) 등으로 작게 묘사되어 있을 뿐이다. 대륙을 둘러싼 바다에는 남쪽에 집사자국(執師子國, 실론[옛 스리랑

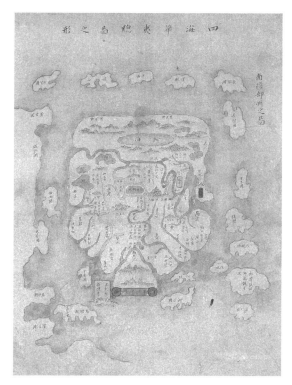

그림 1-14 필사본 사해화이총도(국립중앙박물관 소장) 권두화보 1

캬)을 비롯한 몇개의 섬이 있으며 이와는 별도로 지도의 오른쪽 위에 일본
을 뜻하는 큐우슈우(九州), 시꼬꾸(四國)란 작은 섬이 그려져 있다.[61] 윤포가
제작한 지도도 아마 이러한 모습을 띠고 있었으리라 짐작된다.

고려시대와 달리 조선시대는 유교가 사회를 운영하는 원리였던 시기로 이
에 따라 불교는 상대적으로 쇠퇴의 길을 걸을 수밖에 없었다. 따라서 불교적
세계관을 표현한 지도는 매우 드물다. 그러나 『도서편』에 수록되었던 「사해

---

61) 室賀信夫·海野一隆 「日本に傳われた佛敎系世界地圖について」, 『地理學史硏究』 1,
    柳原書店 1957.

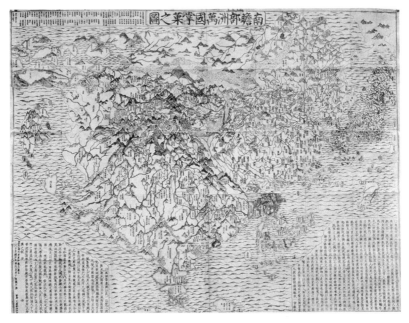

그림 1-15 일본에서 제작된『남섬부주만국장과지도』(서울대학교 도서관 소장)

화이총도」와 같은 지도는 조선에서도 필사되어 지도첩에 수록되기도 했다. 이의 대표적인 것이 국립중앙박물관에 소장되어 있는 『지도(地圖)』와 국립중앙도서관에 소장된 『지나조선고지도(支那朝鮮古地圖)』(古朝 61-58)에 수록된 지도로 『도서편』의 「사해화이총도」와 거의 유사하다.

그림 1-14는 국립중앙박물관에 소장된 지도로 제목은 '사해화이총도지형(四海華夷總圖之形)'으로 되어 있고, '남첨부주지도(南瞻部州之圖)'라는 부제도 붙어 있다. 전체적인 형태와 내용은 『도서편』에 수록된 「사해화이총도」와 거의 유사하다. 다른 것은 조선에서 제작된 지도에서 흔히 볼 수 있는 지명인 '거란(契丹)'과 '전횡도(田橫島)' 등이 추가되었다는 점이다. 아울러 뻬이징과 조선이 상대적으로 강조되어 있다. 불교식 세계관을 표현한 지도이

그림 1-16 수미산 중심의 세계관이 표현된 그림(통도사 성보박물관 소장)

지만 직방세계의 중심인 중국을 중시했던 것으로 볼 수 있다.

「사해화이총도」 외에 현존하는 불교식 세계지도는, 『남첨부주만국장과지도(南贍部洲萬國掌菓之圖)』가 대표적이다(그림 1-15). 이 지도는 1710년(보영 7)에 일본에서 낭화자(浪華子, 봉담[鳳潭]의 필명)가 만든 것으로 불교계 지도로는 최초로 서양의 지리지식을 반영한 것이다. 목판본으로 제작되어 널리 유포되었던 세계지도 중의 하나이다. 이 지도는 기본적으로 지리정보를 『불조통기』에서 취하고 있지만 북동부의 중국과 일본이 확대되어 있고 해안선의 윤곽이 현실에 근접하여 전통적인 불교계 세계지도가 지니고 있었던 좌우대칭의 형태가 붕괴되어 있다. 이러한 불교계 세계지도는 일본의 막부시대 말기까지 지속적으로 간행되었고 난학(蘭學)의 확산에 대해 전통을 수호하는 성격을 지녔다.[62] 현재 한국에도 성신여자대학교 박물관, 서울대학교 도서관 등 여러 곳에 소장되어 있다. 이 지도가 어떠한 경로로 한국에 전해 졌는지는 명확하지 않으나 일본에 갔던 통신사에 의해 유입되었을 가능성이 매우 높다. 그러나 조선에서 이 지도의 영향력은 미미했다. 사회의 전 분야 에서 유교적 원리가 지배하던 시기였기 때문에 불교적인 세계관을 표현한 지도는 그다지 큰 역할을 할 수 없었던 것이다.

수미산 중심의 불교적 세계관을 표현한 것으로 지도보다는 그림에 가까운 것이 남아 있다(그림 1-16). 1652년 위봉사에서 제작된 금동천문도의 뒤편에 그려진 그림으로 수미산을 중심으로 하는 세계가 묘사되어 있다. 수미산의 정상에는 제석천(帝釋天)이 주재하는 삼십삼천(三十三天)이 있는데, 그림에 도 수미산 주위에 삼십삼천이 새겨져 있다.

불교식 세계지도는 아니지만 현장법사의 서역 노정을 도리도(道里圖, 도 로지도)의 형태로 그린 것이 있어서 주목된다.[63] 양산 통도사에 소장된 『삼 장법사서유노정기(三藏法師西遊路程記)』인데, 1652년에 제작된 것이다(그림 1-17). 세로 35.3센티미터, 가로 647.7센티미터의 규격으로 두루마리 형태의 채색필사본이다. 현장의 『대당서역기』의 내용을 기초로 중요 지역의 그림을 수록하고 중요 지명과 사건을 기재하였다. 장안(長安)에서부터 시작하여 주 (州), 현(縣) 등의 거리를 기재하고, 노정에 따라 서역 제국의 나라와 지명 등 을 원 안에 표기하고 그 아래에 설명을 쓰는 형식을 취하고 있다.[64] 일종의 회화식 도로지도라 할 수 있는데, 불교적 내용을 담고 있다는 점에서 조선시 대의 지도로는 매우 이례적인 것이라 할 수 있다.

한편 추연의 대구주설은 성리학을 사회운영의 원리로 받아들였던 조선의 경우에도 중국에서처럼 이단의 설로 취급되어 학자들의 관심을 끌지는 못했

---

62) 久武哲也·長谷川孝治 編 『地圖と文化』, 地人書房 1989, 20~21면.
63) 中村拓 「朝鮮に傳わる古きシナ世界地圖」, 『朝鮮學報』 39·40號, 1967, 470면.
64) 通度寺聖寶博物館 『通度寺聖寶博物館 名品圖錄』, 1999, 236면.

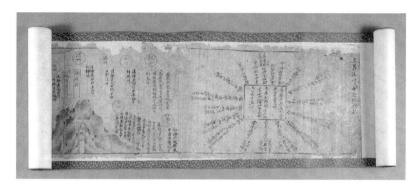

그림 1-17 『삼장법사서유노정기』(통도사 성보박물관 소장)

던 것으로 보인다. 그러나 서양의 지리지식이 전래되어 세계에 대한 인식이 확대되는 17세기 이후에는 새롭게 주목되어 미지의 세계에 대한 언설에서 수사적으로 사용되기도 했다. 1643년에 완성한 김육(金堉, 1580~1658)의 백과사전적 저술인『유원총보(類苑叢寶)』에 추연의 대구주설이 소개되어 있으며[65] 김만중(金萬重, 1637~92)의『서포만필(西浦漫筆)』에도 언급되어 있다. 김만중은 대구주설이 불가의 사천하론(四天下論)과 더불어 어린아이들의 관점을 넓혀주는 데 그 뜻이 있다고 하면서 부정적으로만 보지 않았다.[66] 대구주설은 위백규(魏伯珪)의『환영지(寰瀛誌)』에서도 언급되어 있는데 서양의 오대주설(五大洲說)과 유사한 설로 평가했다.[67]

추연의 구대주설과 유사한 것으로서 오출자(五黜子) 김백련(金百鍊, 현종대의 인물로 추정)의 오세계설(五世界說)을 들 수 있다. 이 설에 의하면, "천하에는 다섯 세계(五世界)가 있는데 그 가운데 대국으로서 중국과 같은 것이 64곳이 있다. 또한 문왕의 64괘는 아마 이것을 따라 만든 것으로 보인다. 사

65)『類苑叢寶』卷5, 地道門.

66) 金萬重『西浦漫筆』.

67) 魏伯珪『寰瀛誌』上, 附四海.

방의 나라에는 대성인(大聖人)이 있는데 서방은 곡궁씨(斛弓氏), 남방은 문
농씨(文農氏), 동방은 윤여씨(閏餘氏), 북방은 현후씨(玄后氏)가 있다"라고
하였다.[68] 오세계설이 독창적으로 만들어진 것인지 또는 서양의 오대주설의
직접적인 영향을 받아 만들어진 것인지 분명하지 않지만, 17세기 이후 전해
지는 서양 지리지식의 영향을 부정하기는 어렵다.

---

68) 李圭景 『五洲衍文長箋散稿』 卷27, 五世界辨證說.

# 2장

# 15세기『혼일강리역대국도지도』의 세계인식

## 1. 지도의 제작과정

### 1) 지도제작의 목적

현존하는 15세기의 세계지도[1]는『혼일강리역대국도지도』(그림 1-18) 계열을 들 수 있다. 이 지도는 조선왕조가 개국한 지 얼마 되지 않은 1402년에 국가적 프로젝트로 제작되었다. 중국, 일본 등의 인접 국가로부터 최신의 지도를 입수하여 조선에서 새롭게 편집, 제작한 세계지도[2]로 이후에도 꾸준히

---

[1] 15세기 이전 고려시대에도 여러 유형의 세계지도가 제작되었음이 현존하는 기록으로 확인된다. 윤포가 제작했던『오천축국도』와 같은 불교식 세계지도 이외에도『화이도』유형의 세계지도도 제작되었다(李奎報『東國李相國集』卷17, 題華夷圖長短句). 또한 고려말 공민왕 대에는 나흥유(羅興儒)가 역대제왕의 흥폐와 강토의 변천을 중심으로 지도를 제작하기도 했다(『高麗史』列傳 卷27, 羅興儒傳).

[2] 극히 일부의 일본 학자는 "조선은 중국 문화의 강력한 영향하에 있었기 때문에 적어도 세계지도만큼은 조선의 독자적인 지도가 아니고 중국에서 수입한 것 또는 그것을 충실하게 모사했던 것에 불과하다"라고 하여 조선의 독자적인 지도 편집, 제작의 능력을 평가절하

모사와 수정작업을 거치면서 조선 전기의 대표적인 세계지도로 자리 잡았다. 현재 일본에 여러 사본이 남아 있는데, 동아시아뿐만 아니라 최근에는 서구에도 널리 알려졌다.[3]

『혼일강리역대국도지도』가 전 세계적인 관심을 끌게 된 것은 이 지도가 그려낸 공간이 동아시아를 넘어 아라비아, 심지어 아프리카·유럽까지 포괄하고 있다는 사실 때문이다. 지도가 제작된 1402년을 전후한 시기는 유럽에서는 스페인, 포르투갈에 의한 대항해시대가 열리기 직전이었으며, 지도학사적으로는 고대의 탁월한 톨레미의 세계지도가 재탄생되기 이전에 해당한다. 이 시기 서양의 세계지도로는 종교적 세계관을 표현하고 있는 중세 유럽의 세계지도와 근세의 해도(Portolano)가 결합된 형식의 지도가 주류를 이루고 있었기 때문에 『혼일강리역대국도지도』는 동서양을 막론하고 당시 가장 뛰어난 지도라 할 수 있다.[4]

그렇다면 어떻게 해서 이러한 세계지도가 극동에 위치한 조선에서 제작될 수 있었을까? 이를 해명하기 위해서는 지도의 하단에 있는 권근의 발문을 분석할 필요가 있다. 다음은 발문의 전문이다.[5]

천하는 지극히 넓다. 안으로는 중국으로부터 밖으로는 사해에 이르기까지 몇천만리인지 모른다. 이것을 줄여서 몇자의 너비로 그리려면 상세하게 하기는 어렵다. 그러므로 지도로 그려진 것들이 모두 소략하다. 오직 오문(吳門) 이

---

하는 경우도 있다(堀淳一 「アジア地圖の表情をかいまみる」, 『月刊したか』 6卷 2号, 1995, 70~71면).

3) 이 지도는 1992년 미국에서 열린 '콜럼버스 신대륙 발견 500주년 기념 지도전시회'에 출품되어 많은 찬사를 받았으며, 1994년에 간행된 『지도학의 역사』 시리즈의 아시아 부분(2권 2책)의 표지에 수록되기도 했다.

4) 高橋正 「『混一疆理歷代國都之圖』 硏究 小史: 日本의 경우」, 『문화역사지리』 7호, 1995, 13면.

5) 발문은 권근의 『양촌집(陽村集)』에도 수록되어 있는데 제목이 '역대제왕혼일강리도(歷代帝王混一疆理圖)'로 표기되어 있다(權近, 『陽村集』, 卷22, 跋語類).

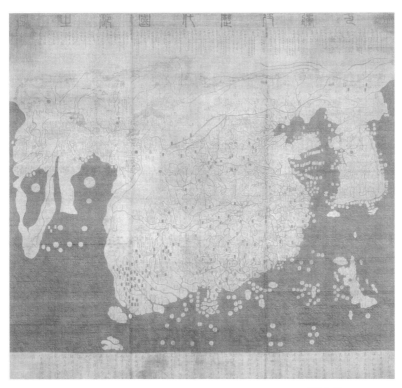

그림 1-18 『혼일강리역대국도지도』(일본 류우꼬꾸대 도서관 소장) 권두화보 ③

택민(李澤民)의 성교광피도(聖敎廣被圖)는 매우 상세하고 역대제왕의 연혁은 천태승 청준(淸濬)의 혼일강리도(混一疆理圖)에 잘 수록되어 있다. 건문(建文) 4년 여름에 좌정승 김사형과 우정승 이무(李茂)가 섭리(變理)의 여가에 이 지도를 연구한 후, 검상(檢詳) 이회(李薈)에 명하여 상세하게 교정하여 합쳐서 하나로 만들게 하였다. 요수 동쪽과 본국의 강역은 이택민의 지도에도 많이 누락되어 있어서 우리나라 지도를 증보하고 일본을 그려 넣어 새롭게 지도를 만들었다. 정연하고 보기에 좋아 집을 나가지 않아도 천하를 알 수 있다. 지도와 서적을 보고 지역의 원근을 아는 것은 정치에 도움이 된다. 두 정승이 이 지도에 몰두했던 것을 통해 그분들의 도량이 넓음을 알 수 있다. 나는 재주가 없으나 참찬의 직으로 두 분의 뒤를 따랐는데, 이 지도의 완성을 기쁘게 바라보게 되니 심히 다행스럽다. 내가 평일에 방책을 강구하여보고자 했던 뜻을 맛보았고, 또한 후일 집에 거처하며 와유(臥遊)하게 될 뜻을 이룰 수 있음을 기뻐한다. 이에 지도의 하단에 기록하게 된 것이다. 이해 가을 8월 양촌 권근이 씀.6)

발문에 의하면, 1402년(태종 2) 여름에 좌정승 김사형과 우정승 이무가 이택민의 『성교광피도』와 청준의 『혼일강리도』를 검토하고 검상 이회로 하여금 조선과 일본지도를 합쳐 편집하여 하나의 지도로 만들게 하였다. 권근은 김사형과 이무의 보좌 역할을 담당했고 지문(誌文)을 작성했다. 지도제작의 실무는 이회가 맡았는데, 그는 『팔도도(八道圖)』를 제작하기도 했던 당대의 뛰어난 지도학자였다.7) 당시 고위관직에 있던 이들이 지도제작에 참여했다는 사실을 통해 볼 때, 『혼일강리역대국도지도』의 제작이 중요한 국가적 사업의 일환으로 추진되었음을 알 수 있다.

그렇다면 왜 1402년이라는 조선왕조 초기에 국가적 사업으로서 세계지도를 제작하게 되었을까? 이는 지도의 성격과 관련되는 중요한 문제이기도 하다. 권근의 발문에서도 지적하고 있듯이 "지도와 서적을 보고 지역의 원근을 아는 것은 나라를 다스리는 데 도움이 된다"는 인식은 중국 고대로부터 있

---

6) 天下至廣也 內自中國 外薄四海 不知幾千萬里也 約而圖之於數尺之幅 其致詳難矣 故爲圖者率皆疏略 惟吳門李澤民聲敎廣被圖 頗爲詳備 而歷代帝王國都沿革 卽天台僧淸濬混一疆理圖備載焉 建文四年夏 左政丞上洛金公士衡 右政丞丹陽李公茂 燮理之暇參究是圖 命檢詳李薈更加詳校合爲一圖 其遼水以東及本國彊域澤民之圖亦多闕略 方特增廣本國地圖 而附以日本勒成新圖 井然可觀 誠可以不出戶而知天下也 觀圖籍而知地域之遐邇 亦爲治之一助也 二公所以拳拳於此圖者 其規謨局量之大可知矣 近以不才 承乏參贊 以從二公之後 樂觀此圖之成而深幸之 旣償吾平日講求方冊而欲觀之志 又喜吾他日退處還堵之中而得遂其臥遊之志也 故書此于圖之下云 是年秋八月日誌.

7) 『성종실록』 권138, 성종13년 2월 13일(壬子).

94

어왔다. 지리는 천문과 더불어 국가를 경영하는 중요한 학문으로 중시되었다. 천문은 천체의 운행을 관찰하고 예측하여 정확한 역(曆)을 제작하는 문제와 관련되어 있고, 지리는 국토의 지형지세·토지·인구 및 물산을 파악하여 국정의 기초자료를 마련하는 것과 관련되어 있다. 따라서 예로부터 "우러러 천문을 보고 아래로 지리를 살핀다"고 했던 것이다.8)

천문과 지리는 제왕(帝王)의 학문이라는 성격을 지니기 때문에『혼일강리역대국도지도』의 제작도 천문과 관련지어 살펴볼 필요가 있다. 조선왕조는 이미 1395년(태조 4)『천상열차분야지도(天上列次分野之圖)』라는 천문도(그림 1-19)를 돌에 새겼는데,9) 권근은 이 사업에도 참여하여 지문을 작성했다.10) 1392년에 개국한 조선이 1395년에 천문도를 국가적 사업으로 제작한 이유는 무엇일까? 이에 대한 해답은 권근의 지문을 통해 찾아볼 수 있다. 그는 제왕의 정치는 정확한 달력을 만드는 것을 급선무로 해야 한다고 강조하면서 천문도 제작의 명분을 제시하고 있지만, 한편으로 태조(太祖) 이성계를 성군인 요순(堯舜)에 비유하고 있으며 조신 개국이 신양(禪讓)에 의한 집권임을 강조하고 있다. 하늘의 성좌를 측정하여 별자리의 도수(度數)를 정확하게 밝히는 과학적 측면보다는 이성계의 역성혁명을 정당화하려는 데 중점을

---

8)『周易』繫辭 上, 仰以觀天文 附以察地理. 천문과 지리의 중요성은 각종 유서(類書)의 간행에서도 드러난다. 영조 대의『동국문헌비고(東國文獻備考)』의 간행 시에도, "건(乾)은 아비이고 곤(坤)은 어미라 칭하는데 인군(人君)이 공경하고 높이는 것이 이것보다 우선하는 것이 없다"고 하여 상위고(象緯考)와 여지고(輿地考)를 가장 첫 부분에 수록하였다(『增補文獻備考』卷首, 御製, 英祖朝御製象緯考題辭).

9) 이 천문도에 관한 연구로는 다음의 논문들이 있다. 羅逸星「朝鮮時代의 天文器機研究: 天文圖篇」,『東方學志』42, 1984; 羅逸星「「천상열차분야지도」와 각석 600주년」,『東方學志』93, 1996; 이은성「천상열차분야지도의 분석」,『세종학연구』제1집, 1986; 박명순「天上列次分野之圖에 대한 고찰」,『한국과학사학회지』제17권, 1995; 朴庚圭「朝鮮朝天文圖의 比較 分析」, 충북대학교 석사학위논문, 1995; 구만옥「천상열차분야지도 연구의 쟁점에 대한 검토와 제언」,『동방학지』140, 2007.

10) 權近『陽村集』卷22, 天文圖誌.

그림 1-19 석각 『천상열차분야지도』(국립고궁박물관 소장)

두었던 것이다. 즉, 민중의 불안을 완화하기 위해서 천의(天意)에 의한 선양이었음을 강조하는 방편으로 천문도 제작이 이루어졌다고 볼 수 있다.[11] 실제로 천문도에 수록된 내용들은 송대나 원대의 새로운 천문관측이 반영되지

11) 李龍範 『韓國科學思想史硏究』, 東國大學校出版部 1993, 131면.

않고 고대 한대의 것을 따르고 있다.

『천상열차분야지도』제작의 이러한 이념적 측면은『혼일강리역대국도지도』에서도 엿볼 수 있다. 특히 천문도 제작의 총책을 담당했던 권근이 지도 제작에도 핵심 역할을 수행했다는 사실이 이를 뒷받침한다. 중국을 비롯한 천하 여러 나라의 형세를 파악하려는 실용적인 면에 일차적인 목적이 두어졌다면 단지 중국에서 들여온 최신의 지도만으로도 충분했을 것이다. 중국에서 들여온 두 지도에다 조선과 일본지도를 추가하여 편집, 제작한 사실은 단순히 세계의 형세와 모습을 파악하는 차원을 넘어 새로이 개창된 조선왕조를 만천하에 과시하려는 의도를 지닌 것이라고 볼 수 있다.


### 2) 저본 지도의 도입과정

『혼일강리역대국도지도』제작의 기초자료가 되었던 저본(底本) 지도는 중국과 일본에서 들여온 지도와 조선의 전도였다. 이 가운데 중국지도의 유입과정에 대해서 일찍이 오가와 타꾸지는 1399년(정종 1) 명나라 건문제의 등극 축하사절로 뻬이징에 갔던 김사형이 황제로부터 하사받았다고 했으나, 당시 지도가 지니는 정치적인 성격으로 보아 이것은 거의 불가능하고 오히려 위험을 무릅쓰고 지도를 입수했던 것으로 보인다.[12] 김사형은 1399년 1월 하륜과 함께 사신으로 뻬이징에 갔다가 그해 6월에 귀국하였다. 이보다 앞서 권근도 1396년 표전문제(表箋問題)로 명나라에 다녀오기도 했다.[13] 권근과 김사형의 사행 시 지도와 관련된 기록이 없기 때문에 단정하기는 어렵

---

12) 辻稜三「李朝の世界地圖」,『月刊韓國文化』3卷 6號, 27면. 전통시대 지도는 국가의 기밀사항이었기 때문에 상세한 지도를 황제가 직접 하사한다는 것은 거의 불가능하다. 오히려 지도의 유출을 철저히 금지하고 이를 어길 경우 엄한 벌로 다스리기도 했다.

13)『태조실록』권10, 태조 5년 7월 19일(甲戌). 표전은 조선이 중국에 보내는 외교문서인데, 이 표전 속에 중국을 모독하는 문자가 있다 하여 조선사신을 억류하고 책임자를 소환하려 했던 사건이었다.

지만, 발문의 내용으로 미루어 권근보다는 김사형이 지도를 들여왔을 가능성이 높다.[14)]

중국에서 제작된『성교광피도』『혼일강리도』두 지도가 언제 도입되었는가 하는 문제를 떠나, 중요한 것은 적극적으로 중국지도를 입수하려 노력했고 그 결과 조선에서 새로운 세계지도의 제작이 이루어졌다는 점이다. 다시 말해『혼일강리역대국도지도』라는 세계지도가 우연히 제작된 것은 아니라는 것이다. 최신의 조선지도와 일본지도를 덧붙여 새롭게 편집한 사실은 지도제작의 적극적인 의지를 잘 보여준다.

『혼일강리역대국도지도』에 수록된 일본지도의 유래에 대해서는 대부분의 학자들이『세종실록(世宗實錄)』의 기록을 근거로 내세우고 있다. 실록에는 "박돈지(朴敦之)가 1401년 봄 일본에 사신으로 갔다가 비주수(肥州守) 원상조(源詳助)로부터 일본지도를 얻어 보았는데 일기도(一岐島)와 대마도(對馬島)가 누락되어 이를 보충한 후 모사하여 돌아왔다. 그 후 1420년(세종 2)에 예조판서 허조(許稠)에게 기증하니 허조는 이듬해 공인(工人)을 시켜 책으로 장정하여 바쳤다. 그러나 그림이 세밀하여 알아보기 어려우므로 1435년 여름 5월에 임금이 예조에 명하여 도화원에서 고쳐 모사하도록 하였다"라고 되어 있다.[15)]

---

14) 李燦「朝鮮前期의 世界地圖」,『학술원논문집』제31집, 1992, 166면. 이와 관련하여 한영우는 고려 공민왕 때 나홍유의 지도에 개벽 이래 제왕의 흥망과 강토의 변천에 관한 내용이 수록된 것을 근거로 조선초의『혼일강리역대국도지도』와 나홍유가 제작한 지도와의 관련성을 제기하기도 했다(한영우「우리 옛지도의 발달과정」,『우리 옛지도와 그 아름다움』, 효형출판 1999, 20~21면).

15)『세종실록』권80, 세종 20년 2월 19일(癸酉). "禮曹進日本圖 初檢校參贊朴敦之 奉使日本 求得地圖而還 仍誌其圖下 以贈禮曹判書許稠 稠遂倩工粧績以進 … 義孫誌曰 日本氏國于海中 距我邦遼絶 而其疆理之詳 莫之能究 建文三年春 檢校參贊議政府事臣朴敦之 奉使是國 求見其地圖 而備州守源詳助 出視家藏一本 獨對馬一岐兩島闕焉 敦之卽令補之模寫而還 永樂十八年庚子 持贈于禮曹判書今判中樞院事許稠 稠見而幸之 越明年辛丑 遂倩工粧績以進 第其爲圖細密未易觀覽 宣德十年夏五月 上命禮曹令圖畫院改模

98

그러나 기존의 연구들은 실록의 기록을 이용하면서도 잘못 해석하여 혼동을 일으켰다. 아오야마 사다오는 일찍이 실록의 기사를 검토하여『혼일강리역대국도지도』의 일본도는 일본에 사신으로 갔던 박돈지가 대내씨(大內氏) 가신으로부터 얻어온 지도일 것이라 추정하였다.[16] 또한 신숙주(申叔舟)의 『해동제국기(海東諸國紀)』를 검토한 나까무라 히데다까(中村榮孝)는, 일본 통신관 박돈지가 원상조 가문에서 지도를 얻어 돌아온 때가 1399년(정종 원년) 5월 4일이고 김사형이 명에서 돌아온 날짜가 6월 27일이라는 것을 볼 때 1402년의 세계지도 제작에는 박돈지가 가져온 지도가 이용되었을 것이라고 주장했다.[17] 박돈지는 이보다 앞서 1397년 6월 회례사(回禮使)로 일본에 갔다 왔고 1398년에 통신관으로 일본에 갔다가 1399년 5월에 돌아왔다.[18] 또한 1401년에는 비서감(秘書監)으로서 친선을 목적으로 일본에 다녀오기도 했다.[19] 박돈지가 일본지도를 구득하여 돌아온 때는 1399년이 아닌 1401년으로 위의 실록 기사와도 부합된다.

한편『혼일강리역대국도지도』의 일본지도가 1401년 박돈지가 일본에서 가져온 지도를 바탕으로 한 것이라는 주장은 국내에서도 일반적으로 받아들여지고 있다.[20] 이는 박돈지가 귀국한 해가 1401년, 즉『혼일강리역대국도지도』가 제작되기 한 해 전이기 때문에 그가 가져온 지도가 자연스럽게『혼일강리역대국도지도』제작에 사용되었을 것으로 짐작했기 때문이다. 그러나

---

仍命臣誌其圖下.”

16) 靑山定雄「李朝に於てる二三の朝鮮地圖について」,『東方學報』9, 1939.

17) 中村榮孝「海東諸國紀の撰集と印刷について」,『海東諸國紀』, 圖書刊行會 1975, 45～46면.

18)『정종실록』권1, 정종 1년 5월 16일(乙酉).

19)『태종실록』권4, 태종 2년 7월 11일(壬辰).

20) 全相運『韓國科學技術史』제2판, 正音社 1988, 307면; 방동인『한국의 지도』, 세종대왕 기념사업회 1976, 74면; 李燦『韓國의 古地圖』, 汎友社 1991, 324면; 한영우·안휘준·배우성『우리 옛지도와 그 아름다움』, 효형출판 1999, 29면; 이상태『한국 고지도 발달사』, 혜안 1999, 11면.

앞서 제시한 1438년(세종 20) 2월 19일의 실록 기록을 좀더 자세히 살펴보면 이와는 다른 사실을 알 수 있다. 원문 가운데 유의손(柳義孫)의 지문에 박돈지가 일본에서 가져온 일본지도를 예조에 준 것은 귀국한 해인 1401년이 아니라 1420년이며 예조판서 허조가 그 이듬해에 책으로 장정하여 올렸다. 따라서 『혼일강리역대국도지도』의 제작에 이용된 일본지도는 박돈지가 가져왔던 지도보다는 그 이전에 조선에서 보유하고 있던 지도일 가능성이 더 높다.[21]

이와 관련하여 세종20년 2월 19일의 실록 기사에서는, 박돈지가 일본에서 가져온 지도가 너무 세밀하여 열람하는 데 불편하기 때문에 새로 고쳐 그린 사실을 지적하고 있다. 그러나 현존하는 『혼일강리역대국도지도』 사본에 그려진 일본지도는 열람이 어려울 정도로 세밀하지는 않고 다소 소략한 형태를 띠고 있다. 따라서 자세한 일본지도인 박돈지의 일본도가 지도제작에 사용되었을 가능성은 희박하다고 판단된다.

우리나라 지도에 관해서는 조선 초기에 이회의 『팔도지도(八道地圖)』가 있었다는 기록이 있는데,[22] 『혼일강리역대국도지도』 제작의 실무를 이회가 담당했기 때문에 여기에 그려진 조선지도는 이회의 『팔도지도』일 가능성이 매우 높다. 이와 관련하여 1402년(태종 2) 5월에는 의정부에서 본국지도(本國地圖) 즉, 조선의 전도를 바쳤다는 기록이 있다.[23] 이 시기가 『혼일강리역대국도지도』의 제작 무렵임을 감안한다면, 이때 진상된 조선지도를 이회의 『팔도지도』로 추정해볼 수 있다. 더군다나 당시 이회의 관직이 의정부의 낭

---

21) 이와 관련하여 『혼일강리역대국도지도』를 처음으로 자세히 분석한 아오야마 사다오도 이때 사용된 일본지도가 언제, 어떤 경로로 조선에 갔는지는 확실치 않으나 『혼일강리역대국도지도』가 제작되는 1402년을 전후하여 비교적 정확한 일본지도가 조선에 존재했던 사실은 분명하다고 지적하고 있다(靑山定雄 「元代の地圖について」, 『東方學報』 8冊, 1938, 40면).

22) 『성종실록』 권138, 성종 13년 2월 13일(壬子).

23) 『태종실록』 권3, 태종 2년 5월 16일(戊戌).

관(郎官)인 검상(檢詳)이었다는 사실은 이를 더욱 뒷받침한다. 따라서 『혼일강리역대국도지도』에서 편집된 조선지도는 중국, 일본지도에 비해 가장 최신의 것임을 알 수 있다.

## 2. 지도학적 계보

### 1) 현존 사본들의 현황과 특성

1402년에 제작된 『혼일강리역대국도지도』의 원도는 현존하지 않으며 이후에 필사된 사본만이 전한다. 현존하는 『혼일강리역대국도지도』 계열의 사본들은 국내에는 없고 모두 일본에 소장되어 있다.[24] 지금까지 알려진 사본은 류우꼬꾸대의 『혼일강리역대국도지도』가 가장 대표적이고, 텐리대 도서관에 소장된 『대명국도(大明國圖)』(그림 1-20), 쿠마모또(熊本) 혼묘오지에 소장된 『대명국지도(大明國地圖)』(그림 1-21), 1988년에 발견된 것으로 시마바

---

24) 일인 학자를 중심으로 축적된 대부분의 연구물에서 『혼일강리역대국도지도』 사본들이 일본에 소장되게 된 경위에 대해 특별한 관심을 기울이지 않았다. 다른 사본에 비해 연구가 많이 축적된 류우꼬꾸대본의 경우, 지도의 유래와 전승에 대해 기존에 두 가지 설이 있었다. 오다 다께오(織田武雄)와 아끼오까 타께지로오는 명치(明治) 초기에 오오따니 코우즈이(大谷光瑞)가 조선에서 구입한 것이라 했고, 반면 운노 가즈따까와 타까하시 타다시는 예로부터 니시혼간지(西本願寺) 사자태 문고(寫字台文庫)에 전해 내려왔던 것이라 했다. 특히 타까하시는 토요또미 히데요시(豊臣秀吉)가 니시혼간지에 하사했던 것이라고 했지만 그 이상 밝힌 것은 없다(弘中芳男 『古地圖と邪馬台國』, 大和書房 1988, 69면). 그러나 쯔지 료오미쯔(辻稜三)는 본격적으로 이 부분에 천착하여 주목할 만한 연구결과를 발표하였다. 그에 의하면, 류우꼬꾸대본은 토요또미 히데요시가 혼간지(本願寺)에 하사했던 것이고, 혼묘오지본은 가또 기요마사(加藤淸正)가 헌납한 것이라는 전문(傳聞)과 지도의 제작시기, 기타 다른 근거들을 통해 볼 때, 임진왜란 때 이들 사본이 일본으로 건너간 것임을 명확히 했다. 더 나아가 과거 전쟁을 통해 획득했던 『혼일강리역대국도지도』 사본의 반환문제까지 제기했다(辻稜三 「李朝の世界地圖」, 『月刊韓國文化』 3卷 6號, 1981, 26~31면).

표 1-1 현존하는 사본들의 비교

| | | 류우꼬꾸대본 | 텐리대본 | 혼묘오지본 | 혼꼬오지본 |
|---|---|---|---|---|---|
| 제작시기(추정) | | 1480~1534년 | 1549~1568년 | 1549~1567년 | 류우꼬꾸대본 이후 |
| 도폭(센티미터)<br>(세로×가로) | | 150×163 | 136×174 | 136×170 | 219×277 |
| 재질 | | 종이 | 비단 | 종이 | 종이 |
| 제(題)·발(跋) | | 있음 | 없음 | 없음 | 있음 |
| 채색 | | 담채색(淡彩色) | 담채색(淡彩色) | 담채색(淡彩色) | 극채색(極彩色) |
| 바다의 파도무늬 | | 있음 | 있음 | 없음 | 있음 |
| 국도<br>(國都) | 중국 | 황도(皇都)<br>·연도(燕都) | 뻬이징(北京)<br>·난징(南京) | 뻬이징(北京)<br>·난징(南京) | 황도(皇都)<br>·연도(燕都) |
| | 조선 | 조선(朝鮮) | 조선한성<br>(朝鮮漢城) | 조선한성<br>(朝鮮漢城) | 조선(朝鮮) |
| | 일본 | 일본(日本) | 일본국도<br>(日本國都) | 일본국도<br>(日本國都) | 일본(日本) |
| | 유구 | 없음 | 유구국도<br>(琉球國都) | 유구국도<br>(琉球國都) | 유구국도<br>(琉球國都) |
| 『해동제국기』와의<br>도형유사 부분 | | 없음 | 일본본도<br>유구 | 일본본도<br>유구 | 유구 |
| 전체적인<br>내용상의 특징 | | 일본이 거꾸로<br>위치함.<br>아프리카 남쪽에<br>섬이 없음 | 대륙북단에<br>해안선을 묘사.<br>남해에 섬이 다수<br>그려짐. | 대륙북단에<br>해안선을 묘사.<br>남해에 섬이 다수<br>그려짐. | 대마도(對馬島),<br>일기도(壹岐島)의<br>위치가 바름. |

(島原市教育委員會 編『島原市本光寺所藏古文書調查報告書』, 1994, 13면을 토대로 재작성)

라(島原)시 혼꼬오지에 소장된 『혼일강리역대국도지도(混一疆理歷代國都地
圖)』(그림 1-22) 등이 있다.[25] 이들 사본들은 일본, 유구국(琉球國) 부분에 약

25) 久武哲也·長谷川孝治 編『地圖と文化』, 地人書房 1989, 38~41면. 이 외에도 명치 이
전에 『혼일강리역대국도지도』 계열의 사본이 있었다고 보고되어 있는데, 에도막부(江戶
幕府)시대에 유학을 가르치는 관직인 유관(儒官)으로 있던 코오 겐따이(高玄岱, 深見玄
岱, 1649~1722)가 조선통신사와 함께 동일 계통의 사본을 보았다는 기록이 있다. 특히
이 기록에는 발문의 연기가 '건문사년추팔월사일(建文四年秋八月四日)'로 현존 사본과는

간의 차이가 있으나 전체적인 구조와 형태 등은 대부분 유사하여 동일 계열
의 사본임을 알 수 있다. 표 1-1은 『혼일강리역대국도지도』 계열의 사본들
을 서로 비교한 것이다.

　이 가운데 류우꼬꾸대에 소장된 『혼일강리역대국도지도』는 쿄오또(京都)
대학의 오가와 타꾸지에 의해 가장 일찍 알려졌고,[26] 현재 동양은 물론 서
구 학계에도 널리 소개되어 있다. 다른 사본들보다 1402년에 제작된 원본의
형태를 잘 보여주는 것으로 평가되고 있어 이에 대한 연구가 많이 축적되어
있다.[27] 이에 비해 다른 사본들에 대한 연구는 미진한 편이다.[28]

　류우꼬꾸대본은 혼간지 종주(宗主)인 오오따니 가문(大谷家)에 의해 대대
로 내려온 것으로, 이 가문의 문고인 사자태 문고가 1904년 류우꼬꾸대 도

---

　다르게 날짜까지 기재되어 있어서 현존하는 사본과는 다른 것이라 한다(高橋正 「『混一
　疆理歷代國都之圖』 硏究 小史: 日本의 경우」, 『문화역사지리』 7호, 1995, 20면).

26) 小川琢治 「近世西洋交通以前の支那地圖に就て」, 『地學雜誌』 258卷 160號, 1910.

27) 류우꼬꾸대 소장 『혼일강리역대국도지도』에 대한 주요한 연구는 아오야마 사다오와 타
　까하시 타다시에 의해 주로 행해졌다. 히루나가 요시오(弘中芳男)에 의해서도 기존의 연
　구성과가 정리되어 있고, 한국에서 열린 고지도국제학술대회에서 타까하시가 연구사를
　정리하여 발표하기도 했다. 다음은 주요 연구 논저다. 靑山定雄 「古地誌地圖等の調査」,
　『東方學報』 第5冊(『北支滿鮮調査旅行報告』), 1935, 1~182면; 靑山定雄 「明代の地圖
　について」, 『歷史學硏究』 1卷 11號, 1937; 靑山定雄 「元代の地圖について」, 『東方學
　報』 8冊, 1938; 高橋正 「中世イスラーム地理學再評價への試み」, 『人文地理』 12-4,
　1960; 高橋正 「東漸せる中世イスラム世界圖」, 『龍谷大學論集』 第374號, 1963; 高橋
　正 「『混一疆理歷代國都之圖』 再考」, 『龍谷史壇』 56·57, 1969; 高橋正 「『混一疆理歷代
　國都之圖』 續考」, 『龍谷大學論集』 400·401, 1973; 高橋正 「元代地圖の一系譜: 主とし
　て李澤民圖系地圖について」, 『待兼山論叢』 9, 1975; 弘中芳男 「古地圖と邪馬台國」,
　大和書房 1988; 高橋正 「『混一疆理歷代國都之圖』 硏究 小史: 日本の 경우」, 『문화역사
　지리』 제7호, 1995, 13~21면; 藤井讓治·杉山正明·金田章裕 編 『大地の肖像』, 京都大
　學學術出版會 2007; 宮紀子 『モンゴル帝國が生んだ世界圖』, 日本經濟新聞出版社
　2007.

28) 다른 사본들에 대한 연구는 다음을 참조. 海野一隆 「天理大圖書館所藏大明圖について」,
　『大阪學藝大學紀要』 6號, 1958; 弘中芳男 「島原市本光寺藏『混一疆理歷代國都地圖』」
　1·2, 『地圖』 27-3·4, 1989.

서관의 완성에 즈음하여 대학으로 보내졌는데 『혼일강리역대국도지도』도 이때 소장된 것이다. 그런데 앞서도 언급했지만 류우꼬꾸대본이 애초 혼간지에 소장된 것은 토요또미 히데요시에 의해서이다. 임진왜란 때 조선에서 이 지도를 입수한 히데요시는 이전에 재정적인 후원을 하기도 하면서 여러 모로 깊은 관련을 지니고 있던 혼간지에 하사했던 것이다. 그는 세계지리에 관심이 많았는데, 1590년 견구(遣歐) 소년사절로부터 1570년에 제작된 오르텔리우스(Abraham Ortelius)의 세계지도장(世界地圖帳)을 기증받기도 했다. 또한 그가 지녔던 부채에는 조선, 중국, 일본 등 동양 3국이 그려져 있어서 동아시아 지리에 대한 그의 관심을 엿볼 수 있다.[29]

류우꼬꾸대본의 제작시기[30]에 대해서는 학자마다 약간의 견해 차이가 존재한다. 아오야마 사다오는 조선의 지명을 분석했는데, 1456년(세조 원년)에 폐군된 우예(虞芮) 이하 세 군(郡)에 '고(古)'자를 붙이는 한편, 1459년(세조 4)에 폐지된 예원군(預原郡)과 1413년에 설치되어 1467년(세조 12)에 폐지된 수천군(隋川郡)이 있으며, 1469년(예종 원년) 여흥(驪興)에서 여주(驪州)로 개명된 경기도 여주가 보이고 1472년(성종 3) 직후 설치된 군현명이 있는 것을 근거로, 지도는 적어도 1456년 이전, 1472년 이전 두 차례에 걸쳐 모사되었고 최종적으로는 1472년 직후에 모사되었다고 했다.[31] 한편 이찬은 1455년

---

29) 織田武雄 『地圖の歷史』, 講談社 1974, 42~43면; 三好唯義·小野田一幸 『日本古地圖コレクション』, 河出書房新社 2004, 12~13면.
30) 고지도의 제작시기를 추정하는 경우 대개 지도에 수록된 지명을 검토하는 경우가 많다. 그러나 고지도에는 신설되고 폐지된 신구(新舊)의 지명이 병존하는 경우가 많기 때문에 지명의 검토만으로 제작시기를 엄밀하게 추정하는 것은 곤란하다(川村博忠 「島原市本光寺藏『混一疆理歷代國都之圖』の內容と地圖學史的意義」, 島原市敎育委員會 編 『島原市本光寺所藏古文書調査報告書』, 1994, 18면).
31) 靑山定雄 「元代の地圖について」, 『東方學報』 8冊, 1938, 9~10면. 아오야마는 류우꼬꾸대본이 『혼일강리역대국도지도』 원본 그 자체가 아닌 사본이라는 사실을 최초로 밝혔으며, 그 제작시기에 대해서도 자세히 분석하였다. 그러나 류우꼬꾸대본이 세 차례에 걸쳐 모사되었다는 주장은 다소 무리가 따른다. 이는 특정시기에 모사된 지도의 지명이

(세조 원년)에 폐군된 여연(閻延), 무창(茂昌), 우예(虞芮)에 '고(古)'자를 붙여서 폐군된 것을 밝히고 있고, 1466년(세조 12)에 폐군된 수천군(隋川郡)이 남아 있는 것으로 보아 1455년에서 1466년 사이에 필사된 것으로 추정하였다.

그러나 조선 부분의 지명을 좀더 자세히 살펴보면 1469년 이전 여흥(驪興)에서 개명된 경기도의 여주(驪州)와 1480년(성종 11)에 전라도 순천(順天)에 설치된 좌수영[32]이 지도상에 표시되어 있어, 최소한 1480년 이후에 제작된 것으로 볼 수 있다. 그리고 1534년(중종 29)에 울산에 있었던 수영을 동래로 옮기는 건이 조정에서 결정되어 시행되는데[33] 지도상에는 울산에 수영이 그려져 있다. 이를 통해 볼 때 류우꼬꾸대본은 대략 1480~1534년 사이에 필사된 것으로 추정된다. 하지만 1466년(세조 12)에 혁파되어 평안도 정주(定州)에 합쳐졌던 수주(隨州)와 1469년 혁파되어 여주(驪州)에 병합되게 된 경기도의 천녕(川寧)이 지도에는 여전히 표기되어 지명 변화가 지도상에 즉각적으로 반영되지는 못하고 있다.

류우꼬꾸대본은 비단에 채색으로 그려졌는데 지도의 상단에 전서(篆書)로 '혼일강리역대국도지도'라는 제목이 있고, 그 밑에 역대제왕국도(歷代帝王國都)가 기재되어 있다. 지도의 하단에는 권근이 쓴 지문도 수록되어 있는데 전체적으로 서(書)와 화(畵)가 결합된 동양의 전통적인 지도학적 양식을 띠고 있다.[34] 조선, 중국, 일본 등 동양 삼국을 비롯하여 아라비아, 아프리카,

---

개명, 혁파 등의 변화된 사실을 즉각적으로 반영하지 못하는 데서 기인하는 것으로 류우꼬꾸대본에서도 신구의 지명이 혼합되어 있다. 또한 1472년(성종 3) 이후 새로 설치된 군현명이 기입되어 있다고 했지만 구체적인 내용은 제시하지 못한 한계를 지닌다.

32) 金正浩 『大東地志』 卷14, 全羅道 順天.

33) 『중종실록』 권78, 중종 29년 9월 29일(壬辰). 경상 좌수영의 동래 이전이 결정된 후 언제 실행되었는지는 명확하지 않다. 그러나 중종 39년(1544) 실록의 기록에 당시 좌수영이 해운보(海雲堡)에 있다고 되어 있는 것으로 보아(『중종실록』 권104, 중종 39년 9월 26일) 최소한 1544년에는 동래 이전이 완료되었다고 볼 수 있다.

34) Yee Cordell, "Chinese Cartography among the Arts: Objectivity, Subjectivity, Representation," J. B. Harley and David Woodward, eds., *The History of Cartography* vol.2, book.2,

유럽까지 포함하고 있는 것은 다른 사본과 동일하다. 다만 일본열도의 방향이 동서가 아닌 남북으로 배치되어 있는 점이 눈에 띄게 다른 점이다. 또한 바다는 녹색, 하천은 청색으로 처리한 것도 다른 점인데 이는 아라비아 지도학의 영향으로 지적된다.[35]

16세기 중반경의 상황을 반영하고 있는 것으로 추정되고 있는 텐리대본(그림 1-20)은 류우꼬꾸대본과는 다르게 일본의 위치가 바로잡혀 있고, 바다에 많은 지명이 추가되었다. 바다에 표시된 섬은 『해내십주기(海內十洲記)』를 통해 증보된 것이다. 또한 중국 부분의 지명을 검토했을 때 1476~1524년의 중국 자료를 토대로 수정하였고, 일본과 유구는 『해동제국기』에 의해 개정하였으며, 조선의 지명은 1549~68년에 개정한 것이라 판단된다. 중앙아시아의 경우는 1555년의 『고금형승지도(古今形勝之圖)』에 가까워 이 계통의 지도를 이용했을 것이라 추정하고 있다.[36]

가또 기요마사가 헌납한 것으로 전해지는 쿠마모또 혼묘오지의 『대명국지도』(그림 1-21)는 1918년 최초로 세상에 알려진 것으로 임진왜란 때 전략을 짜기 위해 사용되었다고도 한다. 이 지도에는 충청도의 충주가 유신현(維新縣)으로 표기되어 있는데, 충주는 이홍윤(李洪胤)의 옥사로 인해 1549년(명종 4)에 유신현으로 강등되었다가[37] 1567년(선조 원년)에 복구되었다.[38] 따라서 이 지명을 근거로 본다면 혼묘오지본은 1549~67년 사이에 제작된 것으로 볼 수 있다. 류우꼬꾸대본과는 달리 일본의 위치가 동서로 길게 그려

University of Chicago Press 1994.

35) 오가와 타꾸지는 바다와 염호는 모두 녹색으로, 하천과 담수호를 청색으로 채색한 것은 아라비아 지구의의 채색법과 동일하다고 지적했다. 또한 인도반도의 모습은 톨레미의 지도와 유사하다고 하여 아라비아 지도학의 영향을 주장하였다(小川琢治『支那歷史地理硏究』, 弘文堂 1928, 62면).

36) 海野一隆「天理大圖書館所藏大明圖について」,『大阪學藝大學紀要』6號, 1958.

37) 『명종실록』 권9, 명종 4년 5월 21일(庚寅).

38) 『선조실록』 권1, 선조 원년 10월 12일(癸巳).

그림 1-20 『대명국도』(일본 텐리대 도서관 소장) 권두화보 2

져 있으며 시꼬꾸(四國), 아와지시마(淡路島) 등이 제법 정확한 위치에 묘사되어 있다.[39)]

　네 개의 사본 가운데 가장 최근에 세상에 알려진 혼꼬오지본(本光寺本)(그림 1-22)은 류우꼬꾸대본과 거의 유사하다. 제목은 '혼일강리역대국도지도(混一疆理歷代國都地圖)'로 류우꼬꾸대본의 '지(之)'자가 '지(地)'자로 된 것만 다르다. 발문과 중국 역대의 국도(國都)와 원대 행성도(元代 行省都)가 류우꼬꾸대본과 똑같이 수록되어 있다. 이 지도의 제작시기도 울산에 수영(水營)이 표시된 것으로 보아 류우꼬꾸대본과 유사한 1534년 이전에 제작된 것으

---

39) 弘中芳男 『古地圖と邪馬台國』, 大和書房 1988, 96~97면.

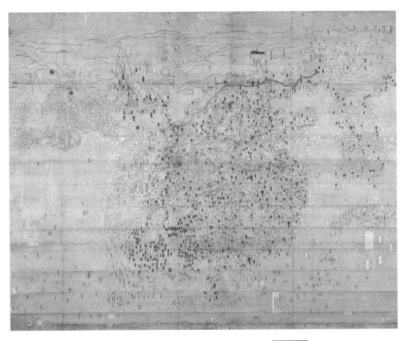

그림 1-21 『대명국지도』(일본 혼묘오지 소장) 권두화보 4

로 추정되지만, 일본도(日本圖)를 비롯하여 수정된 부분이 존재하는 것으로
보아 류우꼬꾸대본보다는 다소 늦게 그려진 것으로 볼 수 있다.

이 지도를 자세하게 검토한 가와무라 히로따다(川村博忠)는 지도상의 지
명을 토대로 보다 구체적으로 제작시기를 추정하였다. 즉, 지도에 폐사군이
표시되어 있고, 류우꼬꾸대본에 없는 함경도의 길주(吉州)와 명천(明川)이
보이며 전라도의 광주(光州), 충청도의 충주(忠州), 경상도 거제도와 울산의
수영 등이 표기된 것을 토대로 지도의 제작시기는 1513~49년, 1567~92년
중의 한 시기에 해당한다고 주장했다.[40] 그러나 고지도에서의 지명표기는

40) 川村博忠「島原市本光寺藏『混一疆理歷代國都之圖』の內容と地圖學史的意義」, 島原市
教育委員會 編 『島原市本光寺所藏古文書調査報告書』, 1994, 18~19면

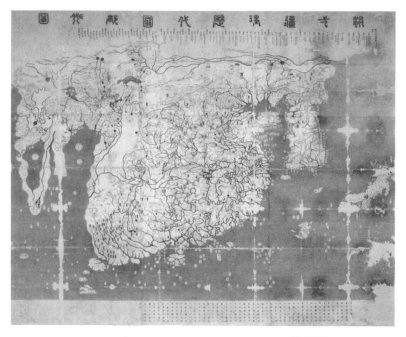

그림 1-22 『혼일강리역대국도지도』(일본 혼꼬오지 소장) 권두화보 5

일관성을 결여하는 경우가 많기 때문에 개명된 지명의 여부로 제작시기를 엄밀하게 추정하는 것은 다소 무리가 따른다. 특히 그는 오사(長正統)의 연구를 인용하여 울산의 수영이 임진왜란 직전까지 존재했다고 그대로 받아들여 제작시기를 추정하는 오류를 범하고 있다.[41]

---

41) 오사는 나이까꾸 문고(內閣文庫) 소장 조선전도의 제작시기를 추정하면서 울산의 수영을 부산으로 옮긴 시기를 『대동지지(大東地志)』의 기록을 인용하여 1592년경으로 보았다 (長正統 「內閣文庫所藏およびその「朝鮮國圖」諸本についての硏究」, 『史淵』 第119 輯, 九州大學 1982, 115면). 그러나 『조선왕조실록』에는 1534년 수영을 부산으로 옮기는 것이 결정되었고 얼마 후 해운보(海雲堡)에 수영이 설치된 사실도 명확히 기재되어 있다(『중종실록』 권104, 중종 39년 9월 26일 참조). 『여지도서(輿地圖書)』나 다른 종류의 읍지를 보면 수영의 이전시기에 대해서는 미상으로 기록되어 있으나 1864년에 작성

이처럼 류우꼬꾸대본보다 뒤에 제작된 혼꼬오지본에는 류우꼬꾸대본에서 누락된 지명인 경상도의 웅천(熊川), 함경도의 길주, 명천 등이 첨가되어 있다. 또한 무엇보다 일본의 위치가 류우꼬꾸대본과 달리 방향이 정확하다. 일본지도는 간략한 행기도(行基圖, 승려 행기가 제작한 전통적인 일본지도)의 형태로『슈우가이쇼오(拾芥抄)』판본의 일본지도와 유사한데 동서로 길게 배치되어 있다. 유구는『해동제국기』에 수록된 것과 유사하여 이를 참고로 했음을 알 수 있다. 해안의 도서도 비교적 상세한데, 중세 일본지도에 등장하는 전설의 섬인 나찰국(羅刹國)과 안도(雁道)가 일본 서남해와 북동해에 그려져 있고, 북방해에는 견부도(見付嶋), 동방해에는 부상(扶桑), 남방해에는 영주(瀛州), 여국(女國), 방장산(方丈山), 조주(祖州), 봉래산(蓬萊山), 모인국(毛人國), 나찰국 남쪽에는 니거(尼渠), 대막(大漠), 흑치(黑齒), 발해(勃海), 대신(大身), 발초(勃楚), 지(支), 삼불재(三佛齋) 등이 한 덩어리로 그려져 있다. 무엇보다 현존 사본 가운데 색채가 가장 선명한 것도 특징적이다. 그러나 아라비아 지구의 채색법과 유사하다는 류우꼬꾸대본과는 다르게 해양과 담수가 모두 청색으로 채색되어 있다.[42]

현존하는 네 개의 사본을 전체적인 양식과 윤곽, 수록된 내용 등을 토대로 본다면 류우꼬꾸대본과 혼꼬오지본, 혼묘오지본과 텐리대본의 두 유형으로 대별된다. 전자는 제목과 발문이 수록되어 있고 후자는 없는 것이 큰 차이이다. 지도의 윤곽과 내용에서 본다면 후자는 유라시아 대륙 북단에 해안선을 그리고, 남방의 바다에 섬의 수가 많으며 황허(黃河)의 원류를 크게 묘사한 점이 특징이다. 또한 류우꼬꾸대본과 혼꼬오지본은 원(元)나라의 지방행정제도에 의해 채용된 행성(行省)과 주(州)의 중간에 위치하는 '로(路)'가

---

된 것으로 추정되는『대동지지』에서는 1592년으로 단정하고 있다. 따라서 제작시기 추정의 오류는 오사의『대동지지』의 기록을 무비판적으로 받아들인 데서 생긴 것이라고 볼 수 있다.

42) 川村博忠, 앞의 논문 12~20면.

기재되어 있는 등 원나라 때 지명이 기조를 이루는 데 비해 혼묘오지본과 텐리대본은 명대(明代)의 지명으로 개정되어 있다. 후자보다는 전자 계열의 사본이 보다 원도에 가까운 형태를 유지하고 있으며, 후자는 후대에 제작되어 비교적 수정된 부분이 많다. 이러한 사실로 볼 때, 1402년의 『혼일강리역대국도지도』가 어느 특정 시기에만 사용되었던 것이 아니라 16세기까지 계속 수정, 제작되면서 최소한 임진왜란까지는 주요한 세계지도로 기능했다고 할 수 있다.

## 2) 지도학적 계보

### (1) 중국지도의 계보: 이택민의 『성교광피도』 계열

유럽, 아프리카 대륙까지 표현하고 있는 『혼일강리역대국도지도』가 소위 '극동(極東)'에 위치해 있고 아프리카와 유럽과는 직접적인 교류가 없었던 조선에서 제작되었다는 사실은 지도사가(地圖史家)들의 관심을 끌기에 충분한 것이었다. 지도에 그려진 대륙의 모양이나 윤곽, 하천과 해양의 형태가 비록 과장, 왜곡되어 있지만 종교적 상징성을 띤 중세의 세계지도와는 달리 실제로 존재하는 객관세계를 표현하고 있다. 따라서 『혼일강리역대국도지도』에서 보여주는 세계에 대한 인식이 어떤 과정을 통해 축적, 형성되었으며, 어떻게 하여 조선으로 유입되어 지도로 표현될 수 있었는가를 파악하는 것은 이 지도의 성격을 밝히는 핵심적인 부분이 된다. 이는 더 나아가 하나의 지도를 통해 전 세계적 규모의 문화교류의 일단을 파악할 수 있는 중요한 열쇠가 될 수 있다.

앞서 권근의 지문에 밝혀져 있듯이 『혼일강리역대국도지도』는 중국에서 들여온 이택민의 『성교광피도』, 청준의 『혼일강리도』와 더불어 조선전도, 일본지도 등을 덧붙여 최소한 네 장의 지도를 합쳐 편집한 것이다. 이택민의 『성교광피도』는 매우 상세한 세계지도이고 청준의 『혼일강리도』는 역대제왕(帝王)의 국도(國都) 연혁이 수록되어 있다는 지문의 내용으로 볼 때,『혼일강리역대국도지도』의 전체적인 윤곽, 당시의 지명, 외역지방 등은『성교광피도』에 기초했고, 역대제왕의 국도와 주군(州郡)의 연혁은 주로『혼일강리도』를 참조했다고 볼 수 있다.[43] 이들 두 지도가 현존하지 않기 때문에 정확한 모습을 말할 수는 없지만『성교광피도』는 중국의 영역을 넘어 외역까지 상세하게 묘사했던 지도이고,『혼일강리도』는 중국을 중심에 그리고 주변에 이국(夷國)을 배치하는 전통적인 화이도 유형의 지도로 판단된다.

『혼일강리도』를 그린 청준(淸濬, 1328~92)은 1382년 한때 명나라 조정에서 관료생활을 하기도 했던 인물이다. 엽성(葉盛, 1420~74)의『수동일기(水東日記)』에는 청준의『혼일강리도』에 관한 기록이 수록되어 있는데 그 기록에 의하면, 청준이 1360년에 제작한『광여강리(廣興疆里)』(혼일강리도를 말함)의 크기는 가로, 세로 2척이고 가로와 세로로 100리에 해당하는 눈금(방격, 격자)이 그려져 있으며 중국의 행정구역을 중심으로 그려져 있다.[44] 이 지도는 배수(裵秀)의 육체(六體)[45]로 이미 널리 알려진 전통적인 방법에 의해 제작된 것으로 남송대 1136년에 석각된『우적도』와 형태가 유사한 것으로 보인다.

최근의 연구에 따르면, 이 지도의 원래 이름은 「광륜강리도(廣輪疆理圖)」로『수동일기』의 초판본에는 이 지도가 수록되어 있다고 한다(그림 1-23). 그러나 이 지도에는 방격이 그려져 있지 않고 내용도 소략하다. 이 지도는 청

---

43) 靑山定雄 「元代の地圖について」,『東方學報』8冊, 1938, 17~18면.

44) 汪前進·胡啓松·劉若芳 「絹本彩繪大明混一圖研究」,『中國古代地圖集: 明代』, 文物出版社 1995, 52면.

45) 중국의 전통적인 지도제작법인 배수의 육체에 대해서는『晉書』卷25, 裵秀傳에 실려 있다. 육체는 분율(分率, 지형의 동서·남북의 폭원), 준망(準望, 이곳과 저곳의 지형을 바로잡는 방위), 도리(道里, 이곳과 저곳의 거리), 고하(高下, 지형의 높낮이), 방사(方邪, 지형의 모남과 비뚤어짐), 우직(迂直, 지형의 구부러짐과 곧음)을 말하는데 중국 전통지도학의 유일한 이론이라 할 수 있다.

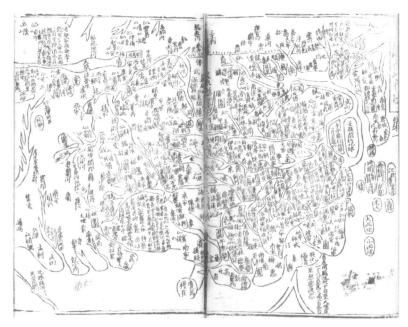

그림 1-23 『수동일기』에 수록된 「광륜강리도」(일본 오꾸라집고관 소장)

준의 원본 지도가 아닌 개정판 지도인데, 목판본으로 제작하기 위해 번잡한 방격을 제거하고 내용도 일부를 생략하여 만든 것이다.[46] 원본 지도에는 중국 행정구역이 상세하게 표시되었을 것으로 추정된다.

　『혼일강리역대국도지도』의 계보를 밝히는 데 가장 중요한 지도는 중국을 넘어 외역(外域)까지 포괄했던 것으로 보이는 이택민의 『성교광피도』이다. 이택민은 원말(元末) 주사본(朱思本, 1273~1337) 이후의 사람으로 그의 행적에 대해서는 별로 알려져 있지 않다. 단지 명대 『광여도(廣輿圖)』[47]를 제작

---

46) 미야 노리코 지음, 김유영 옮김 『조선이 그린 세계지도』, 소와당 2010, 51~55면.
47) 『광여도』는 명대의 대표적인 지도로 중국 최고(最古)의 세계지도장으로 평가된다. 1555
　　년 제작된 후 1558년, 1561년, 1564년, 1566년, 1572년, 1579년(만력 7), 그리고 최후로는
　　1799년(가경 4) 등 7판에 걸쳐 간행되었는데, 예수회 선교사 마르띠노 마르띠니(Martino

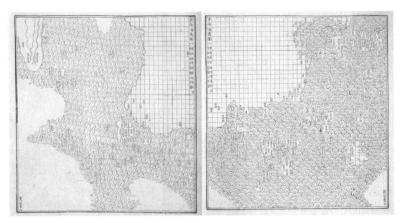

그림 1-24 『광여도』에 실려 있는 「동남해이도」와 「서남해이도」(일본 국립공문서관 소장)

한 나홍선(羅洪先, 1504~64)의 문집에 보이는데, 이택민이 제작한 지도는 주
사본의 『여지도(輿地圖)』와 함께 원대의 뛰어난 지도로 언급되고 있다.[48]

그런데 여기서 눈길을 끄는 것은 『광여도』에 수록된 「서남해이도(西南海
夷圖)」「동남해이도(東南海夷圖)」 등이다(그림 1-24).[49] 이 지도에서 표현된
공간은 중국의 외방(外方)으로 주사본의 지도에는 그려져 있지 않았던 것이
다. 특히 「서남해이도」의 아프리카 부분은 『혼일강리역대국도지도』의 그것
과 매우 유사하다. 또한 앞서 지적한 것처럼 나홍선이 이택민의 지도를 원대
(元代)의 대표적인 지도로 언급하고 있는 것으로 보아 『광여도』의 「서남해
이도」나 「동남해이도」 부분은 『혼일강리역대국도지도』처럼 이택민의 『성교

Martini, 衛匡國)의 『중국지도(中國地圖)』로 유럽에 소개되었다(任金城 「廣輿圖在中國
地圖學史上的貢獻及其影響」,『中國古代地圖集: 明代』, 文物出版社 1995, 73~78면).

48) 『念庵先生文集』 卷10, 跋九邊圖. "某大夫遺畵史 從余書圖 冀其可語此者 因取大明一
統圖志 元朱思本李澤民輿地圖 許西峀九邊小圖"(靑山定雄, 앞의 논문 133면에서 재인용).

49) 이 지도들은 『삼재도회』에도 수록되어 있는데 육지 부분의 방격이 그려져 있지 않은 것이
『광여도』의 것과 다른 점이다(『三才圖會』, 地理 卷13, 東南海夷總圖, 西南海夷總圖).

그림 1-25 『대명혼일도』(뻬이징 중국제1역사아카이브 소장) 권두화보 6

광피도』를 기초로 제작했을 가능성이 매우 높다. 이와 관련하여 중국 뻬이
징 고궁박물원에 소장된 『대명혼일도』가 주목된다(그림 1-25).

『대명혼일도』는 작자 미상의 세계지도로 조선과 일본을 제외하면 『혼일
강리역대국도지도』와 매우 유사한 모습을 띠고 있다. 특히 이 지도도 아프
리카, 유럽까지 포괄하고 있는데 인도반도를 제외하면 거의 비슷한 윤곽을
지닌다. 일찍이 1944년 이 지도를 열람했던 푹스에 의해 세상에 알려졌는데,
그는 지명을 토대로 16세기 후반에 제작된 것이라 주장했다.[50] 그러나 최근
중국 측의 보다 자세한 연구에서는 지도상의 '광원현(廣元縣)'과 '용주(龍
州)' 등의 지명을 근거로 1389년(홍무 22)에서 1391년 사이에 제작된 것으로

---

50) W. Fuchs 지음, 織田武雄 옮김 「北京の明代世界圖について」, 『地理學史硏究』 2,
1962, 3~4면.

추정하고 있다.51) 『대명혼일도』는 비단에 그려진 가로 386센티미터, 세로 456센티미터의 대형 채색지도로 청나라 초기에 한자 지명을 만주족의 문자 [滿文]로 덧붙여 기록한 점이 특이하다. 중국 내부 지역의 축척(縮尺, 비례척)은 종으로는 1 : 106만, 횡으로는 1 : 82만에 해당하고 중국 이외의 지역은 변형이 심하다. 동쪽으로 일본, 서로는 유럽, 남으로는 자바, 북으로는 몽골에 이르는 광대한 영역을 포괄하고 있으며, 국가간 경계선은 없고 단지 지명이 표기된 사각형의 색깔로 구분하였다. 명대의 산천과 행정단위를 중심으로 그려져 있다.52)

『대명혼일도』는『혼일강리역대국도지도』와 유사한 윤곽으로 인해 일찍부터 이택민의『성교광피도』와의 관련이 주장되었다.53) 1994년 중국 본토의 연구 가운데 다음과 같이 주장하는 것이 있어 흥미를 끈다. 즉,『대명혼일도』의 중국 부분은『광여도』와 유사한 지명표기 많다는 것으로 보아『광여도』의 저본인 주사본의『여지도』를 주로 참고했고,『대명혼일도』의 서남 부분과『광여도』「서남해이도」의 비주(非洲)가 유사하고 비주 동쪽의 도서와 지중해 등의 지명과 위치가 유사하기 때문에 유럽, 아프리카 부분은『성교광피도』를 참조했을 가능성이 크며, 인도와 해외(海外) 부분은 원대(元代) 찰마노정(札馬魯丁)의 지구의 및 다른 지도를 참조했을 가능성이 높다는 것이다.54) 그러나 이러한 해석은 다분히 결과론적 해석에 치중한 느낌을 준다. 현존하는 지도로 계보를 추정하다보니 다소 무리하게 꿰어 맞추려 한 것이라 판단된다.『대명혼일도』라는 세계지도를 제작할 때, 세계를 중국, 유럽·아프리카, 인도 및 해외 등으로 분할하여 각각의 지역을 서로 다른 지도를

51) 汪前進·胡啓松·劉若芳 「絹本彩繪大明混一圖硏究」,『中國古代地圖集: 明代』, 文物出版社 1995, 51면.
52) 같은 논문 51~52면.
53) 高橋正 「元代地圖の一系譜: 主として李澤民圖系地圖について」,『待兼山論叢』 9, 1975.
54) 汪前進·胡啓松·劉若芳, 앞의 논문 52~55면.

기초로 하여 그렸다는 것은 납득하기 어렵다. 굳이 세계를 중국, 인도, 아프리카·유럽 등으로 구분할 이유가 없기 때문이다. 그리고 또한 지도제작 시 기초로 삼았던 지도가 반드시 주사본의 『여지도』, 이택민의 『성교광피도』, 그리고 아라비아의 지구의라는 보장도 없다. 그럼에도 『대명혼일도』와 이택민의 『성교광피도』는 서로 깊은 관련이 있는 것임에 틀림없다.

『혼일강리역대국도지도』와 『대명혼일도』의 윤곽에서 가장 큰 차이는 인도반도 부분이다. 『대명혼일도』에서는 인도가 돌출된 반도의 형태로 그려져 있으나 『혼일강리역대국도지도』에서는 인도가 돌출되어 있지 않다.[55] 이 부분의 현격한 차이는 두 지도가 서로 다른 계보를 지닐 가능성이 크다는 것을 시사한다. 두 지도가 모두 이택민의 『성교광피도』를 저본으로 활용했을 가능성은 적고, 대신에 『성교광피도』를 기초로 제작된 서로 다른 이본을 각각 참고하였던 것으로 보인다.

### (2) 이슬람 지도학의 영향

앞서 살펴본 것처럼 『혼일강리역대국도지도』의 아프리카·유럽 부분은 이택민의 『성교광피도』를 기초로 그려졌다. 그렇다면 이택민의 『성교광피도』에는 어떻게 해서 아프리카·유럽 지역이 표현될 수 있었을까? 이는 『혼일강리역대국도지도』의 계보를 밝히는 것과 아울러 이 지도가 지니는 문화사적 의의를 해명하는 중요한 열쇠가 된다. 중세에 제작된 동아시아의 세계지도

---

55) 니덤은 『대명혼일도』의 제작시기를 푹스가 주장한 것처럼 16세기 후반인 1580년으로 보았는데, 『대명혼일도』에 인도가 뚜렷하게 반도로 그려지게 된 것은 7차에 걸친 정화(鄭和)의 남해원정(1405~33) 결과라고 보았다(J. ニーダム 『中國の科學と文明』第6卷, 思索社 1976, 71~72면). 또한 『혼일강리역대국도지도』를 가장 먼저 소개했던 오가와 타구지는 인도가 반도로 그려져 있지 않은 것은 고대 서양의 톨레미 지도학의 특징이며, 이는 아라비아를 거쳐 중국으로 전래된 것이라 주장하여 『혼일강리역대국도지도』와 아라비아 지도와의 관련성을 제기하는 중요한 근거로 삼기도 했다(小川琢治 「近世西洋交通以前の支那地圖に就て」, 『地學雜誌』 258卷 160號, 1910).

가운데 유럽과 아프리카 대륙까지 포괄하고 있는 지도는 현재로서는 『혼일강리역대국도지도』와 『대명혼일도』 정도에 불과하다. 더욱이 원제국의 판도보다 축소되었던 명대에, 서양 선교사들에 의해 한역의 서구식 세계지도가 제작되기 이전에 유럽과 아프리카 대륙을 표현했던 지도는 현재까지 발견되지 않고 있다.

몽골족이 세운 원제국은 중국 역사상 가장 넓은 판도를 확보하여 유럽까지 진출하였는데, 이로 인해 동서간 문화교류가 활발하게 이루어졌다. 『혼일강리역대국도지도』나 『대명혼일도』에 유럽과 아프리카 대륙이 그려질 수 있었던 것도 바로 원제국시대에 행해졌던 동서간 문화교류에 기인했던 것으로 보인다. 중국의 역사상 원제국 이전에 유럽과 아프리카를 그려냈던 적이 없었기 때문에 이전에 존재했던 지도로부터 유럽, 아프리카를 표현하는 것은 불가능하다. 그렇다면 어떠한 경로를 통해 유럽과 아프리카 대륙에 관한 지리지식이 유입되었고 이것이 지도로 표현되었을까? 이에 대해 대부분의 학자들은 이슬람 지도학의 영향을 해답으로 제시하고 있다.

중국과 이슬람 세계와의 접촉은 원대(元代) 이전에도 해상을 통해 이루어지고 있었다. 중국사를 살펴보면, 당대(唐代)에 아랍 공식사절단이 39회나 중국에 파견되었다는 기록이 있고, 쑬라이만 알 타지르(Sulaiman Al-Tajir), 아부 자이드(Abu Zayid) 같은 아랍인의 중국 여행기에 의하면 당말송초(唐末宋初)인 900년경에 중국 동남부에만도 아랍인을 포함하여 페르시아인, 유태인, 기독교인의 숫자가 12만을 상회했다.56)

그러나 본격적인 이슬람 문화와의 접촉은 칭기스 칸에 의해 몽골제국이 건설된 13세기부터 이루어졌다. 몽골제국은 중국을 정점으로 동서아시아 대륙의 대부분을 정복하고 고려에서부터 멀리 동유럽에 걸친 사상 초유의 대제국을 형성하였다. 이로 인해 동서교역로는 크리미아반도에서 한반도까지

---

56) 이희수 『한·이슬람 교류사』, 문덕사 1991, 22면.

문명세계의 끝에서 끝을 하나로 연결하는 계기가 되었다. 이 시기 고대 그리스·로마의 문명을 계승하여 중세 세계문화에 중요한 위치를 점하고 있던 이슬람의 각종 문화가 중국을 비롯하여 심지어 대륙의 동단에 위치한 한반도까지 전파될 수 있었던 것이다.

당시 신분상 색목인(色目人)으로 통칭되던 무슬림들은 몽골족 다음의 준지배층으로 군림했는데, 역대의 몽골 통치자들은 오랜 국제교역 경험과 고도의 문화능력을 지닌 이들 종족을 중용, 회유함으로써 효과적으로 중국인들을 통치하고 자신들의 이익을 보존하려 했다. 무슬림들은 행정, 재정, 조세 등을 담당하는 관료로서 임명되었을 뿐만 아니라 천문학, 지리학, 대수학, 물리학, 의학 등의 선진 이슬람 학문을 중국에 이식하는 데 선구적 역할을 하였다.[57] 이슬람의 지도학도 바로 이러한 사회적 배경 속에서 중국으로 전해질 수 있었던 것이다.

중세 이슬람시대에는 넓은 사라센 제국을 통치하기 위한 기초자료를 확보할 목적과 성지순례, 교역 등의 필요에서 지리학에 대한 관심이 컸고 이에 따라 지도학도 발전하였다. 잘 알려진 것처럼 중세 이슬람 지도학은 고대 로마시대의 선진적인 톨레미 지도학을 계승하고 있었다. 칼리프들의 후원에 의해 톨레미의 저서들이 아랍어로 번역되면서 지도제작이 활기를 띠게 되었는데, 그들은 톨레미의 지도에 나타난 오류를 시정하고 그들 나름대로의 세계관을 표현하였다.[58] 이와 같은 이슬람 지도학은 기본적으로 지구설을 기반으로 하고 있다는 점에서 성경의 기독교적 세계관을 표현한 중세 서양의 지도들과는 본질적으로 다르다. 중세 서양의 T-O지도나 마파 문디는 세계를 평평한 원형으로 표현했지만 이슬람의 세계지도는 지구설에 기초하여 세

---

57) 같은 책 97~101면.

58) Ahmet T. Karamustafa, "Introduction to Islamic Maps," J. B. Harley and David Woodward, eds., *The History of Cartography* Vol.2, Book.1, University of Chicago Press 1992, 4면.

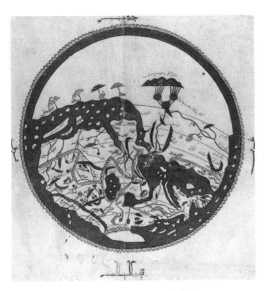

그림 1-26 알 이드리시의 세계지도
(영국 옥스퍼드대학 보들리언도서관 소장)

계를 원형으로 표현했다. 이의 대표적인 지도가 1161년에 제작된 알 이드리시(al-Idrish, 1099~1166)의 세계지도이다(그림 1-26).[59]

이슬람 지도학의 중국 전래에 관한 기록은 『원사(元史)』「천문지(天文志)」에서 확인해볼 수 있다. 이에 의하면 1267년(지원 4) 찰마자정(札馬刺丁, Jamal ud-din, 페르시아인)이 7종의 서역 의상(儀象, 천체관측기구)을 제작한 것 중에 '고리혈랄살파(庫哩頁垀森薩巴)'와 '고리혈랄삼갈찰이(庫哩頁垀森噶扎爾)'

---

59) 알 이드리시의 지도는 기본적으로 톨레미의 전통을 계승하여 9개의 위선(클리마타), 11개의 경선을 기입했지만 투영법과 같은 개념은 아니고 오히려 중국의 방격과 유사하다. 7개의 기후대(氣候帶)로 구분하고 10도 간격의 위선으로 나누었지만 각 위선의 간격은 일정하지 않다. 그러나 톨레미 지도와는 달리 인도양이 내해가 아니고 카스피해도 만이 아님을 밝힌 것은 진전된 부분이다(J. ニーダム 『中國の科學と文明』 第6卷, 思索社 1976, 81면).

120

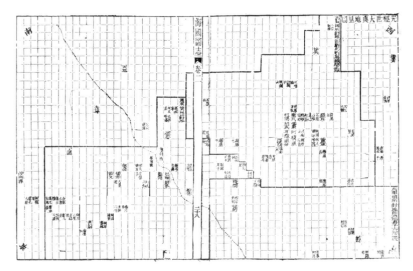

그림 1-27 『해국도지』에 수록된 「원경세대전지리도」

라고 하는 2종의 의기(儀器, 천체관측기구) 이름이 보인다.[60] 전자는 페르시아
어의 Kurah-i-sama로 천구의(天球儀)에 해당하고, 후자는 Kurah-i-arz로 지
구의에 해당한다. 지구의는 나무로 제작된 것으로 10분의 7은 바다로 녹색,
10분의 3은 육지로 백색으로 채색되었다. 작은 방격이 있고 그것으로 넓이
와 원근을 계산했다.[61]

그러나 이 지구의는 현존하지 않고 대신에 이슬람 경위선 지도에 기초하
여 제작된 것으로 보이는 지도가 남아 있어서 이슬람 지도학의 영향을 파악
해볼 수 있다. 이 지도는 위원(魏源)의 『해국도지(海國圖志)』에 수록된 「원경
세대전지리도(元經世大典地理圖)」(그림 1-27)로 지도에 표시된 지명은 『원사』

---

60) 『元史』卷48, 天文志1, 天文1, 西域儀象. "庫哩頁埒森薩巴 漢言渾天圖 … 庫哩頁埒森
噶扎爾 漢言地理志也 以木爲圓毬 七分爲水其色綠 三分爲土地其色白 畵江河湖海脈絡
貫串於其中 畵作小方井 以計幅員之廣褒 道里之遠近."

61) 野間三郎·松田信·海野一隆 『地理學の歷史と方法』, 大明堂 1959, 40~41면.

「지리지(地理志)」 서북지부록(西北地附錄)과 일치한다. 이 지도의 네 모퉁이에는 기본 방위의 명칭도 수록되어 있는데 이슬람 지방도에 보이는 방위기호 방식과 일치하고 있는 점이 특징이다.[62] 그러나 이 지도는 인덱스맵(Index Map)처럼 지명 외의 내용이 그려져 있지 않아서 『대명혼일도』나 『혼일강리역대국도지도』와의 비교는 어렵다.

『혼일강리역대국도지도』에 대한 이슬람 지도학의 영향을 최초로 언급했던 오가와 타꾸지는 이 지도의 채색이 바다와 염호(鹽湖)는 녹색으로 하천과 담수호를 청색으로 처리했는데, 이는 아라비아 지구의의 채색법과 동일하다는 점과 또한 인도반도의 모습이 톨레미의 지도처럼 반도가 아닌 형태로 된 점을 들었다.[63] 그러나 인도 부분의 윤곽은 톨레미의 지도와 유사하다 하더라도 류우꼬꾸대본을 제외한 다른 사본들의 채색법은 이슬람 지구의의 채색법과 같지 않다.

아오야마 사다오는 기존 연구에서 더 나아가 지도의 서반부를 분석하였다. 그는 이슬람 지역에 지명이 밀집되어 있고 특히 이슬람과 접촉이 많았던 이베리아·발칸반도에 지명이 집중되어 있는 것을 이슬람 지도의 영향으로 보았다. 또한 나일강 유역에서 구류만(久六灣, 카스피해)으로 북방에서 유입하는 모습은 톨레미의 지도와 유사하다고 지적하였다.[64]

이슬람 지도학의 영향에 관한 보다 뚜렷한 증거는 아프리카 대륙 부분에서 제시되었다. 나일강 하원의 형태를 보면 톨레미 지도에서는 나일강이 '달의 산(현재 우간다의 루웬조리산)'으로부터 북류하여 그 산록에 있는 두 개의 큰 호수에 들어갔다가 여기에서 다시 북류하면서 합쳐져 지중해로 들어간다.

---

62) 高橋正 「中國人的世界觀と地圖」, 『月刊しにか』 6-2, 1995, 28면. 그러나 니덤은 「원경세대전지리도」에 그려져 있는 격자망은 경위선이 아닌 방격으로 후에 이슬람 경위선 지도의 기원이 되었다고 주장했다(J. 二一ダム, 앞의 책 84~85면).
63) 小川琢治 『支那歷史地理研究』, 弘文堂 1928, 62면.
64) 靑山定雄 「元代の地圖について」, 『東方學報』 8冊, 1938.

바로 알 이드리시의 세계지도와 일치하는 부분이다. '달의 산'을 의미하는 '제벨 알 카말'이라는 지명은 혼일강리도에서는 '저불노합마(這不魯哈麻)'라고 표기되어 있어서 이슬람 지도학의 영향이 반영되어 있음을 알 수 있다.[65]

『혼일강리역대국도지도』가 이슬람 지도학의 영향을 받았다는 이러한 증거에도 불구하고 현존하는 이슬람의 세계지도와는 많은 차이를 보인다. 가장 먼저 눈에 띄는 차이는 방위와 아프리카, 유라시아 대륙의 윤곽이다. 대부분의 이슬람 세계지도에서는 남쪽을 지도의 상단으로 표현하였으나 『혼일강리역대국도지도』에서는 중국의 전통적인 방위 배치에 따라 북쪽을 상단으로 배치하였다. 또한 아프리카 남단의 모습에서 차이를 보이는데, 유럽과 아라비아 지도에서는 아프리카 남단을 항상 동쪽을 향하는 것으로 묘사하고 이는 15세기 중반까지도 수정되지 않았다. 하지만 『혼일강리역대국도지도』나 『대명혼일도』에서는 이러한 오류가 수정되어 있다.[66] 이러한 사실을 종합적으로 고려할 때 『혼일강리역대국도지도』는 아라비아의 지도를 그대로 저본으로 활용한 것이 아니며 중국에서 2, 3차의 수정, 제작과정을 거친 중국제 세계지도를 바탕으로 제작되었다고 볼 수 있다. 이때 바탕이 된 지도가 이택민이 제작한 『성교광피도』 계열의 지도였던 것이다.


## 3. 세계인식의 특성

### 1) 표현된 세계의 성격

『혼일강리역대국도지도』에서 보여주는 세계는 중국을 중심으로 조선, 일본, 유구 등 동아시아 여러 나라를 비롯하여 인도, 아라비아, 그리고 유럽과 아프리카까지 구대륙 전역을 포괄하고 있다. 물론 각 대륙의 윤곽이나 각 나

---

65) 高橋正 「中國人的世界觀と地圖」, 『月刊しにか』 6-2, 1995, 28~29면.
66) J. 二―ダム, 앞의 책 81면.

라별 면적 등은 객관적 실재에 비해 매우 과장되어 있지만 포괄하는 지역의 광범함은 당시 어느 지도에도 뒤떨어지지 않는다. 앞서 검토했듯이 이러한 세계를 표현할 수 있었던 것이 이슬람 문화와의 접촉을 통해 가능했음은 물론이다.

『혼일강리역대국도지도』가 이슬람 지도학의 영향하에서 제작되었지만 기본적으로 바탕에 깔고 있는 지리적 세계에 대한 인식은 다르다. 이슬람 지도학은 고대 그리스·로마의 지도학을 계승한 것으로 지구설을 기반으로 한다. 그리하여 둥근 지구를 상정하여 원형의 세계지도가 많이 그려지기도 했다. 그러나 『혼일강리역대국도지도』는 여전히 전통적인 천원지방의 사고에 기초하고 있다. 일부의 이슬람 지도에서 보이는 경위선의 흔적은 전혀 볼 수 없으며 지도의 형태도 원형이 아닌 사각형으로 그려져 있다.

또한 '천원지방'이라는 전통적인 천지관에 기초하여 제작된 지도이지만 중국의 전통적인 직방세계 중심의 화이도와도 성격을 달리한다. 지도의 제목에서도 이전의 지도에서 보이는 '화이도' '여지도' '광여도(廣輿圖)' 등의 제목이 아닌 '혼일도(混一圖)'라는 용어를 사용하고 있다. 이러한 용어는 원대(元代)에서 볼 수 있는 지도의 제목이다. 원은 한족의 입장에서 본다면 이적(夷狄)인 몽골족이 세운 나라였기 때문에, 중화와 이적을 차별하던 전통적인 화이관을 따를 수 없었다.[67] 대신에 중화와 이적을 하나로 묶는 통일적 개념인 '혼일'이라는 용어를 사용했던 것이다.[68]

지도에 표현된 지리적 영역도 직방세계 중심으로 그려지는 전통적인 화이도와는 차원을 달리하고 있다. 즉, 화이도에서는 중국과의 직접적인 조공관계를 맺고 있는 나라들을 주변에 배치하는 것이 일반적인데 이 지도에서는

---

67) 한영우 「우리 옛 지도의 발달과정」, 『우리 옛지도와 그 아름다움』, 효형출판 1999, 20면.
68) '혼일'이라는 용어를 사용한 지도의 제목 표기는 이후 직방세계 중심의 세계지도에서도 볼 수 있는데, 조선에서는 『혼일강리역대국도지도』 이래로 세계지도의 제목에 '혼일'이라는 용어를 사용하는 것이 하나의 관례였던 것으로 보인다.

역사적으로 직접적인 교류가 거의 없었던 유럽, 아프리카까지 영역을 확대하여 그려냈다.

그렇다면 『혼일강리역대국도지도』가 보여주는 세계는 전통적인 중화적 세계인식에서 탈피한 것인가의 문제가 중요하게 대두된다. 원대 이전에는 볼 수 없었던 100여 개의 지명이 표기된 유럽 지역, 35개의 지명이 표기된 아프리카 지역을 포괄하고 있다는 사실을 볼 때, 이전과는 달리 주변지역의 객관적 실재를 인정하고 이들의 가치를 적극적으로 이해하려 한 것일지도 모른다. 그렇다 하더라도 『혼일강리역대국도지도』가 표현하고 있는 세계는 여전히 중화적 세계인식에 머물러 있다. 직방세계의 외연이 확대되었을 뿐 본질적으로는 중화적 세계인식을 보여주고 있는 것이다.

## 2) 각 지역별 특성

### (1) 조선과 중국 부분

앞서 언급했듯이 조선 부분의 지도는 이회의 『팔도도』를 기초로 제작한 것으로 보이는데 아프리카, 유럽 대륙보다 클 정도로 매우 과장되어 있다. 조선은 역대로부터 중국의 문화를 받아들여 문화적으로 중국과 동등하다는 자존의식을 지니고 있었다. 세조 때 양성지(梁誠之, 1415~82)는 조선이 명과는 대소(大小)에 따른 국력의 차이가 있고 따라서 사대는 하고 있지만, 문화적인 면에서는 조선도 기자(箕子) 이후 문물이 발달하여 군자지국(君子之國), 예의지방(禮義之邦), 소중화라 칭해지는바 하등 열등할 것이 없다고 주장하였다. 그리고 우리나라는 대동(大東)으로서 단군(檀君)이 요(堯)와 같은 시기에 나라를 세웠고, 기자조선과 신라, 고려를 거치면서 중국과는 다른 독자적인 역사를 전개해온 사실을 강조했다.[69] 조선 부분을 확대, 과장해 그려

---

69) 河宇鳳 「實學派의 對外認識」, 『國史館論叢』 76, 國史編纂委員會 1997, 256면.

냈던 이면에는 이러한 문화적 자존의식이 반영되어 있다.

조선의 전체적인 윤곽은 북부지방에서 왜곡이 심하다. 중남부지역은 비교적 정확하게 그려져 있으나 함경도, 평안도의 북부지방은 남북으로 압축되어 있고 압록강, 두만강의 유로도 부정확하다. 당시 이 지역에 대한 인식이 상대적으로 낮았음을 알 수 있다. 산지의 표현은 백두산에서 뻗어 내린 산줄기를 실선으로 표현하였다. 이러한 연맥식(連脈式) 산지 표현은 조선지도학의 중요한 특징으로 지적된다. 이는 산이 많은 조선의 지리적 특성과도 관련이 되며 당시 지형 인식의 도구였던 풍수지리의 영향 속에서 나온 것이기도 하다.[70]

지도에는 팔도의 군현을 비롯하여 해안의 섬뿐만 아니라 포구도 상세히 수록되어 있다. 수도인 한양에는 해바라기 모양의 성첩(城堞)을 그리고 붉은 색으로 부각시켰다. 남쪽의 대마도는 흡사 조선의 영토인 것처럼 일본보다는 조선에 훨씬 가깝게 그려져 있다. 이러한 모습은 다른 조선전도에서 흔히 볼 수 있는 것으로 당시 대마도가 조선과의 빈번한 교류를 통해 조선의 문물을 수입해 갔으며 이로 인해 문화적으로 일본보다는 조선과 더 가까웠던 데에서 기인한 것으로 보인다.

중국 부분의 지명은 대부분 원대의 지명을 그대로 표기하고 있다. 이것은 원도가 원대의 지도이기 때문에 나타나는 현상으로 지명의 일부만을 명대의 지명으로 고치고 나머지는 그대로 두었다. 예를 들면 원의 행정구역 단위인 성(省), 노(路), 부(府), 주(州), 현(縣) 가운데 노(路)에 해당하는 곳에 순덕(順德)·광평(廣平), 창덕(彰德), 대명(大名)·회경(懷慶)·하간(河間) 등의 지명이 그대로 남아 있다. 그러나 원의 대도로(大都路)에 해당하는 뻬이징(北京)은 연도(燕都)로, 원의 집경로(集慶路) 상원(上元)인 난징(南京)은 황도(皇都)로 표시되어 있어서 류우꼬꾸대본은 최소한 명대(明代)의 지도임을 말해주고

---

70) 海野一隆 지음, 李燦 옮김 「韓國 地圖學의 特色」, 『韓國科學史學會誌』 5-1, 1983.

있다.[71] 명은 최초 응천부(應天府)의 난징에 도읍하고 1421년(영락 19)에 순천부(順天府)로 천도했는데 지도는 천도하기 이전의 상황을 반영하고 있는 것이다.

중국 동남해안에 있는 섬들도 상세히 표시되어 있는데 산뚱반도의 남쪽 해안에는 전횡도라는 지명도 보이고 있다. 전횡(田橫)은 제(齊)나라 왕인 영(榮)의 동생으로, 한신(韓信)이 제나라 왕을 포로로 잡자 스스로 왕이 된 인물이었다. 한나라 고조가 천하를 통일하자 전횡은 그를 따르는 무리 500인을 거느리고 이 섬으로 들어갔다. 이후 고조가 그를 부르자 그는 낙양에 이르러 자결했고, 이 소식을 들은 섬에 있던 500인도 모두 자결했다고 전해진다. 이러한 전설이 깃든 전횡도는 이후 조선에서 매우 중요시되었는데 조선후기에 제작된 지도첩에 수록된 중국도(中國圖)에서는 조선과 중국 사이에 있는 유일한 섬으로 그려지는 경우가 많았다. 두 임금을 섬기지 않는 충절이 성리학적으로 매우 중요한 것이었으므로 전횡도라는 섬이 선택적으로 그려졌던 것이다.[72]


(2) 일본과 동남해 부분

일본지도도 조선지도처럼 조선에서 추가로 제작, 삽입된 것인데 일본의 고승(高僧) 행기(行基)가 만들었다는 『행기도(行基圖)』 계열에 속하는 지도이다. 이 지도는 동북부지방이 돌출부로 나타나고 큐우슈우(九州)가 원형이며 시꼬꾸 지방이 간략하게 표현된 것이 특징이다. 류우꼬꾸대본의 시꼬꾸 지방이 혼슈우(本州)와 분리되어 있지 않고 연결된 것 같이 보이는 것은 시꼬꾸와 혼슈우 사이에 있는 바다의 채색을 빠뜨렸기 때문이다.[73] 류우꼬꾸 대본의 일본지도는 방위가 잘못되어 있는 점이 독특하다. 이 지도는 고대 일

---

71) 李燦 「朝鮮前期의 世界地圖」, 『학술원논문집』 제31집, 1992, 173면.
72) 배우성 『조선 후기 국토관과 천하관의 변화』, 일지사 1999, 347면.
73) 李燦, 앞의 논문 324면.

본의 야마따이꼬꾸(邪馬臺國, 3세기경 일본열도에 존재했다고 여겨지는 나라 가운데 하나)의 위치와 관련된 논쟁에서 중요한 논거로 제시되면서 주목받기도 했다.[74]

　류우꼬꾸대본의 일본지도가 지닌 방향의 오류는 일본의 행기도에서 서쪽이 지도의 상부이고 동쪽이 하부로 되어 있는 것에 기인하는 것으로 추정된다. 즉, 일본도를 류우꼬꾸대본에 추가하는 과정에서 서상(西上) 방위(方位)의 행기도를 있는 그대로 북상(北上) 방위(方位)의 지도에 옮겨 그렸기 때문에 이와 같은 방위상의 오류가 발생한 것이다.[75] 그러나 지도의 지면 때문에 일부러 방향을 틀었다는 견해도 있다. 일본을 원래의 방향으로 배치했을 때 동서로 길게 늘어져 일본이 너무 우측으로 나오는 것을 막기 위해 방위를 조정했다는 것인데[76] 이후의 다른 사본들의 일본지도가 제대로 배치된 점을 고려할 때 설득력이 떨어진다고 판단된다.

　일본에서는 전통의 행기도가 일찍 필사되어 중세 일본의 백과사전인 『슈우가이쇼오』 등에 수록되었으나 최초로 간행된 것은 게이쪼오(慶長)시대(1596~1615)에 이르러서였다. 『슈우가이쇼오』에 수록된 행기도(그림 1-28)와 류우꼬꾸대본의 일본지도를 보면 외형상 대략 유사함을 알 수 있다. 특히 진경대리(津輕大里), 이지(夷地) 등의 지명이 똑같이 수록되어 있는 점을 보면 적어도 이전에 사본으로 존재하던 『슈우가이쇼오』본 계열의 행기도를 기초로 삼았다고 할 수 있다.[77] 그러나 류우꼬꾸대본에서는 『슈우가이쇼오』본과는 다르게 일본 주위에 여러 섬들이 그려져 있다. 영주(瀛州), 부상, 안도(雁道), 삼불재(三佛齋), 나찰국, 대신(大身), 흑치(黑齒), 발해(勃海) 등이 추가

---

74) 弘中芳男 『古地圖と邪馬台國』, 大和書房 1988.

75) 李燦, 앞의 논문 324면.

76) 高橋正 「『混一疆理歷代國都之圖』硏究 小史: 日本의 경우」, 『문화역사지리』 7호, 1995, 19면.

77) 織田武雄 『地圖の歷史: 日本篇』, 講談社 1974, 29면.

되어 있는 것이다. 이러한 지명은 1471년에 간행된 신숙주의 『해동제국기』의 「해동제국총도」에도 수록되어 있다.[78] 류우꼬꾸대본에 있는 '하카타다이(博多大)' '가마쿠라(鎌鎗)' 등의 지명으로 볼 때, 전반적으로 무로마치(室町)시대(1336~1603)의 지리적 지식을 반영하고 있는데, 류우꼬꾸대본에서는 '나가또(長門)'를 '양문(良門)'으로 잘못 표기하는 등 전사 과정에서 발생한 오류도 보이고 있다.

동남해에는 대유구(大琉球), 유구를 비롯하여 팽호(彭湖), 나찰(羅刹), 장사(長沙), 파리(婆利), 석당(石塘), 대인(大人), 가라(哥羅) 등의 지명이 비교적 상세하게 표시되어 있다. 유구는 지금의 오끼나와 제도(諸島)를 말하는데 중국에서는 타이완을 유구라고도 불렀다. 그러나 명대(明代)에 이르러 오끼나와를 대유구라 하고 타이완을 동번(東番), 대만(臺灣), 북항(北港) 등으로 부르게 되었는데 거의 허명(虛名)에 지나지 않았고 대부분 대유구(大琉球)와 같이 사용되어 지도에서도 대유구, 유구로 표시했다.[79] 동남해에 수록된 대부분의 지명은 『광여도』의 「동남해이도」와 일치하고 있어서 두 지도가 이택민의 『성교광피도』를 기초로 제작되었음을 알 수 있다.

또한 동남해에는 부상, 영주 등 삼신산으로 일컬어지는 지명도 수록되어 눈길을 끈다. 삼신산은 봉래(蓬萊), 방장(方丈), 영주의 세 산을 말하며 발해(渤海)에 있다고 전해지는데, 선인(仙人)과 불사약 등이 있으며 궁궐은 금과 은으로 지어졌다고 한다.[80] 이 삼신산은 발해에 위치하고 있다는 기록으로 인해 통상 동방(東方)에 표시된 것으로 보이는데, 이로 인해 삼신산이 조선에 있다는 믿음을 갖게 되었고 금강산, 지리산, 한라산을 삼신산에 비정하기

---

78) 『해동제국기』에 수록된 일본지도는 현존하는 일본을 그린 간행본 지도로는 세계에서 가장 오래된 것으로 평가받는다. 이러한 상세한 일본지도가 일본이 아닌 조선에서 제작되었다는 사실은 조선에서의 일본에 대한 높은 관심과 더불어 당시 지도제작의 뛰어난 역량을 보여주는 또다른 사례라 할 수 있다.

79) 靑山定雄「元代の地圖について」, 『東方學報』 8冊, 1938, 16면.

80) 『史記』 卷28, 封禪書 第1.

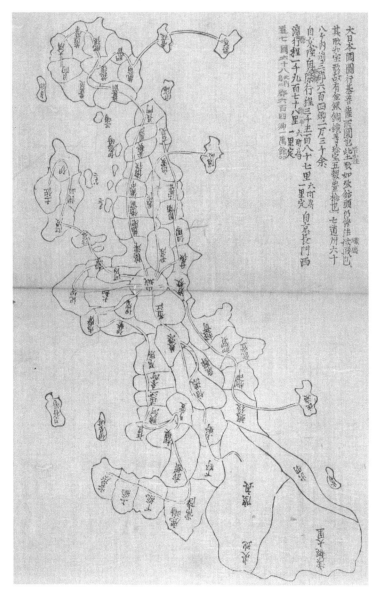

그림 1-28 『슈우가이쇼오』에 수록된 행기도(일본 국립역사민속박물관 소장)

도 했다.[81] 신선사상과 관련된 지명뿐만 아니라 『산해경』에 나오는 지명도 해양에 표시되어 있는데 대인국(大人國), 소인국(小人國) 등이 대표적이다. 실제의 지명뿐 아니라 가상의 지명이 해양에 배치되어 있는 것은 바다는 육지와 대비되는 해양이라는 개념을 넘어 미지의 세계를 상징했기 때문이다.[82] 중국에서 제작되었던 세계지도 중에서는 해양에 가상의 국가들이 수록되는 경우가 적지 않은데 이는 바로 해양이 지니는 성격과 깊은 관련이 있다고 생각된다. 육지보다 인간이 접근하기가 더 어려운 해양의 경우는 실제의 지명과 가상의 지명이 혼재되는 경우가 더 많았던 것이다. 『혼일강리역대국도지도』 사본 가운데에서도 텐리대본이나 혼묘오지본에는 십주(十洲)의 지명이 사해(四海)에 배치되기도 했다.

### (3) 서남아시아, 아프리카, 유럽 부분

지도에서 표현하고 있는 지역 중에서 가장 독특하고 중요한 곳이 서남아시아, 아프리카, 유럽 시역이다. 서남아시아 지역은 '시역(西域)'으로 불리던 지역으로 역사적으로 중국과의 교류가 있었던 곳이지만 유럽과 아프리카는 거의 생소했다. 이러한 지역이 지도에 그려질 수 있었던 것은 바로 유라시아 대륙을 아우르는 원제국의 건설에 의해 가능했음은 앞서 이미 지적한 바와 같다.

이 지역 중에서 특히 서남아시아 지역에 지명이 밀집되어 있는데 이는 아라비아 지도학의 간접적인 영향으로 볼 수 있다. 이 지역은 몽골의 사대한국(四大汗國)[83]의 영역과 관련되는데 붉은 색으로 성첩을 표시한 것은 각 한국(汗國)의 수도로 보인다. 알렉산드리아의 위치는 유명한 파로스(Pharos) 등

---

81) 都珖淳 『神仙思想과 道敎』, 汎友社 1994, 45~75면.
82) 船越昭生 「中國傳統地圖에 あらわれた 東西의 接觸」, 『地理의 思想』, 地人書房 1982, 100면.
83) 칭기스 칸의 자손들이 세운 나라. 킵차크한국, 오고타이한국, 일한국, 차가타이한국.

대를 나타내는 탑 모양으로 표시된 점이 이채롭다. 서양 최대의 수도는 지금의 부다페스트를 가리키는 것으로 보인다. 포르투갈 서쪽에 있는 아조레스(Asores) 제도도 표시되어 있는데 이는 이슬람의 알 이드리시의 지도나 이븐 할둔(Ibn Khaldun)의 지도에서도 볼 수 없던 것이다. 이 제도는 1394년 이후 포르투갈인에 의해 재발견되어 일반인에게는 1430년경에 알려지게 되었다. 그러나『혼일강리역대국도지도』에 표시되어 있는 것은 몽골제국의 건설과정에서 획득된 지리지식이었던 것으로 보인다.[84]

서역 부분의 지명은『원사』「지리지」에 수록된 한자 지명과 일치하지 않는다.『광여도』의 서역지도(西域地圖)가 당대(唐代) 또는 그 이전의 지명을 수록하고 있는 데 반해『혼일강리역대국도지도』에서는 새로운 지명들이 수록되어 있다. 이는 몽골의 지배하에 있던 아라비아 지도의 지명을 한역하여 표기했기 때문이다.[85]

아프리카 대륙의 모습은 남쪽 부분이 왜곡되어 있는 이슬람의 세계지도와는 달리 실제 지형과 거의 유사한 형태로 이루어져 있다. 나일강이 발원하여 북쪽으로 흘러가는 모습은 이슬람의 지도와 유사하다. 대륙의 내부에 커다란 염호(鹽湖)를 그렸고 중앙에는 황사(黃沙)가 표시되어 있는데 이는 사하라사막에 해당하는 것으로 생각된다. '달의 산'을 의미하는 '제벨 알 카말'은 '저불노합마(這不魯哈麻)'라고 표기되어 있는데『광여도』에서는 '저불노마(這不魯麻)'라 표기되어 차이를 보인다.

---

84) J. 니―ダム『中國の科學と文明』第6卷, 思索社 1976, 71~72면. 등대 모양으로 그려진 것은 북부유럽 쪽에도 보이는데 이는 천문대일 가능성도 있다. 1259년 일한국의 수도인 타브리즈에 가까운 마라가(Marāgheh)에 페르시아인 천문학자 나씨르 알 딘(Nassir al-Din, 1201~74)이 천문대를 세웠는데 이를 그린 것이 아닌가 하는 견해도 있다. 당시의 마라가는 이슬람 천문학의 중심으로, 서쪽에서는 스페인, 동쪽에서는 중국에서 천문학자가 찾아들어 연구하고 있었던 곳이다(야부우치 기요시 지음, 전상운 옮김『중국의 과학문명』, 민음사 1997, 136~37면).

85) 靑山定雄, 앞의 논문 31면.

이러한 유럽, 아프리카의 표현과 관련하여 중요한 문제가 제기된다. 『혼일강리역대국도지도』의 제작 이전에 역사적으로 교류가 거의 없었던 유럽, 아프리카를 그려냈다는 것은 지도제작 당시 조선에서도 이 지역의 존재를 인정하고 있었다는 것일까? 지도상에 표현되었다고 해서 모든 것이 객관적으로 존재한다고 인정되는 것은 아니다. 객관적 실재를 인정하지 않더라도 지도상에 표현될 수는 있다. 조선 후기에 유행했던 원형 천하도는 이의 대표적인 예다. 유럽, 아프리카 대륙까지 포괄하고 있다고 해서 이 지역의 실재를 완전히 받아들이고 있는 것은 아니었다고 생각된다. 지도상에서도 서역 서쪽의 지명은 대부분이 이슬람 지명을 한역(漢譯)한 것으로 조선인에게는 매우 생소한 것들이었다. 따라서 각 사본들에서 표기된 이 지역의 지명들은 다른 지역에 비해 오기(誤記)가 많을 수밖에 없다. 거의 대부분의 조선인에게 있어서 서학서와 서구식 세계지도를 들여오기 전까지는 이 지역에 대한 지식이 없었다는 것은 분명하다. 또한 교류가 전혀 없는 이 지역에 대한 지식이 필요하지도 않았던 것으로 볼 수 있다. 따라서 유럽, 아프리카의 존재 여부가 조선인에게는 그다지 중요한 관심사항이 될 수 없었다. 그리하여 16세기 중반 이후에 제작되는 대부분의 세계지도에서는 유럽, 아프리카 지역이 사라지게 된다.

그러나 한편으로 『혼일강리역대국도지도』에 조선과 무관한 유럽, 아프리카 대륙을 삭제하지 않고 그려 넣었다는 것은 또다른 의미를 지닐 수 있다. 즉, 오로지 경험적으로 확인 가능한 세계만을 세계로 받아들이지 않고 미지의 세계에 대해서도 존재 자체를 거부하지 않는 개방적 태도를 이 지도를 통해 볼 수 있는 것이다. 비록 역사적으로 조선과의 교류가 전혀 없는 머나먼 이역(異域)이지만 지도상에 상세히 표현함으로써 후일의 참고자료로 활용하려는 의지가 담겨 있다 할 것이다.

# 3장

# 16세기『혼일역대국도강리지도』의
# 세계인식

## 1. 지도의 제작과정

### 1) 사본들의 비교

조선의 건국 초기인 1402년에 제작된『혼일강리역대국도지도』는 그 이후 계속 수정, 전사되면서 조선 전기 세계지도의 일맥을 형성하였다. 한편 주자 성리학이 조선사회의 운영원리로 뿌리를 내리게 되는 16세기에 접어들면서 또다른 계열의 세계지도가 제작되었다. 이 지도는 아프리카, 유럽까지 포괄 했던『혼일강리역대국도지도』와는 달리 지역적 범위가 중국을 중심으로 한 동아시아 일대로 축소된 형태를 띤다.『혼일강리역대국도지도』처럼 여러 사 본이 존재하여 조선 전기 세계지도의 또다른 계보를 형성하고 있다.

현존하는 사본들은 고려대학교 인촌기념관에 소장된『혼일역대국도강리 지도(混一歷代國都疆理地圖)』(그림 1-29)를 비롯하여 서울대학교 규장각한국 학연구원 소장의『화동고지도(華東古地圖)』(그림 1-30), 일본의 묘오신지 린 쇼오인(麟祥院)에 소장된『혼일역대국도강리지도(混一歷代國都疆理地圖)』

표 1-2 『혼일역대국도강리지도』의 사본 비교

| | 인촌기념관 소장본 | 규장각한국학연구원 소장본 | 묘오신지 소장본 |
|---|---|---|---|
| 규격 | 178×168.5센티미터 | 179×198.5센티미터 | 176×179센티미터 |
| 판본 | 비단에 채색 | 비단에 채색 | 종이에 채색 |
| 제작시기 | 1526~34년 | 1526~34년 | 1549~67년 |
| 제발(題跋), 범례(凡例) 유무 | 유 | 무 | 유 |
| 기타 | | 황허의 유로변경에 관한 주기 | |

(그림 1-31), 일본 쿠나이쪼오 소장의 『혼일역대국도강리지도(混一歷代國都彊理地圖)』(그림 1-32), 미또(水戶) 쇼오꼬오깐(彰考館) 소장의 『대명국지도(大明國地圖)』,[1] 토오꾜오 한국연구원 소장본, 개인 소장본으로 모리야 코우조우(守屋考藏) 소장본[2] 등이 알려져 있다.

인촌기념관에 소장된 『혼일역대국도강리지도』는 원래 일본에 소장되어 있던 것을 해방 이후에 구입한 것이다. 지도 상단에 전서로 제목이 표기되어 있고 그 밑에는 역대제왕국도(歷代帝王國都)를 수록하고 있다. 이 역대제왕국도의 기록은 『혼일강리역대국도지도』의 기록과 형식, 순서, 내용 등이 동

---

1) 이 지도에 양자기의 발문이 수록되어 있는데 아오야마 사다오는 프랑스 국립도서관 소장의 왕반(王泮)의 지(識)가 있는 지도와 같다고 성급한 단정을 내리고 있다. 그는 더 나아가 『혼일역대국도강리지도』 계열의 지도가 1402년의 『혼일강리역대국도지도』 계열의 지도와 더불어 중국과 한국에는 없고 일본에 소장되어 있다는 사실은 일본이 동양문화의 저수지였음을 입증하는 것이라 주장하였다(靑山定雄 「明代の地圖について」, 『歷史學硏究』 1卷 11號, 1937, 285~86면). 조선에서 제작되었던 조선 전기의 대표적인 세계지도들이 어떠한 경로를 통해 일본으로 흘러가게 되었는지에 대한 해명 없이 그러한 주장을 한 것은 다분히 국수주의적 발상이라 생각된다.
2) '대(代)' '국(國)'자가 탈락되어 있으나 원래 제목은 다른 사본과 마찬가지로 '혼일역대국도강리지도'라 써 있다(辻稜三 「李朝の世界地圖」, 『月刊韓國文化』 3卷 6號, 1981, 30면).

그림 1-29 『혼일역대국도강리지도』(인촌기념관 소장) 권두화보 7

일하다. 지도의 중심에 중국이 그려져 있고, 그 동쪽에 조선이 『혼일강리역
대국도지도』처럼 확대되어 그려져 있으나 일본은 작은 원 안에 일본이라고
표기된 정도이다. 지도 하단에는 명의 군사제도인 위소(衛所)가 실려 있고
지도를 만든 동기를 쓴 양자기의 발문과 범례가 수록되어 있으나 간기(刊記)
가 있는 부분은 훼손되어 있다.[3]

　　서울대학교 규장각한국학연구원에 소장된 『화동고지도』(그림 1-30)는 비단
에 채색으로 그려졌으며 전체적인 윤곽은 인촌기념관 소장본과 동일하다.
그러나 지도의 제목과 역대국도의 기록, 양자기의 발문과 범례는 수록되어
있지 않다. 대신에 다른 사본에는 없는 황허의 유로 변천에 대한 자세한 기
록이 황해 부분에 수록되어 있다. 지도에는 황허와 창강(長江)의 유로를 상

3) 李燦 「朝鮮前期의 世界地圖」, 『학술원논문집』 제31집, 1992, 168면.

136

그림 1-30 『화동고지도』(서울대학교 규장각한국학연구원 소장)

세하게 그렸는데 지도 여백의 기록과 일치한다.

『화동고지도』를 인촌기념관 소장본과 비교해보면 전체적인 윤곽이나 형태가 일치하면서도 일부 차이를 보인다. 지도상에서 보면 황허는 카이펑(開封)에서 이분(二分)되고 남쪽의 분류는 직접 화이안(淮安)을 거쳐 산뚱반도(山東半島) 남쪽에서 바다로 들어가는데 이 부분은 두 지도가 같다. 그러나 북쪽의 분류에서는 차이가 뚜렷하다. 또한 만리장성의 표시에서도 차이가 보인다. 인촌기념관 소장본에 그려진 장성은 명대(明代)의 것이지만 그 경로가 불확실하고 랴오뚱반도(遼東半島)의 변장(邊牆)까지 장성에 포함되어 있

그림 1-31 『혼일역대국도강리지도』(일본 묘오신지 린쇼오인 소장)

다. 반면 『화동고지도』는 산하이관(山海關)에서 란저우(蘭州)까지 정확한 경로를 따르고 있고 란저우에서 자위관(嘉峪關)까지의 경로도 현대 지도와 별 차이가 없다. 그 밖에 산뚱반도의 윤곽에서 차이를 보이며 바다에 그려진 섬나라의 모습도 다르게 묘사되어 있다.[4]

묘오신지 린쇼오인에 소장된 지도(그림 1-31)는 세로 176센티미터, 가로

---

4) 李燦, 앞의 논문 176면.

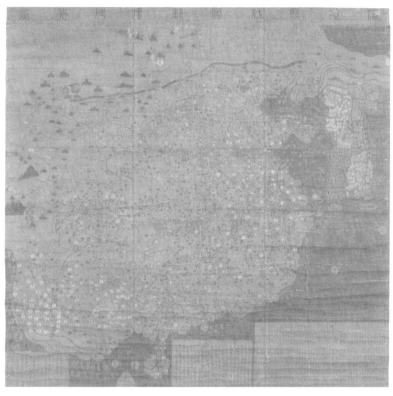

그림 1-32 『혼일역대국도강리지도』(일본 쿠나이쪼오 소장)

179센티미터의 크기로 종이에 채색으로 그려졌으며, 지도의 상단에 전서로
'혼일역대국도강리지도'라고 씌어 있다. 지도를 보관하는 상자의 뚜껑 안쪽
에는 1636년(관영 13)에 토꾸가와 이에야스(德川家光)가 기증한 것이라고 되
어 있다. 지도에 그려진 범위는 북으로는 고비사막, 동은 조선, 남으로는 운
남(雲南)·진랍(眞臘, 캄보디아의 옛 이름)·남해제국(南海諸國), 서로는 하원(河
源)까지 이르고 있다. 지도의 여백에는 인촌기념관 소장본처럼 양자기의 발
문과 역대제왕의 국도, 위소명(衛所名), 그리고 범례가 수록되어 있다.[5] 전

체적으로 보아 『화동고지도』보다는 인촌기념관 지도와 같은 사본임을 알 수 있다.

현존하는 사본들의 작자나 제작시기에 대해서는 별도의 기록이 발견되지는 않는다. 단지 지도에 수록된 내용들을 토대로 추정해볼 뿐이다. 지도 하단 범례의 '가정오년(嘉靖五年, 1526)'이라는 연기(年記)가 있는 것으로 보아 최소한 양자기의 지도 범례가 쓰인 1526년 이후에 사본이 제작되었음을 알 수 있다. 지도상의 지명으로 본다면, 일본의 묘오신지 소장본과 쿠나이쪼오 소장본(그림 1-32)에는 충주(忠州)를 '유신(惟新)'으로 표기하고 있는데 이는 충주목이 유신현으로 강등되었던 1549년(명종 4)과 1567년(선조 원년) 사이에 해당한다. 따라서 이 두 사본은 지명으로만 본다면 1549~67년 사이에 제작된 것으로 볼 수 있다.

그러나 인촌기념관 소장본이나 규장각한국학연구원 소장본에는 '충주(忠州)'로 표기되어 있으며 경상도의 좌수영이 울산에 있는 것으로 되어 있다. 경상도의 좌수영을 울산에서 동래로 옮기는 논의가 1534년에 확정되었는데, 정확하게 이전된 해는 알기 어려우나 실록의 기록을 통해 볼 때 1544년경에는 이미 동래로 이전되었음을 확인할 수 있다.[6] 따라서 인촌기념관 소장본이나 규장각한국학연구원 소장본은 충주목(忠州牧)이 유신현(惟新縣)으로 강등되기 이전이면서 경상 좌수영이 동래로 이전되기 전인 대략 1534년 이전에 제작된 것으로 볼 수 있다. 결국 양자기의 지도가 제작된 1526년에서 경상 좌수영이 동래 이전이 결정된 1534년 사이에 제작된 지도로 추정된다.

이러한 지도의 제작시기와 관련하여 『조선왕조실록』에는 중종 연간에 천하도의 제작과 관련된 기록이 있어서 눈길을 끈다. 1536년 중종은 중국에 가는 성절사(聖節使)를 통해 천하도를 구입할 것을 전교하였다.[7] 이는 최신

---

5) 宮崎市定「妙心寺麟祥院藏の混一歷代國都疆理地圖について」,『神田博士還曆記念書誌學論集』, 1957, 578면.

6) 『중종실록』 권104, 중종 39년 9월 26일(壬戌).

의 천하도를 중국으로부터 얻기 위해 취한 조치였다. 그러나 그 후 중국으로
간 사신이 천하도를 구입했다는 기록이 없는 것으로 미루어 이는 성사되지
못했던 것으로 보인다. 대신에 이듬해 중국 사신이 조선에 왔을 때 임금이
천하도를 부탁하였는데,[8] 다음 해 중국의 상사(上使)가 집에 보관하고 있던
지도를 조선의 사은사(謝恩使) 편에 보낸 것으로 기록되어 있다.[9] 전통시대
국가의 상세한 지도는 기밀사항에 해당하는 만큼 이때 지도를 보낸 것은 아
마 중국 조정보다는 개인적 차원에서 행해졌던 것으로 보인다. 당시 중국을
통해 구하여 얻은 지도가 현존하는 『혼일역대국도강리지도』 유형인지 단언
하기는 곤란하다. 그러나 중국 사신들 가운데 총책임자인 상사가 직접 얻어
보냈던 지도로 본다면 당시 중국에서도 가장 최신의 지도로 짐작된다. 그렇
다면 이 무렵 제작된 양자기의 지도일 가능성도 배제할 수는 없을 것이다.
어쨌든 『조선왕조실록』의 사례는 중국을 통해 최신의 천하지도를 입수하려
했던 대표적인 예로, 국왕을 비롯한 관료들이 최신의 지도를 제작하기 위해
얼마나 심혈을 기울였는지를 잘 보여준다.

　제작시기의 추정과 전반적인 내용 등을 토대로 볼 때 현존하는 사본들 중
인촌기념관 소장본이 규장각한국학연구원 소장본이나 일본 묘오신지 소장본
보다 비교적 원본에 가깝다고 보인다. 1544년 이전에 제작되었다는 것은 양
자기의 지도가 제작된 얼마 뒤 바로 조선으로 유입되었음을 말해준다. 그렇
다면 이러한 세계지도를 누가 제작하였을까? 앞서 『혼일강리역대국도지도』
의 제작과정에서 알 수 있듯이 상세한 대형의 세계지도를 개인 혼자의 힘으
로 제작한다는 것은 거의 불가능한 일이었다. 국가적 차원에서 중국에서 입
수한 최신의 지도를 수차에 걸쳐 제작했던 것으로 보아야 할 것이다. 지도의
제목도 앞서 국가적 프로젝트로 제작되었던 '혼일강리역대국도지도'와 거의

---

7) 『중종실록』 권81, 중종 31년 5월 10일(甲子).
8) 『중종실록』 권84, 중종 32년 3월 15일(甲午).
9) 『중종실록』 권95, 중종 33년 11월 25일(乙未).

유사한 '혼일역대국도강리지도'라고 되어 있는 점이 이를 뒷받침한다.[10]


## 2) 지도의 계보

『혼일역대국도강리지도』의 지도 하단에 있는 양자기의 발문을 통해, 중국에서 입수한 양자기의 지도가 그 제작의 저본이 되었다는 것을 알 수 있다. 중국 부분은 양자기의 지도를 저본으로 삼았고 여기에 조선 부분을 추가하여 편집, 제작한 것이다. 양자기(楊子器, 1458~1513)는 자(字)가 명부(名父), 호는 유당(柳塘), 저장(浙江) 스시현(慈溪縣) 사람으로 선정을 베푼 것으로 유명하다. 1487년(성화 23)에 진사(進士), 곤산(崑山)·고평(高平)의 지현(知縣)을 거쳐 1495년(홍치 8)에 상숙지현(常熟知縣)이 되어 수리(水利)시설의 축조에 대해 가르쳤으며 1499년(홍치 12) 상유(桑瑜)와 합작하여 『상숙현지(常熟縣志)』 4권을 편찬하기도 했던 인물이다.[11]

양자기 발문의 지도는 현존하고 있는데 중국 다롄시 뤼순박물관에 소장되어 있다(그림 1-33).[12] 가로 164센티미터, 세로 180센티미터로 비단에 채색으로 그려진 이 지도에는 오른쪽 아래에 '도사위소부주현명칭(都司衛所府州縣名稱),' 중간 부분에 양자기의 발문, 그 왼편에 범례가 수록되어 있다. 이 지도는 지명을 토대로 볼 때 양자기의 말년인 1512년에서 1513년 사이에 제작된 것으로 추정된다. 그러나 범례에 표기된 '가정오년'이란 간기가 있기 때문에 범례는 그의 사후 1526년에 쓰인 것이다. 양자기는 정치, 행정에 이용하기 위해 이 지도를 제작했는데 주로 『대명일통지(大明一統志)』를 기초

---

10) 현재 중국 다롄시(大連市) 뤼순박물관(旅順博物館)에 소장된 양자기의 지도에는 제목이 표기되어 있지 않다. 따라서 '혼일역대국도강리지도'라는 제목은 조선에서 독자적으로 붙인 것으로 판단된다.
11) 宮崎市定, 앞의 논문 585~86면.
12) 이 지도는 일본의 아오야마 사다오에 의해 최초로 알려지게 되었다(靑山定雄, 「古地志地圖等の調査」, 『東方學報』 제5책 속편, 1935).

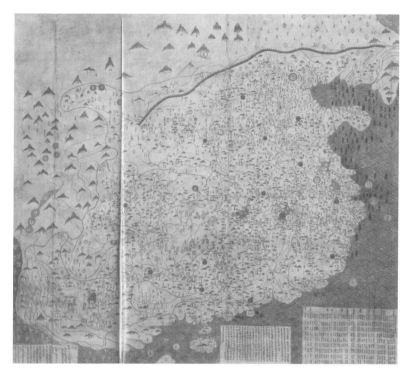

그림 1-33 양자기의 발문이 수록된 여지도(중국 뤼순박물관 소장)

자료로 삼았다.[13) 그러나 지도의 윤곽, 내용 등을 토대로 볼 때 다른 지도와
지리 자료들도 참고한 것으로 보인다.

양자기 지도의 축척은 대략 1:176만이고 산뚱반도, 랴오뚱반도, 조선반도
의 해안선 윤곽 이외의 다른 부분은 비교적 정확하다. 행정구역명이 1,600

---

13) 楊子器의 跋文: "… 此輿地圖所以有補于政體也 間常參考大一統志及官制 而布爲是圖
比諸家詳略頗異 若京師 若省 若府 州 縣 若衛 若所 若衛所之幷居府州縣者 若內外夷
方之師化與賓者 勢同異其形 遠近險易 一覽可視 願治者常目在焉 則于用人行政 諒能
留意 慈溪楊子器跋"(鄭錫煌 「楊子器跋輿地圖及其圖式符號」, 『中國古代地圖集: 明代』,
文物出版社 1995, 64면에서 재인용).

여 개 수록될 정도로 내용이 풍부하고 특히 황허의 하원 표시가 자세하다. 또한 범례가 수록되어 있고 부호를 체계적으로 사용하여 행정구역의 위계를 표시했는데, 이러한 체계적인 부호의 사용은 현존하는 중국의 지도 가운데 가장 오래된 것으로 평가되고 있다. 명대의 대표적인 지도인 나홍선의 『광여도』와 윤곽, 내용 등에 있어서 유사한 점이 많다. 『광여도』가 원대 주사본의 『여지도』를 토대로 제작된 점을 고려한다면 양자기의 지도도 주사본의 지도를 기초로 제작되었을 가능성이 매우 높다. 이러한 추론이 가능하다면 양자기의 지도는 현존하지 않는 주사본의 지도를 가늠해볼 수 있는 중요한 자료가 된다.[14]

『혼일역대국도강리지도』와 중국에 소장된 양자기 발문의 지도를 비교하면, 조선 부분을 제외하고 해안선의 윤곽이나 하천, 해양의 섬 표시, 파도 문양, 그리고 지도 하단에 있는 명대의 위소명, 양자기의 발문, 범례 등이 거의 일치하고 있다. 심지어 각 행정구역의 위계를 나타내는 기호도 양자기 발문의 지도와 동일하다. 그러나 만리장성 서쪽 지역의 하천이 약간 다른데 이는 전사(傳寫) 과정에서 발생한 오차에 불과하다. 이외에 『혼일역대국도강리지도』에는 지도 상단에 양자기 지도에는 없는 역대제왕의 국도가 수록되어 있다. 이는 앞서도 언급했지만 1402년의 『혼일강리역대국도지도』에 똑같이 수록되어 있는 것이다. 『혼일역대국도강리지도』가 제작될 당시에도 『혼일강리역대국도지도』가 조정에 보관되어 있어서 이를 참고한 것으로 보인다.

---

14) 鄭錫煌 「楊子器跋輿地圖及其圖式符號」, 『中國古代地圖集: 明代』, 文物出版社 1995, 61~63면.

## 2. 세계인식의 특성

### 1) 인식된 세계의 축소

『혼일역대국도강리지도』가 표현하고 있는 지리적 세계의 범위는 동쪽으로 조선·일본, 중심에 중국, 남쪽의 동남아시아, 서쪽으로는 황허의 하원인 성수해(星宿海), 북쪽은 만리장성과 위쪽의 사막에 이르고 있다. 앞서 제작되었던 조선 초기의 『혼일강리역대국도지도』와는 커다란 차이를 보이는데, 16세기 전반기 양자기의 지도를 바탕으로 제작된 이 지도에는 15세기초 세계지도인 『혼일강리역대국도지도』에서 보이는 아프리카, 유럽 등이 표현되어 있지 않다. 지리적 범위로만 보았을 때는 전통적인 직방세계로 세계가 축소된 점이 가장 큰 특징이다. 그렇다면 왜 이 지도에서는 아프리카, 유럽 대륙이 지도상에서 사라졌을까? 이는 단순히 지도의 계보만으로 설명할 수는 없고 시대적인 변화와 관련지어 살펴볼 필요가 있다. 이러한 시대적 변화는 조선에만 한정되지 않고 중국 본토에서의 변화와 밀집한 관련을 지닌다.

앞서 살펴보았듯이 몽골족이 세운 원(元)은 유라시아 대륙에 걸쳐 거대한 제국을 건설하였고, 이 시기에 이슬람 문화권과의 교류가 이뤄지면서 서양의 고대 그리스·로마 문명을 계승한 이슬람의 선진문명이 전파되기도 했다. 이러한 과정에서 유럽과 아프리카 대륙의 객관적 실재를 알게 되었으며 이는 세계지도의 형태로 표현되었다. 이러한 지도는 조선에도 유입되어 『혼일강리역대국도지도』로 빛을 보게 되었던 것인데, 당시 구대륙의 동단(東端)에 위치한 조선에서 전혀 교류가 없었던 유럽, 아프리카가 표현될 수 있었던 것은 바로 이러한 시대적 조건 속에서 가능했다.

그러나 1368년 명(明)이 중원을 장악하면서 영토는 대폭 축소되었다. 이에 따라 서역과의 교류도 제한적으로 이뤄질 수밖에 없었다. 원제국 때 이뤄졌던 광범한 문화적 교류는 명과 주변의 일부 조공국에 한정되었다. 유럽, 아프리카의 존재는 서서히 역사 속으로 사라져 서양 선교사들에 의해 서구식 세계지도가 도입되기 전까지 중국의 세계지도에서는 볼 수 없게 되었다. 15세기 이후 중국에서 제작된 대표적 지도라 할 수 있는 1536년의 『황명일통지리지도(皇明一統地理之圖)』, 1555년의 『고금형승지도(古今形勝之圖)』 등에서는 유럽, 아프리카 지역은 전혀 볼 수 없고 다만 나홍선의 『광여도』의 「서남해이도」에서 아프리카 남단의 모습이 일부 그려져 있을 뿐이다. 양자기 발문의 지도도 이러한 사회적 배경 속에서 제작된 것으로 전통적인 직방세계 중심으로 세계인식이 축소된 것과 깊은 관계를 지니고 있다.

양자기의 지도를 바탕으로 제작된 『혼일역대국도강리지도』도 직방세계로 축소된 인식을 보여준다. 조선 부분만을 새로 추가했을 뿐 일본이나 유구는 양자기 원도를 그대로 따르고 있다. 이러한 점은 조선 초기에 제작된 『혼일강리역대국도지도』와는 다른 점이다. 『혼일강리역대국도지도』에서는 조선 부분만 아니라 일본, 후대 사본에서는 유구까지 새롭게 그려 넣어 대외인식의 개방성을 보여주었다. 그러나 이 지도에는 일본과 유구가 조선에 비해서는 비교가 안 될 정도로 작게 그려져 있다.

『혼일역대국도강리지도』가 양자기의 지도를 필사한 것이기 때문에 일본과 유구가 원도의 형태를 따랐다는 것은 어쩌면 당연한 것일지도 모른다. 그러나 1402년의 『혼일강리역대국도지도』도 중국에서 들여온 지도를 바탕으로 제작되었음에도 불구하고 일본과 유구를 새롭게 추가하여 상세하게 그렸다. 이러한 점은 15세기 교린적, 개방적 대외관계가 반영된 것이라고 볼 수 있는 것으로 유구와 일본의 존재를 적극적으로 인정한 결과이다. 그러나 16세기 전반 『혼일역대국도강리지도』가 보여주는 세계는 15세기에 제작되었던 『혼일강리역대국도지도』와는 뚜렷한 차이가 난다. 이는 이 시기 대외인식의 변화와도 밀접한 관련을 지니는 것이다.

주지하는 바와 같이 조선은 16세기를 거치면서 주자성리학이 체계적으로 정립되는데 이에 따라 대외관도 하나의 논리구조 속에서 파악되었다. 명에 대한 위계인식도 확고하게 변하여 중화=명, 소중화=조선으로 파악되고 양

146

자는 군신관계로 규정되었다. 뿐만 아니라 사대정책이 방편이 아니라 자체 목적화하는 현상이 나타나기도 했다. 16세기의 소중화 의식은 명을 중화로 인정하고 그에 버금간다고 하는 면에서 15세기의 조선 중심적 관념보다는 후퇴한 것이지만 한편으로는 유교문화의 발전에 따른 자존의식의 표출이라고도 할 수 있다.[15] 이러한 변화는 지도에서 확연히 드러난다. 조선에 중요한 지역으로 의미를 지니는 중국은 지도의 대부분을 차지하고 있고 소중화인 조선이 버금가는 지역으로 부각되었다. 주변에 존재하는 이역(異域)의 나라들은 별다른 의미를 지닐 수 없었는데, 이에 따라 조선 초기의 『혼일강리역대국도지도』에서 동쪽 해양에 그려졌던 많은 나라들이 여기에서는 일본과 유구를 제외하고 대부분 사라지게 되었다.[16]

이렇듯 『혼일역대국도강리지도』에서 표현된 지역은 중국의 직방세계를 중심으로 훨씬 축소되었다. 그렇다 하더라도 지도에 표현된 지역만을 인식하고 있었던 것은 아니다. 이보다 더 넓은 지역을 인식하고 있었음에도 지도 상에 그리지 않았을 뿐이다. 이 시기 조선과 관련해서 중요한 의미를 지니고 있던 중국과 그 주변의 일부 조공국을 제외하고는 나머지 많은 지역이 선택적으로 생략되었던 것이다.


## 2) 지리적 지식의 정교화

『혼일역대국도강리지도』에서는 표현하고 있는 지리적 세계가 대폭 축소되었는데, 주자성리학적 논리구조 속에서 세계를 파악하는 경향이 두드러졌음을 의미한다. 그려진 범위 가운데 서쪽은 황허의 발원지를 한계로 하여 곤

---

15) 河宇鳳「實學派의 對外認識」,『國史館論叢』76, 國史編纂委員會 1997, 255~56면.
16) 규장각한국학연구원 소장의 『화동고지도』에서는 『산해경』에 나오는 소인국, 대인국과 루손(呂宋, 지금의 필리핀), 마팔아(馬八兒, 마바르, 인도 동해의 작은 나라) 등의 지명이 동남해양에 표기되어 있는 등 전기의 전통이 약간 남아 있기도 하다.

륜산과 그 아래의 성수해가 묘사되어 있고 그 남방에 운남(雲南)에 속하는 등충(騰衝), 남전(南甸) 등의 지명이 표기된 정도이다. 직방세계를 중심으로 그린 세계지도 중에서도 가끔 볼 수 있는 지금의 중앙아시아와 인도는 아예 보이지 않는다. 그러나 지도에 수록된 내용은 최신의 정보이며 이전 시기의 지도보다 정교하게 된 점이 특징이다.

중국 부분에서는 1402년의 『혼일강리역대국도지도』가 원대의 상황을 반영하고 있는 데 비해 여기서는 명대의 지명으로 완전히 수정되었다. 또한 선초의 지도와는 달리 각 성(省)의 경계도 표시되어 있다. 선초의 지도에 비해 가장 뚜렷하게 차이나는 것은 만리장성의 표시로 이전보다 정확해진 점이 특징이다. 『혼일강리역대국도지도』 사본인 류우꼬꾸대본의 만리장성은 동쪽으로 만주지방의 개주(開州, 開元)에서 시작하여 산시성(山西省)의 북서쪽에서 황허를 건너 계속 황허의 남쪽을 따라 린타오푸(臨洮府)의 공동산(空同山)에서 그치고 있다. 장성의 동쪽과 서쪽의 끝나는 지점을 보면 진대(秦代)의 장성과 거의 일치한다. 인촌기념관 소장본에서는 장성이 거의 직선상의 형태를 띠고 있는 점에서 류우꼬꾸대본의 장성과 유사하나 명대에 란저우에서 북쪽으로 자위관까지 연장한 부분이 나타나고 있어서 명대의 장성임을 확인할 수 있다.[17]

하천의 표시도 비교적 자세해 본류와 지류의 구분도 가능하다. 특히 『화동고지도』에는 황허 유로의 변천을 여백에 비교적 상세하게 기록하였는데, 그 내용은 다음과 같다.

우공(禹貢)의 도하경로(導河經路), 주왕(周王) 5년 하도(河道)의 남도(南徒), 한문제(漢文帝) 12년(기원전 168)의 산극(酸棘)에서의 홍수로 인한 유로 변천, 한무제(漢武帝 기원전 140~88) 때의 홍수, 원성종(元成宗, 1295~1306) 때의 홍수로 인한 유로 변천, 송나라 인종(仁宗) 때의 대명(大名)에서의 홍수, 송나

---

17) 李燦, 앞의 논문 173면.

라 신종(神宗)의 희령 연간(熙寧年間, 1068~77)에 단주조림(澶州曺林, 開州)에서의 홍수 등으로 북류(北流)가 단절되고 하도는 남도(南徒)하여 동쪽 복주(濮州)까지의 양산악(梁山樂, 東平州西)에서 두 갈래로 나눠져 그중 하나는 남청하(南淸河, 淮安 淸河縣)로 유입되어 회하(淮河)로 들어간다. 또 하나는 북청하(北淸河)와 합쳐서 제수(濟水)의 옛 하도(河道)를 따라 제남부(濟南府)를 경유하여 제하(濟河)의 포대(蒲臺) 등지에서 바다로 들어간다.

황허 원류의 표시도 선초의 『혼일강리역대국도지도』와는 다르게 되어 있는데 『원사』 「지리지」, 『하원지(河源志)』 등의 지식이 반영되었다. 황허의 발원지에 대해서는 중국 고대로부터 관심이 많았다. 『한서』 「장건전(張騫傳)」에서는 곤륜(崑崙)에서 발원한다고 되어 있고, 등전(鄧展)은 적석(積石)에서 발원한다고 하였는데 실제 위치에 대해서는 알 수 없었다.[18] 이에 대한 확실한 인식은 원대에 이르러 가능했는데 1280년 쿠빌라이 칸은 도실(都實)이 지휘하는 과학 탐험대를 파견하여 하원을 조사하게 했다. 이 결과는 반앙소(潘昻霄)에 의해 『하원지』로 정리되어 뒤에 『원사』에 수록되었다.[19]

『원사』 「지리지」에는 반앙소와 원대의 유명한 지도학자인 주사본의 설을 종합해 기술하였다. 여기서는 하원을 '화돈뇌아(火敦腦兒)'라 했는데, 몽골어로 '화돈'은 성수(星宿)에 해당하고 '뇌아'는 해(海)를 뜻하는 말이다. 따라서 황허의 발원지는 성수해가 되는데 높은 곳에서 보면 이곳이 마치 별들이 벌여 있는 것처럼 보인다 해서 붙여진 지명이다.[20] 1402년의 『혼일강리역대국도지도』에서는 황허의 발원지가 단지 곤륜이라 표기되어 있는데 『혼일역대국도강리지도』에서는 성수해에서 발원하여 흘러가는 모습이 잘 묘사되어 있다.

18) 李德懋 『靑莊館全書』 卷58, 盎葉記5, 黃河眞源.
19) J. ニーダム 『中國の科學と文明』 第6卷, 思索社 1976, 27~28면.
20) 『元史』 卷六十三, 志第十五, 地理六, 河源附錄.

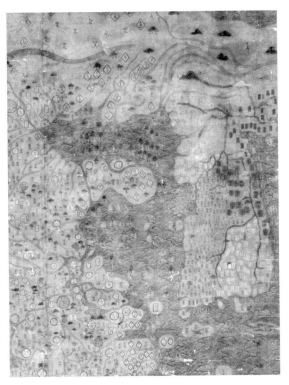

그림 1-34 『혼일역대국도강리지도』의 조선 부분(인촌기념관 소장)

조선 부분은 1402년의 『혼일강리역대국도지도』의 조선지도와 거의 유사하다(그림 1-34). 산계와 수계의 모습도 거의 유사하고 두 지도 모두 북부지방이 남부지방보다 왜곡이 심하다. 류우꼬꾸대본과는 달리 백두산의 모습이 흰색으로 강조되어 있으며 금강산도 다른 산들에 비해 상대적으로 부각되어 있어서 이들 산에 대한 강조된 인식을 엿볼 수 있다. 지도에 수록되어 있는 내용은 전국의 군현과 병영·수영, 주요 산들로 선초의 지도와 대략 유사하다.

제2부

17 · 18세기 서구식 세계지도의 전래와 그 영향

# 4장

# 서구식 세계지도의 전래

## 1. 서양 선교사들의 서구식 세계지도 제작

### 1) 마테오 리치의 세계지도

(1) 세계지도의 제작과정

예수회 소속 선교사 마테오 리치(Matteo Ricci, 利瑪竇, 1552~1610)는 동방 전도를 목적으로 1582년 중국에 도착하였다. 중국에 도착한 후 그는 서양의 과학지식과 천주교의 교리를 담고 있는 한역서학서의 간행에 심혈을 기울임과 동시에 세계지도의 제작에도 남다른 노력을 쏟았다. 서구식 세계지도는 중국이 전통적으로 지녔던 중화적 세계인식에 충격을 줄 수 있는 중요한 수단으로 적극 활용되었다. 다음의 인용문은 마테오 리치가 예수회 본부에 보고한 글의 일부인데, 당시 선교사들이 서구식 세계지도를 어떻게 활용하고 있었는지 잘 드러나 있다.

세계지도는 당시 중국이 우리의 신성한 믿음의 모든 것에 신뢰를 갖도록 할 수 있는 가장 훌륭하고 유용한 작품이었다. 그러나 그들은 세계가 넓고 중국이 그 가운데 작은 부분에 불과하다는 것을 보았을 때, 무지한 사람은 지도를 비웃었고 현명한 사람은 경위선 눈금의 아름다운 질서를 보면서, 우리의 땅이 그들 왕조로부터 매우 멀리 떨어져 있으며 그 사이에 거대한 바다가 놓여 있다는 것이 모두 사실이라고 생각하게 되었다. 이로 인해 중국인들은 우리가 그들을 정복하러왔다는 두려움을 떨쳐버릴 수 있었다.[1]

마테오 리치는 19세에 예수회에 입회하였는데 종교에 관해서는 발리냐노(Alessandro Valignano, 范禮安)의 지도를, 천문학·지리학·수학 등의 과학 방면에서는 그레고리오력의 편찬자로 유명한 클라비우스(Christopher Clavius, 1537~1612)로부터 가르침을 받아 다방면의 학식을 겸비하고 있었다.[2] 그는 1584년 자오칭(肇慶)에서 당시 높은 학식을 지니고 있던 왕반(王泮)으로부터 지도제작을 의뢰받아 「산해여지전도」를 제작한 이후 무려 십여 종이나 되는 많은 세계지도를 간행하였다. 그의 지도는 서양 르네상스의 지리적 지식과 대항해시대의 성과를 일괄했던 것으로 중국뿐만 아니라 한자 문화권이었던 조선과 일본에도 전해져 많은 영향을 끼쳤다.[3]

당시 제작된 마테오 리치 지도의 모든 판본이 현존하는 것은 아니고 그중 일부의 판본만 전해지고 있다. 1584년 최초의 판본으로 간행된 자오칭판 『산해여지도(山海輿地圖)』는 현재 발견되지 않았으나 다른 참고자료에 근거

---

1) Samuel Y. Edgerton Jr., "From Mental Matrix to Mappamundi to Christian Empire: The Heritage of Ptolemaic Cartography in the Renaissance," David Woodward, ed., *Art and Cartography: six historical essays*, The University of Chicago Press 1987, 25~26면.

2) 金良善 「明末清初 耶蘇會宣教師들이 製作한 世界地圖와 그 韓國文化史上에 미친 影響」, 『崇大』 6호, 1961, 22면.

3) 당시 일본은 쇄국하에 엄한 금서령(禁書令)이 시행되고 있었으나 나가사키(長崎)를 통해 중국과 교역이 이뤄지고 있었으며, 특히 세계지도는 중요한 보물로 인식되어 수입이 허가되었다(船越昭生 「朝鮮におけるマテオ·リツチ世界地圖の影響」, 『人文地理』 23卷 2號, 1971, 115면).

표 2-1 마테오 리치의 세계지도 목록

| 지도명 | 제작시기 | 제작주체 · 판본 | 제작지 | 특징 |
|---|---|---|---|---|
| 산해여지도<br>(山海輿地圖) | 만력 12년(1584) | 왕반 각판 | 자오칭 | |
| 산해여지도<br>(山海輿地圖) | 만력 23~26년<br>(1595~98) | | 쑤저우 | 왕반 본을 개정 |
| 만국이환도<br>(萬國二圜圖) | 만력 29년(1601) | | 베이징 | 서광계의 서문 |
| 산해여지전도<br>(山海輿地全圖) | 만력 28년(1600) | 오중명 각판 | 난징 | 왕반 본을 수정 |
| 곤여만국전도<br>(坤輿萬國全圖) | 만력 30년(1602) | 이지조 각판 | 베이징 | 오중명 본을 수정 |
| 곤여만국전도<br>(坤輿萬國全圖) | 만력 30년(1602) | 각공모(刻工某) 각판 | 베이징 | 이지조 본을 복각 |
| 양의현람도<br>(兩儀玄覽圖) | 만력 31년(1603) | 풍응경 · 이응시 등<br>각판 | 베이징 | 이지조 본을 개정 |
| 산해여지전도<br>(山海輿地全圖) | 만력 32년(1604) | 곽자장(郭子章) 각판 | 구이저우<br>(貴州) | 오중명 본을 축소 판각 |
| 곤여만국전도<br>(坤輿萬國全圖) | 만력 30~36년<br>(1602~08) | | 베이징 | |
| 곤여만국전도<br>(坤輿萬國全圖) | 만력 36년(1608) | 궁정(宮廷) 각판 | 베이징 | |
| 곤여만국전도<br>(坤輿萬國全圖) | 1644년 이후? | 청조판 6폭 | 베이징? | 이지조 본을 수정 판각 |
| 곤여만국전도<br>(坤輿萬國全圖) | 1708년 | 조선본, 필사본 | 서울 | 최석정(崔錫鼎) 서문 |

(船越昭生「『坤輿萬國全圖』と鎖國日本」,『東方學報』38, 1970, 604~17면에서 재작성)

하여 추정한다면 지도 내에 한자를 기입하기 위해 서양의 원도(原圖)보다 도
폭을 확대했으며 중국인의 사고에 맞도록 주기의 문장도 수정했을 가능성이
크다.4) 그러나 중국에 도착한 지 얼마 되지 않은 시기에 제작되었기 때문에
한문이 서툴러 지명의 표기 및 내용 등에서 오류가 많았던 것으로 보인다.5)

---

4) 鮎澤信太郎「マテオ · リツチの世界圖に關する史的硏究: 近世日本における世界地理
知識の主流」,『橫浜市立大學紀要』18, 1953, 14~15면.

그림 2-1 1602년 뻬이징판『곤여만국전도』(일본 미야기현립도서관 소장)

이후 중국인에 의해 몇차례 복각되다가 본격적인 수정 제작은 1600년 난징판에서 가능했다. 이때는 리치가 중국에 건너온 지 17~18년이 경과하여, 그의 어학 능력도 상당한 수준에 도달해 있었다. 그리고 오중명의 도움을 받아 재차 수정을 가할 수 있었다. 이 지도도 인멸되어 전해지는 것이 아직 없다. 다만 '산해여지전도'라는 제목과 다른 자료를 토대로 대강의 윤곽을 파악해볼 뿐이다.

1602년에는 뻬이징에서 마테오 리치와 가장 친한 중국인 중 한 사람인 이지조(李之藻)가 마테오 리치의 지도를 6폭의『곤여만국전도』로 간행하였다. 이 지도는 이후 제작되는『곤여만국전도』사본들의 저본으로 활용되기도 하여『곤여만국전도』판본 중에서는 가장 영향력이 컸다(그림 2-1). 현재 바티칸도서관, 일본 쿄오또대학도서관(京都大學圖書館)과 미야기현립도서관(宮城縣立圖書館) 등지에 전하고 있어서 가장 널리 알려져 있다.

1602년 이지조 각판의『곤여만국전도』에 뒤이어 1603년에는 판목 8매를 1조로 한 대형의 세계지도인『양의현람도』(그림 2-2)가 제작되었다.[6] 이 지도

---

5) 船越昭生「『坤輿萬國全圖』と鎖國日本: 世界的視圈成立」,『東方學報』41, 1970, 607면.
6)『양의현람도』에 대한 연구는 다음을 참조. 鮎澤信太郎「マテオ・リッチの『兩儀玄覽圖』

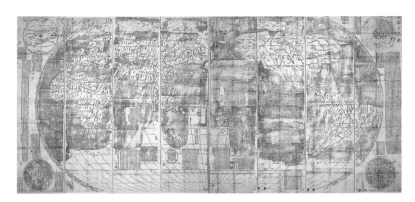

그림 2-2 『양의현람도』(숭실대학교 한국기독교박물관 소장) 권두화보 8

는 이응시(李應試)[7]가 제작한 것으로 1602년의 이지조 판본과는 달리 전체적으로 지도가 확대되어 있으나 지도의 모서리 여백에 수록된 도설의 문자는 축소되어 있다. 그러나 지도의 형태 자체는 이지조 판본과 동일한 것이다. 1602년 이지조 판본과 비교해보면 다소의 차이가 있는데, 제목과 폭 수, 서문·발문과 부도(附圖)의 위치 등이 다르다. 내용상 가장 눈에 띄는 차이는 1602년판의 「구중천도(九重天圖)」가 「십이중천도(十二重天圖)」로 바뀐 것이다. 현재 한국의 숭실대학교 한국기독교박물관과 중국의 요녕성박물관(遼寧省博物館)에 각각 1부씩 보관되어 있다.

그 후 1608년에는 마테오 리치 생애 최후로 1602년 이지조 판본을 중간한 『곤여만국전도』가 제작되었고, 청대에 들어서도 1644년 이후 3차에 걸친 간행이 있었다. 이처럼 마테오 리치의 세계지도는 계속 증보, 개정되면서 중

---

について」,『地理學史研究』 1, 柳原書店 1957.
7) 이응시는 1560년(가정 39) 후광(湖廣)에서 태어나 뻬이징에서 성장했는데 명리학과 풍수 등에 조예가 깊었다. 1592년 임진왜란 때는 제독 이여송(李如松)의 참모로서 종군하기도 했다. 1602년 8월 세례를 받았고 이때 성복(星卜) 등의 서적 세 상자를 불태우고, 모처자·노복 등과 함께 천주교에 입신했다(洪煨蓮 「考利瑪竇的世界地圖」,『禹貢』第五卷 第三·四合期, 1936, 利瑪竇世界地圖專號).

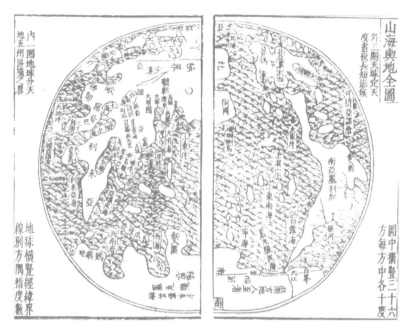

그림 2-3 『삼재도회』의 「산해여지전도」

국을 비롯한 동아시아 지식인들에 큰 영향을 미쳤다. 당시 간행된 마테오 리치의 세계지도 목록을 정리하면 표 2-1과 같다.

마테오 리치의 세계지도는 대형의 인쇄본 외에도 소형의 지도로 여러 책에 수록되면서 더욱 널리 유포되었다. 1602년 간행된 풍응경(馮應京)의 『월령광의(月令廣義)』에는 「산해여지전도」가 실려 있는데 주변의 주기와 같은 책에 수록된 천문도의 내용으로 볼 때 난징(南京)판을 기초로 그려진 것이 확실하다. 지도투영법의 지식이 없는 풍응경에 의해 서적에 수록되었기 때문에 동서방향이 압축되어 흡사 원과 같이 그려져 있다.[8] 이 지도는 1607년 간행된 왕기의 『삼재도회』에도 그대로 수록되어 조선과 일본의 지식인들에

---

8) 海野一隆 『地圖の文化史: 世界と日本』, 八坂書房 1996, 142면.

158

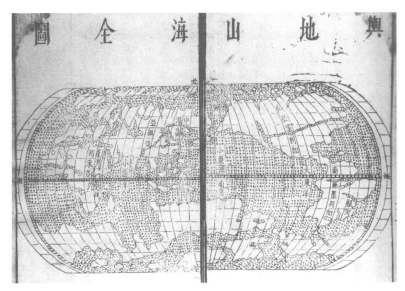

그림 2-4 『도서편』에 수록된 「여지산해전도」

게 많은 영향을 주었다(그림 2-3). 대형의 지도가 휴대와 열람에 불편한 데 반해 서적에 수록된 축소된 지도는 휴대와 열람에 편리하기 때문에 더 강한 파급효과를 지녔다. 그러나 이 지도들은 책의 크기에 맞춰 축소하여 그렸기 때문에 경위선의 표시가 없고 수록된 내용도 소략한 단점이 있다.

리치의 세계지도는 1613년 장황의 『도서편』에도 실리게 되는데 「여지산해전도(輿地山海全圖)」(그림 2-4)와 「지구도설(地球圖說)」이 수록되어 있다. 이 지도는 『삼재도회』의 「산해여지전도」와 달리 경위선망이 그려져 있으나 내용은 매우 소략하다. 특히 남방대륙의 모습은 현존하는 『곤여만국전도』의 페이징판과 다르게 표현되어 있는데 리치의 초기 세계지도를 저본으로 이용했던 것으로 보인다. 『도서편』에는 이외에도 『곤여만국전도』의 부도로 삽입된 남북극(南北極)양반구도가 「여지도(輿地圖)」라는 제목으로 수록되어 있다. 또한 「천지의(天地儀)」「구중천도(九重天圖)」와 더불어 동서(東西)양반

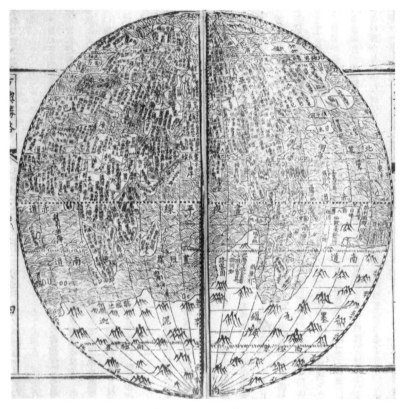

그림 2-5 『방여승략』에 수록된 「산해여지전도」

구도인 「호천혼원도(昊天渾元圖)」도 실려 있다.

1608년의 『방여승략(方輿勝略)』에는 「산해여지전도」(그림 2-5)라는 이름
의 동서양반구도가 수록되어 있는데 지도의 전체적인 윤곽으로 볼 때 리치
의 지도를 바탕으로 적도표면 투영법을 사용하여 제작된 것임을 알 수 있다.
이와 유사한 양반구도가 숭정 연간(崇禎年間, 1628~35)의『명청투기(明淸鬪
記)』에 실려 있는 「전도도(纏度圖)」, 반광조(潘光祖)가 편찬한『여도비고(輿
圖備攷)』에 수록된 지도들이다.[9] 그러나 이러한 양반구도는 당시 타원형 세

160

계지도에 비해 큰 영향을 끼치지는 못했던 것으로 보인다.

청대에서도 여러 서적에서 리치의 지도가 소개되었다. 1664년 방이지(方以智)가 찬(撰)한 『물리소지(物理小識)』 1권 「역류(曆類)」에는 『곤여만국전도』에 실린 천문학적 기술이 인용되었고, 1666년 간행된 『통아(通雅)』의 11권 「천문(天文)·역측(曆測)」에는 『곤여만국전도』의 서문이 실려 있다. 또한 1675년 간행된 유자육(遊子六)의 『천경혹문(天經或問)』에는 「대지원구제국전도(大地圓球諸國全圖)」라는 『곤여만국전도』 간략본과 더불어 『곤여만국전도』에 부도로 실려 있는 「황적도남북극도(黃赤道南北極圖)」 「일월식도(日月蝕圖)」가 실려 있다. 그러나 이후 건륭시대(1736~95)부터는 복고적인 분위기로의 회귀하면서 서구식 세계지도의 제작은 줄어들었다.[10]

### (2) 『곤여만국전도』의 내용과 특징

마테오 리치의 세계지도 가운데 가장 널리 알려진 것은 1602년의 뻬이징판 『곤여만국전도』이다(그림 2-1). 세로 168센티미터, 가로 372센티미터 정도 크기의 6폭 병풍으로 제작된 대형 전도로, 중앙에 난형(卵形)의 세계지도가 그려져 있고 그 주위에 지도 이해를 돕기 위한 각종의 지도와 그림, 그리고 천문학적 주기 등이 수록되어 있다. 지명뿐만 아니라 여러 가지 지지적(地誌

---

9) 船越昭生 「『坤輿萬國全圖』と鎖國日本: 世界的視圈成立」, 『東方學報』 41, 1970, 624면.

10) 복고적인 분위기로 회귀하는 건륭 연간에도 서구식 세계지도가 일부 중국인에 의해 제작되었는데, 1744년 진윤형의 『해국문견록(海國聞見錄)』에 수록된 「사해총도(四海總圖)」가 대표적이다. 1763년에 제작된 『천하전여총도(天下全輿總圖)』라는 서구식 세계지도가 최근에 알려졌는데, 이는 1418년의 『천하제번식공도』를 모사한 것으로 서양에 앞서 신대륙을 그려냈다는 주장이 제기되었다(류강 지음, 이재훈 옮김 『고지도의 비밀』, 글항아리 2011). 그러나 지도학사적인 흐름으로 볼 때, 15세기 초반 신대륙을 포함하는 세계를 중국에서 그려내기는 거의 불가능하다. 『천하제번식공도』는 신대륙을 포함하는 세계지도가 아니고 전통적인 직방세계 중심의 지도로 보인다. 『천하전여총도』는 지도제작 당시 있었던 서양 선교사의 서구식 세계지도를 바탕으로 세계를 그리고 지도의 내용은 『천하제공식공도』를 참고하여 기재했다고 볼 수 있다.

的)인 기술을 수록하여 지도와 지지를 결합한 양식을 띠고 있다.

세계지도의 주변으로 「북반구도(北半球圖)」 「남반구도(南半球圖)」 「구중천도」 「천지의」 등의 그림과 더불어 일식도, 월식도 등 다양한 지도와 그림들이 수록되어 있다. 또한 각종의 설명을 포함하고 있는데 제1폭에는 일명 「지구도설」이라고도 하는 천지에 대한 리치의 설명문이 있고 6폭에는 지구와 구중천도에 대한 기술이 수록되어 있다. 그 밖에 구중천도에 대한 설명, 일월식도에 대한 설명, 남북양반구도에 대한 설명, '논일월리지지원근(論日月離地之遠近)' '간북극법(看北極法)'과 더불어 '태양출입(太陽出入) 적도위도' '총론횡도리분(總論橫度里分)' 등이 표로 정리되어 있고, 『사행론략(四行論略)』 『원사』 등지에서 인용한 문장도 수록되어 있다. 지도의 권위를 높이기 위해 당시 이 지도 작성에 협력한 학자들의 서문, 발문도 빼곡하게 수록하였는데 이지조, 오중명, 진민지(陳民志), 양경순(楊景淳), 기광종(祁光宗) 등이 작성한 문장이 보인다. 주요 국가들의 옆에는 각종의 사서(史書), 지지서(地志書) 등을 참고하여 간단한 설명을 붙이기도 했다. 대형의 세계전도로서 지리적인 것뿐만 아니라 천문, 역법 등에 관한 방대한 내용을 수록했으며, 이것은 이전의 전통적인 세계지도에서는 볼 수 없는 새로운 것이었다.

이처럼 마테오 리치의 세계지도에는 대항해시대 이후 축적된 지리지식과 르네상스시대 이후 비약적으로 발전한 지도학의 성과가 반영되어 있다. 리치 지도의 전체적인 윤곽과 내용 등을 토대로 볼 때 지도제작에 기초가 되었던 자료는 1569년 메르카토르(Gerardus Mercator, 1512~94)의 세계지도(그림 2-6), 1570년에 간행된 오르텔리우스(Abraham Ortelius, 1527~98)의 『세계의 무대』(*Theatrum Orbis Terrarum*)에 실린 「세계지도」(Typus Orbis Terrarum)(그림 2-7), 플란치우스(Peter Plancius, 1552~1662)가 제작한 1592년의 대형 세계지도 등이다.[11] 실제로 그는 중국에 올 때 1569년 메르카토르의 세계지

---

11) 이와 관련하여 일부 학자는 마테오 리치의 지도가 16세기 후반에 제작된 것보다는 1531년의 휘나구스圖, 1538년의 메르카토르圖, 16세기 중기의 후로리아누스圖, 기타 16세기

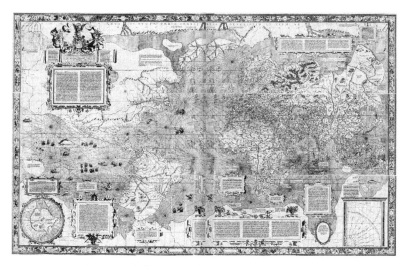

그림 2-6 1569년 메르카토르의 세계지도(프랑스 파리 국립도서관 소장)

도와 1570년 오르텔리우스의 세계지도, 위도 계산용 표가 실린 클라비우스
의 『천구론(天球論)』, 알레산드로 피꼴로미니(Alessandro Piccolomini, 1508~
79)의 『지구론(地球論)』 등을 소지하고 있었는데,[12] 그의 지도제작 시 기초
자료로 활용했던 것으로 보인다.

투영법의 경우는 오르텔리우스의 『세계의 무대』에 수록된 「세계지도」처
럼 보르도네 난형도법[13]을 따르고 있다. 경도와 위도를 각각 10도 간격으로
그렸는데, 위선은 직선, 경선은 중앙경선을 제외한 선이 모두 곡선이다. 오

---

전기의 지도와 가까운 형태를 띠고 있다고 하여 이를 참고했을 것이라고 주장하기도 했
다(秋岡武次郎 『世界地圖作成史』, 河出書房新社 1988, 126면).

12) 조너선 스펜스 지음, 주원준 옮김 『마테오리치, 기억의 궁전』, 이산 1999, 190면.

13) 보르도네 난형도법(Bordone Oval Projection)은 이탈리아 지도제작가 보르도네(Benedetto
Bordone, 1460~1531)가 1528년 제작한 지도에서 처음 사용되었다. 전체적으로 계란의
형상을 하고 있으며 위선은 10도 간격의 직선이고 경선은 중앙경선은 직선, 나머지는 동
일 간격의 곡선으로 그려져 있다.

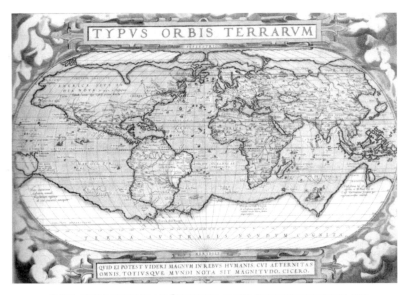

그림 2-7 1570년 오르텔리우스의 『세계의 무대』에 실린 세계지도(미국 국회도서관 소장)

르텔리우스 세계지도의 경위선 조직과 비교해보면 정확히 일치하고 있음을
알 수 있다. 그러나 대륙의 배치는 서양의 세계지도와 다르다. 지도의 중앙
은 오랜 기간 중국인들이 지녀왔던 중화적 세계관을 고려해 카나리아 제도
에 본초자오선을 위치시켜 중국을 지도의 거의 중앙에 오도록 했다.[14] 지도
의 남방대륙은 탐험되기 이전의 상황이므로 여전히 미지의 세계로 남아 있
고 아이슬란드 남쪽 대서양에 '프리슬랜드'(Friesland)라는 상상의 섬이 오르
텔리우스의 지도에서처럼 표시되어 있다. 남북아메리카와 북유럽에 대해 적
어놓은 간략한 설명문에는 플란치우스가 1592년에 출판한 지도의 글귀가
다수 번역되어 있다. 플란치우스의 지도는 리치가 가져오지 않고 중국에서
받아본 것으로[15] 당시 최신의 자료를 이용하려 했던 사실을 엿볼 수 있다.

---

14) Helen Wallis, "The Influence of Father Ricci on Far Eastern Cartography," *Imago Mundi*
19, 1965, 39면.

그 밖의 중앙아시아를 비롯한 여러 지역에 대한 설명은 중국의 전통적인 지리서나 역사서를 참고하였다.


## 2) 마테오 리치 이후의 세계지도

마테오 리치 이후에도 중국에서는 선교사들의 서구식 세계지도 제작이 계속 이어졌다. 알레니(Giulio Aleni, 艾儒略, 1582~1649)의 『직방외기(職方外紀)』(1623)에 실린 「만국전도」, 아담 샬(Adam Schall, 湯若望, 1592~1666)의 『혼천의설』(1636)에 수록된 「지구십이장원형도(地球十二長圓形圖)」, 1674년에 제작된 페르비스트(Ferdinand Verbiest, 南懷仁, 1623~88)의 『곤여전도』, 1767년 제작된 브노아(Michael Benoit, 蔣友仁, 1715~74)의 『곤여전도』 등을 들 수 있다. 이 중에서 알레니와 페르비스트의 세계지도는 조선에도 전해져 지식인들에게 많은 영향을 주었다.

1610년 중국에 도착한 이탈리아 출신 예수회 선교사 알레니는 1612년에는 월식을 관측하고 수학교사로 근무한 것으로 전해진다. 1623년에는 희종(熹宗)의 명으로 총포를 만들기 위해 동료인 삼비아소(Franciscus Sambiaso, 畢方濟, 1582~1649)와 함께 뻬이징에 초청되었다. 그는 같은 해에 세계지리서인 『직방외기』를 간행했는데 「만국전도」(그림 2-8)는 이 책에 삽입된 지도이다.[16] 『직방외기』 6권은 원래 마테오 리치가 한역 간행한 『곤여만국전도』와 그 후 빤또하(D. Pantoja, 龐迪我, 1571~1618) 신부가 한역 간행한 세계지도 및 도설 등을 기초로 하고, 서양에서 최근 전래된 자료를 활용하여 증보한 것이다.[17]

---

15) 조너선 스펜스, 앞의 책 197면.
16) 김양선은 『직방외기』 속에 수록된 지도들을 따로 떼어 5폭 또는 12폭의 대형세계지도로 확대하여 출간했다고 주장했다(金良善 「韓國古地圖硏究抄」, 『梅山國學散稿』, 崇田大學校 博物館 1972, 231면).

그림 2-8 알레니의 『직방외기』에 수록된 「만국전도」

「만국전도」는 지지서(地誌書)의 부도 형식을 취하고 있어서 전체적으로 수록된 내용이 다소 소략하다. 그러나 리치의 지도보다 후대에 제작되어 그간의 탐험으로 축적된 지리지식이 반영되어 있다. 마테오 리치의 『곤여만국전도』처럼 보르도네 난형투영법을 사용하고 있으며 중앙경선을 태평양의 가운데에 두고 매 10도마다 경위선을 그려 넣었다. 지명은 리치의 지도와 동일한 것이 많으나 대륙의 윤곽은 서로 다르다. 특히 남방대륙인 메가라니카 (墨瓦蠟泥加, 묵와랍니가)와 북아메리카의 해안선 윤곽에서 마테오 리치의 지도와 많은 차이를 보인다. 메가라니카는 최초로 세계를 일주했던 마젤란 (Ferdinand Magellan)의 이름에서 유래한 가상대륙이며, 탐험의 진행에 따라서 그 해안선이 변해왔다. 리치의 지도에는 뉴기니아섬과 오스트레일리아를 같은 대륙으로 보고 있으나 알레니의 만국전도에는 뉴기니아를 독립된 섬으로 그렸다. 북아메리카 대륙에서도 상당한 차이를 보이는데, 리치의 지도에서는 세인트로렌스강을 만으로 보고 있으나 알레니의 지도에서는 동서방향의 하천으로 뚜렷이 표시되어 있다. 알레니의 지도는 이탈리아 밀라노의 암브로시아나도서관에 소장된 암브로시아나 지도와 경위선 조직과 대륙의 해

---

17) 李元淳 『朝鮮西學史硏究』, 一志社. 1986, 122면.

그림 2-9 1674년판 페르비스트의『곤여전도』(타이완 국립고궁박물원 소장)

안선 윤곽 등에서 유사하다.[18]

알레니의 세계지도는『직방외기』에 실려 있는 것 외에도 별도로 제작되었던 것으로 보인다. 조선 후기 실학자 황윤석(黃胤錫)은 진사(進士) 이서(李㞐)에게 서양지도의 열람을 청하여 그의 집을 방문했는데 그때 보여준『만국전도(萬國全圖)』가 원도(圓圖) 1폭, 분도(分圖) 4폭, 총 5폭으로 구성되어 있다고 쓰고 있다.[19] 또한 1631년 정두원(鄭斗源)이 중국에서 들여온『만리전도(萬里全圖)』도 5폭으로 되어 있다는 기록을 통해 볼 때『직방외기』에 수록된 세계지도가 별도로 제작되었던 것으로 보인다.[20]

리치 사후 알레니의「만국전도」와 더불어 많은 영향을 준 지도는 1674년

---

18) 秋岡武次郎「安鼎福筆地球儀用世界地圖」,『歷史地理』61-2號, 1933, 126면.

19) 黃胤錫,『頤齋亂藁』卷12, 己丑年(1769) 三月 二十八日.

20) 이와 관련하여 김양선은 12폭 병풍으로 되어 있는『만국전도』를 확인했다고 주장하고 있다. 서울 모씨가 소장하고 있던『만국전도』는 12폭으로 되어 있었는데 제1폭과 제12폭에는 이지조, 엽향고(葉向高), 양정균(楊廷筠), 허서신(許胥臣) 등의 서발문과 알레니의 자서문(自序文)이 수록되어 있었다고 보고하고 있다(金良善「韓國古地圖研究抄」,『梅山國學散稿』, 崇田大學校 博物館 1972, 232면). 이것이 사실이라면 알레니의 지도도 리치의 지도와 더불어 다양하게 제작되었던 것으로 보인다.

제작된 페르비스트의 『곤여전도』(그림 2-9)이다. 페르비스트는 벨기에 출신 선교사로서 1658년 마카오에 상륙하여 포교에 전념하다가 1660년 뻬이징에 들어갔다. 그는 먼저 들어온 아담 샬의 선교사업을 계승하는 한편 청조(淸朝)에 임용되어 평생을 천문, 역법 등 서양과학의 보급에 주력하였다. 이 사업과 병행하여 1672년에 그림이 같이 수록된 세계지리서인 『곤여도설』을 편찬해 발간하였고 1674년에 『곤여전도』를 판각했다.

『곤여전도』는 시점을 적도상에 둔 평사도법으로 동서 양반구를 분리하여 그린 것이다. 이 지도의 동반구에는 아세아(亞細亞, 아시아), 구라파(歐羅巴, 유럽), 이미아(利未亞, 아프리카), 서반구에는 남북아묵리가(南北亞墨利加, 남북아메리카)가 그려져 있고 묵와랍니가(墨瓦蠟泥加, 메가라니카, 미지의 남방대륙)는 양반구에 걸쳐 있다. 경선과 위선은 10도 간격으로 그어져 있고 중심에서 주변으로 갈수록 간격이 넓어진다. 위선과 더불어 남북회귀선, 극권이 그려져 있다. 1569년판 메르카토르의 수정 세계지도를 기초로 제작된 것으로 보이는데, 지도상의 지명 등은 마테오 리치의 세계지도를 주로 따랐다.[21]

『곤여전도』는 앞서 저술한 『곤여도설』을 세계지도와 결합한 것으로, 『곤여도설』에는 지도가 수록되어 있지 않아 각 지역을 이해하는 데 불편함이 있어 이런 문제를 해결하고자 만들어진 것이다. 대형 세계지도를 제작하고 지도의 여백에 『곤여도설』에 수록된 내용들을 그대로 주기로 옮겼다. 「지원(地圓)」「지체지원(地體之圓)」「지진(地震)」「해지조석(海之潮汐)」「해수지동(海水之動)」「풍(風)」「기행(氣行)」「강하(江河)」「산악(山岳)」「인물(人物)」 등과 각 대륙별로도 『곤여도설』의 내용을 그대로 전재(轉載)하였다. 또한 『곤여도설』의 뒤편에 수록된 각종 동물과 선박 그림도 대륙과 해양에 그려놓았다.

이처럼 『곤여전도』에 수록된 내용들은 마테오 리치의 『곤여만국전도』에 비해 지문학(地文學)적인 내용들을 많이 수록하고 있다. 리치의 지도에 수록

---

21) 田保橋潔 「朝鮮測地學史上の一業績」, 『歷史地理』 60-6, 1932, 27~28면.

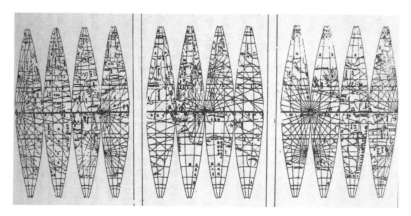

그림 2-10 『혼천의설』에 수록된 「지구십이장원형도」

된 주기에는 우주에서 지구의 위치, 일월의 운행, 일월식, 경위도, 일출입시 각 등 역법 제작에 기초가 되는 천문학적 지식이 망라되어 있는데, 페르비스트의 지도에서는 지구 표면의 구체적인 자연현상과 지리적 사실에 보다 중점을 두고 있다. 이러한 변화는 특수 상류지식층을 상대로 편집된 『곤여만국전도』와 달리 좀더 일반 사람들의 관심사에 초점을 두고 지도를 제작한데서 기인한다고 볼 수 있다. 즉, 리치의 세계지도는 고위관리와 황제의 관심을 끌기 위해 역법의 바탕이 되는 천문학적 지식에 더 치중했던 반면, 페르비스트의 『곤여전도』는 일반인들의 호기심을 자극할 수 있는 지리지식과 관련된 내용들을 많이 수록했다.

이외에 선교사들에 의해 제작된 서구식 세계지도로는 1636년(숭정 9) 아담 샬의 『혼천의설』에 수록된 지도인 「지구십이장원형도」를 들 수 있다(그림 2-10). 『혼천의설』은 5권으로 구성되어 있는데 이천경(李天經)의 서문이 있으며 '아담 샬이 펴내고 로우가 교정함[湯若望撰 羅雅谷訂]'이라고 기록되어 있다.[22] 이 책의 제5권에 천지 양구의(兩球儀)의 제작방법이 기술되어 있

22) 여기에 기재된 탕약망(湯若望)은 천문학에 정통한 독일인 선교사 아담 샬로, 1622년 중

고 여기에 지도가 수록되어 있다. 지도는 지구의 제작의 요령을 가르치기 위한 것으로 적도를 12등분한 단열다원추도법(斷裂多圓錐圖法)에 의해 제작되었다. 지도의 윤곽과 지명은 알레니의 『직방외기』에 수록된 「만국전도」와 유사한데 아담 샬이 알레니의 지도를 직접 자료로 사용한 것은 아니고 알레니 지도의 원도가 되는 지도를 참고로 한 듯하다.[23]

1767년에는 프랑스 출신의 선교사 브노아의 『곤여전도』가 판각되었는데 페르비스트의 『곤여전도』처럼 양반구도의 형식을 띠고 있다. 브노아는 1745년 뻬이징에 도착하여 건륭제하에서 근대적 측량방법에 의한 『황여전도(皇輿全圖)』 제작에 참여하기도 했다. 브노아의 『곤여전도』가 지니는 지도학사에서의 영향력은 마테오 리치나 페르비스트의 지도에 비해 미약하다. 그러나 이 지도에는 코페르니쿠스(Nicolaus Copernicus)의 태양중심설이 처음으로 소개되어 있다는 점이 가장 큰 의의로 지적된다.[24] 지동설은 종래 예수회 선교사들 사이에서 금기시되었는데, 1758년 이것이 해금되어 『곤여전도』에도 수록될 수 있었다. 이 지도는 현재 중국제일역사당안관(中國第一歷史檔案館)에 소장되어 있다.

---

국으로 들어와 1627년에는 뻬이징에 입성하였다. 앞서 중국에서 전도를 하던 마테오 리치는 중국인들이 역법에 지대한 관심이 있는 것을 알고 역법개정에 참여할 천문학에 정통한 사람을 로마 본부에 요청하였는데, 이때 파견된 인물이 아담 샬이었다. 중국에 도착한 후 그는 중국 성교의 세 기둥인 서광계(徐光啓), 이지조, 양정균 가운데 한 사람인 서광계와 더불어 『숭정역서(崇禎曆書)』의 편찬에 참여하였고, 청조에 들어서도 시헌력(時憲曆) 반포에 공을 세워 1646년에는 흠천감정(欽天監正)에 임명되기도 했다. 나아곡(羅雅谷)은 이탈리아 예수회 선교사 로우(Giacomo Rho, 1593~1638)인데 1622년 샬과 함께 중국에 왔다(강재언 지음, 이규수 옮김 『서양과 조선: 그 이문화 격투의 역사』, 학고재 1998, 67~69면).

23) 海野一隆 「湯若望および蔣友仁の世界圖について」, 『人文地理の諸問題』, 大明堂 1968, 85~86면.

24) 같은 논문.

## 2. 서구식 세계지도의 전래과정

중국에서 서양 선교사들에 의해 제작, 간행된 많은 서학서와 세계지도는 대부분 연행사신에 의해 조선으로 유입되었다. 당시 서양 선교사들은 조선으로까지 진출하지 못하고 중국에서 활동하고 있었기 때문에 사신들의 왕래에 의한 간접적인 통로로 서학과 접할 수 있었다. 서학의 유입은 명·청 교체기의 17세기부터 간헐적으로 진행되다가 대청관계가 안정되면서 활발해졌다.

선교사들이 제작한 서구식 세계지도가 최초로 도입된 것은 1603년 고명주청사(誥命奏請使)로 뻬이징에 갔던 이광정(李光庭, 1552~1627)과 부사(副使) 권희(權憘, 1547~1624)에 의해서다. 이수광(李晔光, 1563~1628)의 『지봉유설』에는 이광정과 권희가 뻬이징에서 구입한 구라파국여지도(歐羅巴國興地圖) 6폭을 홍문관으로 보내왔다는 기록이 있다. 그러나 이수광의 기록에서는 이 지도의 제작자가 구라파국의 사신 풍보보(馮寶寶)로 되어 있는데[25] 이는 이마두(利瑪竇)를 잘못 전해 듣고 쓴 것으로 판단된다. 구라파국여지도가 6폭으로 이루어진 것으로 보아 이 지도는 바로 전년 1602년 뻬이징에서 제작된 『곤여만국전도』로 추정된다.[26] 그러나 1603년 이광정이 중국 황제

---

25) 李晔光 『芝峰類說』 諸國部, 外國. "萬曆癸卯 余忝副提學時 赴京回還使臣李光庭權憘 以歐羅巴國興地圖一件六幅 送于本館 … 地圖乃其國使臣馮寶寶所爲 而末端作序 文記之 其文字雅馴 與我國之文不異 始信書同文 爲可貴也 按其國人利瑪竇李應誠(試)者 亦俱有山海興地全圖 王圻三才圖會等書 頗采用其說."

26) 그러나 이에 대한 반론도 제기되었는데 이용범은 지도제작자의 신분을 '그 나라 사신'이라고 한 것으로 보아 신부일 가능성이 많으나 중국에서 전도하던 신부 가운데 '풍보보'라는 이름이 없을 뿐 아니라 중국에서 제작된 신부들의 지도에서 구라파국여지도는 찾아볼 수 없는 점을 근거로, 이수광이 언급하고 있는 지도는 서양 선교사들이 제작한 세계지도의 원도일 가능성이 높다고 지적했다(이용범 『중세서양과학의 조선전래』, 동국대학교 출판부 1988, 123면). 그러나 지도에 조선의 팔도와 일본의 60주(州) 등이 표시되어 있고 지도의 말단에 한문으로 된 서문이 수록된 것을 볼 때, 이는 서양선교사에 의해 제작된 한역의 서구식 세계지도임이 틀림없다. 당시 서양에서 근대적 세계지도의 백미에

로부터 공식적으로 하사받은 물품의 목록에 지도가 없는 사실로 볼 때,[27] 사적인 통로를 통해 구득했을 가능성이 높다.

이후 허균(許筠, 1569~1618)도 사신으로 중국에 갔다가 마테오 리치의 지도와 교지 12장을 얻어 돌아왔다.[28] 그러나 이때 가지고 왔던 리치의 지도와 이후의 행방에 대해서는 구체적으로 파악하기 어렵다.

진주사(陳奏使) 정두원(鄭斗源, 1581~?)은 1630년 후금의 군대에 점령되어 있던 육로를 피해 해로로 중국으로 갔다가 이듬해 돌아오는 길에 등주에서 예수회 선교사 로드리게스(Jeronimo Rodriguez, 陸若漢, 1561~1633)를 만나 조선 국왕에게 전할 선물로 자명종, 천리경과 같은 귀중한 서양의 물건과 서학서 등을 얻어 돌아왔다. 여기에는 천문, 역법과 관련된 서양의 과학서적뿐만 아니라 1623년 알레니가 저술한 대표적인 지리서인『직방외기』와『만리전도』5폭이 포함되어 있었다.[29] 이때 가지고 온『만리전도』5폭은『직방외기』에 실린「만국전도」와 아세아, 구라파, 이미아, 아묵리가 4대주의 지도를 합한 5폭의 지도로 판단된다.[30]

---

속하는 1570년 오르텔리우스의 세계지도에서도 동양의 조선과 일본에 대한 인식은 매우 부정확한 상태임을 고려한다면 서양의 원도일 가능성은 상당히 희박하다. 한편 일본의 아유자와 신따로오는『지봉유설』에서 언급한 구라파여지도를 황병인(黃炳仁)씨가 소장한『양의현람도』로 보고 있는데(鮎澤信太郎「利瑪竇の世界地圖に就いて」,『地球』26 卷 4號, 1942, 5면),『양의현람도』가 8폭으로 구성된 점을 감안할 때 이는 무리한 추정으로 보인다.

27)『선조실록』163권, 선조 36년 6월 19일(甲辰).

28) 柳夢寅『於于野談』, 西教.

29)『國朝寶鑑』卷35. "鄭斗源先來狀啓 … 並給其他書器 列錄於後 治曆緣起一冊 天文略一冊 利瑪竇天文書一冊 遠鏡說一冊 千里鏡說一冊 職方外紀一冊 西洋國風俗記一冊 西洋國貢獻神威大鏡疏一冊 天文圖南北極兩幅 天文廣數兩幅 萬里全圖五幅 紅夷砲題本一 千里鏡一部."

30) 강재언은 예수회의 문헌과 마이켈 쿠퍼(Michael Cooper)가 쓴『통역사 로드리게스』에 수록된 기록을 근거로『만리전도』가 마테오 리치의『곤여만국전도』라 했고(강재언, 앞의 책 47~50면), 야마구치 마사유키(山口正之)도 로드리게스와 역관 이영후(李榮後)의 서간

병자호란 때 볼모로 잡혀갔던 소현세자(1612~45)는 8년간 선양(瀋陽)에 억류되었다가 청의 뻬이징 천도에 따라 뻬이징으로 가 70일간 체류하였다. 이때 그는 천문, 역법에 뛰어난 식견을 지니고 있던 아담 샬과 교류를 하면서 서교와 서학에 눈을 뜨게 되었다. 아담 샬은 소현세자에게 천주상(天主像), 천구의, 천문서와 기타 한역서학서를 선물로 증정하기도 했는데, 1645년 귀국 시 천주상을 제외한 대부분의 물건을 가져왔던 것으로 보인다.[31] 이러한 일련의 과정은 조선사회에서 서양의 존재를 새롭게 인식하고, 점차 서양의 문물을 다양하게 접할 수 있는 계기가 되었다.

이상에서 파악한 서양 지리지식의 전래 사례는 기록으로 확인되는 대표적인 것들이다. 이것들은 사신에 의해 공식적으로 들어온 것들이 대부분이지만 이와는 달리 사행 시 사적으로 구득했던 것도 있었다. 마테오 리치의 한역 세계지도 가운데『양의현람도』(그림 2-2)는 1603년 뻬이징에서 이응시, 풍응경 등이 각판한 것인데, 현재 숭실대학교 한국기독교박물관에 보관되어 있다.[32] 이 지도는 원래 경북 울진군 기성면 사동리의 황병인씨의 가장품이었는데 가전(家傳)에 의하면 약 300년 전 그의 선조 황여일(黃汝一, 1556~1622)이 명나라에서 가져온 것이라 한다. 그러나 황여일이 연경에 간 것은 1598년(선조 31)으로『양의현람도』가 제작되기 이전이다. 따라서『양의현람도』는 1620년(광해군 12) 주문사(奏聞使)로 표문(表文)을 받들고 연경에 갔다온 아들 황중윤(黃中允, 1577~1648)이 들여왔을 것으로 판단된다.[33]

---

기록을 근거로 마찬가지로 리치의『곤여만국전도』로 보았다(山口正之「淸朝に於ける在支歐人と朝鮮使臣」,『史學雜誌』44-7號, 1933).

31) 山口正之「昭顯世子と湯若望」,『靑丘學叢』5集, 1931.

32)『양의현람도』는 숭실대학교에 남아 있는 것이 세계 유일본으로 알려졌으나 최근 중국에서도 1점이 발견되었다. 그러나 전체적인 보존상태는 숭실대본보다 떨어진다(曹婉如 外 編『中國古代地圖集: 明代』, 文物出版社 1995, 도판57, 58 참조).

33) 金良善「韓國古地圖研究抄」,『梅山國學散稿』, 崇田大學校 博物館 1972, 36면. 그러나 황중윤의 문집에서는 사행 사실만 기록되어 있을 뿐 지도를 가지고 온 사실은 보이지 않

페르비스트가 1674년 제작한 양반구도인『곤여전도』도 제작된 지 얼마 안 되어 조선으로 유입된 것으로 보인다.[34] 이에 대한 상세한 기록이 남아 있지는 않지만 현재 서울대학교 도서관,[35] 숭실대학교 한국기독교박물관 등지에 1674년 초간본이 남아 있는 것으로 보아『곤여만국전도』처럼 일찍이 연행사신을 통해 들여왔다고 생각된다.[36] 17세기 중반 이후 조·청 관계가 안정되면서 서양문물이 중국을 통해 계속 조선사회로 유입되던 상황이었기 때문에 이러한 추론이 결코 무리한 것은 아니다.

이를 뒷받침하는 기록이 간혹 보이는데, 외암(畏菴) 이식(李栻)은 1723년『곤여전도』를 열람하고 소감을 일기에 피력하였다.[37] 또한 18세기 천문, 수학 부분에 뛰어난 실학자였던 황윤석의『이재난고(頤齋亂藁)』에도『곤여전도』와 관련된 글이 수록되어 있다. 1776년 황윤석은 당대 천문학으로 명성을 날리던 홍대용의 집을 방문하였는데 이때 홍대용이 소장하고 있던『역상고성(曆象考成)』『수리정온(數理精蘊)』등의 과학서와 남회인(南懷仁)이 중

---

는다(『東溟先生文集』卷6, 雜著「西征日錄」; 卷8, 附錄, 家狀 참조).

34) 이전의 연구에서는 1722년(경종 2) 유척기(兪拓基)가 뻬이징에서 페르비스트의『곤여도설』을 가지고 왔던 사실을 토대로『곤여전도』의 도입도 이 시기를 전후하여 이뤄졌을 것으로 보고 있다(金良善, 앞의 논문).

35) 서울대학교 도서관 구간서고에는 1674년판『곤여전도』(貴軸4709-88C), 1856년 광둥판『곤여전도』(大4709-88A), 1860년의 해동중간본(海東重刊本)『곤여전도』(軸4709-88) 등『곤여전도』의 모든 판본이 소장되어 있으며, 또한 해동중간본을 1911년에 찍은 후쇄본(軸4709-88B)도 남아 있다.

36) 타보하시 키요시는 일제강점기 당시 조선에서『곤여전도』초간본이 적어도 4부가 현존하고 있었다고 했는데, 조선식산은행장인 아루가 미츠토요(有賀光豊) 소장본, 평안북도 의주읍의 모씨가 소장했던 것으로 당시 조선총독부박물관에 소장한 것, 경성제국대학교 예과교수인 구로다(黑田幹一) 소장본, 조선총독부수사관인 이나바 이와끼찌(稻葉岩吉) 소장본 등이 그것이다(朝鮮測地學史上の一業績「朝鮮測地學史上の一業績」,『歷史地理』60-6, 1932, 26면). 이들이 현재 어디에 소장되어 있는지는 알 수 없지만 일부는 일본 등지로 반출된 것으로 보인다.

37) 李栻『願學日記』, 癸卯年 四月.

수한 강희(康熙) 갑인년(甲寅年, 1674)의 『곤여전도』 8첩을 열람했다고 한다.[38] 이를 통해 볼 때 남회인이 간행한 『곤여전도』도 이미 조선사회로 유입되어 서학에 관심을 갖고 있는 여러 학자들에 의해 열람되고 있었다고 볼 수 있다.

이처럼 중국에서 제작된 서구식 세계지도는 공식적인 사행을 통해 서학서와 함께 조선사회로 유입되었으며 한편으로는 사신의 수행원들에 의한 비공식적 경로를 통해 구입되어 조선의 일부 지식인들에게 유포될 수 있었다. 그러나 모사하거나 휴대하기에 마테오 리치나 페르비스트의 서구식 세계지도 같은 대형의 지도는 어려움이 있었고, 오히려 책에 삽입된 소형의 지도가 편리하여 대형의 세계지도보다 많은 학자들에게 보급되었다.

앞서 살펴보았듯 서양 선교사들의 세계지도는 『직방외기』와 같은 서학서뿐만 아니라 『삼재도회』『도서편』 등의 중국인이 편찬한 백과전서류에 수록되어 지식인들에 영향을 미쳤다. 특히 『삼재도회』에 수록된 「산해여지전도」는 조선에서 여러 번 필사되면서 다양한 형태의 지도첩에 수록되기도 했다.

이처럼 대부분의 서구식 세계지도가 중국에서 들여온 것이지만 극히 일부는 일본으로부터 통신사에 의해 들여온 것도 있다. 이의 대표적인 사례로 통신사 조태억(趙泰億, 1675~1728)이 1709년 일본의 석학 아라이 하쿠세키[39]에게서 얻은 『만국전도(萬國全圖)』를 들 수 있다. 여기에는 일본 가나로 지명이 표기되어 있었다는 사실이 조태억의 저서 『강관필담(江關筆譚)』에 기록되어 있다. 이와 관련하여 필자는 일본에서 제작된 『곤여만국전도』 사본을

---

38) 黃胤錫 『頤齋亂藁』 卷22, 丙申 八月朔日庚子.

39) 아라이 하쿠세키(新井白石, 1657~1725)는 일본의 뛰어난 유학자로 장군(將軍)의 고문이 되어 외교·학문상의 정책입안자로 활약했던 인물이다. 1711년에는 조선의 수신사(修信使) 접대법을 개정하기도 했다(閔斗基 엮음 『日本의 歷史』, 지식산업사 1976, 150면). 또한 서양의 지리지식에도 많은 관심을 지니고 있었는데, 마테오 리치의 세계지도에 네덜란드로부터 수입된 지식을 가미하여 『서양기문(西洋紀聞)』『채람이언(采覽異言)』 등을 저술하였다(石山洋 「蘭學者と世界地圖」, 『月刊しにか』 6-2, 1995, 42~43면).

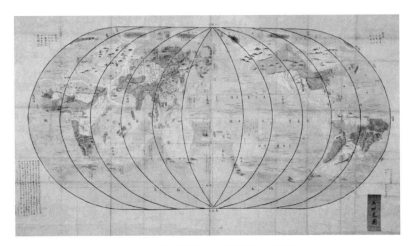

그림 2-11 일본에서 들여온 일본제『곤여만국전도』

최근 서울의 한 개인이 소장하고 있는 것을 확인하였다(그림 2-11).[40] 제목이
「오세계도(五世界圖)」라 되어 있고 제작 간기는 1720년(향보 5)으로 표기되
어 있어서 조태억과는 무관한 지도임을 알 수 있다. 만약 이 지도가 조선시
대에 유입된 것이라면 극히 일부분이긴 하지만 일본을 통해서도 서양 지리
지식을 접할 수 있었던 사례로 볼 수 있다.[41]

---

40) 이 지도의 소장자는 선조 대대로 가전(家傳)으로 내려왔다는 사실만을 알고 있을 뿐 자
　세한 소장경위는 모르고 있었다.
41) 일본에서도 테라지마 료안(寺島良安)이 중국의 왕기가 편찬한 『삼재도회』를 모방하여
　1715년에 『화한삼재도회(和漢三才圖會)』를 편찬했는데 조선의 유학자들의 독서목록에
　서도 종종 볼 수 있다. 이러한 사실은 임란 이후 조일관계가 안정되면서 통신사를 통한
　학문적 문화교류가 비교적 활발하게 이뤄졌음을 말해주는 것이다. 특히 통신사를 통한
　교류의 과정에서 최신의 일본지도가 조선으로 전래되기도 했다(오상학 「조선시대의 일
　본지도와 일본 인식」, 『대한지리학회지』 제38권 제1호, 대한지리학회 2003).

5장

# 서구식 세계지도의 제작과 활용

## 1. 마테오 리치의 『곤여만국전도』 제작

### 1) 『곤여만국전도』의 제작

17세기를 거치면서 조선은 연행사신을 통해 서양문물을 접할 수 있었고 이의 도입에 매우 적극적이었다. 1602년 제작된 뻬이징판 『곤여만국전도』가 이듬해 조선으로 즉각적으로 수입된 것이 이를 반증한다. 이후 공식적으로 또는 사적으로 서구식 세계지도가 계속 도입되면서 전통적인 세계인식에 머물러 있던 많은 사람들에게 큰 충격을 주었다.

17세기 초반부터 연행사신들에 의해 도입된 서구식 세계지도는 홍문관을 비롯한 국가기관에 보관되었던 것으로 보이지만 일부는 개인이 사적으로 소장하기도 했다. 조선시대 전기에는 지도를 국가기밀로 취급하여 개인이 사사로이 소유하는 것을 금지했으나 지도를 쉽게 접할 수 있는 관료들을 중심으로 사장(私藏)이 부분적으로 이뤄졌다. 조선 후기에 이르러서는 이러한 현상이 좀더 만연하면서 민간에서의 지도제작도 활발하게 진행되었는데, 현존하는 다양한 지도들을 통해 확인해볼 수 있다. 그러나 민간에서 널리 유통되었던 지도는 자세한 세계지도보다는 『동국여지승람』에 실린 소략한 「동람도(東覽圖)」식의 전도(全圖)와 도별도(道別圖)가 주류를 이뤘다.

중국에서 수입한 서구식 세계지도는 수량이 한정되어 있어서 조선에서 다시 모사되거나 복간되기도 했다. 마테오 리치의 『곤여만국전도』나 페르비스트의 『곤여전도』 등은 대형의 세계지도이기 때문에 개인적으로 모사하거나 복각하는 것은 매우 어려운 일이었다. 따라서 국가적 차원에서 관료들이 주도하여 모사, 제작하는 경우가 일반적이었다. 이의 대표적인 사례는 1708년(숙종 34) 『곤여만국전도』의 제작이다.

이 지도는 천문과 역법, 지리 등을 주관하던 관청인 관상감(觀象監)에서 제작하였다. 이 사업에는 당시 영의정이었던 최석정(崔錫鼎, 1646~1715) 외에 전관상감정(前觀象監正) 이국화(李國華)와 유우창(柳遇昌), 화원 김진여(金振汝) 등이 참여하였다. 천문도의 제작과 함께 이루어졌는데 최석정의 서문에는 『건상곤여도(乾象坤輿圖)』로 표현되어 있다. 천문과 지리가 밀접한 관련을 지니고 있던 시대적 특성이 반영된 것으로 볼 수 있는데, 이러한 것은 이후 지도제작의 몇몇 사례에서도 보인다.[1]

최석정의 서문에서는 아담 샬이 숭정(崇禎) 초년(1628)에 『건상곤여도』를 각각 8폭으로 제작하여 병풍으로 만들었는데 그 인쇄본이 조선에 전해져서 이 시기에 다시 모사하여 올렸다고 기록하고 있다.[2] 여기서 언급한 곤여도는 현존하는 지도로 볼 때, 마테오 리치의 『곤여만국전도』이다. 이로 본다면 1628년에 아담 샬이 마테오 리치의 세계지도를 중간한 것이거나 아니면 최

---

1) 조선초의 세계지도였던 『혼일강리역대국도지도』의 제작도 천문도인 『천상열차분야지도』와 맥을 같이하는 사업으로 볼 수 있다. 조선 후기의 『혼천전도(渾天全圖)』와 『여지전도』, 김정호가 판각한 『지구전후도』와 『황도남북극항성도』 등이 천문도와 지도가 한 쌍으로 제작된 대표적인 사례이다.

2) 皇命崇禎初年 西洋人湯若望 作乾象坤輿圖各八帖爲屛子 印本傳於東方 上之三十四年春 書雲館進乾象圖屛子 上命繼摸坤輿圖以進.

석정이 마테오 리치의 세계지도를 아담 샬이 제작한 것으로 오인했거나 둘 중의 하나다. 그러나 현재까지 아담 샬이 세계지도를 제작했다는 기록이 없는 것으로 보아 후자일 가능성이 높다.

건상도(乾象圖)의 경우는 다른 선교사들이 천문도를 제작한 사례가 기록에 거의 보이지 않기 때문에 아담 샬이 제작한 것이 사실인 것으로 보인다. 그의 저술 목록에 있는『성도(星圖)』8폭과『적도남북양총성도(赤道南北兩總星圖)』란 제목이 이를 뒷받침하고 있다.[3] 그가 제작한 두 천문도 가운데 『적도남북양총성도』는 1633년에 서광계를 비롯한 중국학자와 선교사 로우 등이 참여하여 다음 해에 8폭으로 간행한 천문도이다.[4] 그러나 최석정의 서문에서 천문도에 표기된 간기인 숭정무진(崇禎戊辰, 1628)이라는 간기와 일치하지 않는다. 따라서 1708년 모사된 건상도는 아담 샬의 저술 서목에 보이는 또다른 천문도인『성도(星圖)』8폭이라 판단된다.

그렇다면 아담 샬의 천문도와 마테오 리치의 세계지도를 18세기 초반에 다시 제작한 목적은 무엇일까? 이는 역법개정과 관련된 시대적 상황이 작용했을 가능성이 높다. 조선에서는 1648년(인조 26) 조선력(朝鮮曆)과 서양역법의 원리를 수용하여 만든 청의 시헌력 사이에 윤달의 설정 등에서 차이가 생기게 되면서부터 서양역법에 대한 관심이 본격화되기 시작했다.[5] 이보다 앞서 1644년 관상감제조로 있던 김육은 시헌력 채용을 주장하였는데, 김상범(金尙範)과 함께 10년간의 연구를 거듭하여 1653년 시행하게 되었다. 이로부터 50여 년이 지난 후인 1705년에는 동지사와 동행한 일관 허원(許遠)이 중국의 흠천관 역관 하군석(何君錫)의 지도를 받아 시헌력 오성법(五星

3) 徐宗澤 編『明淸間耶蘇會士譯著提要』, 中華書局 1958.

4) F. R. Stephenson, "Chinese and Korean Star Maps and Catalogs," J. B. Harley and David Woodward, eds., *The History of Cartography* vol.2, book.2, University of Chicago Press 1994, 570~72면.

5) 노대환「조선 후기의 서학유입과 서기수용론」,『진단학보』83, 1997, 127면.

法)을 습득해 돌아왔고, 1708년부터는 조선에서도 시헌력 오성법을 사용하게 되었다.[6] 이러한 분위기 속에서 조정에서도 천문학을 비롯한 서양학문에 대한 관심이 높아져 비록 전통적인 세계인식과 부합되지 않지만 마테오 리치의 세계지도를 다시 제작하여 진상하였던 것이다.

이미 시헌력 채택으로 서양역법의 우수성이 공인된 상태에서 서양 선교사가 제작한 세계지도가 완전히 무시될 수는 없었다. 따라서 최석정도 지도가 보여주는 세계가 전통적인 세계관과 매우 달라 우활(迂闊)하고 황탄(荒誕)하다고 하면서도 그 자체로서 존재의 이유가 있다고 보고 마땅히 이로써 견문을 넓혀야 한다고 역설했던 것이다.[7]

### 2) 현존하는 『곤여만국전도』

1708년 제작된 마테오 리치의 『곤여만국전도』 사본은 현재 서울대학교 박물관에 소장되어 있다(그림 2-12). 원래 봉선사에도 1점이 소장되어 있었으나 한국전쟁 때 유실되었다고 한다. 규장각에는 이 봉선사본으로 추정되는 사진이 남아 있어서 그 대강을 엿볼 수 있다(그림 2-13). 사진의 지도는 명주 바탕에 그려진 지도로 세로 182센티미터, 가로 494센티미터의 8폭 병풍으로 이루어져 있다. 현존하는 서울대학교 박물관 소장의 『곤여만국전도』와는 1폭과 8폭에 수록된 마테오 리치의 「지구도설」과 최석정의 서문 위치만 약간 다를 뿐, 지도의 외형과 내용은 동일하다. 오히려 사진본이 필체나 그림이 더 정교하고 보관상태도 양호한 것으로 보아 1708년에 제작된 원도로 추정된다. 이 지도는 1932년 경성제대(京城帝大)에서 열렸던 고지도 전시회에 서울대학교 박물관 소장본과 같이 출품되기도 했다.[8]

---

6) 강재언 지음, 이규수 옮김 『서양과 조선: 그 이문화 격투의 역사』, 학고재 1998, 75~76면.
7) 崔錫鼎, 『明谷集』 卷8, 序引, 「西洋乾象坤輿圖二屛總序」. "其說宏闊矯誕 涉於無稽不經 然其學術傳授有自 有不可率爾卞破者 故當存之以廣異聞."

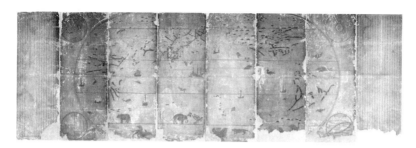

그림 2-12 1708년 제작된 회입『곤여만국전도』(서울대학교 박물관 소장) 권두화보 9

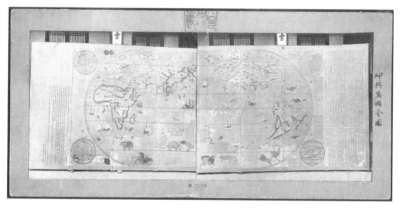

그림 2-13 봉선사본 추정『곤여만국전도』의 사진(서울대학교 규장각한국학연구원 소장) 권두화보 10

1708년의『곤여만국전도』는 마테오 리치의 다른 세계지도와는 달리 각종 동물, 선박 등의 그림이 삽입된 점이 특징이다. 때문에 흔히 '회입(繪入)『곤여만국전도』'라고도 불린다. 전 세계를 통틀어 회입『곤여만국전도』는 서울대학교 박물관 소장본, 중국의 난징박물원(南京博物院) 소장본(그림 2-14), 일본의 난반문화관(南蠻文化館) 소장본(그림 2-15) 등 세 점만이 알려져 있다.

<hr />

8) 京城帝國大學『朝鮮古地圖展觀目錄』, 1932, 22면.

난징박물원 소장본은 이전에 뻬이징역사박물관에 소장되었던 것을 옮긴 것이고 난반문화관에 소장된 것은 일본인 키따무라 요시로(北村芳郎)가 소장하던 것을 구입한 것이다.[9]

이들 회입 『곤여만국전도』는 1602년 뻬이징판 『곤여만국전도』와 내용이 거의 유사하고 단지 선박, 동물들이 추가로 삽입되어 있다. 난징박물원 소장본은 한때 1608년 신종(神宗)에게 헌상했던 지도로 추정되었으나 비단이 아닌 종이에 그려져 있는 점 등을 들어 헌상본 그 자체는 아니고 이의 사본으로 추정된다.[10] 더구나 난징박물원 소장본에는 좌측 하단 예수회의 IHS 인(印) 옆에 있는 '전당장문도과지 만력임인맹추일(錢塘張文燾過紙 萬曆壬寅 孟秋日, 만력 임인년[1602년] 가을에 전당사람 장문도가 교정을 보았다)'이라는 주기가 빠져 있어서 황제에게 헌상했던 원본이 아닌 것은 분명하다.

후나고시 아키오(船越昭生)는 서울대본과 유사한 조선제 회입 『곤여만국전도』가 일본에 있음을 보고하였는데[11] 현재 난반문화관에 소장되어 있다 (그림 2-15). 그는 이 지도에 실린 최석정의 서문 전부를 소개하고 있는데 서울대본의 서문과 차이가 전혀 없으며, 서울대본과 같이 8폭 병풍이다. 그러나 지도의 사진을 보면 서울대본과는 그 형식에 있어서 전혀 다르다. 서울대본은 1폭과 8폭에 마테오 리치의 지구도설과 '논지구비구중천지성원차대기하(論地球比九重天之星遠且大幾何, 지구가 구중천의 별들에 비해 멀고 큰 까닭을 논함),' 그리고 최석정의 서문을 수록하고 있는데, 난반문화관 소장본은 제1폭에 구중천도(九重天圖)와 천지의도(天地儀圖) 및 그 설명이 있고, 제8폭에는 양극(兩極) 중심의 북극반구도와 남극반구도가 아래위로 있어서 서로 차이를 보인다. 최석정의 서문과 마테오 리치의 지구도설은 별도의 폭에 수

9) 土浦市立博物館 『世界圖遊覽: 坤輿萬國全圖と東アジア』 1996, 52~53면.
10) 秋岡武次郎 「安鼎福筆地球儀用世界地圖」, 『歷史地理』 61-2號, 1933, 119~20면.
11) 船越昭生 「マテオリツチ作成世界地圖の中國に對する影響について」, 『地圖』 第9
    卷, 1971, 115~27면.

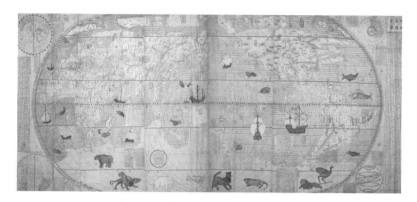

그림 2-14 회입『곤여만국전도』(중국 난징박물원 소장)

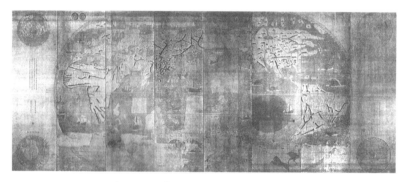

그림 2-15 회입『곤여만국전도』(일본 난반문화관 소장)

록되어 있다.12) 이를 볼 때 일본 난반문화관 소장본은 서울대본과 다른 별
도의 사본이라 할 수 있다.

　회입『곤여만국전도』원도는 1602년 뻬이징판『곤여만국전도』를 기초로
제작했기 때문에 최소 1602년 이후부터 마테오 리치가 죽기 전인 1610년
이전 사이에 제작된 것이다. 지도에 그려진 각종 동물, 선박 등의 그림들은

---

12) 黃時鑒·龔纓晏『利瑪竇世界地圖硏究』, 上海古籍出版社 2004, 도판 참조.

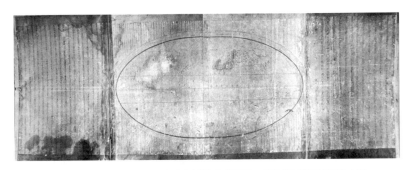

그림 2-16 일제강점기 평양에서 발견된 『곤여만국전도』 사진(서울대학교 도서관 소장)

유럽의 지도에서 종종 볼 수 있는 것으로 17세기 당대의 것은 아니고 중세에서 지리상의 발견시대 사이에 유행했던 양식이다.[13] 유럽의 세계지도에서는 이러한 그림과 도상들이 지도의 여백에 그려지곤 했는데 단순히 장식적인 기능뿐만 아니라 당시의 지배적인 이념을 표현하기도 했다. 아마도 회입 『곤여만국전도』가 황제에게 헌상용으로 특별히 제작된 것이라면 지도상의 각종 그림들은 중국을 넘어선 미지의 세계에 대한 호기심을 자극하려는 의도에서 삽입된 것으로 보인다.

회입 『곤여만국전도』 이외에도 마테오 리치의 다른 판본이 조선에 존재하고 있었다. 현재 서울대학교 도서관 구관서고에는 쿄오또대학 소장본 『곤여만국전도』 사진본과 함께 일제강점기 평양에서 발견된 『곤여만국전도』의 사진본(大複4709-56)(그림 2-16)이 남아 있다.[14] 후자는 4폭의 병풍으로 되어 있고, 세계의 모습이 양파처럼 동서로 유선형에 가깝게 그려졌다. 1602년 뻬이징판에서 6폭에 실려 있는 '논지구비구중천지성원차대기하'가 1폭에 실려 있고 리치의 「지구도설」은 4폭에 실려 있다. 전체적인 윤곽, 수록된 내용 등을 토대로 볼 때, 1602년 판본보다는 다소 소략한 느낌을 준다.

---

13) 田保橋潔「朝鮮測地學史上の一業績」, 『歷史地理』 60-6, 1932, 28면.
14) 배우성 『조선 후기 국토관과 천하관의 변화』, 일지사 1999, 377면.

그림 2-17 서구식 세계지도인 「천하도」(서울역사박물관 소장)

　이러한 지도들과 더불어 책자에 수록된 소형의 서구식 세계지도도 계속
모사, 제작되었다. 대표적인 예는 『삼재도회』에 수록된 「산해여지전도」이다.
이 지도는 통상 '천하도(天下圖)'란 제목으로 필사되어 여러 형태의 지도첩
에 수록되기도 했다(그림 2-17). 이러한 사례들은 조선에서의 『곤여만국전도』
모사, 제작이 좀더 다양하게 행해졌음을 시사하는 것이다.

## 2. 기타 서구식 세계지도의 제작

마테오 리치의 『곤여만국전도』를 필두로 조선으로 유입된 서구식 세계지도들이 모사, 제작되면서 지식인들에 많은 영향을 끼쳤는데, 알레니의 『직방외기』에 수록된 「만국전도」, 페르비스트의 『곤여전도』 등도 이에 일익을 담당하였다. 이 시기에 제작된 것으로 보이는 알레니의 「만국전도」도 현존하고 있는데 규장각 소장의 「천하도지도(天下都地圖)」를 대표적으로 들 수 있다(그림 2-18). 이 지도는 『여지도』(古4709-78)라는 지도첩에 수록된 지도인데 이 지도첩에는 이외에도 중국지도, 연행로도(燕行路圖), 아국총도(我國總圖), 팔도도 등 여러 지도가 수록되어 있다. 이 지도첩은 색채나 필사의 솜씨, 지질 등으로 보았을 때 국가기관에서 제작된 것으로 보인다.

여기에 수록된 「천하도지도」는 지도 내의 육지 윤곽을 비교할 때 『직방외기』 속의 「만국전도」와 거의 일치한다. 그러나 규격은 서로 달라서 「천하도지도」는 세로 50센티미터, 가로 103센티미터로 『직방외기』에 수록된 「만국전도」보다 훨씬 크다. 또한 「만국전도」가 인쇄본인 데 비해 「천하도지도」는 채색필사본으로 제작되었다. 지도의 세부 내용에서도 차이가 있어서, 「천하도지도」가 『직방외기』에 수록된 「만국전도」를 직접적인 저본으로 사용한 것은 아니고 「만국전도」를 필사한 다른 사본을 저본으로 삼은 것으로 보인다.

특히 조선 부분을 보면 『직방외기』의 「만국전도」에는 없는 백두산과 울릉도의 모습이 보이고, 동해와 서해 등 우리나라에서 부르는 바다 명칭이 표기되어 있는 것으로 보아 이 지도가 조선에서 제작되었음을 알 수 있다. 이외 현존하는 알레니의 「만국전도」 사본으로는 개인 소장본도 알려져 있는데 박정노(朴庭魯) 소장본을 들 수 있다.15) 이 지도도 알레니의 지도를 확대하여 채색으로 그린 지도인데 필사의 정교함은 규장각 소장 「천하도지도」에

---

15) 李燦 『韓國의 古地圖』, 汎友社 1991, 350~51면.

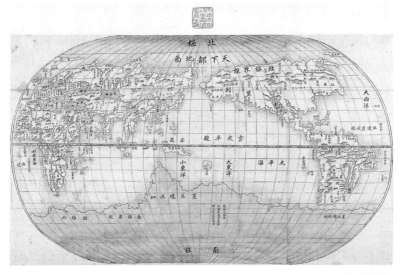

그림 2-18 『만국전도』의 필사본인 「천하도지도」(서울대학교 규장각한국학연구원 소장) 권두화보 12

비해 다소 떨어진다.

페르비스트의 『곤여전도』도 일찍 조선에 도입되어 지식인들에 영향을 미쳤다. 『곤여전도』는 마테오 리치의 『곤여만국전도』처럼 대형 판본으로 세로 146센티미터, 가로 400센티미터에 이른다. 따라서 개인적으로 판각하는 것은 거의 불가능하고 이를 필사하는 것도 그리 쉬운 일이 아니었다. 17, 18세기 조선에서 『곤여전도』의 제작과 관련한 기록은 발견되지 않는다. 그러나 대형의 『곤여전도』도 조선에서 필사되었던 것으로 보이는데, 일제강점기 조선의 『곤여전도』를 연구했던 타보하시 키요시는 당시 채색필사본의 『곤여전도』가 조선에 존재하고 있었음을 보고하였다.16) 이와 관련하여 최근 부산박물관은 필사본 『곤여전도』를 개인 소장자로부터 구입하여 소장하고 있다

---

16) 田保橋潔 「朝鮮測地學史上の一業績」, 『歷史地理』 60-6, 1932, 26면.

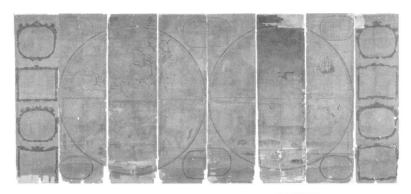

그림 2-19 필사본『곤여전도』(부산박물관 소장) 권두화보 13

(그림 2-19). 필사본『곤여전도』는 목판본 곤여전도와 동일하게 8폭으로 제작되어 있고 형태와 내용도 동일하다. 중국에서 제작된 것을 조선에서 수입한 것인지 조선에서『곤여전도』를 필사하여 제작한 것인지는 명확하지 않다. 하지만 중국에서 아직까지 보고된 바 없는 필사본『곤여전도』가 국내에 전해졌다는 사실만으로 당시 조선에서 서구식 세계지도에 대한 관심 정도를 엿볼 수 있다.

이 지도는 타원형으로 제작된 마테오 리치나 알레니의 지도에 비해 17, 18세기 조선에서의 영향력이 다소 떨어진다는 평가를 받기도 하는데,17) 지구설의 이해가 전제되지 않은 상태에서 세계를 두 개의 원으로 표현한 것은 전통적 인식에 머물러 있던 사람들에게 수용하기 매우 어려운 점이었을 것이다. 이후『곤여전도』는 1860년에 이르러야 국가적 차원에서 다시 간행되어 보급되게 되었다.

『곤여전도』와 같은 양반구도가 아니고 하나의 원에 양반구도를 통합해서

---

17) 배우성「서구식 세계지도의 조선적 해석,「천하도」」,『한국과학사학회지』제22권 제1호, 2000, 58면.

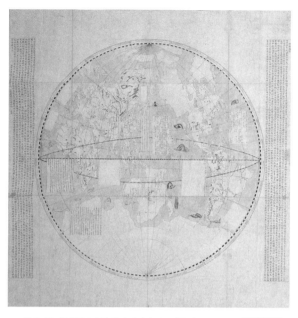

그림 2-20 양반구도가 합쳐진 세계지도(국립중앙박물관 소장) 권두화보 11

그린 독특한 세계지도가 현존하는데 국립중앙박물관에 소장된 『곤여도』에
수록된 세계지도다(그림 2-20). 『곤여도』는 9책으로 이루어진 채색필사본 지
도책으로 천문도, 세계지도, 중국 각지의 지도가 수록되어 있다. 하나의 원
에 양반구를 그린 사례는 중국이나 일본에서도 매우 드물다. 마테오 리치가
제작했던 『곤여만국전도』와 같은 세계지도는 타원형이고 페르비스트의 『곤
여전도』는 양반구도이다. 지도에 그려진 대륙의 윤곽이나 주기문, 각종 동물
그림 등으로 볼 때 페르비스트의 『곤여전도』를 합쳐 하나의 원 안에 그린
것으로 보인다. 양반구도는 대륙별로 지형을 정확하게 볼 수 있는 장점은 있
으나 지구설에 대한 이해가 적은 동양인에게는 단원형의 세계지도보다 이해
하기가 쉽지 않았기 때문이다. 지도의 여백에 수록된 곤여도설(坤輿圖說)은

마테오 리치의 『곤여만국전도』 서문을 그대로 전재한 것이다. 도설의 맨 끝에는 『곤여전도』에 표기된 '치리역법천문남회인(治理歷法天文南懷仁)'에서 '회인(懷仁)'이 빠진 채 표기되어 있다.

이 외에 조선에서 제작되었던 서구식 세계지도 가운데에는 지구의용 세계지도도 있었는데 배의 모양처럼 생겼다 해서 주형도(舟形圖)라고도 한다. 이 지도는 조선 후기 성호학파의 한 축을 이루었던 순암(順菴) 안정복(安鼎福, 1712~91)에 의해 제작되었다. 주형도는 세로 32.7센티미터, 가로 65.3센티미터로 유럽의 지구의용 지도처럼 적도를 표준위선으로 하는 12개의 주형(舟形)으로 이루어져 있고 각 주형의 적도의 길이는 평균 5.3센티미터이다. 각 주형의 경선 및 위선은 각각 10도로 그려졌으나, 위선은 남북 모두 80도로 끝나고 있다. 여기에 수륙(水陸)의 지세를 그리고 채색했으며, 사항로(斜航路)를 나타내는 방위선(compass lines)이 표시되어 있는데 이는 유럽의 지도와 유사하다. 그러나 각 주형의 적도 길이가 각각 다르고 상하의 길이도 일정하지 않다. 또한 위선은 불규칙한 곡선으로 그려지고 별도로 그려지는 극중심의 지도(Polar cap)가 없는 것으로 보아 투영법의 원리를 이해한 상태에서 이 지도를 제작했다고 보이지는 않는다.[18] 대신에 이 지도는 『혼천의설』에 수록된 지도(그림 2-10)를 그대로 모사했던 것으로 보인다.


## 3. 지구의의 도입과 제작

### 1) 소현세자와 지구의

지구의(地球儀)는 지구의 모습을 바로 보여준다는 점에서 평면에 그린 세계지도 이상의 강렬한 느낌을 준다. 이러한 지구의 역시 동양의 전통적인 세

---

18) 秋岡武次郎 「安鼎福筆地球儀用世界地圖」, 『歷史地理』 61-2號, 1933.

계인식에 큰 타격을 줄 수 있는 강력한 수단이었음은 물론이다.

지구의도 중국을 통해 일찍 조선으로 유입되었으리라 생각되지만 이에 관한 명확한 기록은 아직 발견되지 않고 있다. 이에 대해 이원순은 중국의 『정교봉포(正敎奉褒)』의 기록을 바탕으로 병자호란 때 청나라에 볼모로 잡혀갔던 소현세자가 1645년 귀국할 때 지구의를 가져왔다고 주장하였다.[19] 그러나 소현세자가 아담 샬에게 보낸 서한에는 '천구의'로 기재되어 있고 또한 조선에서도 이와 비슷한 것이 있다는 구절이 있다.[20] 여기서 언급한 당시 조선에 존재하는 의기(儀器)는 혼천의를 말하는 것으로 보이는데, 이는 천체의 운행과 그 위치를 측정하는 기구이다. 일명 혼의, 선기옥형(璇璣玉衡)이라고도 하며 중국 고대 혼천설에 기초하여 기원전 2세기경에 처음 제작되었다. 조선시대에서도 세종 때 제작한 적이 있다. 그러나 이러한 혼천의는 시간이 흐르면서 천체관측의 도구라기보다는 천체의 구조를 표현하는 이념적, 상징적 도구에 불과하여 소현세자의 서한문에서처럼 가짜에 불과하다는 인식이 생겨났던 것이다. 이를 통해 볼 때 소현세자에게 선물로 주었던 것은 아담 샬이 제작한 혼천의로 보인다. 아담 샬은 혼천의 제작과 활용을 설명한

---

19) 李元淳 『朝鮮西學史硏究』, 一志社 1986, 54~56면. 『정교봉포』에는 아담 샬로부터 받은 선물의 목록이 수록되어 있는데, 여기에는 '여지구(輿地球)'라 표기되어 있어서 이를 지구라 했던 것이다. 다음은 이 책에 수록된 기록이다. "及世子回國 若望贈以所譯 天文曆算聖敎正道書籍多種 幷輿地球一架 天主像一幅 世子敬領 手書致謝山口正之"(山口正之 「昭顯世子と湯若望」, 『靑丘學叢』 5集, 1931, 101면에서 재인용).

20) 서한에는 다음과 같은 구절이 수록되어 있다. "어제 귀하로부터 받은 천주상, 천구의, 천문서 및 기타 양학서는 전혀 생각지도 못했던 것으로 흔쾌하기 짝이 없어 깊이 감사드립니다. … 천구의와 양서류는 이 세상에 이런 것이 존재한다는 것도 몰랐었는데 저한테 보내주시다니 꿈처럼 기쁠 따름입니다. 우리나라에서도 이와 비슷한 것이 없는 것은 아닙니다만 수백 년 이래 천행(天行)에 맞지 않아 가짜라는 것은 의심의 여지가 없습니다. 지금 이 진품을 얻게 되니 어찌 기뻐하지 않을 수 있겠습니까. 제가 고국에 돌아가면 궁궐에서 사용할 뿐만 아니라 이것들을 출판하여 식자들에게 보급할 계획입니다"(山口正之 『朝鮮西敎史』, 雄山閣 1969, 41~43면에서 재인용).

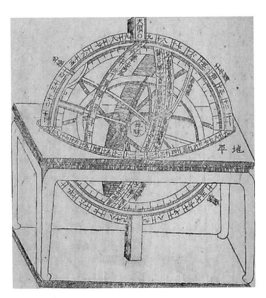

그림 2-21 『혼천의설』에 수록된 혼천의 그림

『혼천의설』[21]을 저술했는데 여기에는 그가 제작했던 혼천의의 그림이 수록되어 있다(그림 2-21).

아담 샬이 제작한 혼천의에는 기존의 혼천의에는 없는 지구의가 중심에 설치된 것이 특징이다. 기존의 혼천의는 고대 중국의 우주구조론의 하나인 혼천설에 기초하고 있는데, 앞에서 검토했듯이 혼천설에서는 땅의 모습이 구인지 평면인지 명확하지 않으며 또한 이 자체가 중요한 사안도 아니었다. 따라서 천구의 중심에 있어야 할 지구의 모습은 보이지 않는다. 그러나 아담 샬의 혼천의에서 둥근 지구를 중심에 설치한 것으로 볼 때, 확실하게 지구설에 기초를 두고 있음을 알 수 있다. 이전의 혼천의와는 땅의 모습이 확연히

---

21) 『혼천의설』은 『숭정역서』를 바탕으로 다시 간행된 『서양신법역서(西洋新法曆書)』에 수록되어 있다.

다르다. 이러한 중요한 의미가 담겨져 있었던 이 혼천의는 소현세자의 갑작스런 죽음과 함께 아쉽게도 역사에 묻히고 말았다.


## 2) 송이영의 혼천시계와 지구의

조선에서는 1653년 시헌력법의 시행 결정과 함께 새 역법에 선행되는 천문시계가 필요했다. 효종은 1657년 최유지(崔攸之, 1603~73)로 하여금 혼천의를 만들어 표준시계인 자격루(自擊漏)를 설치해놓은 누국(漏局)에서 사용하도록 했다. 1664년(현종 5)에 이민철(李敏哲, 1631~1715)과 송이영(宋以穎, 생몰연대 미상)에게 그것을 다시 고치도록 하였다.[22] 1669년(현종 10)에는 이민철과 송이영이 각각 새로운 선기옥형을 만들었다.[23] 이민철이 만든 것은 세종대 이래의 전통을 계승한 수격식(水激式)이었고 송이영의 것은 그보다 조금 작게 서양식 자명종 원리를 이용한 새로운 형식의 천문시계였다.[24]

기존 연구에서는 1669년 송이영이 만든 혼천시계의 혼천의 부분에 지구의가 설치되어 있었고 이것이 조선에서 최초로 제작된 지구의로 평가되었다.[25] 특히 이때 제작된 혼천시계는 현존하는 것으로 알려졌는데, 고려대학교 박물관에 보관된 혼천시계가 바로 이것이다(그림 2-22). 고려대학교 박물관에 보관된 혼천시계는 길이 120센티미터, 주요 부분의 높이 98센티미터, 폭이 52.3센티미터 크기의 나무로 된 궤 속에 들어 있다. 시계 장치와 혼천의의 두 부분으로 이루어져 있고, 혼천의의 중앙에는 지구의도 설치되어 있다. 혼천의의 직경은 약 40센티미터이고 그 중심에 위치한 지구의의 직경은 8.9센티미터이다.[26]

---

22) 『현종실록』 권8, 현종 5년 3월 6일(戊辰).
23) 金錫胄 『息庵遺稿』, 卷17, 新造渾天儀兩架呈進啓.
24) 全相運 『韓國科學技術史』 제2판, 正音社 1988, 87면.
25) 같은 책 37면.

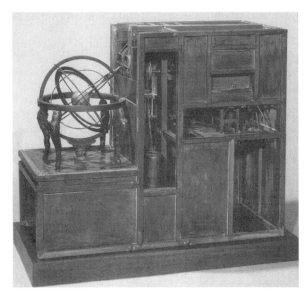

그림 2-22 국보 제230호 혼천시계(고려대학교 박물관 소장) 권두화보 14

현재 고려대학교 박물관에 소장된 혼천시계가 알려지게 된 것은 동양 과
학사에 조예가 깊었던 루퍼스(W. C. Rufus)에 의해서였다. 그는 일제시대 김
성수의 집에 소장된 혼천시계를 보고 사진과 함께 간단한 글을 발표하였는
데, 이 혼천시계가 최유지의 혼천의보다 앞서 제작된 홍처윤(洪處尹)의 혼천
의와 몇가지 점에서 기술적으로 일치하며, 지구의의 지도에는 16세기 탐험
의 성과가 반영되어 있다고 주장했다.[27] 이 혼천시계에 대한 관심은 니덤에

26) 全相運 「璇璣玉衡(天文時計)에 對하여」, 『古文化』 2집, 1963, 7면. 여기서는 송이영의
    혼천시계가 지금의 고려대학교 박물관에 소장된 구체적인 경위에 대해서는 언급이 없고
    단지 인촌 김성수의 기증에 의해 전해진 사실만 지적하였다.
27) W. C. Rufus and Lee, Won-chul, "Marking Time in Korea," *Popular Astronomy* 44, 1936,
    252~57면.

의해서 계승되었다. 니덤은 "지구의 모형을 중심에 둔 것은 3세기의 갈형(葛衡)과 유지(劉智)의 것과 똑같고, 지구의에 그려진 주요 대륙은 곽수경(郭守敬)이 1267년 자말 알 딘(Jamal al-Din)으로 하여금 페르시아에서 베이징에 가져오게 했던 지구의와 비슷하다"라는 견해를 피력했다.[28]

이 혼천시계에 대한 본격적인 연구는 전상운에 의해 이루어졌다.[29] 그는 1669년에 이민철이 만든 혼천의의 구조를 『중보문헌비고(增補文獻備考)』 상위고(象緯考)의 기록을 토대로 기술하였는데, 이 혼천의에는 거리와 높낮이를 재는 데 쓰던 기구인 규형(窺衡)을 없애고 대신에 지구의를 남북극 연결축의 중앙에 설치한 것으로 보았다. 이에 따라 송이영이 제작한 혼천의에도 지구의가 설치되어 있다고 본 것이다. 또한 고려대학교 박물관에 소장된 혼천시계를 1669년 송이영이 만든 것으로 보고, 여기에 장착된 지구의가 하루 1회전하는 점을 들어 18세기 홍대용, 박지원 등에 앞서서 이미 17세기 중엽에 지전설을 발견했다고 지적하고 있다. 더 나아가 송이영, 이민철 등이 지구회전설을 발견하여 천문관측에 이용한 것은 서양 과학의 맹목적 추종에서 벗어나 진취적이며 창조적인 작업이라며 높이 평가하였다.[30] 전상운의 이러한 입론은 국내 대부분의 학자들에게도 그대로 수용되었고,[31] 최근 한국과학사를 새로 정리한 그의 저술에서도 계속 이어졌다.[32]

1669년 송이영, 이민철이 만든 혼천의에 지구의의 존재 여부는 조선 후기

---

28) Joseph Needham, Wang Ling and D. J. Price, *Heavenly Clockwork*, 2nd ed. Cambridge University Press 1986, 163면.
29) 전상운의 저서에서는 송이영의 혼천시계를 연구하게 된 과정이 소상하게 기술되어 있다 (전상운 『한국과학사』, 사이언스북스 2000, 118~20면).
30) 全相運, 앞의 논문 5~10면.
31) 특히 한국의 물시계를 체계적으로 연구했던 남문현도 전상운의 견해를 그대로 받아들였고, 지리학 분야에서도 노정식, 이찬 등이 그의 견해를 수용하였다(남문현 『한국의 물시계』, 건국대 출판부 1995, 247면).
32) 전상운 『한국과학사의 새로운 이해』, 연세대학교 출판부 1998, 567~68면.

지구설의 수용과 관련하여 매우 중요한 문제로 부각된다. 조선 후기 지구설은 서구식 세계지도의 도입과 더불어 지식인 사이에서 서서히 영향력을 넓혀갔고 서양역법인 시헌력의 시행은 국가적 차원에서도 지구설에 대한 관심을 고조시켜 마침내 1770년 영조 대에 이르러 『동국문헌비고』에 수록되게 되었다. 그런데 만약 이보다 100여 년 앞서 국가의 중대 사업으로 제작된 송이영, 이민철의 혼천의에 지구의가 설치되었다고 한다면 지구설의 수용은 훨씬 앞서 이뤄졌다고 추론할 수 있다. 그러나 이러한 추론이 가능하기 위해서는 여기에 장착된 지구의가 어떤 형태를 띠고 있었으며 어떻게 제작될 수 있었는지도 아울러 해명되어야 함은 물론이다.

1669년 송이영의 혼천시계에 지구의가 설치되었다는 사실의 근거로서 전상운이 제시했던 사료는 『증보문헌비고』의 상위고였는데, 이 기록을 면밀하게 검토해보면 둥근 지구의를 설치했다는 내용은 보이지 않는다.[33] 단지 이민철의 혼천시계를 설명하는 부분에서 종이에 산과 바다를 그려 '지평(地平)'을 만들어 가운데 설치했다는 기록이 보인다.[34] 여기서 말하는 것은 둥근 지구의가 아니라 지도를 그려 땅을 상징하는 평판을 중앙에 설치했던 것으로 보인다.

이와 유사한 사례는 후대의 혼천의에서도 찾아볼 수 있다. 1732년(영조 8)에는 숙종 때에 여벌로 만든 혼천의가 오래되어서 오차가 생기므로, 안중태(安重泰) 등에게 명하여 중수(重修)하게 하고, 경희궁(慶喜宮) 흥정당(興政堂)의 동쪽에 규정각(揆政閣)을 지어 이를 안치하였다. 이 혼천의도 이민철, 송이영이 만든 전통적인 혼천의와 거의 유사한데 중앙에 산하도(山河圖)가

---

33) 이 작업의 결과를 보고했던 김석주(金錫胄)의 문집에도 관련 기록이 수록되어 있으나 지구의를 설치했다는 내용은 찾아볼 수 없다(金錫胄 『息庵遺稿』 卷17, 新造渾天儀兩架呈進啓).

34) 『增補文獻備考』 卷3, 象緯考3, 儀象2. "中不設衡 而用紙畵山海 爲地平 繫于中 從水筒設機 結之於南北二極軸中 以其力運環如法."

그림 2-23 『서경』에 수록된 「선기옥형도」　　　　그림 2-24 혼천시계의 혼천의 부분

설치되어 있었다.[35] 홍대용도 자택에 농수각(籠水閣)이란 천문대를 설치하고 혼천의를 제작했다. 그가 만든 혼천의의 중심부에는 지상을 상징하는 것으로 「산하총도(山河總圖)」를 새긴 철판이 설치되어 있었다는[36] 기록을 통해 볼 때 이들 혼천의에 설치된 것은 지구의가 아니었던 것으로 판단된다.

이와 더불어 1669년 송이영에 의한 혼천시계의 제작은 전통적인 선기옥형 제작방식을 따랐기 때문에 지구의가 중앙에 설치되어 있었다고 보기에는 무리가 따른다. 즉, 송이영의 혼천의는 『서경』「순전(舜典)」에 수록된 혼천의설(渾天儀說)[37]을 기초로 해 만든 것으로 중앙에 지구의가 설치된 아담샬의 『혼천의설』에 수록된 혼천의와는 다르다. 『서경』에 수록된 전통적인

---

35) 『增補文獻備考』 卷3, 象緯考3, 儀象2. "由南極出鐵條 折向地心 爲爪叉形 擎山河圖."
36) 洪大容 『湛軒書』 外集, 「籠水閣儀器志」 統天儀.
37) 『書傳』 卷1, 「舜典」 在璇璣玉衡以齊七政.

혼천의에는 아담 샬의 『혼천의설』에 수록된 것과 달리 지구의가 중앙에 설치되어 있지 않았던 것이다(그림 2-23). 따라서 송이영과 이민철이 만든 혼천의에는 지구의가 없었던 것으로 보는 것이 타당하다고 생각된다. 기존 연구에서는 현재 고려대학교 박물관에 소장된 혼천시계의 구조가 서양 자명종의 수동원리를 이용한 점에 집착하여 이를 1669년 송이영이 만든 것에 비정하였고 이에 따라 여기에 설치된 지구의도 1669년에 제작된 것으로 보았던 것이다.

만약 1669년 송이영, 이민철의 혼천의에 지구의가 설치되어 있었다면 이는 어떻게 해서 가능했을까? 이러한 물음에 대한 대답이 해명되지 않는 한 1669년의 혼천의를 고려대학교 박물관 소장 혼천시계의 혼천의에 비정하는 것은 무리가 따른다. 지구의나 세계지도와 같은 전체 세계에 대한 관념이나 인식의 표현은 일개인의 독창적인 사고에 갑자기 출현하기란 불가능하기 때문이다. 따라서 송이영, 이민철이 지구의를 만들었다면 그들의 독창적인 창작보다는 외부적 영향 속에서 이뤄졌을 가능성이 더 크다. 지구설은 서양의 선교사들에 의해 들여온 서양의 과학사상인 점을 감안한다면, 지구의 제작도 서양 과학의 전래와 불가분의 관계를 맺고 있다.

지구의가 장착된 혼천의의 제작과 관련된 저술은 1636년 아담 샬의 『혼천의설』이 대표적이다. 송이영이 혼천의를 제작했던 1669년은 『혼천의설』이 간행된 1636년 이후로, 시기상으로만 본다면 송이영이 『혼천의설』을 참고했을 가능성이 없지는 않다. 그러나 그가 혼천의 제작에 기초로 삼은 『서경』의 선기옥형은 지구설을 기초로 하는 혼천의와는 그 바탕에 깔고 있는 사상을 달리하고 있다. 전체적인 구조와 틀은 『서경』의 선기옥형을 따르고, 지구의만은 아담 샬의 『혼천의설』을 따랐다고 보기는 어렵다. 이와 관련하여 1669년 당시 혼천의 제작과정의 기록에서도 아담 샬의 『혼천의설』에 대한 언급은 전혀 찾아볼 수 없다. 또한 혼천의의 구조를 설명하는 부분에서도 지구의에 대한 언급이 보이지 않는다. 이러한 사실들을 종합해 볼 때, 1669

년 제작된 송이영의 혼천시계에는 지구의가 설치되지 않았으며 현존하는 고려대 박물관의 혼천시계는 1669년 송이영이 제작한 것으로 보기는 어렵다.

그렇다면 현존하는 고려대 박물관의 혼천시계는 언제 누구에 의해 제작되었을까? 여기에는 두 가지 가능성이 존재한다. 첫째는 1669년 송이영이 제작한 혼천의를 이후 중수(重修)하면서 지구의를 설치했을 가능성이고, 둘째는 누군가에 의해 완전히 새롭게 제작되었을 가능성이다. 첫째 가능성을 시사하는 것은 앞서 언급한 영조 때의 혼천의 중수에 관한 기록이다. 1732년에 숙종 때 만든 혼천의를 중수하면서 이전에 볼 수 없었던 산하도(山河圖)를 중앙에 설치했다. 그러나 앞서도 지적했듯이 이 산하도는 지구의가 아니라 천체에서 땅을 상징적으로 표현하는 평판에 그린 지도라 할 수 있다. 또한 중수 과정에서 지구의만을 따로 제작하여 추가로 설치해야 할 특별한 이유가 있었는지에 대해서도 회의적이다. 따라서 첫 번째 가능성보다는 두 번째 가능성이 보다 유력한데, 이는 고려대학교 박물관 소장 혼천의의 세밀한 검토를 통해 확인해볼 수 있다.

혼천의의 중앙에 설치된 직경 8.9센티미터의 지구의에는 조선, 청국, 일본 등을 중심으로 한 아시아 대륙, 유럽 대륙, 아프리카 대륙, 아메리카 대륙 등의 주요 대륙과 대동양(大東洋), 태평양, 대서양 등의 대양, 그리고 경위선이 그려져 있다(그림 2-25). 지도의 투영법은 적도에 중심을 둔 평사도법처럼 보이지만 경선 간격이 주변으로 가면서 넓어지지 않고 동일하여 페르비스트의 『곤여전도』의 경위선 조직과는 다르다. 그리고 『곤여전도』처럼 오세아니아 대륙이 남극 대륙과 분리되어 그려져 있어서 마테오 리치의 지도보다는 후대의 지도를 기초로 제작했음을 알 수 있다.[38]

---

38) 세계지도에 오세아니아 대륙이 남방대륙(메가라니카)에서 분리되어 표현되기 시작한 것은 1600년 이후 네덜란드인의 탐험 성과가 반영된 결과이다. 특히 네덜란드 탐험가 타스먼(Abel Janszoon Tasman)은 1642에서 1644년에 걸쳐 오세아니아의 북부와 서부 연안을 항해하면서 오세아니아 대륙이 남방대륙과 분리되는 점을 분명히 했는데, 이 탐험의 결

이 지구의에는 지구의의 제작시기를 추정할 수 있는 중요한 지명이 표기되어 있는데 지금의 오스트레일리아 부분에 있는 '가본달리(嘉本達利)'라는 지명이다. 원래의 지명은 '가본달리아(嘉本達利亞)'로 끝의 '아(亞)'자가 빠져 있다. 이는 카펀테리아(Carpentaria)로 지금의 오스트레일리아의 케이프요크(Cape York)반도의 서쪽에 해당한다.[39] 오스트레일리아 대륙의 북동해안 지역의 이름으로 17세기 중반의 유럽지도에서 보이는데 최초 출현은 1648년 네덜란드의 지도에서이다. 이후 1650~60년대에 일반화되어 많은 지도에 사용되었다.[40] 이러한 사실을 고려할 때 1669년에 만들어진 송이영의 지구의에 이 지명이 표기된다는 것은 거의 불가능한 일이다. 당시 조선은 서양의 선교사가 중국에서 제작한 한역의 세계지도나 지리서 등을 입수하여 서양의 지리지식을 접할 수 있었는데, 이는 몇십 년 이상의 시간을 요하는 것이었다. 따라서 17세기 중반 이후 서양에서 출현한 지명이 유라시아 대륙의 동단인 조선에서 1669년에 표기되었다는 것은 당시 교통이나 여러 가지 정황을 고려했을 때 거의 불가능하다.

서양의 선교사가 제작한 세계지도에서 이 지명이 최초로 보이는 것은 페르비스트의 『곤여전도』이다. 그러나 이 지도에서의 표기는 '가이본대리아(加爾本大利亞)'로 지구의에 표기된 것과 다르다. 따라서 지구의에 표기된 지명은 『곤여전도』 이후의 지도를 참고했던 것으로 보인다. 1834년 제작된 최한기의 『지구전후도』에는 '가본달리아(嘉本達利亞)'라는 지명이 표기되어 있다(그림 4-1). 최한기의 『지구전후도』는 1800년 중국 장정부(莊廷敷)의 지

---

과는 1648년 네덜란드 지도제작자 블라외(Jan Blaeu)가 제작한 세계지도에 처음으로 반영되었다(R. A. 스켈톤 지음, 안재학 옮김 『탐험지도의 역사』, 새날 1995, 268~77면).
39) 만의 이름은 1628년 이 지역을 방문했던 네덜란드 탐험가 카펜터(Pieter Carpenter)의 이름을 따서 명명되었지만 이곳 남쪽과 서쪽 해안이 탐험된 것은 1644년 타스먼에 의해서였다.
40) Gary Ledyard, "Cartography in Korea," J. B. Harley and David Woodward, eds., *The History of Carrography* Vol.2, Book.2, University of Chicago Press 1994, 252~53면.

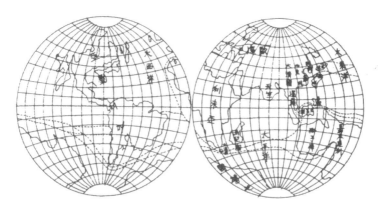

그림 2-25 지구의에 그려진 세계지도

구도(地球圖)를 중간한 것이므로 이 지명은 원래 장정부의 지도에도 수록되어 있었던 것이다.

이외에도 지구의에 수록된 대부분의 지명이 『지구전후도』의 것과 일치하고 있는데 오스트레일리아 대륙의 '사자봉(獅子峰),' 대륙 서쪽 해양인 '태평양(太平洋)' 등을 들 수 있다. 무엇보다 대륙의 윤곽이 『지구전후도』의 것과 매우 유사하고 경위선 조직도 일치하고 있다. 경선 간격이 동일한 점은 『지구전후도』와 정확히 일치한다. 이를 토대로 볼 때 지구의에 그려진 지도는 장정부의 지구도 또는 이를 중간한 최한기의 『지구전후도』를 기초로 제작되었을 가능성이 매우 높다. 따라서 시기적으로도 1669년이 아니라 후대인 19세기 전반에 제작된 것으로 볼 수 있다. 이와 관련하여 이 시기 혼천의 제작에 관한 기록이 이규경(李圭景, 1788~1860)의 『오주연문장전산고』에 보인다. 즉, 순조의 세자인 익종(翼宗, 1809~30)이 왕세자 시절 강이중(姜彝重), 강이오(姜彝五)에게 자명종이 결합된 선기옥형의 제작을 명하였는데 이때 만든 것이 시각이 정확하여 서양인의 것보다 뛰어나다는 평가를 받았다고 한다.[41] 만약 여기에 지구의가 설치되었다면 제작시기로 볼 때, 장정부의·

지구도가 간행된 1800년 이후이므로 그의 지구도를 참고했을 가능성이 높다. 실제로 장정부의 지구도는 19세기 초기 김정희나 최한기, 이규경이 열람, 이용할 정도로 조선에도 이미 일부 학자를 중심으로 유포되어 있던 것으로 보인다.[42] 이러한 사실을 고려할 때 현존하는 고려대학교 박물관 소장의 혼천시계는 1669년 송이영이 제작한 것이 아니라 19세기 전반에 제작된 것으로 추정된다.[43]

한편 지구의의 제작과 관련된 확실한 기록은 정약용(丁若鏞)에 보낸 정약전(丁若銓, 1758~1816)의 편지에서 보인다. 정약전은 정약용의 중형(仲兄)으로 서학에 조예가 깊었던 인물이다.[44] 1801년 신유사화에 사학죄인으로 연루되어 흑산도에 유배되었는데 강진에 유배와 있던 정약용과 서신을 통해 학문적 교류를 했다. 그는 지도제작에도 관심이 많았는데 전통적인 방격법(方格法)보다는 경위선법에 입각한 지도를 구상하고 있었다. 특히 경위선 그리는 방법을 궁구하는 과정에서 지구의를 만들고자 했다. 나무를 깎아서 적도 및 경위선을 긋고 곤여도(坤輿圖)의 내용을 옮겨 그려 지구의를 제작하려 했으나 완성하지는 못했다.[45] 그러나 정약용과의 학문적 교유를 통해 지구설을 심도 있게 이해하였고 이를 통해 경위도에 입각한 지구의의 제작까

---

41) 李圭景『五洲衍文長箋散稿』, 卷13, 水鳴鍾漏鍾表辨證說. "翼宗在邸時 命姜彛重姜彛五 上設璇璣下設鳴鍾 以牙輪轉機與鳴鍾相應者刻不爽 人以爲奇巧有過西人云."

42) 丁若鏞『茶山詩文集』, 第22卷 雜評, 柳冷齋得恭筆記評; 金正喜『阮堂全集』8卷, 雜識.

43) 이러한 추정은 혼천의에 있는 지구의의 지도만을 근거로 한 것이다. 시계장치에 대한 면밀한 검토가 뒷받침될 때 보다 확실한 제작시기의 추정이 가능할 것이다.

44) 정약전의 학문에 대해서는 다음을 참조. 徐鍾泰「巽菴 丁若銓의 實學思想」,『東亞研九』24集, 1992.

45)『與猶堂集(奎11894)』24冊, 續集4, 巽菴書牘, 答茶山. "日本圖盛京圖 眞是寶玩須深藏勿失也 地圖之縱橫層架 亦自要妙 然於地志所載 若知一處之北極出地 則以此而推之四方 可作經緯線 盛京之北極 亦不可考耶 凡經緯之法 緯線至易 經線最難 蓋自極至赤道漸豊之勢 有難執定 故余於在家欲削木爲地毬儀 劃經緯線 移摸坤輿圖 中剖爲赤道 以便要覽 有志未就耳."

| 그림 2-26 명대 지구의 | 그림 2-27 일본에서 제작된 지구의 |
|---|---|
| (1623년, 영국 대영박물관 소장) | (1690년, 일본 진구우징고관[神宮徴古館] 소장) |

지 고려했던 것은 당시 지도학의 수준으로 볼 때 매우 높이 평가할 만하다.

조선 후기 지구설의 수용이 역법의 제정과 관련하여 국가적 차원에서 이뤄졌지만 지구의의 제작은 이처럼 매우 드물었다. 현존하는 지구의도 19세기에 최한기가 제작한 것으로 알려진 것과 혼천시계에 장착된 것이 전부이다. 이러한 현상은 중국에서도 거의 유사하다. 일찍이 중국에서는 선교사가 들어오기 전 원대(元代)에 아라비아에서 들여온 지구의를 제작했다는 기록이 있다.[46] 이 시기 만들어진 지구의는 당시인들에게 큰 영향을 주지는 못했던 것으로 보인다. 이후 지구의가 본격적으로 만들어진 것은 명대 마테오 리치에 의해서이다.[47] 그는 중국에 들어올 때 본국에서 지구의를 가지고 왔던 것으로 보이는데[48] 이를 기초로 지구의를 제작할 수 있었다. 마테오 리

---

46) 『元史』「天文志」 卷48.
47) 『明史』「天文志」 卷25.

치의 지구의는 현존하지 않기 때문에 구체적인 모습을 파악하기는 어렵다. 이후에도 약간의 지구의가 중국에서 제작되었으나 서구식 세계지도에 비하면 매우 드문 편이었다.

현존하는 지구의 중 가장 오래된 것은 뻬이징에서 디아즈(Manuel Dias, 陽瑪諾, 1574~1659)와 롱고바르디(Nicolo Longobardi, 龍華民, 1559~1654)가 제작한 것으로 전해지는 채색의 목제 지구의인데 현재 영국 대영박물관에 소장되어 있다(그림 2-26).[49] 청대에 제작된 것으로는 『황조예기도식(皇朝禮記圖式)』에 수록된 지구의가 현재 고궁박물원에 남아 있는 정도이다(그림 4-13).[50] 이와는 달리 일본에서는 에도시대 이후 다양한 지구의가 제작되어 지리적 세계에 대한 인식의 전환에 많은 영향을 미쳤다(그림 2-27).[51]

중국과 조선에서 지구의의 제작이 드물었던 것은 지구의의 제작이 지도의 제작보다 방법상 까다로운 것에도 그 원인이 있지만 지구설이 사회 전반적으로 수용되지 못한 현실의 반영이기도 하다. 조선의 경우 『동국문헌비고』에서 지구설이 수록되어 국가적으로 공인된 것처럼 보이기는 하지만 이는 역법의 개정과 관련하여 불가피하게 지구설을 수용한 측면이 강하고 전통적인 천원지방의 관념을 극복하고 인식의 전환으로서 지구설을 수용했던 것은 아니었다.

---

48) 尤侗 『外國竹枝詞』. "利瑪竇始入中國 賜葬阜城門外二里溝 曰利泰西墓 天主堂有自鳴鐘鐵琴地球等器."
49) 曹婉如·河紹庚·吳芳思(Frances Wood) 「現存最早在中國制作的一架地球儀」, 『中國古代地圖集: 明代』, 文物出版社 1995, 117~21면.
50) 曹婉如 外 編 『中國古代地圖集: 淸代』, 文物出版社 1997.
51) 秋岡武次郎 『世界地圖作成史』, 河出書房新社 1988, 185~209면.

204

6장

# 서구식 세계지도의 영향과
# 인식의 변화

 16세기말에서 17세기 전반 일본, 청국과 두 차례의 전쟁을 겪은 조선사회
는 국가를 재건하고 피폐해진 민생과 민심을 안정시키는 것이 무엇보다 중
요한 과제였다. 이 과정에서 대명의리론과 대청복수론은 민심을 하나로 결
집시키는 중요한 이데올로기적 기능을 하기도 했다. 그러나 청나라가 중원
을 장악하고 정치적 안정을 이루게 되면서 문화적으로 풍부한 성과들을 쌓
아나가자 조선의 지식인들은 기존의 대청인식에 머무를 수만은 없었다. 시
대적 상황은 조선의 지식인들의 지각 변화를 예고하고 있었던 것이다.

 그러나 혼란의 시기였던 17세기에는 조선왕조의 외래문화 수용이 시간적,
공간적으로 제약될 수밖에 없었다. 사행을 통한 간헐적인 서양문물의 유입
은 정보 네트워크나 인맥에 따라 편재, 또는 두절이 있을 수밖에 없었다.[1]
초기 서학에 대한 이해는 사행을 통해 서학에 접할 수 있었던 일부 인사들
에 제한되었던 것이다. 그러나 17세기 후반을 지나면서 대청관계가 점점 안

---

[1] 이용범 『중세서양과학의 조선전래』, 동국대학교 출판부 1988, 267면.

정되고 서학에 접할 수 있는 사회적 분위기도 좀더 무르익게 되었다. 이에 따라 서구식 세계지도를 비롯한 서학에 대한 반응은 다양하게 나타났다.

특히 조선 후기 실학이 부흥하는 사회적 분위기는 서학에 대한 관심을 더욱 고조시켰다. 초기에는 한양과 그 부근 지역의 실학자들을 중심으로 서양의 지식이 전파되었고, 서학에 대한 이해가 고조되는 18세기에는 지방에서도 일부 학자들이 서구식 세계지도를 접하는 사례가 나타났다.[2] 당시 지식인들에게 서구식 세계지도는 단순히 호기심을 불러일으키는 이물(異物)이면서 동시에 점차 탐구대상으로 자리 잡게 되었다.[3] 이러한 서구식 세계지도를 접한 뒤의 반응은 시기마다 개인마다 다소의 편차가 존재한다. 서양문명의 실체를 일찍 터득한 이들은 적극적으로 이를 수용하여 전통적인 세계인식을 극복하기도 했지만 보수적인 학자들은 이에 반발하여 전통적인 세계인식을 고수하기도 했다.


## 1. 서구식 세계지도의 수용과 인식의 변화

### 1) 지리적 세계의 확대: 오대주설의 수용

서구식 세계지도가 보여주는 세계는 기존 중화적 세계인식에 기초한 세계

---

2) 이러한 사례 중의 하나로 황윤석은 전라도 무장(茂長) 동음치면 송운동의 이업휴(李業休)가에 마테오 리치의 오대주지도(五大洲地圖)가 있다는 사실을 지적했다(『頤齋亂藁』卷2, 1757(丁丑), 2月 20日). 이업휴가 누구인지 구체적으로 확인해볼 수는 없지만 당시 유명한 고위 관료나 학자가 아닌 것은 분명하다. 이를 통해 본다면 서구식 세계지도의 개인 소유와 이의 열람이 생각보다 광범하게 이뤄졌을 가능성이 높다. 현존하는 지도만을 토대로 서구식 세계지도의 영향을 평가하는 것은 다소 한계가 있다고 생각한다.

3) 18세기 후반에 이르러서는 서학의 영향이 더욱 커지는데 박지원의 아들 박종채(朴宗采)는 서양 야소(耶蘇)의 학문이 나라 안에 크게 유행하여 집집마다 물들어서 실로 깊은 근심거리라 할 정도였다(박종채 지음, 김윤조 역주 『역주 과정록』, 태학사 1997, 154면).

지도와는 비교할 수 없을 정도로 확장되어 있다. 전체 세계에서 본다면 중국이라는 나라는 세계의 일부분에 불과하다. 중국 이외에도 여러 대륙에 걸쳐 많은 나라가 있고 중국보다 더 큰 나라가 있다는 사실만으로도 조선의 유학자들에게는 새로운 충격이었다. 중국을 중심으로 하는 동아시아 일대의 세계를 전체 세계로 인식했던 학자들에게 서구식 세계지도가 보여주는 세계는 이전에는 접할 수 없던 새로운 것이었고 이를 통해 기존에 인식했던 세계를 서서히 넓혀갔다. 여기에는 『직방외기』와 『곤여도설』과 같은 세계지리서도 한몫을 담당했다.[4]

서구식 세계지도에는 역법의 기초를 이루는 천문학적 지식과 더불어 지구 과학적 지식이 많이 수록되어 있다. 지구를 하늘의 형세를 기초로 하여 오대(五帶)라는 기후대로 나누고 땅의 형세를 기준으로 하여 오대주(五大洲)로 구분하였다. 오대주는 당시까지 알려진 다섯 개의 대륙으로 아세아(아시아), 구라파(유럽), 이미아(아프리카), 남북아묵리가(남북아메리카), 묵와랍니가(메가라니카, 미지의 남방대륙) 등을 말한다. 이를 토대로 각각의 대륙에 대하여 그 지계(地界)를 밝혀 중국 밖에도 또다른 세계가 있다는 것을 보여주었다. 이는 중국 중심의 세계인식에 머물러 있던 조선왕조의 지식인들에게 새롭게 시야를 넓혀주었다는 점에서 일차적인 의의가 있다.[5]

초기 서학의 수용단계에서 서구식 세계지도를 접한 인물 중의 하나는 실학파의 선구자라 할 수 있는 이수광이다. 그는 1603년 홍문관 부제학으로 있을 때 중국에 갔던 사신 이광정, 권희가 가져온 마테오 리치의 서구식 세계지도를 열람하고 지도의 정교함에 감탄하였다. 또한 마테오 리치, 이응시(李應試, 원문에는 試가 誠으로 표기됨)의 「산해여지전도」가 왕기의 『삼재도회』에 수록된 사실도 지적하는 등 서양의 지리지식에 큰 호감을 갖고 있었다.

---

4) 『직방외기』에 대한 조선 지식인들의 반응에 대해서는 다음을 참조. 천기철 「『職方外紀』의 저술 의도와 조선 지식인들의 반응」, 『역사와 경계』 47, 부산경남사학회 2003.
5) 이용범, 앞의 책 123~25면.

특히 그는 불랑기국(佛浪機國), 영결리국(永結利國), 구라파국(歐羅巴國) 등 서양의 몇나라에 대해 기술하기도 했는데 서양에 대한 관심이 남달랐음을 알 수 있다.6) 이러한 것은 중국을 중심으로 하는 전통적인 세계인식에서 외연을 확대하여 이전에 거의 알려져 있지 않던 서양세계에 관심을 갖기 시작했음을 보여주는 사례이다.

조선 후기 영남의 유학자 이형상(李衡祥, 1653~1733)도 마테오 리치의 세계지도를 통해 세계인식을 확장했다. 그는 『몽고국지(蒙古國誌)』『일본국지(日本國誌)』『서행록(西行錄)』『북유록(北遊錄)』『강도지(江都誌)』『탐라지(耽羅誌)』『동이산략(東耳刪略)』『사이총설(四夷總說)』『남환박물(南宦博物)』 등 많은 지리적 저술을 남겼으며 지도와 그림이 수록된 『탐라순력도(耽羅巡歷圖)』라는 책자를 제작했던 인물이다.7) 마테오 리치의 세계지도를 통해서 중국 이외의 다양한 나라의 존재를 확인하게 되었고 더 나아가 중화적 세계인식에서 탈피하여 자신이 있는 곳이 천하의 중심이라는 과감한 견해를 피력하기도 했다.8)

18세기 박학다식한 실학자의 한 사람이었던 이덕무(李德懋, 1741~93)9)도 서양 지리지식의 성과를 싣고 있는 『도서편』『삼재도회』 등의 서적과 세계지리서인 『곤여도설』『곤여외기(坤輿外紀)』 등을 두루 섭렵했다. 특히 마테오 리치의 지도를 정교한 것으로 높이 평가하기도 했다.10) 또한 전통적인 세계지도에서는 통상 조선의 남쪽에 배치되던 일본의 지리적 위치를 서구식 세계지도를 통해 제대로 파악할 수 있었는데, 이를 바탕으로 유사 시 일본의

---

6) 李睟光『芝峰類說』, 諸國部, 外國.
7) 오상학「『탐라순력도』의 지도학적 가치와 의의」, 『耽羅巡歷圖硏究論叢』, 제주시 탐라순력도연구회 2000, 25~37면.
8) 李衡祥『南宦博物』, 地誌條.
9) 그가 남긴 대표적인 지리서는 일본을 대상으로 쓴 『청령국지(蜻蛉國志)』로 상세한 일본지도를 수록하고 있는 점이 특징이다.
10) 李德懋『靑莊館全書』卷51, 耳目口心書 4.

침략에 대한 방어를 고취하기도 했다.[11]

조선 후기 서학에 대한 관심이 최고조에 달했던 18세기 후반의 유만주(兪晚柱, 1755~88)도 마테오 리치의 『곤여만국전도』와 알레니의 『직방외기』 등을 통해 중국 중심의 지리인식에서 탈피하여 서양의 여러 나라에 관심을 갖게 되었다.[12] 특히 영결리국에 대해 비교적 자세히 기술하고 있는데 이는 이전의 대표적인 세계지리서인 알레니의 『직방외기』, 페르비스트의 『곤여도설』에서는 볼 수 없는 것으로 새로운 지리서를 통해 터득한 지식으로 보인다.[13]

호남의 대표적인 실학자인 위백규(魏伯珪, 1727~98)는 1770년 천문, 지리뿐만 아니라 각종 문물, 제도를 그림의 형식으로 엮은 『환영지』를 저술하였다. 『환영지』는 현재 여러 본이 전해지고 있는데 1822년 후손이 간행한 목판본 이외에 필사본도 몇종 전한다. 이 가운데 정초본과 정서본에는 「이마두천하도(利瑪竇天下圖)」라는 지도가 그려져 있는데 이는 서구식 세계지도가 아니라 원형의 천하도이다.[14] 이는 위백규가 마테오 리치의 세계지도를 직접 접하지 못해서 생긴 오류로 원형의 천하도를 리치의 지도로 착각했던 것이다. 그 이후 『직방외기』에 수록된 서구식 세계지도를 접하고는 이 오류를 수정하였고, 「서양제국도(西洋諸國圖)」라는 서구식 세계지도의 간략한 모식도를 수록하였다(그림 2-28). 또한 서양 각국의 지지(地誌)도 수록하여 중국 중심에서 탈피하여 세계에 대한 인식을 넓히고자 했다.[15]

소론계 실학자인 이종휘(李種徽, 1731~?)의 문집에는 마테오 리치의 지도

---

11) 李德懋 『靑莊館全書』 卷24, 編書雜稿4, 兵志, 備倭論.

12) 朴熙秉 「『欽英』의 성격과 내용」, 『欽英』(영인본), 서울대학교 규장각 1997.

13) 兪晚柱 『欽英』 12冊, 辛丑(1781)年 十二月 十三日.

14) 魏伯珪 『寰瀛誌』 「利瑪竇天下圖」. 이 지도는 보통의 원형 천하도와는 달리 직사각형으로 그려져 있는데 이는 책의 판형에 맞춰 그렸기 때문이다. 그러나 전체적인 내용은 원형 천하도와 거의 일치한다.

15) 노대환 「조선 후기의 서학유입과 서기수용론」, 『진단학보』 83, 1997, 138~39면.

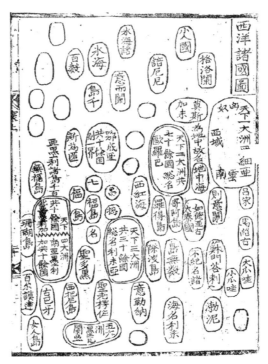

그림 2-28 『환영지』의 「서양제국도」

를 보고 기술한 기문(記文)이 수록되어 있는데, '이마두남북극도(利瑪竇南北
極圖)'라 표기되어 있다. 이는 『곤여만국전도』에 부도로 삽입된 「남북극도
(南北極圖)」가 아니라 『곤여만국전도』 그 자체를 말하는 것으로 보인다. 그
는 연곡(蓮谷) 이상서(李尙書)의 집에서 리치의 세계지도를 열람하고는 아시
아 부분을 손수 베끼고 나머지는 중요한 부분만 추려 스스로 세계지도를 재
편집하기도 했다. 더 나아가 리치의 『기인십편(畸人十編)』[16])을 읽고 그것을

---

16) 마테오 리치가 저술한 천주교의 한역교리서(漢譯敎理書)로 1608년에 뻬이징에서 간행되
었다. 중국 역대 현인 10명을 리치가 10개 항목으로 문답한 문제로 된 척불호서교서(斥

210

인의절검(仁義節儉)에 근본을 둔 것이라 높이 평가할 정도로 천주교의 교리에 대해서도 다소 개방적인 태도를 취하고 있었다.[17] 이러한 인식을 토대로 그는 중화주의적 화이관이나 중국의 문화적 우수성이 전제된 소중화 의식을 철저히 비판하고 동이(東夷) 문화에 대한 강한 자부심을 드러냈다.[18] 그러나 그는 서구식 세계지도의 6대주설(아메리카 대륙을 남북으로 분리)을 추연의 9대주설에 연결지어[19] 6대주설이 탐험과 같은 서양의 독자적인 성과에 기초한 것임을 부정하는 한계도 드러냈다.

서구식 세계지도에서 보여주는 세계는 백과사전적 저술에도 수록되는데 1798년 이만영(李晩永)이 편찬한 『재물보(才物譜)』에서 볼 수 있다. 이 책에는 오대주설이 소개되어 있는데, 사람의 몸에 비유하여 독특하게 해석한 점이 눈길을 끈다. 즉, 남북아메리카 대륙을 사람의 척추에, 남방대륙을 사람의 배 아래쪽에 있는 횡골(橫骨)에 비유하였다.[20] 이는 서구식 세계지도의 내용을 수용하면서도 조선식으로 해석한 대표적인 사례로 볼 수 있다.


## 2) 지구설의 수용: 천원지방론의 극복

### (1) 실학자들의 지구설 수용

마테오 리치의 『곤여만국전도』를 비롯한 서구식 세계지도는 중국 중심의 중화적 세계인식에 침잠되어 있던 유학자들에 많은 충격을 주었다. 서서히 세계에 대한 인식을 확대했고 일부의 학자들은 전통적인 천원지방의 천지관을 극복하여 지구설을 수용하는 단계까지 나아가게 되었다. 그러나 서구의

---

佛護西敎書)이다.

17) 李種徽 『修山集』 卷4, 記, 利瑪竇南北極圖記.

18) 河宇鳳 「實學派의 對外認識」, 『國史館論叢』 76, 國史編纂委員會 1997, 270면.

19) 배우성 『조선 후기 국토관과 천하관의 변화』, 일지사 1998, 365면.

20) 『才物譜』 地譜, 「五大州」.

세계지도를 통해 오대주설을 받아들인다 해도 바로 지구설을 수용할 수는 없었다. 평평하고 네모난 땅의 형상에서 바로 둥근 지구로 인식을 전환하는 것은 쉬운 일이 아니었다.[21] 평면상에 그려진 세계지도를 보고 둥근 지구를 떠올리는 것은 천원지방의 관념에 머물러 있던 조선의 지식인에게 매우 어려운 일이었다. 이 같은 인식 전환의 어려움은 최석정, 이이명[22]의 사례를 통해 확인해볼 수 있다.

최석정은 앞서 살펴본 것처럼 1708년 마테오 리치의 『곤여만국전도』의 제작을 총괄하여 서문을 썼는데, 그는 전통적인 천원지방의 천지관을 부정하는 지구설을 굉활교탄(宏闊矯誕)하다고 하여 유보적인 태도를 취했다.[23] 이이명은 1720년(숙종 46)에 고부주청사(告訃奏請使)로 뻬이징에 갔다가 독일 출신의 신부 쾨글러(Ignatius Kögler 戴進賢, 1680~1746)와 교류하게 되었다. 쾨글러는 청의 옹정제(雍正帝, 1723~35) 때에 흠천감정(欽天監正)이 되어 25년간이나 천문치력(天文治曆)에 종사했던 인물이다. 이이명은 쾨글러에 보낸 편지에서 다음과 같은 질문을 던지고 있다.

지구에 대해서는 조선 사람들도 도설(圖說)을 보았습니다. 예로부터 천지의 형상을 논한 것은 모두 천원지방이었습니다. 오직 이 도설의 법만은 땅 또한 하늘의 둥근 것을 따라 가운데가 높고 사방 변두리가 낮다고 보고 있는데, 어떤 까닭으로 이와 같이 추측하여 천도(天度)로 땅의 거리를 분간했는지를 모르겠습니다. 주비(周髀, 주비산경)의 설과 계란 노른자(혼천설)의 설이 다소 이와

---

21) 마테오 리치 자신도 평면상에 그려진 지도를 통해서 땅이 둥근 이치를 깨닫기가 어려운 점을 고려하여 적도 이북과 이남의 두 반구도를 첨가하여 지구설을 쉽게 이해할 수 있도록 배려하였다(『坤輿萬國全圖』의 利瑪竇 序文 참조).
22) 이이명(李頤命, 1658~1722)은 숙종대 노론 4대신 중의 한 사람으로 지도제작에도 남다른 관심이 있었다. 관방지도(關防地圖)의 백미로 평가받는 『요계관방지도(遼薊關防地圖)』를 제작하였고 방격을 이용하여 『관동지도(關東地圖)』를 만들기도 하였다(吳尙學「정상기의 동국지도에 관한 연구」, 『지리학논총』 24호, 1995, 138면).
23) 崔錫鼎 『明谷集』 卷8, 序引, 西洋乾象坤輿圖二屛總序.

212

가까운 듯하지만 천도(天度)로써 지리(地里)를 정하지는 않았습니다. 제파(諸巴)의 지역과 같은 것은 반드시 지금 사람들이 본 것이 아닌데 또한 어떻게 이와 같음을 알 수 있습니까? 어구(禦寇)의 십주설(十洲說)이나 불가(佛家)의 사대부주설(四大部洲說)도 그것과 유사한데 혹 이들이 전문(傳聞)되어 나온 것은 아닐까요?[24]

이처럼 이이명은 땅이 둥근 이유와 천도로써 땅의 거리를 측정하는 이른바 '측천법(測天法)'의 원리에 대해 의문을 표하고 있다. 서양의 오대주설 같은 것은 천원지방의 천지관을 고수하는 사람들이라도 받아들일 수 있는 것이지만, 지구설은 그렇지 않다. 특히 천구상의 경위도와 지구상의 경위도가 대응되기 때문에 천체의 관측을 통해 땅의 거리를 측정할 수 있다는 사실을 이해하는 것은 쉽지 않았다. 서구식 세계지도의 기초가 되는 경위선과 투영법 등의 개념을 이해하는 것은 조선의 평균적 지식인에게는 매우 어려운 일이었다.

지구설 수용의 어려움에도 불구하고 김만중과 같은 이는 상대적으로 일찍 지구설을 받아들이기도 했다. 그는 『구운몽(九雲夢)』 『사씨남정기(謝氏南征記)』 등의 문학작품을 남긴 문학가일 뿐만 아니라 1668년(현종 9)에는 『의상질의(儀象質疑)』 『지구고증(地球考證)』을 저술할 정도로[25] 서학에 조예가 깊었던 선구적 학자이기도 했다. 또한 1674년(현종 15) 홍문관에서 천하지도를 제작하여 진상했을 때 이 지도에 대한 고증을 담당할 만큼 지도에도 높은 식견을 지니고 있었다.[26] 그의 저작인 『서포만필』에 서양의 만국도(萬國圖)를 열람했던 사실이 언급되어 있는 것으로 볼 때, 서구식 세계지도가 그의 세계인식에 커다란 영향을 끼쳤다고 판단된다. 그는 전통적인 중국 중심

---

24) 李頤命 『蘇齋集』, 與西洋人蘇霖戴進賢書. 이 글은 黃胤錫의 『頤齋亂藁』(卷18, 初三日 辛丑)에도 실려 있다.
25) 金萬重 『西浦漫筆』.
26) 『현종실록』 권22, 현종 15년 7월 11일(癸酉).

의 지리인식을 넘어 서양의 실체를 이해하고 있었으며 더 나아가 땅이 둥글다는 지구설까지 수용하고 있었다.

김만중은 서양의 지구설을 동양의 대표적인 우주론인 개천설과 혼천설의 단점을 극복한 탁월한 이론으로 평가했으며, 이를 기반으로 하는 서양의 역법이 동양보다 훨씬 정교함을 인정하고 있었다. 그는 "추연의 대구주설과 불교의 사천하론은 그 뜻이 어린아이들의 관점을 넓혀주는 것에 불과하고 오직 서양의 지구설만이 이치가 확실하고 기술이 정확하다"라고 했다. 또한 지구설은 땅을 천체와 같이 360도로 나누어 경도(經度)는 남·북극의 고하를 살피고, 위도는 일식·월식에 증험한다고 하여 경위도의 개념을 이해하고 있었다. 이와 더불어 태양의 고도에 따라 기후가 달라지는 등의 지구과학적 지식도 지니고 있었다.[27] 그러나 이러한 지구의 경위도 개념을 이해한 선구적인 측면을 지니고 있었지만 이를 지도제작에 적용한 투영법의 개념으로 나아가지는 못했다. 이는 중국에서도 일반적인 현상으로 고도의 수학적 원리에 의해 지탱되는 투영법의 개념을 이해하는 것은 그리 쉬운 일이 아니었다. 그러나 대지가 구형이라는 사실을 분명하게 언급하고 동시에 서양과학의 우수성을 그대로 인정하였다는 점에서 이후 전개되는 인식론적 전환의 단초를 열었다는 데 의의가 있다.[28]

양명학으로 유명한 정제두(鄭齊斗, 1649~1736)는 서양의 동서반구도(東西半球圖)를 시각의 차이를 파악하는 기본자료로 활용하였는데, 반구도는 페르비스트의 『곤여전도』로 보인다. 그는 『곤여도설』의 내용을 인용하여 두 지역간 시각 차이를 산출하는 법을 설명하기도 하였다.[29] 또한 지구설에 입각하여 천지의 구조를 기술하였는데, 천지는 지름이 120도인 천구와 그 가

---

27) 金萬重, 『西浦漫筆』.

28) 구만옥 「朝鮮後期 '地球'說 受容의 思想史的 의의」, 하현강교수정년기념논총간행위원회 엮음 『韓國史의 構造와 展開』, 혜안 2000, 728~29면.

29) 鄭齊斗 『霞谷集』 卷21, 天地方位里度說.

운데 위치한 지름이 60도인 지구로 구성되어 있다고 했다.

이이명의 아들이며 김만중의 외손인 이기지(李器之, 1690~1722)의 경우도 서구식 세계지도를 통해 지구설을 이해했던 인물이다. 그는 중국에 사신으로 가 천주당을 방문하여 혼천의를 직접 보기도 했는데, 특히 지구도의 위도를 통해 실제의 거리를 파악할 수 있었다. 또한 서양 제국이 중국보다 결코 적지 않다는 사실도 깨달았다.[30]

조선 후기 실학의 거두였던 성호(星湖) 이익(李瀷, 1681~1763)은 서구식 세계지도를 통해 전통적인 세계인식을 극복하고 지구설을 수용하였던 대표적인 인물이다. 천문, 역법, 지리, 과학 등 서학의 여러 분야에 관심을 가졌던 그가 읽은 한역서학서만 해도 20여 종에 이른다.[31] 그는 마테오 리치의 『곤여만국전도』, 알레니의 「만국전도」를 통해 지구설을 수용하고 있었는데,[32] 콜럼버스(Christopher Columbus), 마젤란과 같은 서양 사람들이 항해를 통해 실제로 증명한 사실로 받아들였다.[33]

이익이 수용했던 지구설은 마테오 리치의 『곤여만국전도』에 수록된 「지구도설」을 따르고 있다. 위도 1도를 250리, 지구의 둘레를 9만 리로 「지구도설」의 수치와 동일하게 파악하고 있다.[34] 그는 더 나아가 중력의 법칙에 해당하는 '지심론(地心論)'을 이해하였는데, 지구의 아래쪽에 사람이 살 수 있는 것은 바로 지구중심으로 작용하는 힘에 의해서 가능하다고 기술했다.[35] 그러나 이러한 선진적인 서양학문을 이해했던 이익 역시도 조선의 유

---

30) 李器之 『一菴集』, 渾儀記.

31) 李元淳 『朝鮮西學史硏究』, 一志社 1986, 116면.

32) 그의 책에서는 지도의 이름이 「만국전도(萬國全圖)」라 되어 있는데 이 지도에 지구의 둘레가 9만 리라는 기록이 있다고 언급하는 것으로 보아 이 지도는 리치의 『곤여만국전도』로 보인다(李瀷 『星湖僿說』 2卷, 天地門, 一萬二千峯).

33) 李瀷 『星湖先生文集』 卷55, 題跋, 跋職方外紀.

34) 李瀷 『星湖僿說』 卷2, 天地門, 地厚.

35) 李瀷 『星湖僿說』 卷2, 天地門, 地球.

학자적인 한계를 벗어날 수는 없었다. 그는 중국이라는 나라가 전체의 땅 가운데 한 조각에 불과하다고 하면서 지리적 중화관을 극복했으나 중국은 여전히 인류와 만물이 가장 먼저 생겨난 곳이며 성현이 먼저 나와 문화가 가장 발달된 곳이라 하여[36] 문화적 중화관을 탈피하지는 못했다.[37]

이익의 제자 가운데 서양학문에 조예가 깊으면서도 천주교를 적극 배척하였던 대표적인 인물로 안정복을 들 수 있다. 그는 지리학에 남다른 관심을 지니고 있었는데 특히 전통적인 방식에 의한 지도뿐만 아니라[38] 지구의용 지도와 같은 서구식 세계지도를 제작하기도 했다.[39] 일찍이 서구식 세계지도를 통해 세계에 대한 인식을 확장할 수 있었고 더 나아가 지구설까지 수용하였다. 그는 마테오 리치의 『곤여만국전도』 열람을 통해 일본의 지세를 좀더 현실에 맞게 설명할 수 있었고,[40] 알레니의 『만국전도』를 이용하여 기미(箕尾) 별자리에 배정되어 있던 조선의 분야(分野)를 위도를 고려하여 수정했다.[41] 또한 지구설의 수용을 통해 측천법의 원리를 이해하고 있었는데 '1도=200리'를 적용하여 남북간 거리와 동서간 시각의 차이를 측정하였다.[42] 그리하여 그는 세계의 중심이 중국이라는 지리적 중화관에서 탈피하여 "세계의 중심은 서역이고 중국은 동남쪽에 치우쳐 있다"라고 말하였으나 여전히 문화적 중화관을 강하게 고수하여 서교를 극력 배척하였다.[43]

---

36) 李瀷 『星湖僿說』 卷2, 天地門, 分野.

37) 그는 서양 과학의 여러 문제들을 전통적인 해석으로 일관했는데, 우주의 구조에 대해서는 전통적인 혼개설(渾蓋說)을 이용하였고, 서양의 구중천설(九重天說)에 대해서는 굴원(屈原)의 구중천설로 이해하기도 했던 한계를 분명하게 보여주었다(朴星來 「星湖僿說 속의 西洋科學」, 『진단학보』 59호, 진단학회 1985).

38) 현재 국립중앙도서관에는 1권 6책으로 된 지도책이 안정복 수택본으로 전해지고 있다(李燦 『韓國의 古地圖』, 汎友社 1991, 345면).

39) 秋岡武次郎 「安鼎福筆地球儀用世界地圖」, 『歷史地理』 61-2號, 1933.

40) 安鼎福 『順庵集』 卷19, 倭國地勢說.

41) 安鼎福 『東史綱目』 下卷 地理考, 分野考.

42) 安鼎福 『雜同散異』 第1冊, 地道, 象緯考略, 天地.

216

천문역법과 지리에 남다른 관심이 있었던 이재(頤齋) 황윤석(黃胤錫, 1729~91)은 서구식 세계지도를 다양하게 접하면서 세계에 대한 인식을 확대하고 지구설을 수용했던 대표적인 학자이다. 특히 그는 서명응(徐命膺), 홍대용, 정철조(鄭喆祚) 등 천문·역법의 전문가들과 교유하면서 서양의 학문들을 접했다. 지도에도 관심이 많아 정상기(鄭尙驥)의 『동국지도』를 직접 고쳐서 장정하기도 했다.[44] 황윤석은 서구식 세계지도에 많은 관심을 갖고 여러 사람들로부터 빌려 보았는데, 그의 일기에 해당하는 『이재난고』에는 이와 관련된 기록이 수록되어 있다. 그는 남사성(南司成)의 집에서 마테오 리치의 『곤여만국전도』를 빌려 보았으며[45] 진사 이서(李恕)의 집에서는 알레니의 『만국전도』를 열람하였다.[46] 또한 심유지(沈有之)의 집에서 서양오대주지도(西洋五大洲地圖)를 열람하였고,[47] 이자경(李子敬)의 집에서는 서양만국곤상전도(西洋萬國坤象全圖) 남북면(南北面) 2폭을 열람하였다. 전자의 두 폭짜리 지도는 페르비스트의 『곤여전도』를 지칭하는 것으로 보이고, 후자는 마테오 리치의 『곤여만국전도』와 알레니의 『직방외기』에 수록된 남반구와 북반구 지도로 생각된다. 특히 홍대용의 집에서는 페르비스트의 『곤여전도』와 더불어 『역상고성후편(曆象考成後篇)』 『수리정온』 등의 천문역산서를 열람하였다.[48] 그 자신도 『만국전도』와 『적도선남북양도(赤道線南北兩圖)』를 소장하기도 했다.[49] 마테오 리치의 세계지도뿐만 아니라 알레니, 페르비스트의 세계지도까지 다양한 서구식 세계지도를 접하면서, 황윤석은 세계에 대한 인식을 확대할 수 있었음은 물론 지구설도 수용하게 되었다.[50] 그러나 그는

---

43) 安鼎福 『順菴集』 卷17, 雜著, 天學問答.

44) 吳尙學 「정상기의 동국지도에 관한 연구」, 『지리학논총』 24호, 1995, 132면.

45) 黃胤錫 『頤齋亂藁』 卷9, 丁亥年(1767) 十二月 十七日.

46) 黃胤錫 『頤齋亂藁』 卷12, 己丑年(1769) 三月 二十八日.

47) 黃胤錫 『頤齋亂藁』 卷14, 庚寅年(1770) 五月 初四日.

48) 黃胤錫 『頤齋亂藁』 卷22, 丙申年(1776) 八月 初十日.

49) 黃胤錫 『頤齋亂藁』 卷17, 辛卯年(1771), 二月 二十三日.

『대대례(大戴禮)』의 기록을 근거로 지구설의 중국원류설을 고수했다.[51]

조선 후기 실학의 최고봉이었던 정약용(丁若鏞, 1762~1836)은 동시대 어떤 학자보다도 지리학에 대한 조예가 깊었던 인물이다.[52] 서구식 세계지도와 지리서를 통해 세계에 대한 인식의 전환을 이루어 다른 어떤 학자들보다 깊이있는 이해에 도달해 있었다. 그는 『곤여도』를 통해 일본과 유럽 등의 지세를 설명하였는데 여기서 언급한 『곤여도』는 설명하는 내용으로 보아 마테오 리치의 『곤여만국전도』가 확실하다.[53] 또한 지구상에서 보면 모든 지역이 중앙이 될 수 있으므로 중국이니 동국이니 하는 것은 의미가 없다고 하여 지리적 중화관을 부정하였다.[54]

그는 전통적인 천원지방이란 관념은 『주비산경』에서 비롯된 것으로, 『주비산경』은 천체를 관측하여 땅을 측량하는 데 목적을 둔 책이기 때문에 땅을 평평하면서 네모진 것으로 비유했던 것이고, 실제로 땅은 둥근 것이라 하여 전통적인 천원지방의 관념을 부정하였다. 또한 추연의 대구주설도 지구설에 비춰볼 때 황당하고 이치에 맞지 않다고 하여 보통의 유학자들이 서양의 오대주설을 추연의 대구주설에 대응시키는 오류도 전혀 볼 수 없다.[55] 특히 그는 마테오 리치의 '1도=250'리의 측천법을 받아들여 위도의 차이와

---

50) 黃胤錫 『頤齋續稿』 卷4, 題跋 「題巍巖集天地辨六面世界冬夏雨至相配圖(己酉)」.
51) 黃胤錫 『頤齋亂藁』 卷6, 丙戌年(1766) 三月 二十三日.
52) 정약용은 자연학으로서의 지리학을 표방하여 신비적 요소를 지니고 있는 풍수를 지리학과 완전히 분리했다. 그는 지리를 천문·역법 못지않게 중요한 학문으로 인식하여 군주뿐만 아니라 선비들도 마땅히 이를 탐구해야 함을 역설하였다(오상학 「다산 정약용의 지리사상」, 『다산학』 10호, 2007). 그의 지리학은 실증적, 고증적 지지(地誌)를 근간으로 하고 있으며 이를 뒷받침해주는 지도를 매우 중시하였는데, 지형·지세와 같은 자연지리적 분야, 강역·행정구역의 변경과 같은 역사지리적 분야를 비롯하여 경제·군사지리적 분야에 대한 관심이 지대했다(丁若鏞 『茶山詩文集』 卷8, 對策, 地理策).
53) 丁若鏞 『茶山詩文集』 卷22, 雜評.
54) 丁若鏞 『茶山詩文集』 卷13, 序.
55) 丁若鏞 『茶山詩文集』 卷8, 對策, 地理策.

시각의 장단으로 지구가 둥글다는 것을 증명하기도 했다. 아울러 지도제작에도 관심이 많았는데 지구설을 바탕으로 지도를 제작해야 함을 역설하여 서양의 투영법에 대해서도 일부 이해하고 있었던 것으로 보인다. 그러나 그도『대대례』의 기록을 토대로 지구설의 기원이 중국에 있다고 하여 문화적 중화관을 완전히 극복하지는 못했다.56)

### (2) 서양역법의 도입과 관련한 지구설의 수용

서구식 세계지도를 통한 일부 학자들의 지구설 수용과 더불어 국가적 차원에서도 점차 지구설에 대한 이해가 진전되어갔다. 여기에는 중국에서 도입한 천문·역법 서적이 큰 역할을 담당하였다. 선교사들이 저술한 한역의 천문·역법 관련 서적은 지구설에 토대를 두고 있었는데, 초기에 리치가 이지조의 도움을 받아 1607년에 펴낸『혼개통헌도설(渾蓋通憲圖說)』『치력연기(治曆緣起)』, 1615년 디아즈가 간행한『천문략(天文略)』등이 대표적이다.

명나라는 17세기초까지 발행된 천문서를 기초로 서양 천문학의 번역사업을 실시하였다. 이것이 1629년에서 1634년에 걸쳐 이루어진『숭정역서』135권의 간행이다. 이 작업을 주관한 이는 서광계였고 이지조를 비롯하여 테렌쯔(Joannes Terrenz, 鄧玉函, 1576~1630), 로우, 아담 샬 등의 선교사가 실무를 담당하였다. 이후 청나라에서도『숭정역서』의 성과가 반영되어 1645년 시헌력이 채택되었고 아담 샬에 의해『숭정역서』가 개편되어『서양신법역서』100권으로 간행되었다.『서양신법역서』는 소현세자와 김육 등을 통해 단계적으로 조선에 도입되었고 1653년에는 이를 바탕으로 시헌력 시행을 결정했다. 이러한 국가 주도하의 역서 도입과 서양역법의 시행은 조선 후기 지구설의 전개에 커다란 계기로 작용하였다. 서양역법의 우수성을 인정한 토대 위에서 시헌력의 공식적인 시행은 그것의 이론적 토대의 하나인 지구

---

56)  丁若鏞『茶山詩文集』卷10, 說, 地球圖說.

설을 수용하는 데 발판을 마련해준 것이었다.[57]

이후 조선에서는 역법개정의 노력이 지속적으로 이어졌다. 1705년(숙종 31) 관상감(觀象監) 추산관(推算官) 허원이 삐이징에서 시헌칠정표(時憲七政表)를 배워온 후 1708년 시헌오성법(時憲五星法)을 사용하였다. 그러나 대소월(大小月), 24절기, 상하현망(上下弦望)의 시분은 잘 맞았으나 200항년표 중 태양 운행의 최고충(最高衝)과 금수성(金水星)의 인수연근(引數年根)은 산법과 맞지 않았다. 1725년부터는 신수시헌칠정법(新修時憲七政法)을 쓰기 시작했는데 약간의 오차가 있어서 1744년(영조 20)에는 일월의 운행과 교식(交食)은 서양의 까씨니[58]의 방법을 따르고 5성(星)은 매곡성(梅穀成)의 방법을 따르게 되었다.[59] 이 과정에서 1723년 청의 매곡성과 하국종(何國宗)이 종래의 『숭정역서』를 수정해 1722년 간행한 『역상고성』이 도입되었고, 1742년에 당시 흠천감정(欽天監正)이었던 쾨글러에 의해 간행된 『역상고성후편』이 다음 해에 도입될 수 있었다. 『역상고성후편』에는 프랑스의 천문학자 까씨니의 신법이 수록되어 있는데, 까씨니는 독일의 케플러(Johannes Kepler)가 주장한 타원궤도설을 관측에 의해 입증한 인물이다. 까씨니의 신법은 이전 티코 브라헤(Tycho Brahe)의 천문학설을 뛰어넘는 새로운 것이었다.[60] 이러한 일련의 역법개정의 과정을 거치면서 지구설도 이에 관심을 가진 여러 학자들에게 영향력을 확대해나갔고 1770년에 이르러서는 국가적 사업으로 편찬된 『동국문헌비고』에 수록되었다.

---

57) 구만옥 「朝鮮後期 '地球'說 受容의 思想史的 의의」, 하현강교수정년기념논총간행위원회 엮음 『韓國史의 構造와 展開』, 혜안 2000, 745~46면.

58) 까씨니(J. D. Cassini, 1625~1712)는 이탈리아의 천문학자로, 프랑스에 초빙된 후 파리 천문대장이 되어 삼각측량에 의한 과학적인 프랑스 지형도 작성에 착수, 그 일가가 4대에 걸쳐 완성한 것으로도 유명하다(정인철 「카시니 지도의 지도학적 특성과 의의」, 『대한지리학회지』 41-4, 대한지리학회 2006).

59) 이은성 『曆法의 原理分析』, 정음사 1985, 339면.

60) 姜在彦 『조선의 西學史』, 民音社 1990, 89~97면.

『동국문헌비고』는 중국 마단림(馬端臨)의 『문헌통고(文獻通考)』를 모방하여 편찬한 것인데, 책의 첫 부분에 수록된 상위고(象緯考)는 서명응이 편집당상(編輯堂上)으로 책임자의 역할을 했고 그의 아들 서호수(徐浩修)가 편집낭청(編輯郎廳)으로 직접 집필했다. 서호수는 부친 서명응, 아들 서유본(徐有本)과 더불어 서학에 대한 관심이 남달랐는데 1777년에는 사신으로 중국에 가서 『고금도서집성』을 수입해 오기도 했다.[61] 그는 이벽(李檗), 정후조(鄭厚祚)와 더불어 당시 서양의 수리(數理) 전문가로서 명성을 날렸던 인물이다.[62] 『동국문헌비고』 「천지(天地)」에서는 땅의 모습은 둥글고 하늘의 한가운데 있다는 사실을 명백히 했으며, 천도(天度)와 상응하여 위도 1도가 200리 차이가 난다는 사실을 지적했다.[63]

『동국문헌비고』에서 수용하고 있는 지구설은 마테오 리치의 세계지도에 수록되어 있는 것과 차이가 있는데 이는 당시 세계인식의 전환과 관련하여 매우 중요한 문제이다. 경위선이 그어진 둥근 지구를 상정하고 천도(天度)로서 지리(地里)를 측정하는 것은 서구식 세계지도에 수록된 것과 동일하다. 그러나 『동국문헌비고』에서는 매문정(梅文鼎, 1633~1721)의 글을 인용하여 중국 고대의 혼천설과 주비설에서 지구설이 기원하는 것으로 보고 있다. 매문정은 서양문명이 중국에서 기원했다는 이른바 '중국원류설'을 주장한 대표적인 학자로, 그의 입론이 『동국문헌비고』에 수록된 것은 서양역법의 기초가 되는 지구설을 수용하면서도 문화적 중화관을 고수하려 했던 데서 비롯된 것이다. 특히 『동국문헌비고』에서는 마테오 리치의 측천법에서 제시했던 '1도=250리'설을 따르지 않고 강희제 때 새롭게 정립된 '1도=200리'설을 취하고 있는 점에도 유의할 필요가 있다.[64]

---

61) 배우성 『조선 후기 국토관과 천하관의 변화』, 일지사 1998, 247면.
62) 黃胤錫 『頤齋亂藁』 卷27, 戊戌(1778)年 十日月 二十六日.
63) 『增補文獻備考』 卷1, 象緯考, 天地.
64) 천체의 관측을 통해 지상의 거리를 측정하는 측천법은 서양뿐만 아니라 중국에서도 존재

청의 강희제는 광대한 영토에 대한 과학적 지식을 확보하고자 1707년부
터 1717년에 걸친 측량사업을 통해 『황여전람도(皇輿全覽圖)』를 제작하였
다(그림 2-29).[65] 그는 본격적인 측량사업을 시작하기 전 사전 준비작업으로
지역마다 다른 길이의 단위를 통일했다. 벨기에 출신의 예수회 선교사 토마
(Antoine Thomas, 1644~1709)에 의해 이뤄진 측량에 기초해 길이 단위의 표
준을 정하였는데 이것은 실지 측량사업에서 전통적인 거리 자료를 쉽게 이
용할 수 있도록 해주었다.[66] 단위의 표준은 공부영조척(工部營造尺)을 사용
하여 만들었는데 200리=경선 1도, 1리=180장(丈), 1장(丈)=10척(尺), 1척

---

했다. 특히 『당서(唐書)』에서는 천문 1도가 351리 80보라는 수치가 제시되기도 했다. 마
테오 리치가 제시했던 1도=250리라는 수치는 실제 측량을 통해 얻은 수치일 수도 있으
나 당시 도량형의 편차가 심했던 점을 고려해볼 때 정밀한 측량으로 얻은 것은 아니라고
여겨진다. 특히 지구의 둘레를 9만 리로 제시한 것은 천지 사이의 거리를 9만 리로 인식
했던 중국의 전통을 고려했던 것으로 보인다.

65) 『황여전람도』 제작의 주된 책임은 선교사 레지스(Jean-Baptiste Regis, 雷孝思, 1663
~1738)가 담당하였는데 그의 조수 가운데에는 하국동(何國棟)과 같은 중국인 학자와 더
불어 부베(Joachim Bouvet, 白晉, 1656~1730), 자르투(Pierre Jartoux, 杜德美Jartoux, 杜
德美, 1668~1720)가 있었다. 만주·몽골 방면에서부터 내지 각성까지 천체관측과 삼각
측량을 실시하여 조선도(朝鮮圖)와 라마승의 티벳 실측도를 첨가해 상세한 전도를 완성
하였다. 지도는 1718년 리빠(Matteo Ripa, 馬國賢, 1682~1745)에 의해 동판으로 조각되
어 후에 유럽은 물론 중국에서도 여러 번 중판되었다. 또한 『고금도서집성』에도 수록되
어 있는데 경위선은 제거되어 있다. 『황여전람도』는 목판, 동판 또는 분성도, 단열도 등
수종이 현존하고 있다. 뻬이징을 통하는 자오선을 기준으로 하여 경선은 북극으로 합치
하는 직선, 위선은 평행직선의 투영법을 채용하였고, 특히 중국 본토 이외의 지명은 만주
문자로 표기하여 고지명 연구에도 귀중한 자료가 되고 있다. 이 지도는 파리로 보내져
프랑스 지리학자 당빌(J. B. B. D'Anville)에 의해 42장으로 묘각되어 뒤알드(du Halde)
의 『지나제국전지(支那帝國全誌)』에 수록되었다. 그러나 『황여전람도』는 궁중에 비장
(秘藏)되었기 때문에 청대에는 일반에 거의 알려지지 않았다(野間三郎·松田信·海野一
隆 『地理學の歷史と方法』, 大明堂 1959, 51면).

66) Yee Cordell, "Traditional Chinese Cartography and the Myth of Westernization," J. B.
Harley and David Woodward, eds., The History of Cartography vol.2, book.2, University of
Chicago Press 1994, 185면.

그림 2-29 『황여전람도』

=경도 1/100초(秒)로 정하였다. 1707년에는 뻬이징 부근에서 시험측량과 지도제작을 했고 강희제 자신이 직접 지도를 교정해 바로잡기도 했다.[67) 이 때 마련된 길이의 표준화는 이후 1722년에 간행된 『역상고성』과 같은 천문역서에 수록되어 측천법의 새로운 표준으로 자리 잡게 되었다.

경위도에 대응하는 것으로서 지상의 거리에 대한 표준의 정립은 서양 선교사들에 의해 도입된 지구설을 좀더 중국적으로 변용한 사례로 볼 수 있다. 실지의 측량을 통해 경위도에 대한 길이 단위를 통일하면서 마테오 리치가 제시했던 경위도 1도=250리, 지구의 둘레 9만 리라는 수치를 1도=200리, 지구의 둘레 7만 2,000리로 재조정하였다. 서구의 측량 기술을 도입하여 지도를 제작하는 과정에서 지구설에 대한 이해를 더욱 높일 수 있었으며 이를

67) 葛劍雄 『中國古代的地圖測繪』, 商務印書館 1998, 130면.

통해 비현실적이던 길이의 표준을 현실에 맞게 수정했던 것이다.

'중국원류설'은 서양의 선진적 과학 지식을 수용하는 과정에서 생겨난 것으로 중국이 지니고 있는 중화적 세계인식이 바탕에 깔려 있다. 중국원류설에서는 서양의 천문, 역법을 비롯한 과학지식을 인정하여 적극적으로 수용하지만 그것의 근원은 결국 중국에 있는 것으로 이를 서양에서 다시 증명했을 뿐이라고 주장한다. 이를 처음으로 제시한 사람은 명말청초의 지식인인 황종희(黃宗羲)였다. 그의 뒤를 이어 매문정이 이를 더욱 체계화했는데『역학의문(曆學疑問)』과 같은 저술을 통해 '오대지설(五帶之說)'이나 '지원설(地圓說)'을 비롯한 서양의 천문, 역학이 이미 중국에서 밝혀놓은 것이라고 주장하였다.[68] 이러한 중국원류설은 서기(西器)와 서교(西敎) 사이의 차별성을 확실히 부각시켜 서기 수용의 근거를 확보하기 위한 현실적인 필요성에서 제시되기도 했지만[69] 문화적 중화관까지 극복하기는 어려웠던 당시의 상황을 반영하는 것이기도 하다.

서양문명의 주체적 수용이라는 사회 분위기 속에서 형성된 '중국원류설'은 조선의 지식인에게도 많은 영향을 미쳤다. 조선에서는 서명응이 처음으로 '중국원류설'을 제기하여 유교문화의 입장에서 서양의 과학기술 문명을 수용하려 했다. 그는 서양의 지구설을 동양의 역학(易學)을 기초로 재해석하였는데[70] 특히 지구의 5대 기후대를 역학적으로 분류하기도 했다.[71] 그의 이러한 입장이『동국문헌비고』상위고(象緯考)에도 그대로 반영되었다고 볼 수 있다. '중국원류설'은 황윤석에게도 이어져 서양 과학기술문명 수용의 정

---

68) 노대환 「19세기 東道西器論 形成過程 硏究」, 서울대학교 박사학위논문, 1999.

69) 노대환 「조선 후기의 서학유입과 서기수용론」,『진단학보』83, 1997, 143면.

70) 지구설에 대한 서명응의 역학적 이해에 대해서는 다음의 논문을 참조. 박권수 「서명응의 역학적 천문관」,『한국과학사학회지』제20권 1호, 1998; 문중양 「18세기 조선실학과의 자연지식의 성격」,『한국과학사학회지』21권 1호, 1999.

71) 金文植 「徐命膺的易學世界地理觀」,『國際儒學硏究』第5輯, 1998, 80~90면; 金文植 「18세기 서명응의 세계지리인식」,『韓國實學硏究』11, 2006.

당성을 확인했으며 더 나아가 북학론자들에게는 서기 수용의 논리적 근거로 작용하였다.72) 당시 조선은 지리지식의 확대로 지리적 중화관은 이미 설 자리를 잃어가고 있는 상황이었는데 북학론은 바로 문화적 중화관에 입각하여 청 문물 수용의 논리를 구성한 것이다. 따라서 서양의 문물이 중화문화와 관련된다면 수용을 거부할 이유가 없는 것이며 천문, 역법과 같은 서양학문의 연구는 하·은·주 삼대(三代) 문화의 회복을 의미하므로 적극적인 수용의 가능성을 지니는 것이다.73)

역법개정과 관련하여 지구설의 수용은 군주에게도 영향을 미쳤는데, 조정 내에서도 군주와 신하가 지구설에 대한 담론을 나누기도 했다. 영조는 뻬이징의 천주당을 방문했던 신하들로부터 서양인이 보여주었던 여러 물건들에 대해 전해 들었는데 서구식 세계지도도 그중의 하나였다. 이어서 영조는 지구설에 대한 의문을 제기하였는데, 그것은 당시인들이 상식적으로 가장 납득하기 어려웠던 부분이었다. 즉, "땅의 아래쪽에 있는 인간들이 거꾸로 서서 다닐 수 있는가?"라는 물음이었다. 이에 대해 부제조(副提調) 이이장(李彛章)은 개미가 붙어서 기어 다니는 것에 비유하여 설명하였는데 성호 이익과는 달리 지구의 중력을 이해하지는 못하고 있었다.74) 이와 같은 지구설을 둘러싼 조정에서의 담론은 역법개정과 관련하여 지구설에 대한 관심이 증폭되어 나타난 것이다.

조선 후기 대표적인 학자군주인 정조도 서구식 세계지도를 직접 열람했으

---

72) 노대환 「19세기 東道西器論 形成過程 研究」, 서울대학교 박사학위논문, 1999, 40~54면.

73) 노대환 「조선 후기의 서학유입과 서기수용론」, 『진단학보』 83, 1997, 146~47면.

74) 『承政院日記』 第1198冊, 英祖37年, 十月 十六日. "上曰 天地如鷄黃之說 如何 徽中曰 劉松齡出示天下地圖 大如我國帳籍者屢卷 其中盡載天下所有萬國 朝鮮亦在其中 而如九牛一毛矣 上曰 都承旨亦見此圖乎 彛章曰 臣亦見天下地圖矣 徽中曰 所見者似是他圖 渠之祕藏 似未得見矣 上曰 地下人倒行之說 亦有之何如 利瑪竇則皆見之乎 彛章曰 其說地毬 在天地之內 如栗窠 如蟻負窠而行矣 徽中曰 此特其糟粕 劉松齡之言 頗精微矣 槪人之戴天履地 則地下亦同云矣."

며, 지구설을 받아들여 강희제 때 정해진 측천법인 1도=200리설을 수용하기도 했다. 그러나 지구설을 수용하고 있으면서도, 지구설의 근원은 서양이 아닌 중국으로 고대의 『주비산경』에 처음 등장하고 있으며 혼천설로도 지구설이 증명된다고 하여 '중국원류설'을 견지했다.[75]

### (3) 중화적 세계인식의 극복

서구식 세계지도를 통해 천원지방의 전통적인 인식이 극복되었고, 18세기 후반에는 서양역법의 도입과 관련해 지구설이 수용되어 1770년 간행된 『동국문헌비고』에 수록되기에 이르렀다. 그러나 이러한 일련의 과정으로 지구설이 전 사회적으로 수용된 것은 아니었다. 또한 지구설이 수용되었다 해도 전통적 세계인식을 극복하고 새로운 인식에 도달했다고 보기는 어렵다. 중화적 세계인식의 극복은 지리적 중화관에서 벗어난 다음 더 나아가 문화적 중화관인 화이론을 극복해야 이뤄지는 것인데, 여전히 주자성리학적 원리가 지배하고 있던 당시 조선사회에서 그리 쉽지 않았다. 지리적 중화관에서 탈피할 수 있다 하더라도 문화적 중화관까지 극복하는 것은 유교적 원칙을 부정하지 않고서는 거의 불가능한 것이다. 조선 후기 성리학에서 핵심적인 부분이었던 존주론(尊周論)은 여전히 중국문명을 정점에 위치시켰기 때문이다.

지리적 중화관에서 탈피하더라도 문화적 중화관을 극복하는 데는 어려움이 있음은 1631년 정두원과 같이 중국에 갔던 역관 이영후의 사례에서 볼 수 있다. 당시 이영후는 선교사 로드리게스와 서양의 천체관, 만국지도, 역법 등에 대해 서한을 교환하였는데 만국전도(萬國全圖)와 관련하여 질문하기를, "중국은 세계의 중주(中州)이기 때문에 자연의 기운과 청초하고 정숙한 기운이 여기에 집중되어 복희(伏羲)에서부터 공자에 이르기까지 성인이 배출되고 군신부자(君臣父子)의 도리, 시서인의(詩書仁義)의 가르침, 예악

---

75) 正祖 『弘齋全書』 卷161, 日得錄.

(禮樂)·법도·의관·문물의 번성을 만세에 전했고, 조선은 동이(東夷)인데 기자(箕子)가 건너와 중국의 사상과 문물을 전했기 때문에 해외의 문명국이 되었다. 그런데 이 중주의 밖에도 그와 같은 인물, 그와 같은 교화, 그와 같은 제작이 있는가?"라고 하였다.[76]

이에 대해 로드리게스가 답하기를, "만국전도에서 중국을 중심에 둔 것은 중국인이 보기 편하도록 그렇게 한 것일 뿐이다. 지구는 둥글기 때문에 수많은 나라가 세계의 중심이 된다. 따라서 이 지도를 본 중국인도 지구는 크고 나라가 많다는 것을 알게 된다. 삼강오상(三綱五常), 오륜치국(五倫治國)의 도리는 서양 나라에서도 행해지고 있으며 중국만의 것은 아니다. 천주학(天主學)은 중국에도 있었는데 진시황의 분서(焚書) 때문에 전해지지 못했을 것이다"라고 하였다.[77]

여기서 알 수 있듯이 이영후는 서구식 세계지도를 통해서 지리적 세계에 대한 기존의 인식은 확대되었지만 여전히 전통적인 문화적 중화관을 고수하고 있었다. 그만큼 인식의 전환을 이루기가 쉽지 않았던 것이다. 그러나 유학에서 중시하는 존주론적 이념이 사회를 지배하고 있음에도 불구하고 극히 일부 학자는 문화적 중화관을 극복하기도 하였다.

이의 대표적인 학자는 노론 낙론(洛論)계 실학자인 홍대용(洪大容, 1731~83)이다. 그는 지구설을 바탕으로 중화적 세계인식을 극복하였으며 더 나아가 중국과 오랑캐를 구분하지 않는 '화이일야(華夷一也)'를 주장하기에 이르렀다. 월식에 대한 과학적 설명으로 지구설을 증명하였고, 하늘의 측량을 통해 땅을 측량할 수 있는 이른바 '측천법'도 이해하고 있었다. 그의 측천법은 중국 강희제 때 표준으로 정해진 1도=200리보다는 마테오 리치 측천법인 1도=250리, 지구둘레 9만 리를 수용했다. 또한 "하늘을 이고 땅을 밟고 있어서는 횡계(橫界)도 없고 도계(倒界)도 없이 어다나 똑같은 정계(正界)이므

---

76) 安鼎福 『雜同散異』, 與西洋國陸掌敎若漢書.

77) 安鼎福 『雜同散異』, 西洋國陸若漢答李榮後書.

로 지구상의 어떤 지역도 다 중심이 될 수 있다"라고 하여 화(華)와 이(夷)의 구분이 무의미함을 지적하였다.[78]

이처럼 지구설을 바탕으로 중화적 지리인식을 근저에서 부정하였고 더 나아가 문화적 차원의 화이론과 내외(內外)를 구분하는 명분론마저 무의미함을 역설하였다. 지구상의 모든 지역은 그 자체로서의 가치와 존재의의를 지니고 있어서 상하나 귀천이 있을 수 없다는 그의 논리는 당시로서는 매우 파격적인 내용이었다. 일종의 문화적 상대주의에 입각하여 지역의 고유성을 인식했던 것으로 볼 수 있다. 이러한 그의 사상은 박지원, 박제가 등의 북학파로 이어져 오랑캐 나라인 청의 선진문물 수용의 논리적 근거로 작용하기도 했다.

## 2. 서구식 세계지도에 대한 저항과 전통의 고수

중국에서 들여온 서구식 세계지도를 통해 일부 선진적 학자들이 세계인식의 폭을 확대해갔지만, 또다른 부류의 학자들은 이러한 흐름에 대해 부정적 태도를 취하기도 했다. 서구식 세계지도에 대한 반응의 양상은 시대적 조건과 개개인의 성향에 따라 다양하게 나타났다. 서구식 세계지도에 대한 조선에서의 저항을 검토하기에 앞서 중국에서 나타났던 서구식 세계지도에 대한 저항과 반발을 먼저 살펴볼 필요가 있다. 동일 문화권이면서 조선보다 앞서 서구의 지리지식을 수용했던 중국의 사례는 조선에서의 상황을 이해하는 데 도움을 주기 때문이다.[79]

---

78) 洪大容 『湛軒書』 內集 3卷, 補遺, 醫山問答.

79) 일본의 경우는 쇄국정책을 취하면서도 나가사키를 통해 서양의 학문을 접할 수 있었다. 이 과정에서 서구식 세계지도와 지구의 등이 유입되어 지식인들에 영향을 미쳤는데, 많은 국학자(國學者)들은 서양의 우주관을 지지했다. 그러나 서양의 천동지구설(天動地球

228

중국의 경우도 서구식 세계지도에 대한 반응이 시대별로 다양하게 전개되었다. 명말 마테오 리치에 의한『곤여만국전도』의 간행은 지식인 사회에 커다란 충격을 주었다. 이전에 접할 수 없었던 새로운 지리적 사실을 보여주는 세계지도는 당시 지식인들에게 호기심과 탐구의 대상이 되었다. 그리하여 중국에서만 마테오 리치의 세계지도가 열 번 이상 제작되었다. 이후 알레니, 페르비스트를 거치면서 서구식 세계지도가 보여주는 지리적 세계는 더 이상 상상 속에 존재하는 것이 아니라 실재의 세계로 인식되었다. 오대주의 개념과 지구설을 토대로 경위도의 측량, 기후대 등을 이해하였고, 아울러 세계 각지의 지명을 한역(漢譯)할 수 있었다.[80]

그러나 한편으로는 서구식 세계지도가 보여주는 세계상에 대해 반대와 비판이 행해지면서 전통적인 인식을 고수하기도 했다. 서구식 세계지도가 보여주는 세계는 전통적인 중화적 세계인식과는 매우 다르기 때문에 이에 대한 저항과 반발은 어쩌면 당연한 것이었다. 대표적인 사례는 명말 1610년 이유정(李維禎)이 지은『방여승략(方輿勝略)』서문(敍文)을 비롯하여 서창치(徐昌治)의 『성조파사집(聖朝破邪集)』, 진조수(陳祖綬)의 『황명직방지도(皇明職方地圖)』등에서 찾아볼 수 있다.

『방여승략』에서는 리치의 지도에 표현된 세계가 중국 고대의 추연이 말했던 세계와 유사하다고 보았는데, 육합(六合)의 외부에 대해 성인이 존이불

---

說)은 일본에서도 일부 유학자, 불교가(佛敎家)에 의해 배척되었는데 서양의 지구설을 최대의 적으로 느꼈던 부류는 수미산설(須彌山說)을 믿고 있던 불교가들이었다. 보영 연간(寶永年間)에는 심상겸(森尙謙)의 『호법자치론(護法資治論)』이 간행되어 분위기를 고조했고, 이러한 분위기는 명치 초기까지 이어졌다. 이 가운데 원통(圓通)은 불교 우주관을 구체적으로 보여주는 수미산의(須彌山儀)를 제작, 『불국역상편(佛國曆象編)』을 저술하였는데 거꾸로 서양 지리지식을 이용하여 수미산설의 정확성을 입증하려 하였다. 특히 조선에도 유입되었던 봉담(鳳潭)의 『남첨부주만국장과지도』는 보수적인 사람들에 이용되어 19세기 중반까지 이어졌다. 그러나 지식인 사회에 강한 영향을 끼쳤던 주류는 서구식 세계지도였다(野間三郎·松田信·海野一隆 『地理學の歷史と方法』, 大明堂 1959, 62면).

80) 陳觀勝 「利瑪竇對中國地理學之貢獻及其影響」, 『禹貢』 5号 3·4 合卷, 1936.

론(存而不論)의 태도를 취한 점을 들어 반감을 표시했다. '존이불론'은『장자(莊子)』에서 최초 언급되는데[81] 인간의 인식을 넘어서는 영역에 대해서는 '두고서 논하지 않는다'는 태도를 말한다. 이는 서구식 세계지도에 대한 반감과 저항을 표현할 때 수사적으로 사용되었다. 중국인에게 있어서 서구식 세계지도가 보여주는 세계는 인간이 경험하지 못한 미지의 세계로, 이들의 존재를 인간의 능력으로는 실제로 경험할 수 없는 것이고 따라서 '두고서 논하지 않는' 태도를 취했던 것이다. 이러한 태도는 서구식 세계지도에 반감을 지니고 있으면서도 다소 유연한 경우에 해당한다. 정교하게 그려진『곤여만국전도』에서 보여주는 세계 자체를 완전히 부정할 수 없는 당시의 정황이 반영된 것이다.

그러나 '존이불론'적 태도를 넘어 보다 완강하게 저항했던 사례도 보이는데 서창치의『성조파사집』에 수록된 위준(魏濬)이 찬(撰)한「이설황당혹세(利說荒唐惑世)」가 대표적이다. 그는 마테오 리치가 사설(邪說)로써 사람들을 속이고 있다고 강도높게 비난했다. 세계지도의 경우 증험할 수 없는 것으로써 사람을 속이고 있고, 또한 과거로부터 양성(陽城)이 천지의 중심인데 중국이 서북쪽으로 치우쳐 그려져 있는 것은 마땅히 잘못된 것이라 했다. 마테오 리치는 원래 유럽이 중앙에 그려진 원도를 중국인의 중화적 세계관을 고려하여 정중앙은 아니지만 중앙 근처로 배치했는데, 위준은 중국이 정중앙에 없다 하여 이를 비판한 것이다.[82]

1636년에『황명직방지도』[83]를 제작한 진조수도 서구식 세계지도의 수용

---

81) 『莊子』內篇,「齊物論」. "六合之外 聖人存而不論 六合之內 聖人論而不議."

82) 船越昭生「マテオリツチ作成世界地圖の中國に對する影響について」,『地圖』第9卷, 1971, 7면.

83) 『황명직방지도』는 3권, 52폭의 인쇄본으로 이루어진 지도로 현재 프랑스 파리 국립도서관에 소장되어 있다. 중국의 전통적인 방격을 사용하여 제작하였는데, 100리·250리·500리 등 지도마다 일정하지는 않다(李孝聰『歐洲收藏部分中文古地圖敘錄』, 國際文化出版公司 1996, 154면). 이 지도는 청대에는 금서목록에 들어 있었는데 지도의 양식은 주사

을 거부했던 대표적인 학자다. 지도의 서문에는 서구식 세계지도를 비판하고 중국의 전통적인 세계지도를 고수하려는 태도가 잘 드러나 있다. 서문에서 그는 나홍선의 『광여도』가 전통적인 직방세계를 넘어서는 데 문제가 있다고 지적하면서 직방조공(職方朝貢)의 입장에 입각하여 부근에 있으나 조공하지 않으면 기록하지 않고, 멀리 있어 옛날에는 조공하지 않았더라도 지금 조공하고 있다면 마땅히 기록해야 함을 강조하고 있다. 또한 오대주의 존재, 마젤란의 항해를 인정한다 하더라도 직방이라는 관점에서는 기재의 범위를 확대할 필요는 없다고 보았는데, 직방(職方)은 중국 고대로부터 우주를 논했던 논천가(論天家)들과는 그 역할이 다르다는 것을 분명히 했다. 따라서 직방세계를 훨씬 넘는 범위를 그려낸 서구식 세계지도의 모습은 중국 고대 추연이 말했던 세계와 유사한 것으로 두고서 논하지 말아야 한다고 역설하였다.[84]

이처럼 진조수는 서구식 세계지도가 보여주는 오대주와 같은 지리적 세계는 고대의 추연이 제시했던 대구주설과 유사한 것으로서 수용할 수 없음을 분명히 하였다. 그리하여 지도의 제작에 있어서도 증험할 수 없는 모든 지역까지 수록하는 것이 아니라 직방조공(職方朝貢)의 입장에서 직방세계만을 그리는 것이 타당하다고 강조하여 전통적인 직방중심의 세계지도를 강하게 고수하였다. 더 나아가 직방씨와 논천가(論天家)의 역할을 철저하게 구분함으로써 지구설을 바탕으로 천문관측에 기초한 지도제작을 거부하고 천원지방에 입각한 전통적인 지도학을 옹호하였다.[85]

---

본의 『여지도』 계통에 속하는 것으로 전통적인 직방세계 중심의 지도이다. 진조수는 1634년 진사(進士)에 입격하여 병부직방주사(兵部職方主事)를 제수받았는데 직방사 재직 초기에 이 지도를 제작했다(王庸 『中國地理圖籍叢考』, 商務印書館 1947, 16~19면).

84) 船越昭生 「『坤輿萬國全圖』と鎖國日本: 世界的 視圈成立」, 『東方學報』 41, 1970, 624 ~29면.

85) 중국은 고대로부터 과학의 여러 분야 사이의 연계가 약하여 상호교류가 활발하지는 못했다. 이러한 특성은 중국의 과학기술 부진의 한 이유로 제기되기도 하는데, 전통적인 지도

중국에서와 마찬가지로 조선에서도 서구식 세계지도에 대한 거부와 저항이 나타났다. 일찍이 숙종 때『곤여만국전도』의 제작을 총지휘했던 최석정은 모르는 지역에 대한 식견을 넓히기 위해 지도의 제작과 열람의 필요를 인정했지만『곤여만국전도』가 보여주는 세계를 바로 받아들이지 않고 유보적인 태도를 취했다.[86] 위백규도 처음에는 마테오 리치가 제시했던 지리지식이 추연이 말했던 것과 유사하다 하여 리치의 '구구주도(九九州圖)'라 이름 붙였으나, 이 지도는 원형의 천하도였다. 당시 보통의 유학자들이 서구식 세계지도를 통해 떠올렸던 것은 추연의 대구주설이었는데 이로 인한 반응은 당연히 '존이불론'적인 태도였다. 지리적 세계에 대한 전통적인 인식에 젖어 있던 지식인들이 서구식 세계지도의 내용을 바로 이해하고 수용한다는 것은 쉬운 일이 아니었다.

서구식 세계지도가 제시하고 있는 세계인식을 거부하고 새로운 대안적 세계인식을 제시하는 경우도 있었다. 이의 대표적인 것은 현종대의 인물인 김백련의 '오세계설'이다. 그가 말하기를, "천하에는 다섯 세계(五世界)가 있는데 이 가운데 대국(大國)으로서 중국과 같은 것이 64곳이 있다고 한다. 문왕의 64괘도 이것을 본떠 만든 것이다. 사방의 나라에는 대성인(大聖人)이 있는데 서방은 곡궁씨(彀弓氏), 남방은 문농씨(文農氏), 동방은 윤여씨(閏餘氏), 북방은 현후씨(玄后氏)가 있다"고 하였다.[87] 이러한 지리적 세계인식은

---

학의 영역에서도 유사한 면을 보이고 있다. 즉, 서양의 경우 천체관측을 통한 지도제작이 일찍이 고대에서 이뤄졌고 중세 이후 다시 부활된 반면, 중국에서는 천체관측을 통한 지도제작이 서양의 선교사들이 들어오기 전까지는 행해지지 않았던 것이다. 위도의 측정과 같은 천체관측은 지도제작과 관련이 없는 천문·역법의 영역에 불과했다. 관직에 있어서 지도를 담당하는 직방이 천관(天官)과는 명백히 분리되어 있던 것도 천문관측과 지도제작의 상호연결을 더욱 어렵게 했다. 그러나 무엇보다 천원지방의 천지관을 고수하여 지구설로의 인식의 전환이 이뤄지지 않은 것이 가장 큰 요인이라 할 수 있다.

86) 崔錫鼎『明谷集』卷6, 論泰西坤輿.
87) 李圭景『五洲衍文長箋散稿』卷27, 五世界辨證說.

추연의 대구주설과도 흡사한데 서양의 오대주설의 수용을 거부하고 오히려 전통 속에서 새로운 세계인식을 창조한 전형적인 보기이다.

서구식 세계지도에 대한 보다 완강한 거부는 예조참판이었던 김시진(金始振, 1618~67)의『역법변(曆法辨)』에서 볼 수 있다. 그는 마테오 리치가 그린『곤여만국전도』를 '감여도(堪輿圖)'라 독특하게 명명하였는데 감여(堪輿)는 풍수(風水)의 별칭이므로 감여도는 풍수도(風水圖)를 뜻한다. 리치의 세계지도 제목을 신비적인 풍수도에 대응시킨 것 자체가 리치의 세계지도가 보여주는 세계에 대한 불신을 깔고 있는 것으로 볼 수 있다. 이 같은 서구식 세계지도에 대한 거부는 지구설에 대한 공격으로 이어졌는데, 땅이 둥글다고 한다면 대척점에 있는 사람은 위에 있는 사람과 달리 거꾸로 매달린 꼴이 되는데 그것은 이치상 불가능함을 지적하고 있다.[88] 천원지방의 천지관을 지니고 있던 대다수의 사람들에게는 지구설에 대한 이러한 비판이 어쩌면 당연한 것이었다. 만유인력이나 중력과 같은 물리, 지구과학의 원리를 터득하지 못한 상태에서 한 지역의 대척점에 있는 인간들이 거꾸로 매달려 살고 있다는 사실은 도저히 납득하기 어려운 것이기 때문이다.[89]

---

88) 南克寬『夢囈集』乾,「金參判曆法辨」. "間者 忝直玉堂 見歐羅巴地方人利瑪竇者所作堪輿圖 其說以爲地形如毬而浮於空中 處於下者與處於上者 對踵而行 南行漸遠 則見南極之出 亦如中國之見北極 而北極之入 亦如之 又自言其躬親見之 以證其言之信 夫與中國之人對踵而行 則是其足固倒附於地矣 其建立屋宇 安置器物 必皆倒著 而沒水焉倒盛 懸衡焉倒垂 天下其有是理乎 而言之者 敢發諸其口 聽之者 至筆於書鏤之板 傳之天下 而莫之禁 蓋不待虜酋之陷燕都 而識者固已卜中國之爲氈區矣."

89) 영의정 남구만(南九萬)의 손자 남극관(南克寬)은 지구설에 대한 김시진의 비판에 대해 반박하였다. 그는 계란에 붙어 기어가는 개미는 계란의 밑 부분에서도 떨어지지 않는데 사람도 이와 같다고 주장하여 지구설을 입증하려 했다(南克寬『夢囈集』乾,「金參判曆法辨」). 그러나 이익은 이와 같은 주장의 오류를 정확히 지적하였는데, 개미가 계란의 밑 부분에서도 떨어지지 않고 기어갈 수 있는 것은 개미의 발이 잘 달라붙는 성질이 있기 때문이고, 인간이 지구의 상하에서 살 수 있는 것은 지구의 가운데로 향하는 힘에 의해 가능하다는 지심론을 주장하였다(李瀷『星湖僿說』卷2, 天地門, 地球).

이익의 제자이면서 안정복과 더불어 반서교론자로 유명한 신후담(愼後聃, 1702~61)도 서양학문에 대응하여 전통적인 지리적 세계관을 고수하려 했던 대표적인 인물이다. 그는 알레니의 『직방외기』를 읽은 후의 논평을 통해 구라파의 여러 나라들은 바다 건너 먼 곳에 위치한 오랑캐 나라로 땅의 크기가 비슷하다 해서 중국과 비교하는 것은 지극히 불륜(不倫)한 것이라 단언했다.[90] 그리하여 중국이 천하의 중심에 위치하고 문물이 최성한 곳이므로 변방인 구라파의 여러 나라가 이에 비할 바가 못 된다고 하면서 기존의 중화적 세계인식을 고수하였다. 또한 직방세계의 외부에 비록 이상한 나라가 많이 있다 하더라도 다 밝힐 수는 없는 것으로, 두고서 논하지 않는 것이 마땅하다며 전통적인 '존이불론'적인 태도를 취하고 있다.[91] 그는 이와 같은 지리적 세계인식을 바탕으로 천주교에 대한 신랄한 비판의 입장을 취했다.

서구식 세계지도를 비롯한 서양의 지리지식에 대한 거부와 비판은 서교의 확산과 맞물려 더욱 거세지는 경향을 띠었는데, 일찍이 유몽인(柳夢寅, 1559~1623)은 서교로 인해 마테오 리치의 세계지도 수용을 거부하기도 했다.[92] 이러한 현상은 성리학이 사회운영의 원리로 자리 잡고 있었던 조선사회에서는 지극히 당연한 것이기도 했다. 서교가 점차 확산됨에 따라 기존의 전통적인 유교적 질서가 위협받게 되면서, 유학자들은 성리학적 원리를 더욱 고수하게 되었고 서교뿐만 아니라 서학까지도 거부하였다. 이러한 사회적 분위기는 전통적인 직방세계 중심의 세계지도를 계속 제작하게 하였고 원형의 천하도라는 또다른 형태의 세계지도를 탄생시켰다.

---

90) 李晬采 『闢衛編』 卷1, 愼遯窩西學辨-職方外紀.
91) 李元淳 『朝鮮西學史硏究』, 一志社 1986, 289~97면.
92) 柳夢寅 『於于野談』, 西敎.

# 제3부

# 17·18세기 원형 천하도와 전통적인 세계지도

# 7장

# 원형 천하도의 세계인식

## 1. 원형 천하도의 발생과 기원

### 1) 천하도의 기원에 관한 기존의 논의

원형 천하도는 그 독특한 모양과 내용으로 인해 일찍부터 학자들의 관심을 끌어왔다. 세계가 원형으로 그려졌고 지도의 제목도 대개 '천하도(天下圖)' 또는 '천하총도(天下總圖)'라고 되어 있어서 통상 원형 천하도로 불린다. 동양 특유의 우주지가 표현된 것으로 인해 서구에도 일찍 소개되었으나 이 지도가 지니는 특성과 의미는 아직도 명확하게 밝혀져 있지 않다.

원형 천하도는 중국에서 전래된 직방세계 중심의 지도와는 달리 원 속에 세계를 그린 지도이다(그림 3-1). 중앙에는 내대륙이 있고 그 주변을 내해(內海)가 둘러싸고 있다. 내해의 바깥에 고리모양의 외대륙이 있고 외대륙의 외부에는 외해(外海)가 있다. 현존하는 원형 천하도는 모두 이와 같은 구조로 되어 있다. 세계를 원으로 표현한 지도는 여러 문화권에서 확인되나 한자문화권인 동아시아 지역에서 볼 수 있는 원형의 세계지도는 극히 드물다. 특히

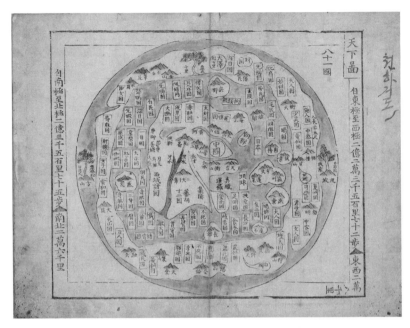

그림 3-1 목판본 원형 천하도(국립중앙박물관 소장)

동양은 전통적인 천원지방의 세계관이 지배하고 있었기 때문에 원형의 세계
지도보다는 사각형의 땅을 그린 세계지도가 일반적이었다.

세계를 원형으로 표현했던 사례는 여러 문화권에서 볼 수 있다. 바빌로니
아에서 기원전 600년경에 제작된 점토판 지도가 이와 유사한 구조를 지니고
있었는데, 육지는 평탄하고 둥근 쟁반과 같은 형상으로 바다 위에 떠있는 모
습이다. 또한 초기 그리스인의 세계인식을 엿볼 수 있는 호메로스(Homeros)
의 『시편(詩篇)』에서는 세계 대륙의 주위에 오케아노스(Okeanos)라 불리는
커다란 환류(環流)가 둘러싸고 있으며 평탄하고 쟁반 같은 넓은 대륙을 하늘
이 철종(鐵鐘)과 같이 덮고 있다고 생각했다.

중세 서양의 종교적 세계관이 반영된 T-O지도도 세계를 원형으로 표현

그림 3-2 중세 서양의 T-O지도(미국 뉴베리도서관 소장)

한 대표적인 예이다(그림 3-2). O는 세계를 둘러싸고 있는 큰 바다인 오케아노스를 나타내며 세계의 육지는 아시아, 아프리카, 유럽으로 나뉘고, 낙원이 있다는 동쪽을 위에 놓음으로써 아시아가 지도의 상반부에 배치되어 있다. T의 가로지른 획은 아시아와 유럽 및 아프리카와의 경계를 이루는 타나이스 강(지금의 돈강)과 나일강이며 세로의 획은 유럽과 아프리카와의 경계인 지중해를 나타내고 지도의 중심에 성지인 예루살렘이 위치한다. 이와 더불어 중세의 대표적인 마파 문디인 헤리퍼드 지도(Hereford Map)도 세계를 원형으로 그려 성경에 나오는 세계관을 표현하기도 했다(그림 3-3).[1] 이슬람에서 제작된 중세의 세계지도도 원형으로 제작된 것이 주류를 이룬다. 그러나 이슬람의 세계지도는 중세 유럽의 세계지도와는 본질적인 차이를 지닌다. 즉, 기독교적 세계관을 표현한 중세 유럽의 원형지도에서는 세계를 평평한 대지로

---

1) 洪始煥 『地圖의 歷史』, 전파과학사 1976, 11~45면.

본 반면, 이슬람에서 제작된 세계지도는 고대 그리스·로마의 전통을 이어받아 땅을 둥근 지구로 보았던 것이다.

이처럼 세계를 원형으로 표현한 지도는 서양을 비롯하여 이슬람 세계, 심지어는 인도에서도 볼 수 있는데 중국 문화권에 속하는 동아시아에서는 찾아보기 어렵다. 조선의 원형 천하도가 유일한 사례인데, 중국이나 일본에서 이 같은 유형의 지도가 아직 발견되지 않고 있다. 따라서 원형 천하도는 동양과 서양의 지리적 세계인식의 유사성을 확인해볼 수 있는 것임과 동시에 세계인식의 조선적 특수성을 파악할 수 있는 대표적인 지도로 볼 수 있다.

원형 천하도는 1900년대를 전후해 여러 형태로 복제 간행되면서 서양에 소개되었는데, 꼬르디에(Henri Cordier), 꾸랑(Maurice Courant), 이익습, 헐버트(H. B. Hulbert), 로제띠(Carlo Rosetti) 등이 그 역할을 담당하였다.[2] 1895년 리옹의 모리스 꾸랑이 『조선서지』(Korean Bibliography) 제2권에 천하도를 수록했고, 이듬해 꼬르디에는 대영박물관 지도실에 있는 천하도를 사진판으로 간행했지만 기원이나 제작연대에 대한 확실한 언급은 없다.[3] 1904년 이태리에서 로제띠에 의해 출간된 『조선과 조선인』(Corea e Coreani)에도 원형 천하도의 원본 사진과 더불어 지명을 영문으로 표기하여 다시 제작한 천하도의 사진이 수록되어 있으나 지도에 대한 구체적인 설명은 없다.[4]

원형의 천하도를 최초로 서양에 소개한 한국인은 이익습이다. 그는 지도에 있는 각종의 지명을 지도와 함께 수록하였는데, 원형 천하도는 조선의 쇄국적인 성격을 바탕으로 다른 나라에서 흘러온 소문에 의해 제작된 것이라고 했다. 또한 천하도에 그려진 각각의 대륙과 나라들이 실제의 지형을 반영한다고 지적하였는데, 외대륙은 남북아메리카, 서역제국은 아프리카, 백민국

---

2) J. ニーダム 『中國の科學と文明』第6卷, 思索社 1976, 86면.

3) Nakamura, Hiroshi, "Old Chinese World Maps Preserved by the Koreans," Imago Mundi 4, 3-22, 1947, 3~4면.

4) 까를로 로제티 지음, 서울학연구소 옮김 『꼬레아 꼬레아니』, 숲과나무 1996, 299~300면.

그림 3-3 헤리퍼드 지도(영국 헤리퍼드 대성당 소장)

(白民國)은 영국 등으로 비정하기도 했다.[5] 헐버트의 연구는 이전과는 달리 인쇄본을 대상으로 했는데, 그는 천하도가 중세의 세계 이미지(Imago Mundi)

---

5) Yi, Ik Seup "A Map of the World," *Korean Repository* 1, 1892, 336~41면.

와 유사하다고 지적했다. 그러나 그도 이익습처럼 천하도의 가상 지명을 현실 지명에 비정하려고 시도했다.[6] 이러한 초창기의 연구와 지도 복제는 원형의 천하도를 널리 알리는 계기가 되었으나 학문적으로 치밀한 연구는 아니었다.

이후의 연구에서는 원형의 천하도가 조선에서 어떻게 제작될 수 있었는지에 대한 물음으로부터 원형의 천하도가 지니는 의미로까지 문제의식을 확대했다. 원형 천하도의 기원에 대해서는 다양한 이견이 존재하고 있는데 크게 분류하면 중국기원설과 조선기원설로 나눌 수 있다. 중국기원설은 중국에서 제작된 것이 조선으로 유입되어 다시 필사(筆寫), 제작되어 보급되었다는 것이다. 이러한 설은 한국의 사상, 종교, 학문 등은 역사적으로 볼 때 대부분 중국을 통해 유입되었다는 전파론적 사고에 무게를 둔 것이다. 이와 반대로 조선기원설은 전파론적 사고를 인정하면서도 문화의 변용을 더 강조한 것이다. 원형 천하도의 내용이 중국 고대의 『산해경』을 비롯한 여러 문헌에서 볼 수 있는 것이라 할지라도 이들이 변용되어 원형 천하도라는 독특한 구조로 탄생된 곳은 중국이 아닌 조선이라는 사실을 부각시켰다.

중국기원설을 주장했던 대표적인 학자는 김양선, 나까무라 히로시, 노정식 등을 들 수 있다. 국내에서 일찍이 이 분야의 연구를 진행한 김양선은 원형의 천하도가 중국에 기원을 둔 지도로 중국 고대 추연의 세계관을 표현하고 있는 것이라 하여 '추연식 천하도'라 명명하기도 했다. 또한 고려시대 혹은 그 이전에 중국에서 전래된 것으로, 천하도에 수록된 유구·안남국 등의 지명으로 보아 조선 초기에 전사된 것으로 추정했다.[7]

천하도에 대해 최초로 방대한 연구를 수행한 나까무라는 현존하는 12개의 사본을 비교했는데 사본들의 제작시기를 통해서 볼 때 천하도의 최초 제

---

6) H. B. Hulbert, "An Ancient Map of the World," *Bulletin of the American Geographical Society of New York* 36, 1904, 600~605면.

7) 金良善 「韓國古地圖研究抄」, 『梅山國學散稿』, 崇田大學校 博物館 1972.

작시기는 최소한 16세기 이전으로 올라가지는 않는다고 했다. 그는 불교계 세계지도인 「천축국도(天竺國圖)」에서 시작되어 장황의 『도서편』에 수록된 불교계 세계지도인 「사해화이총도」를 거쳐 원형의 천하도로 발전했다고 주장했는데, 천하도의 중앙대륙과 「사해화이총도」의 유사성을 중요한 근거로 제시하였다. 그리하여 조선의 천하도는 당 이전 중국에 기원을 두고 있으며, 특정 시기에 조선으로 유입되어 16세기 인쇄술의 발달로 유행하게 된 것이라고 보았다.[8]

노정식은 나까무라, 김양선 등의 견해를 수용하는 입장을 취하였는데, 원형의 천하도가 비록 중국에서 발견되지 않고 있다 하더라도 도상적 특징이 「사해화이총도」 또는 T-O지도와 너무 유사하고 내용도 『산해경』과 같은 중국의 전적과 일치하며 도상적 설명도 추연에 의해 언급되고 있다는 점으로 볼 때 한국인의 독창적인 작품으로 보기는 어렵다고 주장했다. 중국에 전해진 T-O지도에 중국인의 세계관 또는 불교적 상상이 결부되어 지도의 대체적인 윤곽이 잡히고 이것이 다시 한국에 유입되어 전사, 판각되면서 한국인의 취향에 따라 다소의 변화를 거치게 된 것이라고 추정했다.[9]

조선기원설을 주장한 학자는 이찬, 전상운, 운노 가즈따까, 레드야드, 배우성 등이 대표적이다. 이찬은 원형의 천하도가 현재 한국에서만 전해지고 있는 점에서 나까무라 히로시의 중국기원설을 부정하였다. 또한 「사해화이총도」에서 원형 천하도의 기원을 찾는다는 것은 너무나 큰 비약이고 이들 두 지도의 중간형을 아직 중국에서 찾아볼 수 없으므로 오히려 원형의 천하도는 한국인의 상상적인 세계관으로서 오랫동안 수용되어온 점을 고려한다면 한국인이 만들어냈을 가능성이 크다고 주장했다.[10] 또한 원형의 천하도

---

8) Nakamura, Hiroshi, "Old Chinese World Maps Preserved by the Koreans," *Imago Mundi* 4, 1947, 10~13면.

9) 盧禎埴 「韓國의 古世界地圖硏究」, 효성여자대학교 박사학위논문, 1992, 35면.

10) 李燦 「韓國의 古世界地圖에 관한 硏究: 天下圖와 混一疆理歷代國都之圖에 대하여」,

가 추연의 세계관을 표현한 것이라는 김양선의 입론을 수용하면서도 조선에서 독자적으로 제작되었음을 강조했다.[11]

전상운은 나까무라의 입론과 같이 원형 천하도를 불교계 세계지도로 보았는데 원본은 15세기 이전에 제작된 것으로 보고 있다. 그리고 원형의 천하도가 청의 인조(仁潮)가 찬술한 『법계안립도』 중의 세계지도와 비슷하지만, 그보다 중세 라틴의 T-O지도나 중세 아라비아의 윤상(輪狀) 지도의 영향을 받았다고 주장했다. 이러한 주장은 『동국여지승람』에 실려 있는 「동람도」가 아라비아 지도제작법의 영향을 받았다고 본 데서 연유한 것으로, 천하도가 실려 있는 대부분의 지도첩이 동람도와 매우 유사하기 때문에 이와 같이 추론한 것이다.[12]

운노는 천하도에 대한 나까무라의 분석이 천하도 자체에 주목했기 때문에 천하도가 실려 있는 지도첩을 소홀히 다루었다고 비판하면서 여러 사본들을 비교, 분석하여 천하도의 제작시기가 최소한 1666년 이후임을 밝혔다. 이러한 제작시기의 추정을 통해 원형의 천하도가 『사해화이총도』와 같은 불교식 세계지도보다는 『삼재도회』의 「산해여지전도」와 같은 단원형 서구식 세계지도의 영향을 받아 제작되었음을 지적하였다. 동양에서는 원형으로 세계를 그리는 경우가 거의 없기 때문에 천하도의 원형은 단원형 서구식 세계지도의 영향을 받은 것으로 생각했다. 이러한 영향은 천하도의 형태에도 반영되었는데 천하도의 외대륙은 서구식 세계지도에서 구부러진 형태로 묘사된 여러 대륙들로부터 구성된 것으로 보았다. 그러나 원형 천하도의 내용은 서구식 세계지도와는 다른 완전히 전통적인 지리지식으로 채워져 있는 점을 들어, 결국 천하도는 서양의 세계지도에 대한 대항의식으로 17세기 후반 무렵에 도교적, 신선적 세계상을 도형화한 것이라 주장하였다.[13] 운노의 주장은

---

『1971년 문교부 학술연구 조성비에 의한 연구보고서』, 1971, 20면.

11) 李燦 「조선시대의 지도책」, 『한국의 전통지리사상』, 민음사 1992, 99면.

12) 전상운 「조선 초기의 지리학과 지도」, 『한국과학사의 새로운 이해』, 1998, 378~479면.

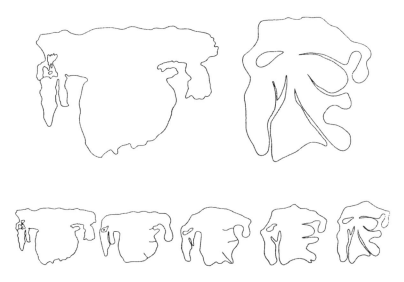

그림 3-4 레드야드가 추정한 내대륙의 진화과정

기존 연구에서 천하도의 형태적 분석에 머물지 않고 천하도가 출현하게 되는 사회적, 시대적 배경을 본격적으로 검토했다는 점에서 의의가 있다.

시카고 대학에서 간행된 『지도학의 역사』에서 한국편을 집필했던 레드야드도 원형의 천하도가 불교식 세계지도인 『사해화이총도』에서 기원한다는 나까무라의 주장에 대해 천하도의 내용에는 불교와 관련된 내용이 거의 없고 조선시대 유학자들은 불교를 배척하고 있었던 점을 들어 반박하였다. 또한 천하도의 지명을 분석한 결과 천하도는 『산해경』을 바탕으로 제작되었고 구조상으로는 추연의 세계관과 매우 흡사하다는 것을 지적하였다. 특히 그는 천하도의 내대륙의 형상이 조선 전기 『혼일강리역대국도지도』에서 진화한 것이라는 매우 흥미 있는 주장을 펴기도 했다. 그는 텐리대본 『혼일강리역대국도지도』에는 대륙의 북쪽도 바다로 둘러싸여 있는 점에 착안하여, 이

13) 海野一隆 「李朝朝鮮における地図と道教」, 『東方宗教』 57, 1981.

유형의 지도가 후대에 계속 제작되는 과정에서 조선에서는 생소한 아프리카나 유럽 대륙이 변형되면서 천하도의 내대륙이 되었다는 것이다(그림 3-4). 천하도의 내대륙에서 곤륜산 남쪽 삼각형의 반도지역, 그리고 대륙 북서쪽의 호수를 단서로 제시하였는데, 흑수(黑水)와 양수(洋水) 사이의 삼각형의 반도는 아프리카 대륙이 중국 쪽으로 바짝 붙으면서 아라비아반도가 변형된 것이고 서북쪽의 호수는 지중해와 흑해의 흔적이라고 보았다.[14] 그러나 이러한 대범한 주장은 너무 형태적인 측면에 치중한 분석으로『혼일강리역대국도지도』와 원형 천하도의 중간형에 해당하는 지도가 거의 없는 점을 감안한다면 수긍하기 어렵다고 생각된다. 특히 국가적 차원에서 만들어진『혼일강리역대국도지도』계열의 지도와 민간에서 제작되고 유포된 원형의 천하도는 제작동기와 열람범위 등에 현격한 차이가 있어서 직접적인 연관을 생각하기는 어렵다.[15] 이와 아울러 그의 연구에서는 원형의 천하도가 출현하게 된 이유와 그 속에 담겨진 의미에 대해 자세한 언급이 없다.

배우성은 최근 원형의 천하도에 대한 상세한 분석을 시도했는데 운노처럼 서구식 세계지도의 영향을 인정하면서도 그와는 다른 주장을 펴고 있어서 눈길을 끈다. 운노는 단원형 세계지도에 의해 촉발되어 천하도가 출현했지만 천하도가 담고 있는 내용은 서구식 세계지도에 대한 저항의식으로 전통적인 도교적, 신선적 세계관을 표현하고 있다고 주장했다. 그러나 배우성은 원형 천하도의 윤곽과 이미지는 반서학적 분위기의 산물이 아니라 서구식 세계지도 가운데에서도 단원형 세계지도로부터 직접 기원한 것으로, 결국 천하도는 단원형 세계지도에 대한 조선적 해석의 산물이며 조선 후기 지식인들을 대상으로 한 일종의 안내서라고 결론짓고 있다. 천하도는 동양 고전

---

14) Gari Ledyard, "Cartography in Korea," J. B. Harley and David Woodward, eds., *The History of Carrography* Vol.2, Book.2, University of Chicago Press 1994, 256~66면.

15) 배우성「서구식 세계지도의 조선적 해석,「천하도」」,『한국과학사학회지』제22권 제1호, 2000, 72면.

으로부터 유추될 수 있는 세계구성 위에 일월의 출입처를 적절하게 배치함으로써 만들어졌는데 전체적인 구도는 단원형 세계지도에 뿌리를 두고 있다는 것이다. 특히 천하도를 그릴 때의 기준은 육로로 도달할 수 있는가의 여부로 육로로 도달할 수 있는 구대륙은 천하도의 중앙대륙이 되고, 바다 건너에 있는 신대륙 남북아메리카는 천하도의 외대륙이 되었다는 형태적 측면에서의 직접적인 관련을 주장하였다.16)

이러한 연구는 조선 후기 사상사의 흐름 속에서 천하도의 발생과 기원 등을 다뤘다는 점에서 천하도 연구의 지평을 넓힌 것으로 평가된다. 그러나 서구식 세계지도와 원형의 천하도는 구조와 형태상 커다란 차이를 보이고 있고, 단원형 서구식 세계지도의 영향을 인정할 만한 내용이 원형 천하도에서 찾아보기 어렵다는 점에서 볼 때, 여전히 풀리지 않는 문제를 지닌다. 특히 운노가 단원형 세계지도로 언급했던 『월령광의』『삼재도회』 등에 실린 원형의 「산해여지전도」뿐만 아니라 마테오 리치, 알레니 등의 타원형 세계지도도 단원형 세계지도로 보고 있는데, 타원형의 이미지가 어떻게 원형으로 이어질 수 있는지에 대해서는 명확히 해명되어 있지 않다.


## 2) 원형 천하도의 출현 배경과 기원

### (1) 지도 대중화의 진전과 양식상의 변화

천하도의 기원에 대해서는 학자마다 다소의 견해의 차이가 있으나 제작시기에 관해서는 현존 사본의 분석을 토대로 볼 때 17세기 이후라는 설이 유력하다. 천하도는 낱장으로 되어 있는 경우는 매우 드물고 대부분이 조선전도, 도별도, 외국지도 등의 다른 지도와 함께 첩 또는 책으로 구성되어 있다. 천하도가 수록된 지도책(첩)은 수량적으로 매우 많고 그 종류도 다양하다.17)

---

16) 배우성, 앞의 논문 51~79면.
17) 조선시대에 제작된 지도책에 대해서는 다음을 참조. 李燦 「조선시대의 지도책」, 『한국의

채색필사본으로 된 것도 있지만 목판본으로 제작된 것도 여러 종 남아 있다.

천하도의 지명은 대부분 11세기 이전의 저작에서 보이는 지명들이기 때문에 천하도 자체의 정확한 제작시기를 파악하기란 쉽지 않다. 따라서 지도첩에 수록된 다른 지도의 지명분석을 통해 지도첩의 제작시기를 추정하고 이를 토대로 천하도의 제작시기를 대략적으로 파악해보는 수밖에 없다. 가장 일반적인 방법은 조선전도나 도별지도에 수록된 군현명을 통해 지도첩의 제작시기를 추정하는 것이다. 표 3-1는 천하도가 수록된 지도첩 중에서 목판본만을 따로 계통적으로 분류하여 제작시기를 비교한 것이다. 표에서 알 수 있듯이 대부분의 목판본 천하도는 17~19세기에 걸쳐 제작되었는데, 필사본 천하도도 이를 크게 벗어나지는 않는다.[18]

그렇다면 조선에서 원형의 천하도가 출현한 것이 왜 17세기 이후였을까? 원형 천하도에 실려 있는 내용은 대부분 그 이전 시기『산해경』을 비롯한 각종의 전적에서 볼 수 있는 것들이다. 즉, 원형의 천하도가 보여주는 세계는 17세기 당시 변화된 모습이 아니라 15, 16세기에도 적용될 수 있는 과거형의 것이다. 그런데 15세기나 16세기에 제작되지 않고 17세기 이후에 제작된 이유는 무엇일까? 이에 대해 15세기나 16세기에도 원형의 천하도가 제작되었는데 후대에 유실되어 현재 17세기 이후의 것만 남게 되었다는 것도 하나의 가능성으로 제시될 수 있다. 그러나 15, 16세기 전체적인 지도의 제작과 이용의 문화를 토대로 판단했을 때 이러한 가능성은 매우 희박하다.

앞서 언급한 것처럼 원형의 천하도는 단독으로 존재하는 것은 거의 없고 대부분 지도첩이나 지도책의 맨 앞머리에 삽입되어 있다. 이것은 천하도의 출현 자체가 지도 양식의 변화와 밀접한 관련이 있음을 말해주는 것이다. 조

---

전통지리사상』, 민음사 1991.

18) 현존하는 목판본 지도책 가운데 제작시기가 16세기까지 소급되는 것이 있으나 원형 천하도는 수록되어 있지 않다(楊普景「목판본「東國地圖」의 편찬 시기와 의의」, 『규장각』 14, 1991).

표 3-1 목판본 천하도의 제작시기 비교

| 분류 | | | 간행 연도 | 특색 |
|------|--|--|-----------|------|
| 17세기 계열 | 甲 | | 17세기 후반 | 천하도에 주기 없음. 바다는 흰색. 팔도총도 없음. |
| | 乙 | | 상동 | 상동 |
| | 丙 | | 상동 | 천하도에 주기 없음. 바다에 수파묘. 팔도총도 있음. |
| | 丁 | | 17세기 말기 | 지도책의 형식이 아니라 팔도총도와 함께 낱장으로 되어 있음. 팔도총도는 동람도식이 아님. |
| 18세기 계열 | 甲 | | 18세기 중엽 | 천하도에 81국(國) 표기. 중국과 조선전도에 장문의 설명문 수록. |
| | 乙 | | 18세기 중엽 | 천하도에 81국(國) 표기. 중국과 조선전도에 장문의 설명문 수록. 조선전도에 경성(京城)에 대한 설명문 추가. |
| 부운묵객(浮雲墨客) 계열 | | | 1767~1777 | 외해의 외곽에 지명이 표기됨. 판목 2개가 1개의 도엽을 구성. |
| 팔각형 천하도 계열 | | | 18세기 후반 | 「천하총도(天下總圖)」의 외형이 팔각형, 바다는 흑색. 천하도는 1684년에 제작됨. |
| 여온(呂溫) 계열 | 甲 | | 1849 | 조령신간(鳥嶺新刊)본 |
| | 乙 | | 1849 | 내제(內題)는 「동국여지도(東國輿地圖)」, 바다는 흑색. 내오악, 외오악의 주기가 기재됨. |
| 경위선이 기입된 계열 | | | 19세기 전반 | 「천하도(天下圖)」에 경위선이 있고 도별도에는 28수의 별자리가 배치됨. |

선 전기 양성지가 강조했듯이 서적과 달리 지도는 원칙적으로 개인 소유가 금지된 물건이었다.[19] 그러나 사장(私藏) 금지책이 법조항으로 명문화되어 있지도 않았고 양대 전란을 겪으면서 국가적 통제의 해이 등으로 인해 지도 의 사장 금지책은 현실적인 효력을 상실하게 되었다. 또한 두 차례의 전란은 16세기까지 지역적 정착성에 기초한 사회적 안정을 무너뜨렸고 이로 말미암

---

19) 『성종실록』 권138, 성종 13년 2월(壬子). 여기에 실린 양성지의 상소문은 그의 문집인 『눌재집(訥齋集)』에도 수록되어 있다.

아 조선 후기에는 전기에 비해 지역간 이동이 증가했다. 이후 상업과 교역, 여행을 통한 지역간 교류가 활발해지면서 지도에 대한 민간의 수요도 높아졌다. 이에 따라 민간에서 사적인 지도제작도 활발히 진행될 수 있었던 것이다. 이러한 연유로 조선 후기에는 김정호가 청구도에서 언급했던 황엽(黃燁), 윤영(尹鍈), 정철조20)와 더불어 『동국지도』를 제작한 정상기와 같은 뛰어난 지도학자들이 민간에서 나올 수 있었던 것이다.21)

이러한 사회적 변화 속에서 지도의 양식도 전기와는 다른 양상을 띠게 되었는데, 지도가 낱장으로 제작되지 않고 첩 또는 책의 형태로 제작되기 시작했다. 이전 시기의 지도들은 주로 단독의 축(軸)이나 족자(簇子)의 형태로 제작되는 경우가 많았지만, 17세기 이후로는 서양의 지도책(Atlas)과 같은 형태로 여러 장의 지도가 수록된 책이나 첩으로 만들어졌다. 물론 이전 시기에도 지도첩의 형태가 없는 것은 아니지만 이 경우 대개 팔도의 도별지도를 모아 수록하는 정도였다. 그러나 이 시기의 지도첩, 지도책에는 조선전도와 도별도뿐만 아니라 외국지도, 도성도, 그리고 천하도를 포함하여 여러 장르의 지도를 수록한 것이 특징이다. 원형 천하도는 대체로 이러한 지도첩의 첫 부분에 수록되었던 지도였다. 이 시기 이러한 지도 양식의 변화는 지도가 더 이상 특권 계층의 전유물이 아니라 점차 대중화되고 있는 상황을 반영하는 것이다.

### (2) 서구 지리지식의 도입과 인식의 확대

원형 천하도의 등장은 이러한 사회적 배경과 밀접한 관련을 지니고 있었지만, 보다 직접적인 원인은 내부보다는 외부에서 주어졌다. 이전 시기에는 전혀 볼 수 없었던 새로운 세계지도의 출현은 세계인식상에서의 변화가 없

---

20) 金正浩 『靑邱圖』 凡例.
21) 이들의 생애와 지도제작에 대해서는 다음을 참조. 吳尙學 「鄭尙驥의 「東國地圖」에 관한 硏究: 製作過程과 寫本들의 系譜를 중심으로」, 『지리학논총』 24, 1994.

이는 거의 불가능하다. 더구나 민간을 중심으로 광범하게 제작되면서 19세기말까지 계속 이어져갔던 원형 천하도의 경우는 더욱 그러하다. 그러나 16세기에서 17세기로 가면서 지리적 세계에 대한 인식에서 내부적으로 발생한 뚜렷한 변화는 찾아볼 수 없다. 조선사회는 여전히 주자성리학이 사회운영의 원리로 지배하고 있었는데, 성리학적 세계인식과는 다른 차원의 원형 천하도가 출현했다면 최소한 사회의 상부구조를 형성하고 있는 이념적인 면에서의 변화가 있어야 한다. 유교의 경전에서 볼 수 없는 각종의 지명들이 수록되어 있는데, 『산해경』이나 일부 도교 관련 서적에서 보이는 지명, 신선사상과 관련된 지명 등이 대표적이다. 그러나 이념적 부분에서 조선사회에서는 도교나 신선사상의 비약적 성장이 눈에 띄지는 않는다. 오히려 주자성리학의 지배구조가 더욱 강화되는 형국이었다. 따라서 조선 내부의 변화보다는 외부의 자극에서 그 원인을 찾을 수밖에 없는데 그것은 다름 아닌 중국을 통해 들어온 서양의 지리지식이었다.

앞서 검토한 것처럼 조선은 중국을 통하여 서양의 지리지식을 접하게 되었는데 17세기 초반부터 『곤여만국전도』와 같은 서구식 세계지도와 더불어 『직방외기』『곤여도설』 등의 지리서가 도입되어 지식인들에게 서서히 영향을 미치게 되었다. 물론 서구식 세계지도가 보여주는 세계상을 처음부터 그대로 받아들일 수는 없었다. 그러나 시간이 지남에 따라 천문, 역법을 비롯한 서학의 우수성이 인정되면서 서구식 세계지도가 보여주는 이미지가 황당한 것이 아니라 다분히 사실에 근거하고 있음을 깨닫게 되었다. 서양 선교사들이 중국에서 활약하고 있던 사실 자체만으로도 구라파라는 지역이 실제로 존재하고 있음을 믿게 되었고, 땅이 둥글다고 하는 지구설을 수용하는 단계에는 이르지 못하더라도 인식된 세계는 크게 확대되었다.

중화적 세계인식을 바탕에 깔고 있는 유학에서는 중국을 중심으로 한 직방세계가 바로 천하였다. 이에 따라 세계지도도 중국과 그 주변의 조공국을 표시한 것이 일반형으로 받아들여졌다. 성리학적 이념을 담고 있는 이러한

중국 중심의 세계지도와 유교의 경전으로는 확대된 세계인식을 도저히 담아
낼 수 없었다. 중국이 대부분을 차지하면서 하나의 대륙으로 구성된 전통적
인 직방세계의 틀로는 다섯 개의 큰 대륙으로 구성된 새로운 세계를 설명하
기에는 한계를 지닐 수밖에 없었다. 따라서 직방세계를 넘어선 지역을 다루
고 있는『산해경』『회남자』등의 고전과 추연의 대구주설, 불가의 사대주설
등이 학자들의 관심을 끌게 된 것이다.[22] 이들 속에는 중국 중심의 직방세
계를 훨씬 뛰어넘는 세계에 대한 기술이 수록되어 있다.

　일찍이 중국의 진조수는『곤여만국전도』에서 제시하는 서양의 지리지식
을 고대의 추연이나『회남자』에 나오는 수해(竪亥) 등이 제시한 것과 같은
부류로 치부하여 이단시했다. 수해는 우(禹)의 명을 받아 북극에서 남극까지
걸어서 길이를 재었던 인물로[23] 천지의 규모를 말할 때 수사적으로 언급되
곤 하였다. 지도제작에 각별한 관심이 있었던 이이명도 서구식 세계지도에
수록된 지구설을 어구의 십주설, 불가의 사대주설과 유사한 것으로 보기도
했다.[24] 직방세계를 훨씬 뛰어넘는 범위를 표현한 서구식 세계지도는 유교
적 세계인식으로서는 이해하기가 어려웠던 것이다.

　존아적(尊我的) 소화의식(小華意識)을 지녔던 이종휘는 마테오 리치의 세
계지도를 추연의 대구주설과 직접 연결한 대표적인 인물이었다.[25] 그는 서

---

22) 중국의 경우에도 일부 저술과 지도에서『산해경』에 나오는 나라명을 볼 수 있다. 1597년
　　주치중(周致中)이 엮은『이역지(異域志)』에는 무복국(無腹國), 천흉국(穿胸國), 우민국(羽
　　民國), 소인국(小人國), 섭이국(聶耳國), 삼수국(三首國), 일목국(一目國), 일비국(一臂國)
　　등에 대한 간략한 설명이 수록되어 있다. 육차운(陸次雲)이 저술한『팔굉황사(八紘荒史)』
　　에도 소인국, 대이국(大耳國), 장두국(長頭國), 기굉국(奇肱國), 결흉국(結胸國), 교경국(交
　　脛國) 등의『산해경』에 수록된 지명을 볼 수 있다. 이러한 사실은 직방세계를 넘어 미지
　　의 세계를 기술하고 표현하는 부분에서『산해경』의 지명들이 계속적으로 사용되었음을
　　말해주는 것이다. 중국의 이러한 상황을 고려할 때, 조선에서도『산해경』에 수록된 국명
　　이 지도에 표시되는 것은 충분히 가능한 것이라 할 수 있다.
23)『淮南子』卷4, 地形訓.
24) 李頤命『蘇齋集』, 與西洋人蘇霖戴進賢書.

구식 세계지도의 소양해(小洋海)를 비해(裨海)에, 대양해(大洋海)를 영해(瀛海)에 대응시켜 해석하였다. 또한 추연의 대구주설과는 다르게 서구식 세계지도에서 6대륙이 그려진 것은 마테오 리치가 천하의 9대륙을 다 보지 못한 데서 기인한다고 하여 통상적인 유학자와는 달리 추연의 세계관을 사실에 기초한 것으로 받아들였다. 단지 추연이 죽은 지 2,000년이 지나 그 학문이 이어지지 못했을 뿐이라고 하였다.[26] 이처럼 지리적 중화관에서 탈피하고 있었던 학자에 의해 추연의 세계관이 적극적으로 해석되기도 했다.

『흠영(欽英)』의 저자 유만주는 앞서 지적한 바와 같이 서구식 세계지도를 통해 지리적 인식을 확대할 수 있었으며 그 결과 바다의 중요성을 깨닫는 한편, 해외 제국과 중국 주변의 제민족에 대해 지속적인 관심을 쏟았던 인물이다. 외국에 대한 이러한 관심은 흥미롭게도 『산해경』에 대한 애호로 연결된다.[27] 당시 대부분의 유학자들에 의해 이서(異書)로 평가받던 『산해경』을 그는 다음과 같이 과감하게 인정하였다.

　　옛날에 대우(大禹)의 치수(治水)는 용사(龍蛇)를 이끌고 오곡을 뿌리며 지나는 곳의 산천, 초목, 금수 등을 기록하였는데 후세에 그를 전하여 산해경으로 삼았다. 저 진한(秦漢) 이래로는 홍수가 없어서 백성들이 한 지역에 안주하여 항상 보는 것에 괴이한 것이 없었다. 볼 수 없는 것을 괴이하다 하여 산해경을 이상히 여기는 것은 높이는 것을 모르는 것이다. 태사공이 말하기를, "만약 산해경에 있는 괴물은 논하고 싶지 않지만 괴이히 여기지도 않는다"고 했다. 천지가 생긴 것은 오래되었다. 원기가 흘러 다녀 만물이 갖춰지게 되는데 산해경

25) 배우성은 이종휘가 마테오 리치의 지도를 추연의 천하관에 주저 없이 연결시킬 수 있었던 것은 양자가 땅을 하늘과 대응하는 것으로 생각하는 점에서 일치하고 있었기 때문이라 했다(배우성『조선 후기 국토관과 천하관의 변화』, 일지사 1998, 365면). 그러나 추연의 천하관에서 하늘과 땅이 어떻게 대응되고 있는가는 명확하지 않다.

26) 李種徽『修山集』卷4, 記, 「利瑪竇南北極圖記」.

27) 朴熙秉「『欽英』의 성격과 내용」, 『欽英』(서울대학교 규장각 영인본), 1997, 18면.

에 실려 있는 것은 모두 이러한 것이다. 어찌 괴이하다 하겠는가? 인간이 스스로 다 볼 수 없을 뿐이다. 땅의 끝은 오직 하늘이 궁구할 수 있고 사람은 할 수 없다. 그러므로 중화의 서하객(徐霞客, 1586~1641, 서굉조[徐宏祖]를 말함)과 서양의 이마두(利瑪竇)도 다 볼 수 없었다. 하물며 족적이 방내(邦內)에 한정된 사람은 어떠하겠는가?[28]

이처럼 그의 세계인식은 서양 지리지식의 영향으로 인간의 경험세계를 넘어 미지의 세계까지 확대되면서 중국 고대의 『산해경』으로 연결되었다. 직방세계를 유일의 세계로 인정하기를 거부하였던 유만주에게는 직방세계 이외의 다양한 지역이 기술된 『산해경』이야말로 그의 세계인식을 충족해줄 중요한 텍스트였던 것이다.

위백규의 경우도 천하도의 기원, 성격과 관련하여 매우 중요한 단서를 제공해준다. 위백규는 1770년 도해(圖解)의 형식을 갖춘 일종의 종합적 지리책인 『환영지』를 저술하였는데,[29] 현재 1770년의 필사본과 1822년 족손(族孫) 위영복(魏榮馥)이 증보하여 간행한 목판본이 남아 있다. 『환영지』의 필사본에서는 목차에 '비해구주외우구구제유지설유소시수이마두천하도(裨海九州外又九九齊儒之說有所是受利瑪竇天下圖, 비해 9주 바깥에 81주가 있다는 추연의 설에서 비롯된 이마두천하도)'라 하고 원형 천하도를 '이마두천하도'라는 제하에 수록하였다(그림 3-5). 후대의 목판본에서는 목차에 '비해구주외우구구제유지설언소시수구구주(裨海九州外又九九齊儒之說焉所是受九九州, 비해 9주 바깥에 81주가 있다는 추연의 설에서 비롯된 81주)'라 표기되어 있지만 지도는 실려 있지 않다. 초기 필사본에서는 원형 천하도를 추연의 천하관과 연결지었으나 마테오 리치가 그린 것으로 오인하였다. 마테오 리치의 세계지도

---

28) 兪晩柱 『通園稿』, 「讀山海經」.

29) 학자 군주인 정조도 『환영지』를 직접 읽고 감탄하기도 했다(『정조실록』 권44, 정조 20년 3월 6일[壬子]).

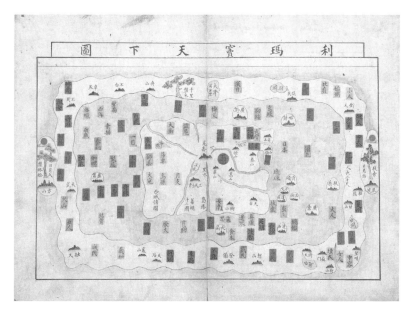

그림 3-5 필사본 『환영지』에 수록된 천하도(국립중앙박물관 소장)

를 직접 열람하지 않고 오대주설과 같은 지리지식을 소문으로만 접한 상태에서 원형 천하도를 그의 작품으로 보았던 것이다. 이후 그는 알레니의 『직방외기』 등의 서적을 접하였는데, 그 결과 원형 천하도가 마테오 리치가 그린 것이 아니라는 사실을 깨닫고 이를 수정하였다. 이때 터득한 지식을 바탕으로 지리적 세계를 모식적으로 그린 「서양제국도(西洋諸國圖)」와 세계 각국에 대해 간략하게 기술한 지지(地誌)적 내용을 덧붙이기도 했다.[30]

후기 목판본에서는 원형 천하도가 누락었지만 이를 설명한 부분이 수록되어 있어 눈길을 끈다. 영결리(永結利), 불랑기(佛浪機) 등의 서양 국명이 실려 있기도 하지만 대부분은 원형의 천하도에 수록된 것들이다. 특히 『산해경』에 나오는 많은 지명이 간략한 설명과 함께 수록되어 있다. 이어 바다에

---

30) 노대환 「조선 후기의 서학유입과 서기수용론」, 『진단학보』 83, 1997, 138~39면.

대한 부분에서는 추연의 대구주설을 천하도의 구도와 유사하게 해석하였다. 즉, 중국 사방을 둘러싸는 바다를 비해(裨海)라 하고 그 외부로는 대륙이 감싸고 있으며 대륙의 밖은 대영해가 둘러싸고 있는데 이곳이 땅의 끝이라 하였다. 또한 서양인은 중국 서남해를 땅이 바다를 감싸고 있다 해서 지중해(地中海)라 하는데, 그 밖은 다시 환해(寰海)라는 바다가 땅을 감싼 구조여서 추연의 설과 유사하다고 했다.[31] 이것은 앞서 검토한 이종휘의 사례와는 다른데, 추연의 대구주설을 9개의 대륙과 81개의 주로 구성되어 있다는 사실보다는 비해-대영해(裨海-大瀛海 : 地中海-寰海)라는 동심원적 구조에 초점을 맞춰 해석한 것이다. 그리하여 원형 천하도를 추연의 대구주설과 바로 연결시켜 '구구주도(九九州圖)'라 명명할 수 있었다.

초기 필사본에서 원형 천하도를 마테오 리치의 지도로 본 점, 원형 천하도가 추연의 대구주설을 표현하고 있는 것으로 파악한 점, 서구식 세계지도에 표현된 서양의 세계인식을 추연의 대구주설과 유사하다고 한 점 등은 원형의 천하도가 서구식 세계지도의 출현과 깊은 관계를 맺고 있음을 보여준다. 서구식 세계지도를 통해 확대된 세계인식이 고대의 추연적 천하관을 떠올리게 했으며, 이것은 다시 원형의 천하도로 표현되는 것이 가능하다는 것을 위백규의 사례에서 확인할 수 있다.

그렇다면 운노가 제기한 것처럼 원형 천하도는 서구식 세계지도에 대항하기 위해 제작되었을까? 즉, 서학이 세력을 확대해가는 과정에서 위기의식을 느낀 유학자가 반서학적 분위기 속에서 원형 천하도를 제작한 것은 아닐까? 또는 서구식 세계지도가 보여주는 세계인식도 그 기원이 중국에 있다는 중국원류설의 입장에서 제작된 것은 아닐까? 물론 이러한 가능성을 전혀 배제할 수는 없다. 그러나 천하도가 태동한 17세기의 상황을 고려했을 때 이런

---

31) 魏伯珪 『寰瀛誌』 上. "騶衍曰 中國四方之海 是號裨海 其外有大陸環之 大陸之外 又有 大瀛海環之 方是地涯云. 西洋人 以中國西南海 呼爲地中海 其言曰 國土抱海 故爲地中 海 其外海抱國土者 方爲寰海 與鄒説略同."

가능성은 낮다고 판단된다.

　17세기는 양대 전란을 겪으면서 사회체제를 재정비하는 시기였다. 병자호란의 치욕은 대명의리와 대청복수를 두 축으로 하는 주자성리학의 명분론이 대세를 이루는 데 큰 역할을 하였다. 조선은 중원에서의 변화를 예의 주시할 수밖에 없었는데 이는 국가의 안위와 관련된 중요한 문제이기도 했다. 명청교체기 혼란의 와중에서도 사행을 통해 서양의 학문은 계속 조선으로 유입되어 서서히 영향력을 확대해나갔다. 그러나 앞서 살펴보았듯 원형의 천하도가 태동하는 17세기 중엽 무렵은 서학이 일부의 선진적인 학자들을 중심으로 유포된 정도이며 기존의 성리학이 위기를 느낄 정도는 결코 아니었다.

　또한 반서학적 분위기에서 제작되었다면 원형 천하도와 같은 형태와 내용을 지니기는 어려웠을 것으로 보인다. 서양의 학문을 배격하고 기존의 성리학을 고수한다면 직방세계 중심의 전통적인 세계지도 또는 그와 유사한 형태의 지도가 더욱 유행했을 것이다. 중국의 경우 서구식 세계지도에 대해 저항적 차원에서 제작된 1593년의 『건곤만국전도고금인물사적(乾坤萬國全圖古今人物事跡)』, 1644년의 『천하구변분야인적노정전도(天下九邊分野人跡路程全圖)』(그림 3-6)는 서구식 세계지도의 영향을 받았지만 전체적인 구도는 직방세계를 그렸던 전통적인 세계지도의 성격을 강하게 띠고 있다.

　서양의 지리지식에 대항하여 성리학적 질서를 옹호하려는 의도에서 세계지도를 제작했다면 추연의 대구주설을 연상케 하는 구조를 띠면서, 이서(異書)로 취급되던 『산해경』에 나오는 지명들로 채워진 지도를 만들 수는 없었을 것이다. 위백규와 같은 학자도 원형 천하도가 보여주는 지리적 세계를 바로 받아들이지 않고 다소 유보적인 태도를 취하고 있는데[32] 다른 보통의 유학자들도 비슷했으리라 판단된다. 전통적으로 천하로 여겼던 직방세계와는 커다란 차이를 지니고 있기 때문이다.

---

32) 魏伯珪 『寰瀛誌』, 新編標題纂圖寰瀛誌序. "林居多閒 偶閱九九州圖 遂不勝自笑曰 此之爲無是烏有 雖未可知然 若以僻耳劣目 強以疑之 則或恐爲海鱉所笑也."

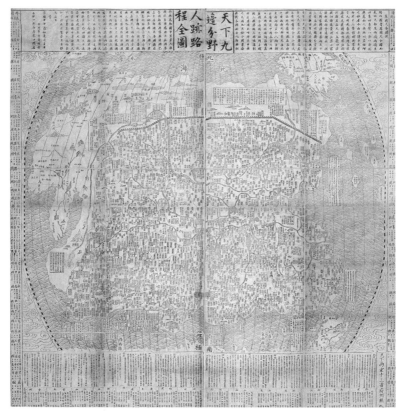

그림 3-6 『천하구변분야인적노정전도』(영국도서관 소장)

　아울러 서구식 세계지도가 보여주는 세계인식도 그 뿌리는 중국에 있다는 중국원류설의 입장에서 제작되었다면 이러한 흔적이 지도상에 반영되어야 하는데 원형 천하도에서는 이러한 흔적을 찾아보기가 어렵다. 중국원류설은 기본적으로 서양의 학문을 인정한 선상에서 나온 것이기 때문에 서구식 세계지도가 보여주는 지리적 세계를 인정할 만한 내용이 원형 천하도에 있어야 하는 것이다. 그러나 원형 천하도에는 서양의 세계지도와 관련되는 어떠

258

한 내용도 찾아보기가 어렵다. 오히려 서양의 세계지도와는 전혀 다른 분위기를 느끼게 한다. 이러한 것을 고려할 때 원형의 천하도는 반서학적 분위기 속에서 성리학적 질서를 고수하기 위해 제작되거나 중국원류설의 입장에서 제작되었다기보다는 확장된 세계인식을 담기 위한 새로운 지도로서 만들어졌다고 해야 할 것이다. 단지 이 지도를 만들기 위한 재료를 서양이 아닌 동양적 전통 속에서 찾았을 뿐이다.

원형 천하도의 제작이 위와 같은 시대적 조건과 배경 속에서 제작되었다 하더라도 지도의 기원을 어디에 두고 있는가의 문제는 여전히 남는다. 세계지도를 원형의 형태로 그린 것은 동아시아의 전통에서는 매우 이례적인 것이어서 이의 기원을 밝히는 것은 지도의 성격을 밝히는 선결 과제이다. 최근의 연구들은 서구식 세계지도의 영향을 주로 인정하여 단원형 세계지도에서 직접 기원하고 있다고 본다. 운노는 『삼재도회』 『월령광의』 등에 수록된 단원형 세계지도에 뿌리를 두고 있는 것으로 보았고,[33] 배우성의 경우도 단원형 세계지도에 기원하는 것으로 보고 있지만 운노와는 달리 단원형 세계지도를 마테오 리치의 『곤여만국전도』, 알레니의 『만국전도』 등 동서 양반구도를 제외한 서구식 세계지도로 보다 넓은 범위로 사용하고 있다.[34] 두 사람 모두 천하도의 형태적 기원을 서구식 세계지도에서 찾은 점은 동일하다. 서구식 세계지도에서 아시아·아프리카·유럽의 구대륙을 천하도의 내대륙에, 남북아메리카 대륙을 천하도의 외대륙에 대응시키고 있다.

이와 같은 주장은 서구식 세계지도의 영향을 지나치게 강조한 나머지 형태적 유추로까지 나아간 것으로 보이는데, 원형의 천하도와 『곤여만국전도』 와 같은 서구식 세계지도를 형태적 차원에서 엄밀하게 비교한다면 하나의 계통으로 파악할 만한 유사성은 크게 두드러지지 않는다. 특히 아메리카 대

---

33) 海野一隆「李朝朝鮮における地図と道教」,『東方宗教』 57, 1981.
34) 배우성「서구식 세계지도의 조선적 해석, 「천하도」」,『한국과학사학회지』 제22권 제1호, 2000.

류을 외대륙으로 유추한 것은 구한말 원형 천하도를 외국에 최초로 소개한 이익습의 주장과도 유사하다. 그러나 원형 천하도와 서구식 세계지도는 전체적인 구도뿐만 아니라 세부적인 형태에서도 크게 다르다. 서구식 세계지도에서 기원했다면 최소한 일부분이라도 형태적으로 유사해야 하는데 그런 부분은 찾기가 어렵다. 더 나아가 지명과 같은 내용적인 면에서도 두 지도 사이에 일치하는 것이 있어야 하지만 서구식 세계지도에서 볼 수 있는 한역 지명은 전혀 볼 수 없다.

이러한 사실들을 고려할 때, 원형 천하도는 서구식 세계지도의 영향으로 인해 세계인식이 확대된 사회적 배경하에서 태동했지만, 서구식 세계지도를 원형 천하도 제작에 직접적으로 활용했다고는 보기 어렵다. 서구식 세계지도를 포함한 기존의 지도에서 직접 연유한 것이 아니라 오히려 새롭게 세계상을 만들었을 가능성이 더 크다. 이러한 문제는 원형 천하도의 형태와 내용분석에 의해 좀더 명확해질 것이다.


## 2. 천하도의 형태와 내용분석

### 1) 형태의 분석

(1) 원형의 의미

원형(圓形)의 천하도는 흡사 사람의 옆모습과 같은 형상을 하고 있는 내대륙과 그 주변을 둘러싸는 내해, 고리형의 외대륙과 그 바깥을 둘러싸는 외해의 구조로 이루어져 있다. 전체의 모습은 마치 메달에 그려진 사람의 모습[35] 같기도 하고 수레바퀴의 모습과 같아서 거륜형(車輪形) 지도라고도 불린다.[36] 세계를 원형으로 보는 원형의 세계관은 다양한 문화권에서 확인된

---

35) Nakamura, Hiroshi, "Old Chinese World Maps Preserved by the Koreans," *Imago Mundi* 4, 1947, 3면.

다. 고대 바빌로니아의 점토판 지도, 그리스의 지도, 중세 기독교적 세계관을 표현한 세계지도, 이슬람의 세계지도 등이 원형으로 세계를 표현하였다. 원은 인간이 그릴 수 있는 가장 근원적이고도 기초적인 도형이기 때문에 세계를 원으로 상정하는 것은 여러 문화권에서 광범하게 나타날 수 있다.

그러나 내대륙, 내해, 외대륙, 외해의 독특한 구조를 지니고 있는 원형의 세계지도는 조선 이외의 다른 곳에서는 발견되지 않는다. 다른 문화권에서 볼 수 있는 대부분의 원형 세계지도에는 대륙과 그를 둘러싸는 해양이 나타난다. 이러한 구조적인 차이로 인해 원형 천하도의 기원을 T-O지도와 같은 서양의 원형 세계지도에 두는 것은 문제가 있다. 또한 서양이나 이슬람 세계의 원형 세계지도가 이 시기 조선으로 유입되어 원형 천하도의 출현에 영향을 주었다고 보기도 어렵다. 왜냐하면 시간적, 공간적 차이가 너무 크고 두 지도가 표현하고 있는 지리적 세계가 질적인 차이를 지니고 있기 때문이다.

그렇다면 원형의 천하도에서 원이 표상하는 것은 무엇인가? 원형 천하도에 대한 현재까지의 연구들은 이에 대한 명확한 대답을 내리는 경우가 극히 드물다. '천하도(天下圖)'는 낱말 그대로 하늘 아래, 즉 지상의 세계를 그린 것이기 때문에 원형 천하도에서도 둥근 원은 당연히 지상세계라는 생각에서 별다른 언급이 없었을지도 모르겠다. 그러나 이 문제는 원형 천하도가 표상하는 세계를 이해하는 데 풀어야 할 매우 중요한 사안이다.

동아시아 문화권에서 땅을 원형으로 표현하는 사례는 극히 드물다. 대표적인 우주론으로 인정되었던 혼천설에서도 땅을 오히려 구형이 아닌 평평한 대지로 상정했을 정도다. 조선시대 지식인들의 사고방식에서도 천원지방의 전통적 관념이 깊게 자리 잡고 있었기 때문에 지리적 세계를 원형으로 표현하는 사례는 극히 드물었다. 만약 원형 천하도의 원이 지리적 세계를 표상한다면 이는 지리적 세계인식에 일대 변혁이 없이는 불가능하다. 천원지방의

---

36) 海野一隆 『地圖の文化史: 世界と日本』, 八坂書房 1996, 40면.

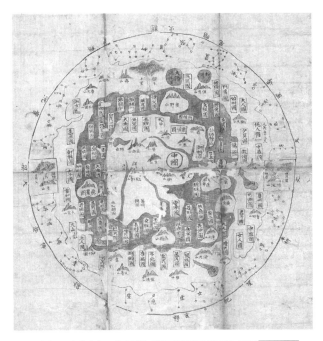

그림 3-7 별자리가 그려진 원형 천하도(국립중앙박물관 소장) 권두화보 15

관념에서는 땅을 네모진 평지로 인식하고 있기 때문이다. 따라서 원형 천하도에 원이 표상하고 있는 것은 땅이 아닌 하늘로 볼 수밖에 없다.

동서양을 막론하고 하늘(천체)을 원으로 인식하는 것은 자연스런 현상이었다. 이는 하늘의 해와 달, 별 등의 일주운동을 관찰하면서 경험적으로 터득한 것이었다. 동양의 대표적 우주론인 개천설과 혼천설에서도 하늘을 원형으로 인식하였다. 이로 인해 대부분의 동양에서 제작된 천문도는 하늘을 원의 모습으로 표현했던 것이다. 원형 천하도에서 원으로 표상된 것은 지리적 세계가 아닌 하늘을 나타낸 것이다. 현존하는 원형 천하도 중에 바깥의 원에 하늘의 별자리를 배치한 것이 있는데(그림 3-7), 천하도의 원이 땅이 아닌 하늘을 표현한 명시적인 사례이다.

그림 3-8 『태극도』(영남대학교 박물관 소장) 권두화보 16

이와 관련하여 천하도의 제목과 외곽의 형태도 원형의 천하도가 단순히 지리적 세계만을 그린 것이 아니라 우주지적 사고를 반영하고 있음을 보여주고 있다. 대부분의 원형 천하도는 제목이 '천하도(天下圖)' 또는 '천하총도(天下總圖)'라 되어 있는 것이 일반적인데 극히 일부분이긴 하지만 '태극도(太極圖)'라 표기된 것도 있다(그림 3-8). 또한 원 주변에 팔각형을 그려 넣은 것도 있고 어떤 것은 주역의 양의(兩儀)37)를 그린 것도 있다. 태극은 음양으로 분리되기 이전의 상태로, 천지가 혼연되어 있는 것을 말한다. 또한

37) 양의는 두 가지 모습이라는 뜻으로, 태극에서 나오는 양과 음이라는 두 모습을 양의(陽儀)와 음의(陰儀)라 칭한다. 한 획으로 이어진 '━'를 양의 부호로 삼고, 두 획으로 나뉘어진 '╴╴'를 음의 부호로 삼는다.

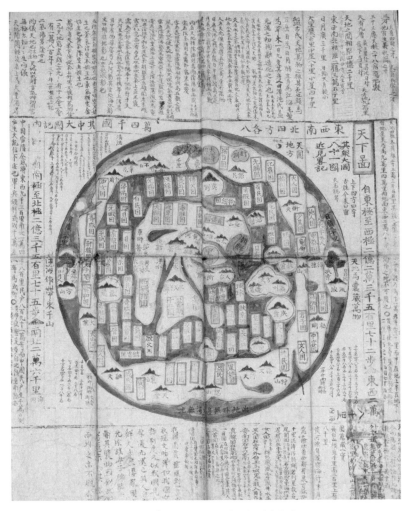

그림 3-9 『여지고람도보』(국립중앙도서관 소장)

원의 외곽에 양의를 그려 넣은 것은 음과 양, 바로 천지가 교착된 상태를 표현하려 했기 때문으로 풀이된다.

천원지방의 전통적인 관념이 원형의 천하도에 그대로 스며 있음은 현존하는 사본에서도 확인된다. 국립중앙도서관 소장의 『여지고람도보(輿地攷覽圖譜)』에 수록된 원형의 천하도에는 다른 사본과는 달리 많은 주기가 여백에 수록되어 있다(그림 3-9). 이 천하도는 원래 목판본으로 제작된 것이지만 소장자가 채색과 주기를 첨가한 것으로 이러한 기록을 통해 당시인의 천하도에 대한 인식을 엿볼 수 있다. 이 지도의 좌측상단 여백에는 '천원지방(天圓地方)'이라는 표기와 함께 태극문양이 그려져 있다. 이는 천원지방이라는 전통적인 천지관에 입각하고 있음을 보여주는 대표적인 보기이다. 주변의 다른 주기들도 단순히 지리적 세계에 대한 설명을 넘어 천지와 관련된 내용들이 주를 이루고 있다.

### (2) 지도 구조상의 특징

원형 천하도는 전통적인 천원지방의 관념을 표현하고 있지만 그 구조는 이전에 존재했던 지도와는 매우 다르다. 내대륙, 내해, 외대륙, 외해라는 독특한 구조로 이루어져 있는데, 이러한 구조는 어디에서 유래한 것일까? 지리적 세계를 그린 세계지도의 경우 오랜 역사 속에서 축적된 지식을 바탕으로 제작되는 것을 고려한다면 원형 천하도 역시 갑자기 출현한 것이기보다는 그 역사적 연원을 지니고 있을 가능성이 크다.

원형 천하도에 대해 최초로 방대한 연구를 수행했던 나까무라 히로시는 내대륙의 윤곽이 불교적 세계관을 표현한 「사해화이총도」와 유사하다는 것을 근거로 이 지도에서 발전된 것으로 보았다. 「사해화이총도」는 앞서 검토했듯이 1613년 중국의 장황이 간행한 『도서편』에 수록된 지도이다. 이와 같은 불교적 세계관을 표현하고 있는 지도가 『도서편』에 수록된 것은 마테오리치의 세계지도인 「여지산해전도」가 수록된 것과 유사한 맥락을 지닌다. 즉, 이 시기 서양 선교사들의 활약으로 기존 전통적인 직방세계의 관념이 서서히 외연을 확대하고 있었는데 직방의 영역을 넘는 세계에 대한 참고용 지도로 수록된 것이다.

그러나 「사해화이총도」와 원형 천하도의 내대륙이 유사하다고 하지만 내용적으로는 별개의 지도다. 즉, 「사해화이총도」는 중국을 중심으로 직방세계를 표현하던 전통적 지도와는 달리 천축국을 중심으로 세계를 표현했다. 그러나 원형의 천하도는 불교와 관련된 지명을 볼 수 없다는 점에서 두 지도의 본질적인 차이가 있다. 또한 장각국(長脚國), 장비국(長臂國), 천심국(穿心國), 군자국(君子國)과 같은 『산해경』에 나오는 지명이 「사해화이총도」와 원형의 천하도에 공통적으로 수록되어 있지만, 지명이 배치된 방향은 일치하지 않는다. 더 나아가 「사해화이총도」와 원형 천하도의 내대륙의 윤곽도 자세히 본다면 비슷하다고 할 수 없다. 이를 통해 볼 때 원형 천하도가 불교식 세계지도에 그 기원을 두고 있다고 보기는 매우 어렵다. 더군다나 주자성리학이 지배적인 사회운영의 원리로서 기능했던 조선사회에서 불교식 세계관을 보여주는 지도가 민간의 유학자들에게 광범하게 유포될 수는 없는 일이다.

천하도의 구조와 유사한 형태로 떠올릴 수 있는 것은 중국 고대 추연의 지리적 세계관이다. 추연은 중국 사방의 바다를 비해라 했고 그 바깥에 대륙이 그를 감싸고 있으며, 대륙의 바깥에는 대영해가 감싸고 있다고 하였는데,[38] 얼핏 보면 원형 천하도의 구조와 유사하다. 그러나 추연이 제시한 것은 비해가 둘러싸는 아홉 개의 대륙과 그 외부에 대영해가 둘러싸는 구조로 원형 천하도의 구조와는 다르다.

세계를 내대륙-내해-외대륙-외해처럼 중심-주변의 동심원적 구조[39]로 파악하는 것은 중국 고대의 『산해경』『회남자』『이아』 등의 문헌에서 볼 수

---

38) 魏伯珪『實瀛誌』. "鄒衍曰 中國四方之海 是號裨海 其外有大陸環之 大陸之外 又有大瀛海環之 方是地涯云."

39) 중심-주변 관계의 동심원적 구조는 엄밀하게 말하면 원의 형태는 아니다. 땅을 방형으로 인식하고 있었기 때문에 오히려 방형에 가깝다고 할 수 있다.

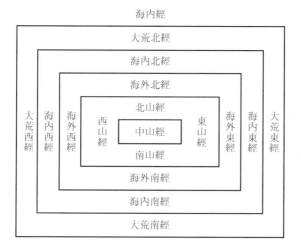

그림 3-10 존 메이저(John S. Major)가 산해경을 지도화한 그림

있다. 『산해경』에서는 중국을 중심으로 그 주위에 해내제국, 그 바깥에 해외제국, 대황제국 순으로 구성되어 있다. 『이아』에서는 중국-사해(四海)-사황(四荒)-사극(四極)의 구조로 이루어져 있고, 『회남자』에서는 구주(九州)-팔인(八殥)-팔굉(八紘)-팔극(八極)의 구조로 방위가 좀더 확장되어 있다. 이러한 중심-주변의 동심원적 구조는 중국 고대의 지리적 인식에서 기초를 이루는 부분으로 중화적 세계인식도 이것과 불가분의 관계를 지닌다.

　원형 천하도와 관련해서는 『산해경』에서 제시하는 동심원적 구조가 중요하게 부각된다. 원형 천하도에 수록된 지명 가운데 많은 수가 『산해경』에 근거하고 있다는 사실로만 보더라도 원형 천하도와 『산해경』과는 깊은 관계가 있음을 알 수 있다. 『산해경』에 대해서는 뒤에서 좀더 자세히 다루게 되는데, 여기서는 원형 천하도의 형태적 측면과 관련하여 몇가지를 언급하고자한다. 『산해경』은 크게 「오장산경(五臟山經)」「해경(海經)」「대황경(大荒經)」의 세 부분으로 구성되어 있으며, 각 부분에서 기술하고 있는 세계는 서로 다르다. 세 부분은 각각 서로 다른 시기에 서로 다른 작자에 의해 저술되어 구체적인 내용과 기술방식이 다른데 「오장산경」은 실제로 존재하는 세계에 가깝고 「해경」과 「대황경」은 상상적인 요소가 강하다.

『산해경』에 수록된 각 부분을 기술된 지리적 범위를 기초로 하여 배열하면 그림 3-10과 같은 지도 형식의 그림을 그릴 수 있다. 중산경(中山經)을 중심으로 하여 주변으로 확대되어가는데 대황경(大荒經)에서 기술하는 지역이 가장 외곽에 포진하고 있다. 그러나 『산해경』의 각 편은 중복되어 기술된 부분이 많아 산경-해내경-해외경-대황경의 순으로 뚜렷하게 경계 긋기는 어렵다.[40] 『산해경』에 수록된 각 편의 순서도 산경-해외경-해내경-대황경-해내경으로 되어 해내경과 해외경의 순서가 바뀌어 있다.

그러나 조선시대의 일반적인 독자가 『산해경』의 각 편을 서로 다른 시기, 서로 다른 세계관을 지닌 인물에 의해 기술된 것으로 엄밀하게 구분하기는 어렵다. 오히려 일관된 체계를 지닌 저술로 인식하는 편이 훨씬 더 용이하다. 따라서 『산해경』을 통해 그림처럼 동심원적 공간구조를 떠올리는 것은 그리 어렵지 않았을 것이다.

이러한 사실들로 판단해볼 때, 원형 천하도의 내대륙-내해-외대륙-외해라는 동심원적 구조는 유사한 형태를 지닌 지도에서 비롯되지 않더라도 충분히 가능한 것이다. 『산해경』의 오장산경-해내경-해외경-대황경과 같은 구조는 원형 천하도의 동심원적 구조를 연상케 한다. 원형 천하도와 같은 유사한 구조를 지닌 지도가 중국이나 일본에서 발견되지 않는 상황을 고려한다면 원형 천하도의 동심원적 형태는 이전 시기에 존재했던 지도보다는 『산해경』과 같은 문헌에서 기원했을 가능성을 배제할 수 없다. 더구나 원형 천하도의 내대륙에 『산해경』의 「오장산경」처럼 실재의 세계가 표현되어 있고, 「해경」과 「대황경」에 수록된 상상속의 나라들이 원형 천하도의 내해와

---

40) 徐敬浩 『山海經 研究』, 서울대학교 출판부 1996, 289~320면.

외대륙에서도 유사하게 볼 수 있다는 점은 원형 천하도의 동심원적 구조가 바로 『산해경』에서 비롯되었음을 강하게 시사하는 것이다.

중심에서 주변으로 확장되는 동심원적 구조가 『산해경』에서 비롯되었다 하더라도 풀리지 않는 문제는 여전히 남아 있다. 그것은 현실 세계를 표현하고 있는 내대륙의 모습이다. 외대륙의 경우, 가상의 세계를 표현하고 있기 때문에 원형 천하도의 작자가 다른 것에 의존하지 않고 완전히 창작하는 것이 가능하다. 그러나 중국 중심의 실재세계를 표현하고 있는 내대륙의 경우 이와는 전혀 다르다. 내대륙은 중국을 중심으로 인도, 서역까지 실재의 세계를 간략하게 그린 것인데, 다른 지도를 참조하지 않고 순전히 창작에 의존하여 그리는 것은 불가능하다. 그렇다면 내대륙을 그리는 데 모델이 되었던 지도는 어떤 것이었을까?

레드야드는 내대륙에 그려진 북서쪽의 호수와 양수(洋水)와 흑수(黑水) 사이에 있는 삼각형의 반도를 근거로, 내대륙의 모습은 조선 전기 『혼일강리역대국도지도』에서 진화한 것으로 보았다. 이러한 입론이 불가능한 것은 아니지만 『혼일강리역대국도지도』에서 원형 천하도의 내대륙으로 이어지는 중간 단계의 지도를 찾기가 어렵다는 점에서 이러한 진화의 가능성은 매우 낮다고 생각된다. 더구나 원형 천하도의 서북쪽에 그려져 있는 호수는 레드야드가 주장한 대로 지중해나 카스피해가 변형되어 그려진 것이 아니라 지금의 타클라마칸사막과 고비사막을 그린 것으로 보인다. 중국의 지도에서는 이러한 사막을 길게 늘어진 내해의 모습으로 그리곤 했고, 지명도 '한해(瀚海)'라고 하여 바다의 명칭을 사용하기도 했다.[41] 또한 내대륙에 수록된 나라들은 역사적으로 중국과 조공관계를 맺어왔던 국가들로서 사서(史書)에서 대부분 볼 수 있는데, 이를 고려한다면 천하도의 내대륙은 전통적인 직방세

---

41) 국립지리원·대한지리학회 『한국의 지도: 과거·현재·미래』, 2000, 92면 도관90 참조. 원형 천하도의 일부 사본에서는 '유사(流沙)'라고 표기되어 있는데, 중국 북서부의 사막을 가리킨다.

계를 크게 벗어나지 않는다.

따라서 내대륙의 모습은 『혼일강리역대국도지도』에서 진화한 것이라기보다는 중국에서 전래된 직방세계 중심의 세계지도에서 비롯되었을 가능성이 더 크다. 조선에서 제작된 직방세계 중심의 세계지도는 대부분 중국으로부터 전래된 것에 기초하고 있다는 사실은 조선 전기에 제작된 세계지도의 사례에서도 잘 알 수 있다. 원형 천하도에 수록된 내대륙의 지도는 상대적으로 간략한 형태를 띠고 있는데, 직방세계 중심의 지도를 축소, 변형하여 그린 것으로 보인다. 기존의 직방세계를 그린 전통적인 세계지도에 비해 서역과 인도 지역이 확대되어 있고, 『산해경』에 나오는 하천으로 곤륜산에서 발원하는 양수, 흑수, 적수(赤水)가 그려져 있다. 양수와 흑수는 인도와 서역을 구분하는 경계가 되고 적수는 인도와 중국 본토를 구분하는 경계가 된다.

원형 천하도의 이러한 모습과 관련하여 눈길을 끄는 지도는 영남대학교 박물관 소장의 『천하지도(天下地圖)』이다(그림 3-11). 18세기 중엽에 제작된 이 지도는 전체적인 윤곽과 내용이 김수홍이 그린 『천하고금대총편람도』와 유사하여 이의 영향을 받았음을 알 수 있다. 그러나 곤륜산에서 발원하는 하천과 서번(西蕃), 서역(西域)의 모습은 김수홍의 지도와 다소 차이가 있다. 즉, 김수홍의 지도에서는 흑수의 서쪽에 서역과 서번 등을 한꺼번에 배치했는데, 『천하지도』에서는 원형 천하도처럼 하천으로 구분하였다. 특히 곤륜산에서 발원하는 서쪽의 하천은 원형 천하도의 양수와 흑수처럼 두 갈래로 나눠진 것이 눈길을 끈다. 또한 『천하지도』의 북서쪽에는 원형 천하도처럼 내해 모양의 사막이 그려져 있고 '한해'라고 표기되어 있다. 북쪽 끝에는 '북해(北海)'라고 표기하여 그 위쪽으로 바다가 있음을 암시하고 있다.

이러한 사실들로 판단해볼 때 영남대학교 소장의 『천하지도』는 김수홍의 지도가 저본으로 삼았던 제3의 지도를 참조했던 것으로 보인다. 김수홍의 지도가 1666년에 제작된 사실을 고려한다면 저본으로 사용된 제3의 지도는 최소한 그 이전에 제작되었을 것이다. 특히 중국에서 제작되어 조선으로 전

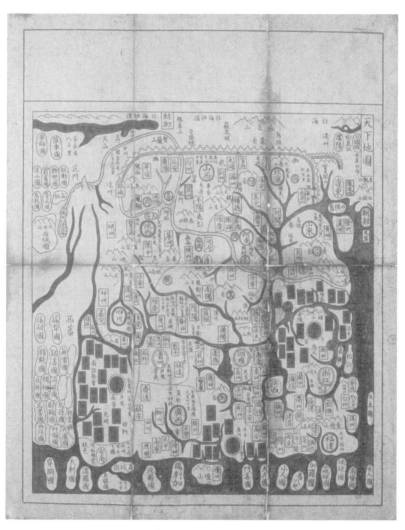

그림 3-11 『천하지도』(영남대학교 박물관 소장)

래되는 시간을 고려한다면 대략 16세기 전반이나 그 이전에 제작된 것으로 추정된다. 대략 이 시기는 원형 천하도가 출현하거나 출현하기 이전에 해당한다. 따라서 원형 천하도가 이러한 『천하지도』의 저본 지도와 유사한 지도들을 참고로 제작되었을 여지는 충분하다.

결국 원형 천하도의 제작자는 『산해경』을 통해 내대륙-내해-외대륙-외해의 구조를 만들어냈으며, 내대륙의 형상은 기존에 존재하던 직방세계 중심의 지도를 기초로 하여 그렸다. 곤륜산을 땅의 중심에 배치하고 여기에서 발원하는 네 개의 하천을 그리다 보니 전통적인 직방세계의 지도에서 서쪽 구석에 배치되던 서역과 서번이 상대적으로 넓은 영역을 차지하게 된 것으로 볼 수 있다.

## 2) 지명을 통한 내용분석

### (1) 지명의 출전

대부분의 원형 천하도는 내대륙, 내해, 외대륙, 외해의 구도로 이루어져 있지만 지명의 표기에서는 사본마다 약간의 차이가 있다. 보통은 140여 개의 지명이 수록되어 있으나, 목판본의 경우는 이보다 적은 것도 있다. 필사본의 경우 영국 대영박물관 소장본은 168개나 되는 지명이 수록되어 있기도 하다. 국내에서도 목판본이면서 많은 지명이 수록된 천하도가 발견되어 관심을 끌었다(그림 3-12).[42]

원형 천하도는 목판본만 하더라도 10여 종이 넘게 남아 있다. 필사본까지 합치면 그 종수에 있어서는 현존하는 단일 지도로는 가장 많다. 필사본과 목판본을 통틀어 수록된 지명의 개수는 대략 140개를 전후한 것이 가장 많다. 따라서 최초 원형 천하도의 원본도 이와 유사했으리라 생각된다. 서역(西域)

---

42) 李燦『韓國의 古地圖』, 汎友社 1991, 31면 도판17.

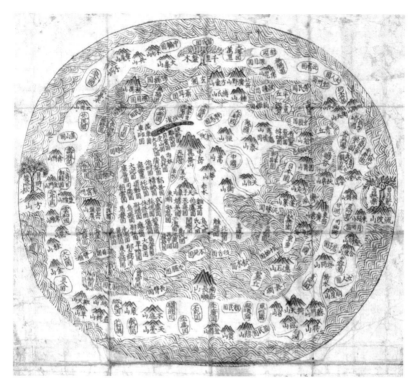

그림 3-12 일반형보다 많은 지명이 수록된 천하도(개인 소장)

이나 번호(蕃胡)에 많은 지명을 기입한 것은 이례적인 사례로 애초 원본에 많은 지명이 수록되기보다는 후대에 첨가, 보충된 것으로 보아야 한다. 따라서 원형 천하도 가운데 원형에 가까운 것은 이례적인 사례가 적으면서 가장 일반적인 형태를 취하고 있는 것으로, 시기적으로는 초기에 해당하고 필사본보다는 목판본이라 할 수 있다.[43]

---

43) 대략 비슷한 시기에 제작된 것으로 보이는 목판본과 필사본 지도가 있다면 필사본보다는 목판본 지도가 오류의 가능성이 더 낮다. 필사본의 경우 전사(轉寫)의 횟수도 많을 뿐만 아니라 전사 과정에서 많은 오류가 발생할 수 있는 반면, 목판인쇄본의 경우는 재판각

그림 3-13 원형 천하도 일반형의 지명배치

    천하도에 수록된 많은 지명들이 어디에 그 기원을 두고 있는가를 밝히는 것은 천하의 연원과 성격을 규명하는 중요한 문제이다. 이미 몇명의 학자는 이 부분에 대한 심도 있는 연구를 진행하기도 했다. 현재까지의 연구를 통해 볼 때, 원형 천하도에 실려 있는 지명은 대부분 『산해경』에서 보이는

---

횟수가 전사 횟수에 비해 매우 적기 때문에 오류의 가능성이 그만큼 줄어든다.

274

것들이고, 그 밖에 『한서』 「서역전(西域傳)」, 『상서』 「우공」, 『당서(唐書)』 등의 사서(史書)와 『동천복지악독명산기(洞天福地嶽瀆名山記)』 『십주기(十洲記)』 등 도교 관련 서적들에서 찾아볼 수 있는 것들이다.[44] 내대륙에는 당시 실재하던 나라의 지명이 많은 비중을 차지하고 있고, 내해에는 일본, 유구 등과 같은 실재 나라의 명칭도 보이나 대부분은 가상의 지명들이다. 외대륙도 대부분 가상의 지명들로 이루어져 있다. 그림 3-13은 원형 천하도의 일반형으로 볼 수 있는 초기 목판본의 지명배치를 그린 것이고, 표 3-2는 여기에 수록된 지명들의 출전을 정리한 것이다. 지명의 출전은 나까무라, 운노 등의 기존 연구를 바탕으로 다시 수정하였다.

### (2) 『산해경』의 지명배치

지명의 분석을 통해 파악할 수 있는 것은 『산해경』에 나오는 지명의 비율이 압도적이라는 사실이다. 이러한 사실로 인해 오가와 타꾸지는 원형의 천하도가 산해경도(山海經圖)라고 추정했다.[45] 그러나 원형 천하도는 조선 후기에 새롭게 제작된 것으로서 원래 중국 고대에 존재했던 산해경도로 보기는 어렵다. 그렇다 하더라도 지도에 수록된 『산해경』의 많은 지명을 통해 볼 때, 『산해경』이 지도제작의 기초적인 자료로 이용된 것만은 분명하다.

『산해경』은 고대인의 꿈과 무의식에 뿌리를 둔 원형적 심상을 집대성했다고 볼 수 있는데, 이러한 이단(異端)의 정신은 갈홍(葛洪)의 『포박자(抱朴子)』로 계승, 발전되어 도교라는 거대한 상징체계를 구축하게 되었다.[46] 그러나 『산해경』은 현실의 실용성을 강조하는 유교의 입장에서는 대표적인 이단서로 취급될 수밖에 없었다. 중국에서 한대 이후 유학이 뿌리를 내리면서 유학자들에게는 경전이 아닌 기서(奇書)로 인식되었다. 하지만 일부 도가들

---

44) 海野一隆 「李朝朝鮮における地図と道教」, 『東方宗教』 57, 1981.
45) 小川琢治 「近世西洋交通以前の支那地圖に就て」, 『地學雜誌』 258卷 160號, 1910.
46) 정재서 역주 『산해경』, 민음사 1985, 25면.

표 3-2 천하도의 지명과 출전(『 』가 없는 것은 산해경의 편명임)

| | 지 명 | 출 전 | | 지 명 | 출 전 |
|---|---|---|---|---|---|
| 1 | 中國 | | 37 | 臂國 | 海外西經 |
| 2 | 朝鮮國 | 海內北經 | 38 | 三首國 | 海外南經 |
| 3 | 肅愼國 | 海外西經 | 39 | 戴國 | 海外南經 |
| 4 | 大封國 | 海內北經, 大는 犬 | 40 | 結胸國 | 海外南經 |
| 5 | 赤脛國 | 海內經 | 41 | 厭火國 | 海外南經 |
| 6 | 流鬼國 | 『通典』 『新唐書』 | 42 | 貫胸國 | 海外南經 |
| 7 | 大幽國 | 海內經 | 43 | 長臂國 | 海外南經 |
| 8 | 安南國 | 『唐書地理志』 | 44 | 交脛國 | 海外南經 |
| 9 | 暹羅國 | 『隋書』 | 45 | 不死國 | 海外南經 |
| 10 | 眞臘國 | 『隋書』 | 46 | 岐舌國 | 海外南經 |
| 11 | 琉球國 | 『隋書』 | 47 | 食木國 | 海內經 |
| 12 | 日本國 | | 48 | 長沙國 | 海內經 |
| 13 | 明徂國 | 海內北經 | 49 | 足明國 | |
| 14 | 暘國 | 海外東經, 大荒東經 | 50 | 扶桑國 | 海外東經 |
| 15 | 毛民國 | 海外東經 | 51 | 强二國 | 海外東經 |
| 16 | 勞民國 | 海外東經 | 52 | 鳩始國 | 海內東經 |
| 17 | 玄股國 | 海外東經, 大荒東經 | 53 | 小人國 | 大荒東經 |
| 18 | 拘纓國 | 海外北經 | 54 | 淑女國 | 大荒西經 |
| 19 | 博父國 | 海外北經, 博氏國 | 55 | 壽麻國 | 大荒西經 |
| 20 | 聶耳國 | 海外北經 | 56 | 軒轅國 | 大荒西經, 海外西經 |
| 21 | 歐絲國 | 海外北經 | 57 | 女子國 | 海外西經, 大荒西經 |
| 22 | 無腸國 | 海外北經 | 58 | 雲和國 | |
| 23 | 犂禺國 | | 59 | 火山國 | 『通典』 |
| 24 | 白民國 | 海外西經 | 60 | 互人國 | 大荒西經 |
| 25 | 深目國 | 海外北經 | 61 | 域民國 | 大荒南經 |
| 26 | 無暇國 | 海外北經 | 62 | 義和國 | 大荒南經 |
| 27 | 巫咸國 | 海外西經 | 63 | 驩頭國 | 大荒南經 |
| 28 | 桑梨國 | 海外北經 | 64 | 季禺國 | 大荒南經 |
| 29 | 一目國 | 海外北經 | 65 | 裁民國 | 大荒南經 |
| 30 | 大樂國 | 海外西經 | 66 | 盈民國 | 大荒南經 |
| 31 | 聚屈國 | 『嶽瀆名山記』 | 67 | 鼠性國 | 大荒南經 |
| 32 | 伽毗國 | 『法顯佛國記』 | 68 | 燻民國 | 大荒東經 |
| 33 | 羽民國 | 海外南經, 大荒南經 | 69 | 女人國 | |
| 34 | 奇肱國 | 長脚國의 오류, 海外西經 | 70 | 君子國 | 大荒東經 |
| 35 | 三身國 | 海外西經, 大荒南經 | 71 | 中容國 | 大荒東經 |
| 36 | 奇肱國 | 海外西經 | 72 | 司幽國 | 大荒東經 |

276

| | 지명 | 출전 | | 지명 | 출전 |
|---|---|---|---|---|---|
| 73 | 夏州國 | 大荒東經 | 109 | 盤格松 | 大荒西經, 柜格松 |
| 74 | 龍伯國 | 『博物志』 | 110 | 方山 | 大荒西經 |
| 75 | 中泰國 | 『博物志』 | 111 | 廣野山 | 『嶽瀆名山記』 |
| 76 | 少昊國 | 大荒東經 | 112 | 麗農山 | 『嶽瀆名山記』 |
| 77 | 佻人國 | 海內經 | 113 | 長離山 | 『嶽瀆名山記』 |
| 78 | 大人國 | 大東, 大北, 外東 | 114 | 連石山 | 『嶽瀆名山記』 |
| 79 | 始州國 | 大荒北經 | 115 | 廣桑山 | 『嶽瀆名山記』 |
| 80 | 比肩國 | 大荒東經 | 116 | 蓬萊山 | 海內北經, 『嶽瀆名山記』 |
| 81 | 無腸國 | 大荒北經, 海外北經 | 117 | 方丈山 | 『嶽瀆名山記』 |
| 82 | 深目國 | 大荒北經, 海外北經 | 118 | 瀛洲 | 『嶽瀆名山記』 |
| 83 | 千里盤木 | 大荒北經 | 119 | 扶桑山 | 海外東經, 『嶽瀆名山記』 |
| 84 | 舟山 | 大荒北經 | 120 | 圓袴山 | 『嶽瀆名山記』 |
| 85 | 不白山 | 大荒北經 | 121 | 姑射山 | 海內北經 |
| 86 | 章尼山 | 大荒北經 | 122 | 泰山 | 『尙書禹貢』 |
| 87 | 不周山 | 大荒西經, 西山經 | 123 | 恒山 | 『尙書禹貢』 |
| 88 | 寒署水 | 大荒西經 | 124 | 崑崙山 | 大荒西經, 『嶽瀆名山記』 |
| 89 | 大荒山 | 大荒西經 | 125 | 華山 | 西山經 |
| 90 | 融天山 | 大荒南經 | 126 | 崇山 | 『尙書禹貢』 |
| 91 | 襄山 | 大荒南經 | 127 | 三千子章山 | 海內南經 |
| 92 | 天台山 | 大荒南經 | 128 | 衡山 | 中山經 |
| 93 | 登備山 | 大荒南經 | 129 | 天台山 | |
| 94 | 恝山 | 大荒南經 | 130 | 黃河 | |
| 95 | 倚天山 | 大荒東經 | 131 | 江水 | 中山經 |
| 96 | 蘇門山 | 大荒東經 | 132 | 赤水 | 海內西經 |
| 97 | 白淵 | 大荒南經 | 133 | 黑水 | 海內西經, 南山經 |
| 98 | 待山 | 大荒東經 | 134 | 洋水 | 西山經 |
| 99 | 堅明山 | 大荒東經 | 135 | 疏勒 | 『漢書西域傳』 |
| 100 | 甘淵 | 大荒東經, 大荒南經 | 136 | 車師 | 『漢書西域傳』 |
| 101 | 甘山 | 大荒東經 | 137 | 繕善 | 『漢書西域傳』 |
| 102 | 招搖山 | 大荒東經 | 138 | 沙車 | 『漢書西域傳』 |
| 103 | 扶桑 | 海外東經 | 139 | 大宛 | 『漢書西域傳』 |
| 104 | 流波山 | 大荒東經 | 140 | 烏孫 | 『漢書西域傳』 |
| 105 | 衡天山 | 大荒北經 | 141 | 月支 | 『漢書西域傳』 |
| 106 | 係民山 | 大荒北經 | 142 | 西域諸國 | 『漢書西域傳』 |
| 107 | 封淵 | 大荒北經 | 143 | 蕃胡十二國 | |
| 108 | 大澤 | 大荒北經 | 144 | 梟陽 | 海內南經 |

이나 문장가, 시인들에 의해 꾸준히 읽혀지면서 후대까지 이어져 내려왔다.

『산해경』은 우리나라에 일찍 전해졌으며, 이에 대한 학자들의 인식은 중국과 큰 차이가 없었다. 고려시대의 이규보는 산해경을 괴설로 취급했는데,[47] 조선시대의 유학자들 사이에서도 이러한 경향이 지배적이었던 것으로 보인다. 조선 후기 박학다식했던 대표적인 학자 이덕무는 산해경을 황당무계한 책으로 평가했다.[48] 조선 후기 실학의 거두였던 이익도 이와 같은 태도를 취했다.[49] 조구명(趙龜命, 1693~1737)은 더 나아가『산해경』의 내용을 비판하기도 했는데,『산해경』의 방위에 따른 지명의 배치가 잘못된 사실을 지적하였다.[50] 이처럼『산해경』은 대부분의 학자에게서 이단의 서적으로 취급되고 있었지만, 서구 지리지식의 영향으로 세계인식을 확장할 수 있었던 유만주와 같은 학자에게는 확장된 세계를 설명하는 중요한 텍스트였다.

그렇다면 원형 천하도의 제작에『산해경』이 가장 기초적인 자료로 이용된 이유는 무엇일까?『산해경』에는 확장된 세계인식을 포괄할 수 있는, 미지의 세계를 포함한 다양한 영역에 대한 기술이 수록되어 있다. 그러나 이러한 기술이 수록된 책으로『산해경』이 유일한 것은 아니다.『산해경』외에도『회남자』『목천자전(穆天子傳)』『포박자』『박물지』등 다양하다. 하지만 이러한 책들은『산해경』과 같이 동심원적 공간구조의 일관된 체계를 지니고 있지 않기 때문에 이들로부터 원형 천하도와 같은 세계지도를 구성하는 것은 거의 불가능하다.『산해경』으로부터 원형 천하도와 같은 세계지도를 구성할 수 있는 가장 중요한 요인은 산해경에 수록된 지명들이 방위에 따라 기술되어 있다는 점이다. 「산경」「해경」에 수록된 각 편에는 중앙과 동서남북의 방위를 기준으로 지명이 기술되어 있다. 이러한 방위는『산해경』의 다

---

47) 李奎報『東國李相國集』, 山海經疑詰.
48) 李德懋『靑莊館全書』, 卷62, 山海經補 東荒.
49) 李瀷『星湖僿說』卷28, 時文門, 啓棘賓商.
50) 趙龜命『東谿集』,「讀山海經」.

양한 지명을 지도상에 배치하는 기준이 되었다.

원형 천하도에 수록된 『산해경』의 지명을 좀더 분석해보면 이러한 사실을 알 수 있다. 표 3-2에서 『산해경』에 수록된 지명의 편명(篇名)과 천하도에서의 위치를 서로 비교하면 거의 대부분 일치한다. 의천산(倚天山, 천하도 일반형의 지명번호 95), 소문산(蘇門山, 지명번호 96), 대산(待山, 지명번호 98) 등이 『산해경』에서는 「대황동경(大荒東經)」에 수록되어 있지만, 원형 천하도에서는 외대륙의 남방에 수록된 정도가 방위의 불일치로 지적된다.[51] 그러나 이들 지명이 표기된 원형 천하도상의 위치는 엄밀하게 본다면 외대륙의 남쪽이 아니라 동쪽과 남쪽의 모서리에 해당한다. 4방위로 구분된 것에서 4방위의 사이에 해당하는 사각형의 모서리 부분의 방위는 명확하게 구분하기 어렵다. 원형 천하도와 『산해경』 사이에서 방위의 오차가 발생하는 지명은 지도상에서 모서리에 위치한 지명들뿐이다. 이러한 사실은 원형 천하도를 제작할 때의 지명의 배치는 『산해경』에 수록된 편명의 방위를 기준으로 삼았음을 보여주는 것이다. 또한 원형 천하도가 처음 제작된 후 계속 전사(轉寫), 판각되면서 지명의 오기(誤記)나 위치상의 변동이 있을 수 있다는 사실을 고려할 때 천하도 일반형에 볼 수 있는 방위의 일치는 거의 완벽에 가깝다고 할 수 있다.

『산해경』의 편명과 원형 천하도상에 배치된 지명들의 비교를 통해서 또 한 가지 중요한 사실이 파악된다. 그것은 천하도의 내대륙, 내해, 외대륙에 배치된 지명이 『산해경』에서는 각각 「오장산경」 및 「해내경(海內經)」 「해외경(海外經)」 「대황경」과 거의 일치하고 있다는 것이다. 『산해경』에서 「해외동경」에 수록된 부상(扶桑, 중국 전설에서 해가 뜨는 동쪽 바다 속에 있다고 하는 상상의 나무)을 일월이 뜨는 곳에 의도적으로 배치하여 외대륙의 밖에 위치시킨 정도가 유일하게 지적할 수 있는 오차이다.

---

51) 裵祐晟「古地圖를 통해 본 조선시대의 세계인식」, 『震檀學報』 83호, 震檀學會 1997, 72면.

이러한 사실들을 종합하여 볼 때 원형의 천하도는 『산해경』의 각 편명으로 이루어진 중심-주변의 동심원적 구조를 내대륙-내해-외대륙-외해의 구조로 형상화하고, 『산해경』의 각 편에 수록된 지명을 정해진 방위에 따라 지도상의 대응되는 지역에 배치해 완성한 지도라 할 수 있다.

### (3) 도교 관련 지명 및 기타 지명의 배치

원형 천하도에는 『산해경』의 지명 이외에 『서경』『한서』『당서』『수서(隋書)』 등 각종의 역사서와 『동천복지악독명산기』와 같은 도교 관련 문헌에 수록된 지명들이 배치되어 있다. 역사서에서 취한 지명들은 대부분 내대륙에 있는데 역사적으로 중국과 교류했던 동남아시아, 인도, 서역 등의 현실지명이 다수를 차지한다. 이들이 기재된 지역은 전통적인 직방세계를 벗어나지 않고 있다. 천하도의 성격과 관련하여 중요한 지명들은 『동천복지악독명산기』에 있는 도교나 신선사상과 관련된 지명이다.

『동천복지악독명산기』는 도교 관계의 문헌을 모아 엮은 『도장(道藏)』에 실려 있는 것으로, 901년 당나라 두광정(杜光庭)이 편집한 것이다. 『동천복지악독명산기』에는 '악독중산(嶽瀆衆山)' '중국오악(中國五嶽)' '십대동천(十大洞天)' '오진해독(五鎭海瀆)' '칠십이복지(七十二福地)' 등과 관련된 다양한 지명들이 언급되어 있다.[52] 『동천복지악독명산기』에 수록된 지명 가운데 천하도에 수록된 것은 모두 해중(海中)에 위치해 있으며 신선이 사는 곳으로 인간이 접근할 수 없는 구역이다. 신선과 관련된 총 27개의 지명 중에서 최대 17개의 지명을 천하도에서 볼 수 있다고 하나[53] 일반형의 경우는 표 3-2에서 보는 것처럼 이보다 약간 적다. 천하도에 수록된 『동천복지악독명산기』의 지명도 문헌에 기록된 방위에 따라 해당 지역에 배치되어 있다.

『동천복지악독명산기』에서 해중에 신선이 사는 곳으로 기입된 지명이 이

---

52) 『道藏』, 「洞天福地嶽瀆名山記」.

53) 海野一隆 「李朝朝鮮における地図と道教」, 『東方宗教』 57, 1981, 35~36면.

수광의 『지봉유설』에도 똑같이 기록되어 있어서 주목된다. 이수광은 『완위여편(宛委餘編)』의 기록을 인용하여 위의 지명들을 제시하고 있는데 『동천복지악독명산기』의 지명과 정확히 일치한다.[54] 이러한 사실은 원형 천하도에 수록된 『동천복지악독명산기』의 지명과 관련하여 중요한 시사점을 제공해준다. 『동천복지악독명산기』는 당나라 때 저술된 문헌으로 조선 후기 원형 천하도의 제작 시에 직접 이용했을 가능성은 매우 낮다. 그보다는 『도장』에 수록된 것을 이용했을 가능성이 있지만 조선시대 도교의 미약한 영향력을 고려할 때 다소 회의적이다. 이와 관련하여 현재 규장각에는 『도장』을 축소한 『도장집요(道藏輯要)』가 남아 있지만 『동천복지악독명산기』는 수록되어 있지 않다. 따라서 『완위여편』이나 『지봉유설』을 참고했을 가능성을 고려해볼 수 있다. 이수광 사후 1633년에 그의 아들 성구(聖求)와 민구(敏求)에 의해 간행된 『지봉유설』이 많은 학자들에게 읽혀졌던 책이라는 점을 고려한다면 원형 천하도의 제작 시 이를 참고했을 가능성이 크다. 특히 『지봉유설』에는 원형 천하도에서 내해의 동쪽에 하나로 묶어서 그려진 봉래산(蓬萊山), 방장산, 영주 등의 삼신산(三神山)에 대한 유래도 실려 있다.

　원형 천하도에 수록된 도교적 지명 가운데 외오악은 천지심(天地心)인 곤륜산을 중심으로 바다의 각 방위에 배치되어 있다. 동쪽에 광상산(廣桑山), 서쪽에 여농산(麗農山), 남쪽에 장웅산(長雄山), 북쪽에 광야산(廣野山)이다. 이 외오악은 직방세계의 바깥에 위치해 있기 때문에 중국의 전통적인 세계지도와 지리지에서는 찾아보기 어렵다. 중국은 전통적으로 오악 중심의 산악 인식체계를 지니고 있었는데 지리적으로는 직방세계에 한정된 것이었다.

　선진(先秦)시대 중국 각지에서는 산악과 산신의 숭배가 광범위하게 이뤄졌는데 그중 지역적으로 유명한 것을 뽑아 『상서(尚書)』 「요전(堯典)」에 동쪽의 대종(岱宗, 泰山)과 더불어 남악, 북악, 서악의 사악(四嶽)을 수록한 것

---

54) 李睟光 『芝峰類說』, 地理部, 山.

이 시초였다. 오행사상이 성행함에 따라 한무제가 숭악(嵩嶽)을 중악(中嶽)으로 하여 제사를 지내면서 오악으로 굳어졌고, 선제(宣帝)에 이르러는 오악에 대한 국가제사의 예(禮)를 확정했다.[55] 중악인 숭악을 비롯하여 동쪽에 태산(泰山), 서쪽에 화산(華山), 남쪽에 형산(衡山), 북쪽에 항산(恒山)을 배치해 오악으로 삼았다. 그러나 직방세계보다 광범한 영역을 다루었던 도교적 문헌에서는 오악을 외오악으로 보았으며, 직방세계의 오악을 중국 오악으로 구분했다.[56] 조선 후기에는 정조를 비롯한 여러 학자들도 외오악에 대해 알고 있었다.[57]

외오악 외에도 방장산, 봉래산, 영주산의 삼신산과 원교산(圓嶠山), 부상산(扶桑山)이 내해의 동쪽에 배치되어 있다. 삼신산은 신선과 불사약이 있는 곳으로 예로부터 발해(渤海)에 위치해 있는 것으로 인식되었다.[58] 이처럼 삼신산은 동방에 있는 것으로 생각되었는데, 조선 명종 때 정렴(鄭磏)은 중국에서 도사(道士)들에게 조선에 있는 삼신산의 존재에 대해 언급하기도 했다. 이 시기 삼신산을 조선의 산에서 찾는 것은 매우 일반화되었던 것으로, 봉래(蓬萊)를 금강산, 방장(方丈)을 지리산, 영주(瀛洲)를 한라산에 비정하였다.[59] 원형 천하도가 수록된 지도책의 팔도총도에도 이러한 인식이 반영되어 금강산, 지리산, 한라산 옆에 봉래, 방장, 영주가 같이 표기되어 있다. 원교산과 부상산은 모두 일월과 관련된 지명으로 일월이 뜨는 곳에서 가까운 데에 위치해 있다.

신선사상과 관련된 지명의 수록과 더불어 원형 천하도의 지명배치 중에서 가장 독특한 점은 일월의 출입처와 신목(神木)이 그려진 것이다. 동쪽의 해

---

55) 船越昭生 「中國傳統地圖にあらわれた東西の接觸」, 『地理の思想』, 地人書房 1982, 102면.
56) 『道藏』, 「洞天福地嶽瀆名山記」.
57) 尹行恁 『碩齋考』 第6冊.
58) 『史記』 卷28, 封禪書 第6.
59) 李能和 『朝鮮 道敎史』, 普成文化史 1986, 343면.

와 달이 뜨는 곳에는 유파산(流波山)과 부상이, 서쪽 해와 달이 지는 곳에는 방산(方山)과 반격송(盤格松)이 그려져 있다. 『산해경』의 「대황동경」과 「대황서경」에는 일월의 출입처로 기술된 산이 다수 등장한다. 이러한 산들 가운데 유파산과 방산이 선택된 기준은 명확하지 않다. 다만 방산의 경우 거격송(柜格松)[60]이라는 신목이 있어서 선택한 것이라 할 수 있지만, 유파산의 경우는 이와는 다르다. 즉, 유파산에는 신목도 없고 일월의 출입과 관계되어 있지도 않다. 단지 동해의 바다 쪽으로 7,000리나 들어가 중심과 가장 먼 곳에 위치해 있기 때문에 선택되었던 것 같다. 신목으로는 「해외동경(海外東經)」에서 보이는 부상을 그려 넣었다.

이처럼 일월의 출입처를 동쪽과 서쪽에 표시한 것은 천문적 지식에 바탕한 서구식 세계지도의 영향으로 하늘과 땅을 대응시키려는 과정에서 나타난 것으로 볼 수도 있다.[61] 그러나 하늘과 땅을 대응시키려는 의도에서라면 오히려 하늘의 별자리를 땅에 배치시키는 전통적인 분야론적 방법이 더 효과적이었을 것이다. 앞서 제시했던 『천지도』와 같은 이미지가 하늘과 땅의 대응관계를 더 잘 보여주기 때문이다. 그보다는 오히려 하늘과 땅이 만나는 극(極)의 지점을 표현하려 했던 데서 기인하는 것으로 보는 것이 타당할 것이다. 원형 천하도는 여전히 전통적인 천원지방의 천지관을 바탕에 깔고 있다. 둥근 지구를 전제로 하는 지구설과는 다르게 동서의 극을 지니고 있고, 이것이 천하도에 표현되었다. 여기에 부상, 반격송과 같은 신목을 배치함으로써 이 지역이 지니는 신비적 성격을 더욱 부각시켰다.

외대륙의 북쪽에 있는 반목천리(盤木千里)[62]와 함께 일월 출입처의 신목

---

60) 원형 천하도에는 방산에 반격송이라는 신목이 그려져 있는 데 반해, 『산해경』에는 방산에 있는 신목의 이름이 거격송으로 기재되어 있다.
61) 배우성 『조선 후기 국토관과 천하관의 변화』, 일지사 1998, 368면.
62) 반목은 천하의 북쪽 끝에 있는 신령스런 나무로 크기가 커서 천리에 이르기 때문에 '반목천리' 또는 '천리반목'이라 했다.

을 그려 넣은 것은 천하도를 이해할 수 있는 중요한 단서가 된다. 일찍이 맥
캐이는 북쪽의 수목이 동북아시아의 샤머니즘에서 말하는 우주목(宇宙木)이
라 하여 이를 수목신앙과 결부했는데 이는 천하도의 성격과 관련하여 주목
할 만하다.[63] 천하도에 수록된 수목은 거목으로서 인간의 경외심을 유발하
기에 충분하다. 특히 소나무의 경우 십장생의 하나로 불로장수를 상징하는
점을 고려할 때[64] 천하도의 소나무를 비롯한 수목은 신선사상과 깊은 관련
을 지니고 있다고 볼 수 있다.

  그렇다면 왜 이러한 도교·신선사상과 관련된 지명을 천하도에 수록하였
을까? 이 문제는 원형 천하도의 세계인식과 관련하여 매우 중요하다. 운노는
일찍이 원형 천하도가 서구식 세계지도에 대항해서 만든 도교적 또는 신선
적 세계지도라는 견해를 피력하였다.[65] 이러한 견해에 대해 배우성은 원형
의 천하도는 도교적, 신선적 세계관을 표현한 것이 아니라 서구식 세계지도
(단원형 세계지도)에 대한 조선적 해석의 산물이라는 입론을 제시했다.[66] 원형
의 천하도를 전적으로 도교나 신선사상의 세계관이 반영된 것으로 이해하는
것도 문제가 있지만 도교나 신선사상의 세계관이 반영된 것을 부정하는 것
또한 문제가 있다.

  내해와 내대륙에 위치한 지명 가운데 『산해경』에 수록된 것을 제외하면
다수가 도교 관련 문헌에서 볼 수 있는 것들로, 이들은 신선들이 사는 선계
(仙界)에 해당한다. 신선사상과 관련된 지명을 수록한 것은 기존의 직방세계
를 뛰어넘는 세계를 표현하기 위해서는 불가피했을지도 모른다. 직방세계를
주로 다루는 유교 경전에 수록된 지명으로는 직방세계의 외연을 표현하기가

---

63) A. L. Mackay, "Kim Su-hong and the Korean Cartographic Tradition," *Imago Mundi* 27,
   1975, 27~38면.
64) 李能和, 앞의 책 67면.
65) 海野一隆 「李朝朝鮮における地図と道教」, 『東方宗教』 57, 1981.
66) 배우성 「서구식 세계지도의 조선적 해석, 「천하도」」, 『한국과학사학회지』 제22권 제1호,
   2000, 54면.

어렵기 때문이다. 그렇다 하더라도 내해의 동쪽에 배치된 신선 관련 지명, 일월 출입처의 표시, 일월 출입처와 북쪽에 신목(神木)을 그린 점 등은 원형 천하도가 신선사상과 관련되어 있음을 보여주는 사례이다. 단순히 직방세계의 외연을 표현하기 위해 도교적 문헌에서 지명을 차용한 것 이상의 의미가 담겨 있다는 것이다. 그것은 원형 천하도에 담겨진 세계인식의 성격을 검토할 때 보다 확연히 드러날 것이다.

## 3. 원형 천하도의 세계인식

### 1) 우주지적 표현: 천원지방과 삼재사상

원형 천하도의 세계인식에서 가장 먼저 지적할 수 있는 것은 전통적인 천원지방의 관념이 지도의 기초를 이루고 있다는 사실이다. 세계를 원형으로 표현했다고 해서 천원지방의 관념을 극복했다고 보기는 어렵다. 중세 이슬람의 원형 세계지도, 선교사들이 제작한 단원형의 세계지도는 지구설에 기초하고 있으나 원형 천하도는 여전히 천원지방의 관념을 고수하고 있다는 점에서 근본적인 차이가 있다. 원형 천하도에 그려진 원은 땅이 아니라 하늘을 표현한 것으로, 땅의 끝 부분과 만나는 지점이다.

최근의 연구들은 원형 천하도의 원형(圓形)이 서구식 세계지도 가운데 단원형 세계지도에서 기원했다고 강조하고 있는데, 이는 원형 천하도의 원형이 땅을 표현한 것이라고 보기 때문이다.[67] 그러나 원형 천하도에는 지상세계만 표현된 것이 아니라 하늘의 세계도 표현되어 있어서 오히려 우주지의 성격을 지닌 것으로 이해해야 한다. 지상세계의 중심에서 주변의 극으로 가면 하늘과 만나게 되는 전통적인 천지관이 반영되어 있는 것이다. 따라서

---

67) 동아시아 문화권에서 땅을 원형으로 표현하는 경우는 극히 드물다. 땅을 원형으로 표현한 사례는 중국에서 선교사들이 제작한 단원형 세계지도가 거의 유일하다.

지상의 사극(四極)에 원형의 하늘을 상정하는 것은 그리 어려운 일이 아니다. 이와 유사한 사례는 이전에 존재했던 천지도(天地圖)와 같이 하늘과 땅을 동시에 표현한 지도에서 충분히 찾아볼 수 있다.

원형 천하도가 지니는 이러한 우주지적 특성은 천하도에 기재된 주기를 통해서도 파악해볼 수 있다. 원형 천하도에는 주기가 없는 것이 많지만 일부는 지도에 간단한 주기가 수록되어 있다. 목판본 지도 가운데 주기가 수록된 것이 서너 종 되는데 내용상 크게 세 가지로 구분할 수 있다. 첫째는 "동극(東極)에서 서극(西極)까지 2억 2만 3,500리 72보, 해내(海內)의 동서는 2만 8,000리, 남극에서 북극까지는 2억 3,500리 75보, 해내의 남북은 2만 6,000리"라고 기재된 것이다. 이것은 『회남자』에 수록되어 있는데, 사극의 거리는 우(禹) 임금이 수해(竪亥)와 태장(太章)에게 명하여 얻어진 수치였다.[68]

둘째는 천지간의 거리와 별들의 크기, 사극(四極)의 거리 등이 주기된 유형이다. 이러한 유형 중에는 천하도의 외곽에 주역의 팔괘를 상징하는 팔각형을 그려 넣은 것도 있다.[69] 여기에 수록된 주기는 원형 천하도가 하늘의 이미지를 같이 표현하고 있다는 것을 강하게 시사한다.

셋째는 좀더 자세한 주기가 필사된 경우이다. 현재 국립중앙도서관에 소장된 『여지고람도보』(그림 3-9)에 수록된 천하도에는 여백에 주기가 빽빽하게 수록되어 있다. 이러한 주기는 당시인들이 천하도를 어떻게 이해하고 있었는지를 보여주는 귀중한 자료가 된다. 천하도의 원 밖에는 '천지위낭장만물(天地爲囊藏萬物), 강해작대속천산(江海作帶束千山)'이라 하여 전체적으로 하늘과 땅, 강과 바다의 역할을 기술하였다. 지도 상단의 여백에는 다른 지도에서는 보기 어려운 주기가 기재되어 눈길을 끄는데, '삼재(三才): 천유사시지재(天有四時之才), 지유생양수장지재(地有生養收藏之才), 인유오상지재(人有五常之才)'와 더불어 '삼재(三才): 천개자방(天開子方), 지벽축방(地闢

---

68) 『淮南子』 卷4, 地形訓.

69) 李燦 『韓國의 古地圖』, 汎友社 1991, 도판14 참조.

286

丑方), 인생인방(人生寅方)'이라고 기재되어 있다. 이러한 주기는 원형 천하도가 천지인 삼재론(天地人 三才論)까지 담고 있음을 말해주는 사례이다.

삼재는 우주와 인간세계의 기본적인 구성요소이면서 그 변화의 동인으로 작용하는 천·지·인을 일컫는 말인데, 삼재론은 『역전(易傳)』의 계사전(繫辭傳)에서 본격적으로 나타난다.[70] 삼재론은 자연을 구성하는 요소 중 대표라 할 수 있는 천지에 인간을 참여시킨 것으로, 인간의 위치를 천지와 같은 수준으로 끌어올린 인간중심적 사조가 삼재론 형성의 사상적 배경을 이룬다. 그러나 유학사에서 삼재론은 큰 중요성을 지니지 못했는데, 삼재론의 구성요소 가운데 지(地)의 개념이 약화되면서 천(天)에 포괄되어 천인론(天人論)으로 사상적 구조와 내용이 바뀌었기 때문이다. 한국에서도 삼재론은 단군신화에서부터 원형적 모습을 갖추고 있었지만 유학의 수용 이후 천인론의 변형된 형태로 존재하였다. 그러나 실학이 태동하면서 삼재론이 새롭게 정립되기도 했다.[71]

원형 천하도에 주기된 삼재론과 관련된 내용은 『주역』에서 이미 언급했던 것으로 이 시기 새롭게 제시된 것은 아니다. 다만 여기서 강조하고자 하는 것은 원형 천하도의 이미지가 단지 땅에 한정된 것이 아니라 하늘과 인간세계까지 연결되고 있다는 사실이다. 원형 천하도의 이러한 우주지적 성격과 관련하여 특별히 주목할 지도가 있다. 1722년 중국에서 제작된 『삼재일관도(三才一貫圖)』에 수록된 「천지전도(天地全圖)」이다(그림 3-14).[72]

---

70) 『易傳』, 「繫辭下」. "有天道焉 有人道焉 有地道焉 兼三才而兩之."

71) 趙明基 外 『韓國思想의 深層研究』, 宇石 1982.

72) 『삼재일관도』는 1722년 저장(浙江) 신창(新昌)의 여안세(呂安世)가 편집한 지도책으로 「천지전도(天地全圖)」 외에 「대청만년일통천하전도(大淸萬年一統天下全圖)」 「남북양극성도(南北兩極星圖)」 「역대제왕도(歷代帝王圖)」 「하도낙서(河圖洛書)」 「대학연의(大學衍義)」 등이 수록되어 있다(李孝聰 『歐洲收藏部分中文古地圖叙錄』, 國際文化出版公司 1996, 17면). 현재 규장각에는 「천지전도」 「대청만년일통천하전도」만 수록된 지도가 소장되어 있고 국립중앙도서관 소장 『각국도(各國圖)』(古2802-1)에 필사본 「천지전도」가 실려 있다.

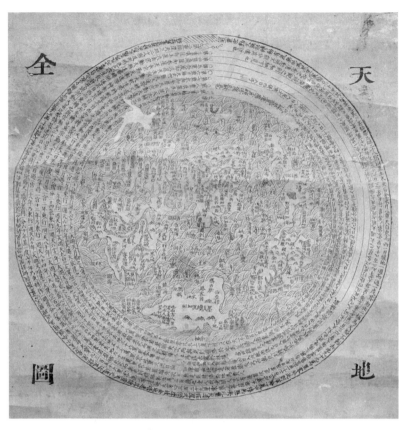

그림 3-14 목판본 「천지전도」(서울대학교 규장각한국학연구원 소장)

이 지도에는 제목에서 드러나듯이 천지인(天地人) 삼재사상(三才思想)이 반영되어 있다. 지도의 구조는 원형 천하도와 유사한 모습을 띠고 있는데, 동심원의 형태로 구중천을 외곽에 배치하고 안쪽 원에는 세계지도를 그려 넣었다. 세계지도는 서구식 세계지도를 축소하여 그린 것인데, 마테오 리치의 『곤여만국전도』나 『삼재도회』에 수록된 「산해여지전도」, 페르비스트의 『곤여전도』 등과 전체적인 윤곽에서 차이를 보인다. 마테오 리치의 세계지도와는 달리 중국을 중앙에 두어 여전히 중화적 세계관을 고수하고 있는 모습도 보인다. 이 지도에서 관심을 끄는 것은 태평양과 북해 부분에 『산해경』에 나오는 지명을 다수 배치한 점이다. 그러나 원형 천하도처럼 『산해경』에 수록된 방위와 명확히 일치하지는 않는다. 중국에서 제작되었던 전통적인 세계지도에서 『산해경』의 지명을 표시했던 사례는 없지 않으나 이처럼 다수가 수록된 사례는 찾아보기 어렵다. 이러한 『산해경』의 지명 수록으로 인해 원형 천하도와의 연관을 떠올릴 수 있으나 제작시기를 고려할 때 별개의 지도로 보는 것이 타당하다.

이 지도를 통해 지적하고 싶은 것은 원형 천하도가 지니는 우주지적 성격이 「천지전도」에도 담겨져 있다는 사실이다. 하늘과 땅, 그 속의 인간세계를 동시에 구현하는 것은 바로 지도의 제목처럼 '삼재(三才)를 일관(一貫)하는' 것으로 삼재사상을 지도에 적극 반영하고 있다. 이 점이 원형 천하도와 유사한 특징으로, 하늘과 땅, 인간세계를 동시에 표현하는 것이 같은 문화권이라 할 수 있는 중국이나 조선에서 다 가능함을 보여준다. 「천지전도」에서는 원형 천하도의 내대륙―외대륙의 구조가 서구식 세계지도에서 보여주는 모습으로 바뀌어 있을 뿐이다.

### 2) 중화적 세계인식

원형 천하도는 땅이라는 지리적 세계뿐만 아니라 하늘까지 표현한 우주지적 성격을 지니고 있음은 앞서 살펴본 바와 같다. 그렇다면 원형 천하도가 표현하고 있는 지리적 세계는 어떤 사고에 기초하고 있을까? 운노가 지적한 것처럼 원형 천하도가 서구의 지리지식에 대항하기 위하여 신선사상에 기초해 신선적, 도교적 세계관을 표현한 것이라고 볼 수 있을까?

조선은 성리학이 지배하는 유교 사회이기 때문에 신선적, 도교적 세계관을 표현한 지도가 광범하고 장기간에 걸쳐 유행하기는 매우 어렵다. 특히 도교가 중국에 비해 영향력이 미약했던 조선의 경우 도교적 세계관을 지닌 세계지도가 유학자들에 널리 유포되기는 쉽지 않다. 따라서 원형 천하도는 도교적 세계관보다는 오히려 중화적 세계인식에 기초하고 있다고 보아야 할 것이다.

원형 천하도를 보면 내대륙이 중앙에 위치해 있고, 그 중심에는 중국이 자리 잡고 있다. 그리고 중국 주변에는 숭산(嵩山)·화산(華山)·항산(恒山)·태산(太山)·형산(衡山) 등의 오악(五嶽), 번호(蕃胡), 서역제국(西域諸國), 북쪽의 여러 나라가 표시되어 있다. 천지의 중심인 곤륜산이 지도의 정중앙에 위치해야 함에도 중국을 중앙에 배치하고 곤륜산은 중앙에서 약간 서쪽으로 치우쳐 그리는 경우가 많다.

대부분의 원형 천하도에서는 중국이 다른 나라들과 다르게 큰 원의 형태로 강조되어 그려졌다. 원형 천하도가 조선에서 제작되었음에도 불구하고 조선은 중국만큼 부각되어 있지 않다. 앞에서도 언급했지만 자신이 거주하는 곳을 세계의 중심으로 생각하고 크게 강조하여 그리는 것은 여러 문화권에서 볼 수 있는 현상이다. 그러나 조선의 경우 성리학의 수용과 더불어 세계에 대한 인식도 중국의 중화적 세계인식에 기반하고 있었기 때문에 조선을 세계의 중심으로 생각하는 지리적 사고는 존재할 수 없었다. 단지 중국에 버금가는 문화국으로서의 소중화를 내세울 뿐이었다.

이와 관련하여 원형 천하도의 목판본을 검토해보면 흥미로운 사실이 발견된다. 중국은 원으로 크게 강조하여 표현하였고 조선은 아무런 표시 없이 글자로만 표기하였으며 나머지 주변에 배치된 나라들은 직사각형 안에 표기한 것이다. 이러한 현상은 원형 천하도의 원본과 가까운 것으로 판단되는 목판본에서도 동일하게 나타난다. 여기서의 원, 무도형, 직사각형 등의 차이는 중국, 조선, 기타 국가가 위계를 지니고 있음을 보여주는 것이다. 그것은 다름 아닌 중국이 중화(中華), 조선은 소중화, 기타 나라는 이국(夷國)이라는 전형적인 화이관이 반영되어 있는 것으로 볼 수 있다. 중국과 기타 국가를 원과 직사각형이라는 도형으로 분명히 구분하고 있고 그 사이에 조선을 개입시킨 구도이다.

원형 천하도는 직방세계와 유사한 내대륙뿐만 아니라 가상의 외대륙까지 표현하고 있어서 기존의 화이관에 입각한 전통적인 세계지도와는 커다란 차이를 보인다. 그러나 직방세계의 외연이 확대된 것에 불과하며 중화적 세계인식이 다른 인식으로 대체된 것은 아니다. 유가에 의해 이단서로 취급되던 『산해경』의 지명을 많이 수록하면서도 유학자들에 별다른 거부 없이 받아들여질 수 있었던 것은 원형 천하도가 지니는 중화적 세계인식 때문이었다. 만약 중국이나 조선이 지도의 중심이 아닌 구석에 위치해 있었다면 일반의 유학자들에게 세계지도로 오랫동안 인정받기는 어려웠을 것이다.

### 3) 신선사상의 반영

원형 천하도에 담겨져 있는 삼재론적 특성은 흥미롭게도 신선사상과도 연결된다. 신선도(神仙道)의 발생학적 기본원리는 천일(天一), 지일(地一), 인일(人一, 太一)의 삼신일체(三神一體) 또는 삼재일체(三才一體)인데, 이는 일(一)을 공간과 시간의 의미로 파악할 경우, 천계(天界)·지계(地界)·인계(人界)가 연결된 하나의 공간, 과거·현재·미래가 연결된 하나의 시간이라는 의미를 지닌다.[73] 원형 천하도에서는 천계·지계·인계가 연결된 하나의 공간을 표현하고 있는데, 이는 신선도의 기본원리인 삼재일체를 표현한 것이며, 천·지·인 합일(合一)을 구현한 것이다. 이러한 신선사상과의 관련으로 인해 원형 천하도에는 다수의 신선 관련 지명이 수록될 수 있었으며, 일월의 출입처, 장생을 상징하는 수목도 그려졌던 것이다.

원형 천하도가 지니는 이러한 성격과 관련하여 주목할 그림이 『일월오악

---

73) 都珖淳 『神仙思想과 道敎』, 汎友社 1994, 199~200면.

그림 3-15 『일월오악도』(국립고궁박물관 소장)

도(日月五嶽圖)』이다(그림 3-15). 해와 달, 다섯 봉우리의 산이 그려져 있다
해서 '일월오악도'라 불리는데, 궁궐의 용상 뒤편에 병풍으로 쳐 있던 그림
이다. 군왕의 상징이라 할 수 있는 해와 달에, 조선의 5대 명산을 그린 것으
로 국가와 군주의 권위와 위엄을 드러내는 그림으로 해석되곤 했다.74) 그러
나 이러한 설명은 일월오악도가 임금의 용상 뒤편에 배치되어 있던 사실을
지나치게 의식한 견강부회식 해석이라 할 수 있다. 이 그림이 단순히 군왕의
권위를 표현한 것이 아님은 현재 민간에서 이와 유사한 그림이 발견되는 것
으로도 쉽게 입증된다. 그렇다면 이 그림은 무엇을 표현하고 있는가? 그것은
바로 원형 천하도에서 표현하고 있는 '천하'이다.

음양오행론에 기반을 둔 일월과 오악, 사해를 의미하는 파도 무늬, 동쪽과
서쪽에 배치된 천리반송 등은 원형 천하도에서 볼 수 있는 이미지와 그대로
연결된다. 원형 천하도에 그려지는 일월의 출입처, 곤륜산을 중심으로 하는
오악, 대륙의 외부를 감싸고 있는 바다, 일월의 출입처에 그려진 신목 등이

---

74) 金哲淳 『韓國民畵論考』, 藝耕 1991, 189면.

그림 3-16 창덕궁 낙선재의 석물 받침대

『일월오악도』에서 보여주는 이미지와 일치한다. 단지 『일월오악도』에는 속계와 선계를 구분하는 듯한 웅장한 폭포가 더 그려져 있는 정도이다. 결국 『일월오악도』는 당시인들이 생각하던 천하를 그린 것에 불과하며, 이러한 그림이 하늘 아래 최고의 자리인 임금의 용상 뒤편에 놓여 있던 것은 지극히 당연한 것이었다. 천하의 태평성대, 군주의 무병장수 등의 염원이 이 그림 속에 반영되어 있는 것은 물론이다.

용상의 뒤편에 음양오행, 신선사상과 관련된 『일월오악도』가 배치되어 있었던 사실은 원형 천하도의 해석과 관련해서도 중요하다. 조선은 주지하다시피 유교가 사회운영의 원리로 기능했던 사회이다. 따라서 국가의 제도, 정책뿐만 아니라 인간들의 일상생활에 이르기까지 유교적 원칙이 관철되었다.

그러나 비공식적 부분에서는 항상 유교적 원칙만이 적용되지는 않았다. 민간의 신앙과 관련해서는 오히려 전통의 무속, 신선사상, 불교 등도 영향력을 행사하고 있었다. 유교의 근본원리를 저해하지 않는 한 유교는 다른 신앙과 관습들도 포용할 수 있었다. 이런 연유로 유학자들이 펴낸『신증동국여지승람』등의 지리지에서도 '불우(佛宇)'가 중요한 항목의 하나로 편성되었던 것이다. 무병장수에 대한 염원, 신선들이 사는 이상향에 대한 동경 등과 같은 것은 유교적 원칙을 철저히 따르던 유학자들도 충분히 지닐 수 있는 삶의 원초적인 부분이다. 따라서 이러한 내용이 담겨 있는『일월오악도』가 용상의 뒤편에도 충분히 놓일 수 있었던 것이다. 원형 천하도에 담겨 있는 신선사상과 관련된 내용들도 바로 이러한 차원에서 수록될 수 있었다.[75] 천원지방과 중화적 세계인식이 근본적으로 부정되지 않는 한 신선적 요소를 원형 천하도에 수록하는 것은 얼마든지 가능한 것이었다.

원형의 천하도는 17세기 이후 서양의 지리지식이 도입되어 세계에 대한 인식이 확대되던 상황하에서 제작되었는데, 전통적인 천원지방과 중화적 세계인식을 근간으로 지리적 세계뿐만 아니라 하늘의 영역까지도 같이 표현한 우주지적 성격을 지니고 있고, 불로장생을 염원하는 신선사상도 부분적으로 반영된, 조선의 독특한 세계지도라 할 수 있다.

---

75) 이와 관련하여 창덕궁의 낙선재 후원에는 소영주(小瀛洲)라는 석물 받침대가 세워져 있다(그림 3-16). 축조양식으로 볼 때 조선시대 때 만들어진 것으로 보인다. '소영주'라는 신선사상과 관련된 지명이 궁궐의 석조물에 새겨진 것은 성리학적 원리가 지배하는 사회에서도 신선사상이 비공식적인 부분에서 영향력을 행사하고 있었음을 보여주는 사례이다. 이와 더불어 당시 병풍으로 제작되어 반가(班家)의 방안을 장식했던 다양한 신선도를 통해 신선사상에 대한 민간의 관심을 엿볼 수 있다.

# 8장

# 직방세계 중심의 전통적인 세계지도

17세기 이후 중국으로부터 한역의 서구식 세계지도가 유입되면서 일부 실학자들을 중심으로 세계인식의 변화가 나타나기 시작했다. 또 한편으로 민간의 유학자들을 중심으로 지도가 보급되면서 공간적 외연(外延)이 확대된 새로운 형태의 세계지도인 원형 천하도가 출현했다. 이러한 세계지도 제작의 새로운 흐름과 더불어 기존 직방세계를 중심으로 하는 지도제작의 흐름도 이어졌다.

직방세계를 중심으로 하는 전통적인 세계지도는 15, 16세기와 같이 국가 주도하에 계속 제작되었다. 왜란, 호란의 양대 전란을 겪은 조선은 국방강화에 주력하게 되는데 이 과정에서 최신의 정보를 담고 있는 세계지도의 제작은 매우 긴요한 사항이었다. 특히 호란 이후 대청복수론과 대명의리론이 조야에서 강력한 힘을 발휘하고 있었고 이로 인해 접경지역에 대한 관심이 어느 때보다 고조되면서 청의 침입에 대비한 대책을 강구하던 상황이었다. 이 과정에서 중국으로부터 최신의 세계지도를 입수하고 이를 제작하는 것은 국가적으로 매우 중요했다.

이미 현종 때 홍문관에서 천하지도를 제작하여 올린 사실이 있으며[1] 숙종 때에도 중국의 연행사신이 천하지도를 구득하여 돌아오다 산해관에서 수색당하기도 했다.[2] 또한 영조 때 1749년에 사신으로 갔던 조현명(趙顯命) 일행은 옹정제 때 제작된 천하지도를 비밀리에 입수하여 돌아왔다.[3] 1751년에 동지사(冬至使) 낙창군(洛昌君) 이탱(李樘) 일행은 29폭으로 이루어진 상세한 천하지도를 역관 김태서(金泰瑞)를 통해 구득하여 돌아오기도 했다.[4] 이 과정에서 입수된 세계지도는 조선에서 다시 제작되어 국가기관에서 이용되었던 것으로 보인다. 현존하는 세계지도로서 이 범주에 해당하는 것으로는 왕반의 지문이 실려 있는 세계지도, 숭실대학교 한국기독교박물관 소장의 『천하여지도(天下輿地圖)』, 국립중앙도서관 소장의 『천하대총일람지도(天下大摠一覽之圖)』 등을 들 수 있다.

한편 17, 18세기에는 전통적인 세계지도가 민간에서도 제작되기 시작했다. 양대 전란 이후에 민간에서 지도의 개인 소유가 늘어나면서 지식인들이 직접 지도를 제작하는 사례도 나타났다. 이의 대표적인 사례는 김수홍의 『천하고금대총편람도』이다. 이 지도는 목판본으로 제작되었는데 후대에 필사되면서 비교적 널리 유포되었던 지도 가운데 하나다. 여기서는 이 시기에 제작된 전통적인 세계지도 가운데 대표적인 것으로 김수홍의 『천하고금대총편람도』, 왕반의 지문이 실린 세계지도를 대상으로 하여 그 속에 담겨 있는 세계인식을 파악하고자 한다.

---

1) 『현종실록』 권22, 현종 15년 7월 11일(癸酉).
2) 『숙종실록』 권6, 숙종 3년, 3월 18일(甲午).
3) 『同文彙考』 卷5, 使臣別單, 己巳.
4) 『同文彙考』 卷5, 使臣別單, 辛未.

## 1. 김수홍의 『천하고금대총편람도』

이 시기 전통적인 직방세계를 그린 지도 가운데 가장 대표적인 것으로 김수홍(金壽弘, 1601~81)의 『천하고금대총편람도』를 들 수 있다(그림 3-17). 지도의 제작자 김수홍은 김상헌(金尙憲)의 종손(從孫)으로 1660년 자의대비의 복상문제(服喪問題)로 인한 예송논쟁 당시 같은 서인인 송시열(宋時烈)의 기년제(朞年制)를 비난했고, 명나라 숭정 연호를 쓰자는 송시열의 주장에 대해 청나라 강희 연호를 쓰자고 주장했던 인물이다.[5] 세계지도뿐 아니라 『조선팔도고금총람도(朝鮮八道古今總覽圖)』(1673)라는 조선전도까지 제작한 인물로 여지학(輿地學)에 뛰어난 식견을 지니고 있었다.

『천하고금대총편람도』는 작자와 제작시기가 명기되어 있는 대표적인 지도로, 1666년에 목판본으로 제작되었다. 현재 인쇄본과 더불어 필사본도 몇 점 전한다. 이전 시기 세계지도의 제작이 주로 관에서 이루어진 것에 반해 민간에서 개인이 제작하였다는 점에서 17세기 이후 지도의 제작과 이용에 뚜렷한 변화를 엿볼 수 있는 지도이다. 양대 전란을 겪은 후 조선과 조선을 둘러싼 세계에 대한 정보는 더 이상 특권 계층만이 향유할 수 있는 것이 아니었다. 조선과 주변세계의 지리지식에 대한 수요의 증가로 인해 조선 전기처럼 지도의 개인 소유를 엄격하게 금지하는 것이 사실상 불가능해졌다. 김수홍의 지도는 바로 이러한 시대적 변화 속에서 나올 수 있었던 것이다.

『천하고금대총편람도』의 크기는 세로 143센티미터, 가로 90센티미터로 민간에서 개인이 제작한 세계지도로서는 비교적 큰 규모이다. 지도의 대륙 윤곽은 이전 시기에 제작된 세계지도에 비해 퇴보한 느낌인데 흡사 직사각형에 가까울 정도로 과장되어 그려져 있다. 전통적인 중화적 세계인식에 따라 중국을 중앙에 크게 그리고 동남해양과 서북지역에 주변 국가를 배치하

---

5) 『숙종실록』, 권12, 숙종 7년 8월 23일(癸卯).

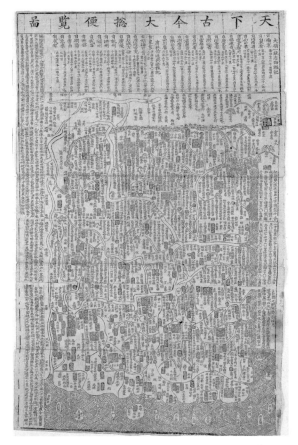

그림 3-17 『천하고금대총편람도』(서울역사박물관 소장)

였다. 지도에는 지명뿐만 아니라 여백에 주기와 더불어 많은 기록이 수록되어 있는데, 지도와 지지(地誌)적 요소가 함께 어우러진 전통적인 양식을 띤다. 중국의 각 지역에는 고금의 인물과 사적, 형승 등이 상세하게 실려 있어서 지금의 역사부도처럼 역사를 공부할 때 보는 독사용(讀史用) 지도의 성격이 강하다. 조선 부분은 뚜렷한 윤곽이 없이 단지 조선의 연혁과 팔도의 개황, 국토의 도리(道里) 등이 기록되어 있는데 중국에서 제작된 지도에서 흔히 볼 수 있는 양식이다. 지도의 상단에는『대명일통지』의 노정기(路程記)와 당(唐)나라 두우(杜佑)의『통전(通典)』에 수록된 노정기가 실려 있다. 지도 왼쪽 여백에는 지도의 서문에 해당하는 김수홍의 글이 수록되어 있는데 이 지도의 성격을 이해하는 데 도움이 되는 중요한 자료다.

『천하고금대총편람도』는 내용으로 볼 때, 중국에서 1644년 조군의(曹君義)가 간행한『천하구변분야인적노정전도』(그림 3-6)와 다소 유사하다. 이 지도는 서양지도를 중국식으로 변형한 것으로 중국 부분은 유시(喩時)의『고금형승지도』, 외국 부분은 마테오 리치의『곤여만국전도』를 기초로 제작되었다. 동남해상에는『산해경』에 수록된 지명인 삼수국(三首國), 소인국, 대인국 등이 기입되어『천하고금대총편람도』와도 대략 유사하다. 물론 윤곽으로 보면 두 지도의 차이가 많지만 내용적으로 비슷한 점이 있어서 지도제작에 참고했던 것으로 보인다.

지도의 계보를 파악할 수 있는 또 하나의 단서는 백두산 동북쪽에 있는 '왈개(日介)'라는 지명이다. 이곳은 원래 '여진계(女眞界)'라는 지명이 표시되어 있었는데 모든 간행물에서 '여진(女眞)'이라는 명칭을 삭제했던 청국(淸國) 정부의 방침에 따라 여진(女眞)을 뺀 나머지 '계(界)'라는 표기만 남아 있던 것을 오독(誤讀)하여 기입한 지명이다.[6] 이로 본다면 김수홍이 지도제작에 기초로 삼았던 지도는 최소한 청이 중원을 장악한 이후 만들어진 것으로 볼 수 있다.

이러한 성격의 지도는 중국의 지도에서 흔히 볼 수 있지만 기존의 직방세계를 그린 지도와 다른 점이 있다. 가장 먼저 눈에 띄는 것은 중국의 주변인 사이(四夷) 지역에 표기된 나라 이름들이다. 바다에는 일본국, 유구국, 소유구(小琉球), 남만국(南蠻國), 가라국(加羅國), 마팔아(馬八兒), 소인국(小人

6) 海野一隆「朝鮮李朝時代に流行した地圖帳: 天理圖書館所藏本を中心として」,『ビブリア』70, 1978.

國), 대인국(大人國), 문선국(門善國), 만랄가(滿剌加), 파라국(波羅國), 점성(占城), 진랍국(眞臘國), 섬라국(暹羅國), 대랄국(大剌國), 천흉국(穿胸國) 등이 그려져 있고 육지의 모서리에도 장각국(長脚國), 장비국(長臂國), 무계국(無脚國), 천축국(天竺國), 서양국(西洋國) 등이 표시되어 있다. 이 가운데 대인국, 소인국, 천흉국, 장각국, 장비국 등『산해경』에 나오는 지명이 보이는데 이는 원형의 천하도에도 실려 있다. 이러한 지명을 김수홍이 원형 천하도에서 취한 것인지는 명확하지 않으나 직방세계를 그렸던 전통적인 화이도와는 다른 모습을 띠고 있다는 점에서 주목된다.

중국에서 제작된 전통적인 화이도는 직방세계를 중심으로 그려져 당시 중국에 조공하던 주변 국가들이 표기되며, 직방세계를 벗어나는 가상의 나라들이 표시되는 것은 매우 드물다. 김수홍의 지도가 보여주는 공간적 범위는 직방세계를 크게 벗어나는 것은 아니었다. 그러면서도 기존 전통적인 화이도와는 달리『산해경』에 등장하는 가상의 국명을 지도의 외곽에 기입하였다. 이러한 사실은 이 시기 중국 중심의 세계지도에서도 이전과는 다른 변화된 양상이 나타나고 있음을 시사하는 것이다.

특히 김수홍은 서양국을 천축국(天竺國) 밑에 기입하였고 만리장성의 바깥에는 '구라파국(歐羅巴國) 이마두(利瑪竇)'라 기재하였다. 이러한 사실은 김수홍의 지도에서 반영된 변화를 해독할 수 있는 하나의 단초가 된다. 즉, 김수홍은 마테오 리치(利瑪竇)가 중국에서 활약했던 사실을 잘 알고 있었으며 그를 중국의 유명 인물들과 비견할 만하다 판단하여 구라파국이라는 출신지와 함께 이름을 기재해 넣은 것이다. 그러나 구라파를 대륙이 아닌 하나의 국가로 인식하였고 그의 위치도 서양국과는 매우 동떨어진 만리장성의 북쪽 음산(陰山) 옆에 두는 오류를 범하고 있다. 이는 김수홍이『곤여만국전도』와 같은 서구식 세계지도를 열람하고 그 지도가 보여주는 세계상을 이해한 후 지도를 제작한 것이 아니라는 점을 말해준다. 서양의 세계지도를 자세하게 열람했다면 이와 같은 오류는 없었을 것이다.

300

이보다는 당시 조선의 시대적 상황과 관련하여 이를 해석해볼 필요가 있다. 청이 완전히 중원을 장악하고 강희제를 거치면서 안정된 단계에 이르게 되자 조선에도 사행을 통해 서양의 문물이 본격적으로 유입되면서 지식인들에게 많은 영향을 주게 되었다. 이후 조선의 지식인들 사이에서 서학에 대한 관심과 연구는 하나의 유행처럼 번져나갔다. 이 과정에서 조선의 지식인들은 서양과 구라파라는 지역이 실제로 존재하고 있고 그들의 문명도 상당한 수준이라는 사실을 인식하게 되었다. 이러한 지리적 세계인식의 외연적 확장이 진행되면서 직방세계를 벗어난 지역에 대한 국명이 관심을 끌게 되었고 김수홍의 지도에도 수록될 수 있었던 것이다.

이전 시기의 세계지도와 달리 김수홍의 『천하고금대총편람도』에서 볼 수 있는 또다른 변화는 하늘의 별자리를 땅에 배치했다는 점이다. 이는 전통적인 분야설을 적용한 것인데 이미 중국에서는 오래전부터 있어왔다. 분야설은 천지상관적 사고에서 나온 것으로 하늘과 땅을 관련지어 이해하며 점성술적인 측면도 지니고 있다.[7]

이러한 분야설은 김수홍에 의해 지도에 수용되었는데 중국의 각 지역에 28수를 배치하였다. 또한 그는 전도인 『조선팔도고금총람도』에서도 분야설를 적용하였는데 전통적으로 조선 지역에 해당하는 별자리인 기(箕)와 미(尾)를 전 지역에 배치하기도 했다. 지상세계를 직방세계로 한정하는 흐름에서 벗어나 공간적 외연을 확대하면서 더 나아가 하늘과의 관련 속에서 땅을 이해하려했던 시도로 볼 수 있다.

중국을 중심으로 한 동양 사회에서는 하늘과 땅이 별개로 존재하지 않았다. 하늘의 변화를 통해 땅을 이해하려 했고 땅의 모습을 하늘에 투영시키기도 했던 것이다. 그러나 이러한 관계는 르네상스 이후 서양에서 지구설을 바탕으로 세계지도에 투영시킨 하늘과 땅의 관계와는 질적 차이를 지니는 것

---

7) 吳尙學 「傳統時代 天地에 대한 相關的 思考와 그의 表現」, 『문화역사지리』 11호, 1999.

이었다. 서양에서는 연역적 사고를 바탕으로 그들의 논리를 전개해온 반면, 동양에서는 경험에 의존하는 귀납적 지식이 지배적이기 때문에 하늘과 땅의 관계 역시 동양에서는 다분히 제한적이고 수사적일 수밖에 없었다. 이러한 것은 김수홍이 쓴 지도의 서문을 살펴보면 좀더 명확해진다.

천문지를 보니 28수의 별자리는 천지 사방 주위의 365도 사이에 벌여져 있다. 『회남자』에 이르기를, "우임금이 태장과 수해로 하여금 하늘의 동서남북 네 극점을 보추(步推)하도록 했는데, 지름이 23만 3,500리 75보이고 해내(海內)의 지면은 동서로 2만 8,000리, 남북 2만 6,000리인데 이것으로 미루어보면 천체는 둥글다"고 하였다. 천체의 반면의 남북극 지름은 마땅히 원수(元數)에 의거해야 하는데 동서극의 반경은 11만 6,750리 37보이다. 여덟 면 주위를 통합하여 원체(元體)를 계산하면 당연히 70만 500리 90보가 되기 때문에 1도는 1,920리 110보가 된다. 『요순전주(堯舜傳註)』에서 말하기를, "천체는 둥근데, 반은 땅위에 있고 반은 땅 밑에 있다. 땅에서 하늘까지는 9만 리이다"라고 했다. 이는 『삼오력기(三五歷記)』에서 나온 것인데, 태장과 수해가 걸어서 계산한 수치와 비교하면 멀고 가까움이 일정하지 않으니 어찌된 일인지 모르겠다. 명나라 사람 이마두의 측천법에서 말하기를, "60분이 1도가 되는데 땅에다 맞추면 각 1도는 250리가 된다"고 했다. 장유(張維)의 『계곡만필(鷄谷漫筆)』에서 말하기를, "천문 1도는 2,932리이다"라고 했다. 1도의 수가 각각 다르니 내 누구를 따를 것인가? 훗날의 지자(知者)를 기다릴 것이다.[8]

---

8) 謹按天文誌 以二十八宿分列於天之四方 周圍三百六十五度之間 淮南子曰禹使太章竪亥
步推天東西南北極 各得徑二十三萬三千五百里七十五步 海內地面東西二萬八千里 南北
二萬六千里 以此推之 則天體至圓云 其半面南北極徑當依元數 而東西極半徑則十一萬六
千七百五十里三十七步零也 通八面周圍 計其元體則厥數 似當爲七十萬五百里二百九
十步零 然則一度亦爲一千九百二十里百十步零也 堯舜傳註曰 天體至圓 半在地上 半在
地下也 自地至天九萬里云者 亦出於三五歷記 比擬於章亥步推之數 則遐邇不佯 抑未知
何如也 明人利瑪竇測天之法云 以六十分爲一度 以地準之 則每一度 徑得二百五十里 張
鷄谷漫筆曰 天文一度 二千九百三十二里 一度之數 論者各異 吾誰適從 以俟後之知者也.

김수홍은『회남자』『요순전주』『계곡만필』등의 서적에 수록된 천지의 크기에 대한 수치를 제시하고 천문의 1도에 해당하는 지상의 거리를 계산하였다. 이 과정에서 마테오 리치의 측천법인 '1도=250리' 설도 제시하면서 논자마다 제시하는 수치가 다른 것에 대해 의문을 품기도 했다. 그렇다면 김수홍은 왜 직방세계를 중심으로 그린 역사부도에 천지의 크기에 대한 주기를 수록했을까? 또한『곤여만국전도』에 수록된 마테오 리치의 측천법을 제시하고 있는데, 그렇다면 지구설을 전제로 한 리치의 측천법을 이해했을까? 더 나아가 김수홍은 전통적인 세계인식에서 탈피하여 새로운 세계상을 수립했을까? 이러한 물음에 대한 답은 그가 제작한 지도의 성격을 규정짓는 문제이기도 하다.

　앞서도 언급했지만 김수홍은 이 시기 본격적으로 유입되는 서구의 지리지식을 간접적으로 접하고 있었다. 그가 언급한 마테오 리치의 측천법은 이러한 분위기를 잘 말해준다. 마테오 리치와 그의 출신지인 구라파, 서양국의 존재가 더 이상 황당무계한 이야기가 아닌 실제의 현실로 다가왔던 것이다. 그리하여 직방세계로 한정된 지리적 세계의 범위는 외연적 확장을 통해 수정될 수밖에 없었다. 그러나 이러한 외연적 확장은 실용을 우선하는 유학에서는 전례를 찾기가 어렵고 자연히 고대의『회남자』나『산해경』에 의존할 수밖에 없었던 것으로 보인다. 해내의 직방세계를 넘어서는 사극, 해외의 끝은 바로 하늘과 연결되는 공간이다. 결국 지리공간의 외연적 확장은 바로 하늘과 연결되는 결과를 낳게 되었고 이로 인해 마테오 리치의 측천법과 동양 고대의 측천법을 언급하기에 이른 것이다.

　그러나 김수홍이 사고하고 있던 지리적 세계의 모습은 둥근 지구가 아니었다. 물론 천체는 둥글다는 사고를 지니고 있었는데 이는 동양 사회에서는 일반적으로 통용되던 것이었다. 하늘의 1도를 땅에 적용하는 것은 평평한 대지를 상정했던 개천설에서도 이미 제시되었다. 둥근 지구를 전제로 한 마테오 리치의 측천법과는 본질적으로 다른 것이었다.

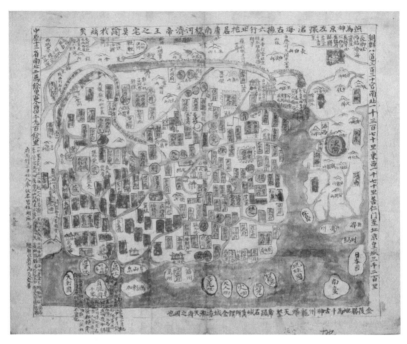

그림 3-18 『조선지도 병 팔도천하지도』의 세계지도(국립중앙도서관 소장)

　　김수홍의 지도는 이후 지도제작에 영향을 주었는데 위백규의 『환영지』에
실려 있는 중국지도가 가장 대표적이다. 이 중국지도는 각 성(省)별로 제작
되었는데 김수홍의 『천하고금대총편람도』를 성별로 나누어 여러 장으로 만
든 것이다. 또한 민간에서 유행했던 여지도첩류의 중국지도도 이를 바탕으
로 제작한 것이 있다. 현재 국립중앙도서관에 소장되어 있는 『조선지도 병
팔도천하지도』(그림 3-18)에 수록된 중국지도는 조선 부분만 새로 추가했을
뿐 대부분이 같은 내용으로 되어 있음을 알 수 있다. 또한 영남대학교 소장
의 『여지도(輿地圖)』에는 『환영지』에 있는 중국지도가 그대로 모사되어 수
록되었다.

## 2. 왕반의 지문이 실린 여지도

17세기 이후 김수홍의 『천하고금대총편람도』처럼 민간의 세계지도 제작이 계속되었고, 한편으로는 국가가 주도한 세계지도의 제작도 꾸준히 이어졌다. 국가에서 제작되는 세계지도는 대축척의 지도이며, 전문 화원에 의해 제작되어 필체가 정교한 것이 특징이다. 17세기에도 『조선왕조실록』 등의 연대기를 보면 천하지도의 제작이 이루어진 사례들이 보인다. 하지만 관에서 제작된 현존하는 세계지도는 흔치 않다.

조선 전기 관찬의 세계지도를 계승하는 가장 대표적인 지도는 왕반의 지문(識文)이 실려 있는 지도다(그림 3-19). 앞서 살펴본 것처럼 조선 전기 『혼일강리역대국도지도』를 필두로 하는 관찬의 세계지도는 16세기를 거치면서 표현하는 지리적 세계가 직방세계로 축소된 형태로 나타나는데 『혼일역대국도강리지도』 『화동고지도』 등이 대표적이다. 왕반의 지문이 실려 있는 지도는 바로 이러한 계열에 속한다.

이 지도는 1973년 파리에서 거행된 제29차 국제동방학대회에서 프랑스 학자 데똥브(Marcel Destombes)에 의해 최초로 소개되었다. 현재 프랑스 국립도서관 지도부에 소장되어 있으며 학계에서는 17세기 초기 제작된 왕반의 여지도를 저본으로 하여 조선인이 모사, 제작한 지도로 추정하고 있다.[9] 1990년대 이효총(李孝聰)은 유럽에 소장된 중국 고지도를 조사, 정리하였는데, 여기에서 이 지도에 대한 사진과 함께 간단한 설명을 덧붙였다.[10] 또한 중국 고지도를 시대별로 원색도판으로 소개하고 있는 『중국고대지도집(中國古代地圖集)』에는 이에 대한 논문도 실려 있다.[11] 한영우(韓永愚)는 국내 학자로는 처음으로 이 지도에 대한 연구를 수행하였다.[12]

---

9) 李孝聰 「유럽에 전래된 中國 古地圖」, 『문화역사지리』 7호, 1995, 30면.
10) 李孝聰 『歐洲收藏部分中文古地圖叙錄』, 國際文化出版公司 1996, 150~53면.
11) 曹婉如 外 編 『中國古代地圖集: 明代』, 文物出版社 1995, 112~16면.

그림 3-19 왕반의 지문이 실린 여지도(프랑스 국립도서관 소장) 권두화보 18

『중국고대지도집』에 「왕반지여지도모회증보본(王泮識輿地圖摹繪增補本)」
13)으로 소개된 이 지도는 세로 180센티미터, 가로 190센티미터의 비단에
정교하게 채색되어 있다.14) 중국의 왕반이 제작한 여지도를 바탕으로 조선

---

12) 韓永愚 「프랑스 국립도서관 소장 韓國本 輿地圖에 대하여」, 『韓國學報』 91·92, 1998
   (한영우 외, 1999, 『우리 옛지도와 그 아름다움』에 재수록).
13) 지도에는 지도명이 표기되어 있지 않기 때문에 학자마다 다르게 부르고 있다. 이효총의
   『구주수장부분중문고지도서록(歐洲收藏部分中文古地圖叙錄)』에서는 「왕반제지「여지도」
   조선모회본(王泮題識「輿地圖」朝鮮摹繪本)」, 『중국고대지도집』에서는 「왕반지여지도모회증
   보본」, 한영우는 '프랑스 국립도서관 소장 한국본 여지도'라 칭하고 있다. 여기서는 '한
   국본 여지도'로 약칭하도록 하겠다.
14) 국내에도 프랑스에 소장된 이 지도와 똑같은 사본이 존재하고 있는데, 최근 서울역사박
   물관에서 구입하여 소장하고 있다. 비록 위쪽 부분이 심하게 훼손되어 있지만 비단에 채
   색된 동일 사본임은 분명하다(그림 3-20).

306

그림 3-20 국내에 소장된 왕반 지문의 여지도(서울역사박물관 소장)

에서 증보한 것이다. 지도의 발문을 통해서 볼 때, 중국 부분은 『대명관제
(大明官制)』와 『대명일통지』를 참고하여 수정했고 조선지도를 새롭게 첨가
했으며, 일본, 유구, 노아(奴兒), 홀온(忽溫) 등의 나라에는 간단한 설명을 덧
붙였다.15)

지도의 제작시기에 대해 중국의 임금성(任金城)은, 일본 부분에 1603년에

---

15) 天下輿地圖一本 舊行于國中 經變之後 不復見矣 近得印本輿地圖八幅 山陰王泮識之 天
　　朝視我東 不啻內服 雨露所需 舟車所通 目不及覩 足不及履 則寫之爲圖 一便覽了者 誠
　　不可一日無也 今因是圖 更考大明官制 一統志 則兩京及十三省 府縣州衛所互有增減 依
　　此略正于一 附以我國地圖 以見天朝一統之大 於今爲盛也 至於日本 琉球奴兒忽溫之屬
　　並誌其地 後之覽者 不可不知 是圖之所始.

성립된 토꾸가와 막부(德川幕府)의 수도인 에도(江戶)가 표시되어 있어서 1603년을 지도의 상한선으로 잡았고, 발문의 '천조(天朝)'라는 표현이 있는데 이는 정묘호란 이전에 사용했던 용어라 하여 지도의 하한선을 정묘호란이 있었던 1627년으로 보았다. 이에 대해 한영우는 '천조'라는 표현이 정묘, 병자의 두 호란 이후에도 명이 완전히 멸망할 때까지 쓰였다고 주장하면서 지도의 제작시기를 경상도의 자인현(慈仁縣)이 설치된 1637년 이후, 명이 멸망한 1644년 이전으로 추정했다.[16] 조선 부분의 지명만으로 제작시기를 추정해본다면, 1640년 처음으로 설치되는 경상도의 칠곡(漆谷)이 표기되어 있어서 최소한 1640년 이후에 제작되었음을 알 수 있다. 또한 충청도의 병영이 1651년 해미(海美)에서 청주(淸州)로 옮겨지는데 지도에는 여전히 해미에 있다. 이와 더불어 황해도의 우봉현(牛峰縣)과 강음현(江陰縣)은 1652년 합쳐져 금천군(金川郡)으로 되는데 지도에는 우봉과 강음으로 표기되어 있다. 이러한 사실을 고려할 때 1640년에서 1651년 사이에 제작된 것으로 추정된다.[17]

지도의 상단에는 노아간(奴兒干) 도사(都司)가 거느리는 200여 개의 위(衛)와 소(所)가 기록되어 있고 우측 하단에는 양경(兩京, 뻬이징과 난징) 소속의 부(府)와 주현수(州縣數), 양곡수(糧穀數), 그리고 13포정사(布政司) 소속의 부(府)와 주현수(州縣數) 및 거경리수(距京里數) 등이 수록되어 있는데, 지지(地誌)로써 지도를 보충해주는 양식이다. 그 옆에는 왕반의 지문이 기재되어 있어서 지도의 계보를 파악할 수 있다.

왕반의 지문이 작성된 갑오년은 그의 활약 시기로 보았을 때 1594년임이

---

16) 한영우 「프랑스 국립도서관 소장 한국본 여지도」, 『우리 옛지도와 그 아름다움』, 효형출판 1999, 230면.

17) 이러한 제작시기 추정은 지명의 변화가 지도에 정확히 반영됨을 전제로 할 때 가능하다. 따라서 전통시대의 지도에 표기된 지명을 토대로 제작시기를 엄밀하게 추정하는 것은 매우 어렵다.

확실하다. 왕반은 저장(浙江) 산인(山陰) 사람으로 1536년에 태어났다. 그는 지도의 중요성을 누구보다 잘 인식하고 있었던 관료이자 학자였다. 1574년 벼슬길에 오른 뒤 1580년에서 1584년까지는 꽝뚱(廣東) 자오칭 지부(肇慶知府)를 역임하였다. 자오칭에 머무르는 동안 그는 마테오 리치와 교분을 쌓아 1584년에는 리치의 최초의 서구식 세계지도인 『산해여지도』를 간행하기도 했다.[18] 그의 지문에 의하면, 그의 친구 백군가(白君可)가 이 지도를 영표(嶺表)에서 얻어 목판으로 인쇄했는데 왕반이 여기에 지문을 쓴 것이다.[19]

왕반의 지문이 실린 여지도는 전통적인 직방세계 중심의 세계지도로 조선과 일본, 유구가 상세히 추가되어 있다. 표현하는 지리적 세계로 본다면 양자기 여지도와 유사하다. 두 지도는 크기와 윤곽 형식이 비슷하고 내용상으로도 명대의 뻬이징과 난징, 13성과 부주현(府州縣)의 지명을 위주로 한 전국행정구역도의 성격을 띠고 있다. 또한 설명문의 격식과 부주현의 숫자도 같다. 지도의 부호도 대부분 비슷하고 회화적 성격도 유사한 점이 있다. 그러나 결정적으로는 일본과 유구의 모습에서 차이를 보이는데 일본의 모습이 이전 시기 세계지도에는 볼 수 없을 정도로 정교해졌다. 이는 일본과의 교류를 통해 최신의 일본지도를 입수하려 했던 노력의 결과로 가능했다.[20]

이 시기 전통적인 세계인식을 표현하고 있는 세계지도는 이외에도 현재 숭실대학교 박물관에 소장된 1747년의 『천하여지도』(그림 3-21)와 국립중앙도서관에 소장된 『천하대총일람지도』(그림 3-22) 등을 들 수 있다.

『천하여지도』는 이전 시기 대부분의 전통적인 세계지도가 주로 필사본으로 제작되는 것에 비해 세로 119.7센티미터, 가로 109.5센티미터의 대형 목

---

18) 任金城·孫果淸 「王泮題識輿地圖朝鮮摹繪增補本初探」, 『中國古代地圖集: 明代』, 文物出版社 1995, 113면.

19) 吾友白君可氏 得此圖於嶺表 不敢自私而鋟梓以傳 經世者披圖按索 而疆理之宜 修撰之策 了然胸中 未必不爲是圖爲桂羅二公志與圖之羽翼也 君可氏之惠溥矣.

20) 오상학 「조선시대의 일본지도와 일본 인식」, 『대한지리학회지』 제38권 제1호, 대한지리학회 2003.

그림 3-21 『천하여지도』(숭실대학교 한국기독교박물관 소장)

판본으로 제작되었는데, 국가기관의 주도하에 제작된 것으로 보인다. 이 지
도는 청의 강희제 때 측량에 의해 제작한 『황여전람도』의 성과를 수용하고
있다. 고비사막이 뚜렷하게 표시되었고 만주지방과 새로이 개척된 서쪽 지
역이 상세하며 인도차이나반도도 그려져 있다. 지도의 상단에는 청대의 행

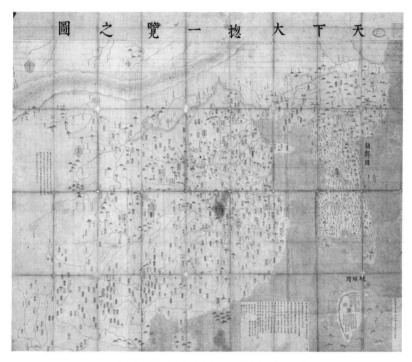

그림 3-22 『천하대총일람지도』(국립중앙도서관 소장)

정구역별로 노정(路程)을 기입하였다. 행정구역의 위계에 따라 서로 다른 기호를 사용한 점은 이전 시기 제작되었던 명대의 『광여도』와 유사하다. 중국 부분은 청나라 당대의 현실을 반영하는 최신의 정보로 채워져 있다. 일본과 유구국은 간략하게 그려졌고 바다에는 전통적인 파도무늬가 표현되었다. 조선 부분은 일본이나 유구에 비해 매우 상세하게 그려져 있어서 조선에서 첨가하여 그렸음을 알 수 있다. 한반도의 윤곽은 남북으로 압축되었던 동람도의 팔도총도에 비해 남북으로 길게 그려져 있는 점이 특징이다. 전체적으로 동남아시아의 일부 조공국을 제외하면 표현된 나라의 범위는 매우 제한되어 있으며, 전형적인 중화적 세계인식에 입각하고 있다.

국립중앙도서관 소장의 『천하대총일람지도』는 채색필사본 지도로 대략 18세기 초기에 제작된 것으로 추정된다. 중국 본토와 조선, 유구 등이 그려진 정도이며 일본은 생략되어 있다. 중국 본토가 명대의 행정구역인 양경(兩京) 13성(省)의 체제로 그려져 있고, 청나라의 발상지인 만주지방의 오라(烏喇), 닝구타(寧古塔)와 청의 세조 이후 명칭이 바뀐 선양(瀋陽)이 성징(盛京)으로 표시되어 있어서 청의 완전한 중원 장악 이전의 상황을 보여준다. 무엇보다 유구국의 표현이 독특한데 다른 세계지도와 달리 크게 그려졌으며 방위가 조선에서 바라보는 방향으로 거꾸로 되어 있다.[21] 이러한 사례는 15세기 『혼일강리역대국도지도』(류우꼬꾸대 소장본)의 일본지도에서도 볼 수 있는데 원도에 수록된 지도를 방위를 고려하지 않고 그대로 전사한 데서 기인하는 것으로 보인다. 조선 부분의 윤곽은 북부지방이 왜곡된 조선 전기적 양식을 따르고 있다. 팔도의 경계를 붉은 선으로 구분했으며 감영 소재지를 크게 부각시켰다. 이 지도의 세계인식도 일본이 지면 관계상 제외되었을 뿐 앞의 지도와 대략 유사하게 전통적인 인식을 따르고 있다.

이러한 전통적인 세계지도는 민간의 지도첩에 수록되기도 했으나 민간에서 그려지는 전통적인 세계지도는 국가 주도의 세계지도와 다른 측면을 지녔다. 관찬의 세계지도에는 비교적 최신의 정보가 수록되는 데 반해 민간의 전통적인 세계지도에는 변화된 현실이 반영되지 않고 과거의 모습으로 그려져 있는 것이다. 다시 말해 청나라가 중원을 장악한 이후라도 청나라의 현실을 그리지 않고 명나라 때의 모습을 그려놓았다. 이는 오랑캐 국가인 청나라가 중원을 장악하자 명나라 이후 중화문명을 계승한 나라는 조선이 유일하다는 소위 '조선중화주의'[22]적 사고의 반영이기도 하다.

---

21) 하우봉 외 『朝鮮과 琉球』, 아르케 1999, 302면.
22) 조선중화주의에 대해서는 다음의 연구를 참조. 정옥자 『조선 후기 조선중화사상 연구』, 일지사 1998.

제4부

# 19세기의 세계지도와 세계인식

17세기 이래 중국을 통해 들여온 서양의 지리지식은 조선의 지식인에게 큰 충격을 주었는데, 이 과정에서 세계지도를 매개로 진행되는 인식의 변화가 단일한 방향으로 진행된 것은 아니었다. 일부 실학자를 중심으로 인식의 변화가 나타나기도 했지만 보수적인 유학자들은 강한 거부감을 보이기도 했다. 그러나 종교가 아닌 학문으로서 서학이 많은 학자들에게 커다란 영향을 준 것은 부인할 수 없다. 특히 천문, 역법과 같은 분야에서는 국가적 차원에서 서양의 학문을 수용하기도 했다. 그러나 18세기 영·정조대에 나타났던 서학에 대한 적극적 이해의 분위기는 18세기 말기로 가면서 반전되는 상황을 맞이했다.

18세기말에 접어들면서 서양 각국의 지리, 역사와 문화 등을 이해하려 했던 17세기초 이래의 노력들이 줄어들었고, 서양에 대한 인식은 '천주교=사학(邪學)'이라는 문제로만 국한되었다. 특히 1801년의 신유박해를 계기로 천주교 신앙운동에 대한 탄압이 본격화되면서 서양의 학문에 관심을 갖는 이들은 점차 사라졌다. '천주교=서양'이라는 관점에서 서학을 적이(賊夷), 금수(禽獸)의 학문으로 파악하는 경향이 지배하게 된 것이다.[1] 또한 지배층의 무능력과 부패로 인한 사회모순의 격화는 사회 전체의 위기를 심화시켰다. 이러한 시대 상황으로 인해 19세기 조선사회에 대한 인식은 상당히 부정적일 수밖에 없었다. 그러나 조선의 19세기가 변화와 개혁의 열망이 완전히 사라진 폐쇄된 암흑시기만은 아니었다. 이 시기에도 이전 시기 서학의 맥을 계승한 학자들에 의해 세계인식을 확대하려는 노력들이 계속 이어졌다.

19세기 조선사회에서는 집권관료파의 대청사대 노선이 종속적 성격을, 재야유림이 중심이 된 척사파의 대외인식이 퇴영적 성격을 지니고 있었다. 이에 반해 이규경, 최한기와 같은 인물들은 실학파의 개방적이고 자주적인 대외관을 계승, 발전시켜 나갔다. 그들은 임칙서(林則徐, 1785~1850)의 『사주지(四洲志)』, 위원(魏源, 1794~1857)의 『해국도지』 등을 통해 청의 양무사상을 수용하였고, 그 결과 전통적인 화이관에서 벗어나 문화적, 경제적 개방을 통해 적극적으로 서양문물의 도입을 주창하기도 했다. 이들의 사상적 맥락을 정책적 논의의 대상으로 끌어올린 것은 박지원의 손자인 박규수였다. 그는 1861년과 1872년의 두 차례에 걸친 중국 사행을 통해 국제정세를 목격하고 개화의 필요성을 절감하게 되었으며 1874년 자주적으로 개국할 것을 대원군에게 진언하여 이를 계기로 개국론이 조정에서 논의되기도 했다.[2]

---

1) 崔璇祐 「전근대 傳統 知識人의 對西洋 인식」, 『國史館論叢』 76, 國史編纂委員會 1997, 246~47면.

이처럼 19세기에는 천주교 박해와 더불어 국가권력의 부패, 민심의 이반 등으로 인해 사회적 불안이 고조되면서 당시 사회문제를 해결하고자 했던 지식인들의 다양한 사상적 고민들이 계속 이어졌다.[3] 조선사회 내부적으로 축적된 성과와 청의 고증학의 영향, 그리고 사회경제적 모순에 대응하는 새로운 사상 풍토의 조성 등으로 학문과 사상의 폭과 깊이에서 성과를 보였다. 특히 조일전쟁, 조청전쟁 이후 주자성리학만을 고집하지 않고 국가의 통치나 민생에 필요한 다양한 영역을 아우르는 박학의 풍조는 19세기에도 지속되어 이규경,[4] 이유원(李裕元, 1814~88), 최한기 등에서 두드러졌다.[5]

여기서는 이러한 시대적, 학문적 배경을 바탕으로 19세기 개항 직전까지 제작되었던 세계지도를 통해 지리적 세계에 대한 인식의 흐름을 밝히고자 하였다. 17, 18세기 서구식 세계지도의 수용을 통해 인식을 변화시켰던 흐름이 최한기의 『지구전후도』『지구전요(地球典要)』의 세계지도로 이어졌고 더 나아가 박규수의 지구의 제작으로 연결되었다. 이 과정에서 서구식 세계지도를 조선식으로 변형시킨 『여지전도』라는 독특한 지도가 탄생되기도 했다. 『여지전도』는 서양의 지리지식을 당시 조선사회에서 어떻게 수용하고 있었는가를 가장 구체적으로 보여주는 지도로 지리적 세계의 인식과 관련해서 매우 중요한 지도로 평가된다. 이외에 직방세계를 그린 세계지도가 여전히 세계지도의 주류를 형성하고 있었고 17세기에 태동한 원형 천하도도 민간에서 영향력을 확대해나가면서 여러 종류의 목판본으로 제작되었다.

이러한 19세기 세계지도 제작의 흐름에서 이전 시기의 상황에 비해 가장 두드러진 특징은, 지도제작의 주체가 관(官)에서 민(民)으로 이동되는 모습이 현저하다는 점이다. 조선 전기 『혼일강리역대국도지도』에서부터 조선의 세계지도는 대부분 국가의 주도하에 제작되는 경향이 강했다. 그러나 17, 18세기 세계의 지리정보에 대한 민간의 수요가 증대되면서 이를 국가기관이 독점하기는 사실상 어렵게 되었다. 세계에 대한 지리정보 자체는 더 이상 국가기밀에 속

---

2) 河宇鳳 「實學派의 對外認識」, 『國史館論叢』 76, 國史編纂委員會 1997, 272~73면.
3) 노대환 「19세기 東道西器論 形成過程 研究」, 서울대학교 박사학위논문, 1999, 7면.
4) 이규경은 자신의 호를 오주(五洲)라 할 정도로 서양의 지리지식에 특별한 관심을 지니고 있었다. 그가 참고한 한역서학서 가운데는 『직방외기』『곤여도설』『서방요기』 등과 같은 서양의 지리서도 포함되어 있다(申炳周 「19세기 중엽 李圭景의 學風과 思想」, 『韓國學報』 제75집, 一志社 1994, 162면).
5) 申炳周 「19세기 중엽 李圭景의 學風과 思想」, 『韓國學報』 제75집, 一志社 1994, 146면.

하는 것이 아니었다. 이러한 경향은 17세기 이후 민간에서의 지도 소장 금지책이 거의 유명무실해지면서 나타났는데 본격적인 지도의 대중화로 이어지게 되었다. 19세기의 경우 이러한 경향이 더욱 두드러졌고, 국가기관에 의한 지도제작의 사례는 1860년 페르비스트의『곤여전도』를 중간(重刊)했던 것 외에는 거의 보이지 않는다. 현존하는 19세기 세계지도의 대부분은 민간에서 제작된 것으로 이전 시기에 이어 지도의 대중화가 어느 정도 정착되고 있음을 엿볼 수 있다.

제4부에서는 세계지도 제작의 이러한 흐름을 고려하면서 19세기 개항 이전까지 제작된 세계지도를 통해 세계인식의 특성을 파악하고자 하였다.[6] 17세기 이래 조선사회에 커다란 충격을 주었던 서구식 세계지도가 이 시기 계속 제작되면서 인식의 변화를 초래한『지구전후도』, 서구식 세계지도가 조선식으로 변형된『여지전도』, 그리고 전통적인 세계지도와 원형 천하도를 통해 전통적인 세계인식이 지속되는 경향을 파악할 것이다.

---

6) 조선은 1876년 강화도조약을 계기로 일본을 비롯한 주변 열강들의 각축장으로 변하게 된다. 따라서 이 시기 지리적 세계에 대한 인식은 이전 시기와는 비교할 수 없을 정도로 빠른 속도로 변했고 특히 정부가 주도적으로 지리교육에 앞장서기도 하였다. 이러한 연유로 여기서는 시기를 조선사회의 역사적 동질성이 유지되는 개항기 이전까지로 한정하였다.

# 9장

# 서구식 세계지도의 제작과 세계인식

## 1. 최한기의『지구전후도』와『지구전요』의 세계지도

### 1) 최한기의『지구전후도』

19세기 조선에서의 세계지도 제작과 관련하여 가장 주목할 인물은 혜강(惠岡) 최한기(崔漢綺, 1803~79)라 할 수 있다. 그는 기(氣)의 철학을 주축으로 조선 후기의 실학사상을 독특하게 체계화하여 선험적인 사변철학에 빠져 있던 전통적 관념체계를 대치할 경험적인 학문체계와 사회윤리를 새로이 제시하였고, 박학의 실학 세계를 추구한 학자였다. 특히 그는 한역서학서 및 태서신서(泰西新書)의 연구를 통해 세계지리 및 자연지리적 이해를 심화시켜『지구전요』라는 세계지리서를 남긴, 조선 최초로 서구지리학을 수용한 지리학자로 주목되기도 한다.[1] 이러한 학문적 성향을 지닌 최한기가 1834년 김정호의 도움을 받아 제작한 서구식 세계지도가 바로『지구전후도』로

---

[1] 李元淳「崔漢綺의 世界地理認識의 歷史性: 惠岡學의 地理學的 側面」,『문화역사지리』4호, 1992, 10면.

그림 4-1 최한기의 『지구전후도』(서울대학교 규장각한국학연구원 소장) 권두화보 21

19세기 전반기의 대표적인 세계지도이다(그림 4-1).

이 지도는 양반구의 서구식 세계지도로, 목판으로 제작되었다. 현존하는
19세기의 단독 세계지도로는 가장 많은 비중을 점하고 있다. 1834년 최한기
가 중국 장정부의 지도를 중간한 것인데 최한기와 교분이 있었던 고산자 김
정호가 판각했다.[2] 이전 시기 병풍으로 제작되었던 대형의 서구식 세계지도
와는 달리 소형으로 제작되어 동서반구도를 합해 세로 40센티미터, 가로 90
센티미터 정도가 된다.[3] 아시아, 유럽, 아프리카 등 구대륙의 지도는 전도
(前圖)가 되고 아메리카 대륙은 후도(後圖)로 되어 있다. 육지를 양각으로 새
긴 반면 해양은 음각했다. 이 『지구전후도』에 대해서는 이규경의 『오주연문
장전산고』에 자세한 기록이 실려 있다.

---

2) 지도의 제작시기와 제작자에 대해서는 지도에 있는 '도광갑오맹추태연재중간(道光甲午孟
秋泰然齋重刊)'이란 기록을 토대로 알 수 있다. 도광갑오년은 1834년에 해당하는데 태연
재가 누구의 당호인가라는 점에 대해서는 이견이 있다. 태연재를 최한기의 당호로 보는
입장(노정식)과 김정호로 보는 입장(이상태)으로 나눠진다.
3) 목판으로 인쇄된 지도 이외에 고려대학교 박물관 소장본처럼 채색으로 확대하여 병풍으로
제작된 것도 있다(李燦 『韓國의 古地圖』, 汎友社 1991, 도판21).

318

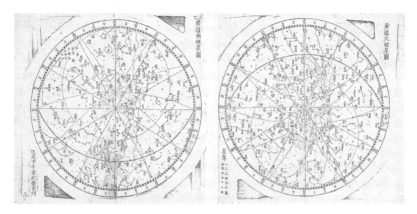

그림 4-2 최한기의 『황도남북항성도』(서울대학교 규장각한국학연구원 소장)

지구를 그린 것은 매우 많으나 우리나라에는 각본(刻本)이 없다. 매번 연경(燕京)으로부터 나오기 때문에 집에 소장된 지도도 드물다. 최근(순조 갑오년) 상사(上舍) 최한기의 집에서 처음으로 중국 장정부(莊廷尃, 원문의 '尃'은 '敷'의 오기)의 탁본을 중간하여 세상에 유포했으나 도설은 아직 여기에 새기지 못했다. 내가 다른 사람을 통해 그 설을 얻었는데 유실될까 두려워 그것을 베껴서 분별하였다. [최한기의 집은 서울 남촌의 창동(倉洞)이다. 갑오년에 대추나무 판목으로 진릉(晉陵) 장정부의 지구도(地球圖)를 모각(模刻)하였는데 김정호(金正晧)가 새겼다.]4)

이규경의 글에서는 최한기가 1834년 중국 장정부의 지구도를 중간했는데 김정호가 이를 판각했다고 명확하게 기술되어 있다. 또한 지도에는 장정부의 지도설이 빠져 있어서 자신이 필사해두었음을 밝히고 있다. 장정부의 지

4) 李圭景 『五洲衍文長箋散稿』 卷38, 萬國經緯地球圖辨證說. "地球之爲圖者甚多 而我東無刻本 每從燕京出來 故藏弆亦鮮矣 近者 純廟甲午 崔上舍漢綺家 始爲重刊中原莊廷尃搨本 俾行于世 圖說則未克劚焉 予從他得其說 恐其遺佚 鈔辨之 崔上舍家住京師南村倉洞 甲午以棗木板模刻晉陵莊廷尃地球搨本 而金正晧剖劚焉."

도설은 위원의 『해국도지』에도 수록되어 있는데 서두의 일부분이 누락되어 있다.[5] 또한 윤종의(尹宗儀, 1805~86)의 『벽위신편(闢衛新編)』에도 일부분이 실려 있다.[6] 현존하는 최한기의 『지구전후도』 가운데는 세종대왕기념사업회 소장본처럼 장정부의 지도설이 수록되어 있는 것도 있는데, 이는 원래 『지구전후도』 제작 시에 수록된 것이 아니고 이후 소장자가 추가로 기입한 것으로 보이며, 전문이 아닌 일부만이 실려 있다.

현존하는 대부분의 『지구전후도』는 『황도남북항성도(黃道南北恒星圖)』라는 천문도와 함께 수록되어 있다(그림 4-2). 이 천문도에도 '도광갑오태연재중간(道光甲午泰然齋重刊)'이라는 기록이 지도에서와 똑같이 실려 있어서, 최한기가 지도와 천문도를 쌍으로 제작했음을 알 수 있다. 여기에 실린 천문도는 쾨글러의 『황도총성도(黃道總星圖)』를 관각한 것으로,[7] 쾨글러는 청(淸)의 옹정제 시절에 흠천감(欽天監) 감정(監正)이 되어 25년간이나 청의 천문치력(天文治曆)에 종사했던 인물이다.

쾨글러의 『황도총성도』는 사찬으로 제작되었으며 이전 아담 샬의 천문도가 적도를 기준으로 그린 데 반해 황도를 중심으로 그려졌다. 동양에서는 전통적으로 적도를 기준으로 천문도를 제작하는 것이 일반적이었기에 아담 샬도 중국적 전통에 맞게 적도를 중심으로 했던 것이다. 그러나 지구에서 태양의 진위치(眞位置)를 알 수 있는 것은 적도보다 황도가 더 편리하다. 농경사회에서 중요한 24절기 같은 것도 태양의 진위치에 따라 구분하는 것이 정확하기 때문에 중국에서도 '시헌력'을 사용하게 된 청초(淸初)부터 황경(黃經)을 24분한 소위 '정기법(定氣法)'을 채용하여 기후의 변화를 표시하였다.[8]

조선에서도 영조 때 1750년을 전후하여 당시 영의정겸관상감영사(領議政

5) 魏源 『海國圖志』, 卷76, 國地總論下, 「莊廷敷地圖說」.
6) 尹宗儀 『闢衛新編』 5, 「程里躔度」.
7) 全相運 『韓國科學技術史』 제2판, 正音社 1988, 49~50면.
8) 李龍範 『韓國科學思想史研究』, 東國大學校出版部 1993, 198~99면.

兼觀象監領事) 김재로(金在魯), 행이조판서(行吏曹判書) 이기진(李箕鎭), 호조판서(戶曹判書) 서종급(徐宗伋) 등의 주도로 쾨글러의 천문도가 제작되었다. 이때 제작된 천문도는 현재 법주사에 보관되어 있는데 여기에는 도설(圖說)도 수록되어 있다. 최한기의 『지구전후도』에 같이 수록된 『황도남북항성도』는 법주사 소장의 천문도와 흡사한데, 이를 축소하여 목판으로 제작한 점이 다르다. 세종대왕기념사업회 소장의 『지구전후도』에도 법주사 소장의 천문도에 실려 있는 것과 같은 도설이 수록되어 있다.

이처럼 천문도와 지도가 쌍으로 제작되는 사례는 중국이나 조선에서 가끔 볼 수 있다. 일찍이 송대에 석각으로 제작된 중국 쑤저우의 천문도는 지도와 함께 제작되었다. 숙종 때 최석정의 지휘 아래 제작되었던 『건상곤여도』는 천문도를 쌍으로 제작했던 대표적인 사례이다. 이는 하늘과 땅을 음양으로 파악하던 당시의 인식에서 비롯된 것으로 하늘을 표현하는 천문도와 땅을 표현하는 지도를 쌍으로 제작함으로써 천지 음양의 조화를 꾀하고자 했던 데에서 비롯되었다 할 수 있다.

천문도와 쌍으로 제작되었던 최한기의 『지구전후도』는 장정부의 지구도를 다시 판각한 것이다. 장정부는 1788년 『해양외국도편(海洋外國圖編)』을 저술한 인물로 알려져 있을 뿐 구체적인 생애에 대해서는 자세히 알려져 있지 않다.[9] 위원이 1840년 『해국도지』를 간행할 당시 그의 책을 못 본 것으로 보아 많은 학자들의 관심을 끌었던 저술은 아니었던 것으로 보인다. 그러나 1800년 제작된 그의 지도는 조선에 유입되어 일부 지식인들에 의해 열람되기도 했다. 정약용은 구라파에 있는 영국의 위치를 파악하기 위해 장정부의 지도를 이용하였고,[10] 19세기 고증학으로 명성을 떨친 김정희의 경우도 『해국문견록』과 함께 장정부의 지구도를 열람했던 사실을 언급하였다.[11]

---

9) 魏源 『海國圖志』 卷76, 國地總論下, 莊廷敷地圖說.

10) 丁若鏞 『茶山詩文集』, 第22卷 雜評, 柳泠齋得恭筆記評.

11) 金正喜 『阮堂全集』 8卷, 雜識.

『오주연문장전산고』의 기록으로 볼 때, 최한기는 새로운 내용으로 증보하지 않고 장정부의 지도를 그대로 판각했다. 장정부의 지도는 현재 남아 있는데, 프랑스 파리 국립도서관에 '대청통속직공만국경위지구식(大淸統屬職貢萬國經緯地球式)'이란 명칭으로 소장되어 있다(그림 4-3, 4-4).12)

지도의 제목은 이규경의 『오주연문장전산고』에 수록되어 있는 장정부의 지도설의 것과 정확히 일치한다. 최한기의 『지구전후도』와 비교하면 경위선의 조직, 대륙의 윤곽, 지명 등 대부분 일치하고 있다. 유일하게 다른 점은 장정부의 지구도에서는 바다와 육지를 다 양각으로 판각했지만 『지구전후도』에서는 바다와 육지를 구분하기 위해 바다를 음각으로 처리했다는 것이다. 장정부의 지구도에서 육지와 바다가 구분되어 있지 않아 생기는 독도(讀圖)의 어려움을 해소하기 위한 조치였다.

앞서 이 지도를 조사했던 이효총의 설명에 의하면, 지도는 1800년 장정부가 세로 62센티미터, 가로 98센티미터 크기의 목판본으로 제작한 것인데, 1794년 간행된 『직방회람(職方會覽)』『사이도설(四夷圖說)』을 기초로 서양 선교사가 그린 원형의 세계지도를 결합하여 양반구도로 만들었고, 1793년(건륭 58) 이후의 청제국의 강역과 기타 국가의 위치를 수록했을 뿐만 아니라 경위선망, 중국 전통의 분도(分度)와 24절기선, 청국의 강역 내부 지명, 만리장성 이외의 지명을 비교적 많이 새로 추가했다고 한다.13) 이 설명은 장정부 지도설에 수록된 내용과 일치하는데, 이효총은 바로 지도설의 내용을 요약하여 설명을 덧붙인 것으로 보인다.

『오주연문장전산고』에 수록된 장정부의 지도설에 의하면, 지도는 서양인의 구도(舊圖)를 축소하여 제작하였는데, 외이(外夷)의 명칭은 『흠정직방회

12) 이 지도 자료의 복사본은 교원대학교 지리교육과의 권정화 교수가 제공해주셨다. 후의에 감사드린다.

13) 李孝聰 「유럽에 전래된 中國 古地圖」, 『문화역사지리』 7호, 1995, 18면. 그러나 이효총의 연구에서는 장정부의 지구도 사진이 전혀 제시되지 않아 실체를 확인할 수 없었다.

람(欽定職方會覽)』『사이도설』 등의 책을 주로 참고하였고 옆에 옛 명칭도 부기하였다고 한다.[14] 또한 각 성부(省府)의 정해진 도위(度位)는 『수리정온』에 수록된 것을 사용했다. 경위선은 10도 간격으로 그었지만 원 주위를 1도 간격으로 표시하였다. 적도와 황도에도 1도 간격의 눈금을 표시하였는데 황도에는 24절기를 기입해 넣었다. 24절기는 태양이 황도에서 15도 운동한 지점과 대응되는데 지도에서도 이와 동일하게 표시되었다. 지도 외곽의 원둘레에는 주야영단각분(畫夜永短刻分, 계절별 밤낮의 길이 차이)을 표시하여, 지조시각(遲早時刻, 지역별로 절기의 이르고 늦은 시각)을 알 수 있게 하였다. 이러한 점은 장정부의 세계지도와 『지구전후도』가 지리적 세계뿐만 아니라 계절의 변화와 일출입 시각 등 역법과 관련된 내용을 중요하게 다뤘음을 보여주는 대표적인 사례이다. 이전의 『곤여만국전도』나 『곤여전도』와 같은 세계지도와 비교하면 다음과 같은 차이가 있다.

첫째, 양식상에서의 변화이다. 이전의 서구식 세계지도들은 대폭의 지도에 많은 내용들을 수록하였다. 서양 선교사들은 기독교 전도의 방편으로 세계지도를 활용하였는데 가급적이면 크고 웅장하게, 그리고 다양한 내용들을 망라해서 그렸다. 그러나 장정부는 휴대에 편리하게 이를 대폭 축소했다.

둘째, 지도를 축소했기 때문에 이전 『곤여전도』와 같은 지도에서 볼 수 있는 기이한 동물, 선박 등의 그림을 제외했다. 규격이 작은 지도에서 이러한 그림이 수록된다면 오히려 번잡하여 열람에 방해되기 때문이다.

셋째, 경위선의 배치에서 차이를 보인다. 이 부분은 장정부가 가장 심혈을 기울인 것으로 그의 독창성이 반영되어 있다. 이전의 『곤여전도』와 같은 양반구 세계지도가 적도에 시점을 둔 평사도법으로 제작되었기 때문에 경선과 위선이 주변으로 갈수록 넓어졌는데, 이것은 원구를 정면에서 바라보는 것과 커다란 차이가 있다. 그는 이러한 문제를 지적하면서 사람이 원구의 정면

---

14) 李圭景 『五洲衍文長箋散稿』 卷38, 萬國經緯地球圖辨證說. "如外彝名稱遵 『欽定職方會覽』『四彝圖說』等書之現今名稱列入 間或旁附以舊名 便於考覈同異."

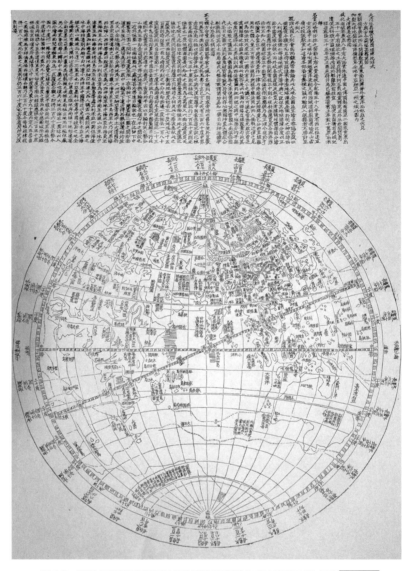

그림 4-3 대청통속직공만국경위지구식의 동반구도(프랑스 파리 국립도서관 소장) 권두화보 20

324

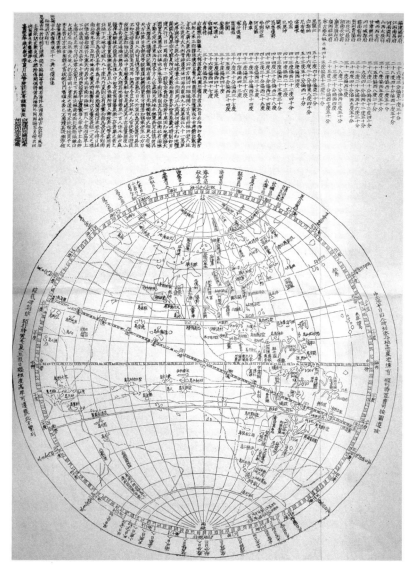

그림 4-4 대청통속직공만국경위지구식의 서반구도(프랑스 파리 국립도서관 소장)

에서 바라보는 시점을 적용해 제작하려 했다. 즉, 이전의 서구식 세계지도에서는 서양의 원근법처럼 중앙이 좁고 외곽으로 가면서는 넓어지는 형태로 되어 있는데, 볼록한 원구를 정면에서 볼 때는 이와는 다르기 때문에 정면에서 바라보는 시점으로 조정하려 한 것이다. 그러나 정면에서 원구를 바라보면 경위선 간격이 중앙은 넓지만 주변으로 갈수록 좁아지기 때문에 장정부는 이러한 왜곡을 시정하기 위해 중앙과 주변을 등간격으로 조정했다.[15]

이러한 경위선 배치는 중앙경선의 적도 지점에 중심을 둔 정거방위도법(azimuthal equidistant projection)과 흡사하다. 그러나 장정부가 이러한 도법을 이해하고 지도를 제작했다고 보기는 어렵다. 정거방위도법 자체가 후대에 개발된 것이기도 하지만 경위선의 작도에 대한 장정부의 기술을 볼 때, 그 자신이 서양의 지도제작과 관련된 투영법을 제대로 이해하지 못했다는 것을 알 수 있다. 『곤여전도』와 같은 지도는 시점을 적도에 둔 평사도법으로 제작한 것인데, 이를 서양의 원근법과 흡사하다하여 지도투영(projection)의 문제를 투시(perspective)의 문제로 이해했던 것이다. 지도투영법의 문제는 지도제작과 관련하여 당시 중국을 비롯한 동양인들이 가장 이해하기 어려운 부분으로 강희 연간에 실측에 의한 『황여전람도』의 제작 시에도 투영법을 제대로 이해했던 중국인들은 거의 없을 정도였다.

넷째, 지도상에 표현된 지리적 세계가 새로운 자료에 기반을 두어 수정되었다. 『곤여만국전도』는 남방대륙이 탐험되기 이전의 상황을 반영하고 있는데 반해 장정부의 지구도와 『지구전후도』에서는 오세아니아 대륙이 남방대

---

15) 李圭景, 『五洲衍文長箋散稿』 卷38, 萬國經緯地球圖辨證說. "查「地球渾圖」 於明之神宗時 西人利瑪竇 南懷仁等進地球式 竝著坤輿之說 但其地球經緯分度 以正面中國度線反狹小 而外域各國度線反寬大 據稱地體渾圓 分繪作兩圓 應作中高之勢 故閱者視正中則小 視斜仄則應寬 庶合西洋線法云 不知人視圓球 當正中面寬 而偏視側面應狹 乃爲正理 今旣於平幅繪圖 合當正中與邊隅 量作一律均停規格 其經緯度 已分曲直線 雖突面之體 人豈不左右視 卽與視中線法同 如西人偏執迂俚之見 以爲祕法 致天度地面一圖內 有大小之譏 不可徇也."

류으로부터 완전히 분리된 모습을 취하고 있다. 오세아니아 대륙이 제 모습을 갖추게 된 것은 18세기 후반에 이루어진 영국 탐험가 제임스 쿡(James Cook)의 탐험 결과로,[16] 『지구전후도』에서도 오세아니아 대륙이 비교적 원형을 갖추고 있다.

그러나 무엇보다 세계인식과 관련하여 『지구전후도』가 지니는 가장 큰 의의는 대중적 영향력이다. 휴대와 열람에 편리한 소규모 첩의 형식으로 목판인쇄됨으로써 이전 시기 큰 병풍으로 제작되었던 『곤여만국전도』나 『곤여전도』에 비해 민간의 지식인들에게 더 많이 유포될 수 있었다. 특히 국가기관이 아닌 민간에서 제작, 보급함으로써 지도의 대중화를 제고하는 데 일조했다고 보인다. 이러한 점은 현존하는 세계지도 가운데 『지구전후도』가 차지하는 비중을 통해서도 짐작해볼 수 있다.


### 2) 『지구전요』의 세계지도

최한기는 1834년 『지구전후도』의 제작에 이어 1857년에는 일종의 종합적 세계지리서라 할 수 있는 『지구전요』를 저술하였다.[17] 이 책의 저술목적은 지리지식에 대한 이해의 확대를 통해 '기화(氣化, 기의 운동)'를 깨닫고 그를 기반으로 '인도(人道)'를 터득하는 데 있었다.[18] 중국에서 아편전쟁 후에 간행된 양무서(洋務書)인 위원의 『해국도지』와 서계여(徐繼畬, 1795~1873)의 『영환지략(瀛環志略)』 등을[19] 기초로 편집하였다. 당시까지 조선에서 저

---

16) R. A. 스켈톤 지음, 안재학 옮김 『탐험지도의 역사』, 새날 1995, 278~302면.

17) 『지구전요』에 대한 지리학적 연구는 다음을 참조. 노혜정 「최한기의 지리사상 연구: 『地球典要』를 중심으로」, 서울대학교 박사학위논문, 2003; 노혜정 『『지구전요』에 나타난 최한기의 지리사상』, 한국학술정보 2005.

18) 李元淳 「崔漢綺의 世界地理認識의 歷史性: 惠岡學의 地理學的 側面」, 『문화역사지리』 4호, 1992, 20면.

19) 『해국도지』는 아편전쟁의 중심인물인 임칙서가 번역한 『사주지』를 위원이 증보하여

술된 세계지리서로는 가장 방대하면서 다양한 내용을 수록하고 있다.

『지구전요』는 도합 13권 7책의 필사본으로 이루어져 있는데 12권까지는 세계지지(世界地志)로 구성되어 있다. 제13권에는 천문도와 지도만을 따로 모았는데 역상도(曆象圖) 23매, 제국도(諸國圖) 41매를 수록하였다. 이처럼 『지구전요』는 지지와 지도의 두 체제로 구성되어 있는데, 지도를 앞에 수록하고 지지를 뒤에 수록한 『영환지략』과는 다른 양식이다. 『영환지략』이 지도에 중점을 두었다면[20] 『지구전요』는 지지에 중점을 두었다고 할 수 있다. 따라서 『지구전요』에서의 지도는 지지의 부도(附圖)적 성격이 강하다. 『지구전요』의 지도가 지니는 이러한 성격은 지지학(地志學)에 대한 그의 서술에서도 드러난다. 그는 지지라는 것은 풍토와 물산, 고금의 사실을 수록한 것이고 지도는 군국(郡國)의 경계와 면적을 본떠 그린 것이라 하여, 지도는 지지를 보충해주는 부도적 의미로 생각했던 것으로 보인다.[21]

『지구전요』의 내용을 구체적으로 보면, 제1권의 처음 12항목에서는 지구

---

1842년 60권으로, 1852년에는 100권으로 출판한 세계지리서이다. 내용은 세계 각국의 지세, 산업, 인구, 정치, 종교 등 다방면에 걸쳐 있는데 주제를 18개 항목으로 분류하여 서술하였다. 마테오 리치의 지도설과 알레니의 『직방외기』, 페르비스트의 『곤여도설』의 내용을 많이 수록하고 있다. 『영환지략』은 1848년 서계여의 편저로 10권 6책으로 되어 있다. 이 책 역시 『직방외기』와 『곤여도설』을 많이 채용하였으나 그 범례에 있는 것과 같이 지도는 최신의 서양지도를 채용하였고 지명과 국명도 최신의 신문, 잡지에 발표된 것으로 바꾸었으며 변화된 서양 제국의 연혁과 강역을 수정하였다(金良善「韓國古地圖 硏究抄」, 『梅山國學散稿』, 崇田大學校 博物館 1972, 139~240면). 『해국도지』는 해안 방어를 위한 양무의식(洋務意識)을 기초로 한 세계지리서이기에 여러 부분에서 해방론과 청국인들의 해방정책 그리고 해상침략 세력에 대비한 해방무기 시설에 관해 언급하고 있다. 이에 반해 『영환지략』은 지도에 대한 정확한 지식과 세계 각국에 대한 지리적 소개를 의도한 것이기에 해방론과 관련된 기사는 없다. 이로 본다면 『영환지략』이 보다 순수한 의미에서의 세계지리서에 가깝다(李元淳, 앞의 논문 18면).

20) 徐繼畬 『瀛環志略』, 凡例.

21) 崔漢綺 『推測錄』 卷6, 推物測事, 地志學. "地志者 載錄風土物産 古今事實者也 地圖者 傲象郡國界境 參錯廣輪者也."

에 관한 내용을 기존의 한역지리서에서 발췌하여 기록하였다. 천체의 구조, 항성과 유성, 사계절과 기상의 변화, 일식·월식과 조석(潮汐)의 원인 등 지구과학적 내용들로 서양의 르네상스시대에 밝혀진 천문, 우주, 지구과학설을 수용하고 있다. 이는 브노아의 『지구도설(地球圖說)』에서 「지구운화(地球運化)」에 해당하는 부분을 발췌하여 『지구전요』의 맨 앞부분에 기록한 것으로, 『지구도설』을 통해 지구의 전체 운화를 이해하였다고 할 수 있다. 그리고 이를 도해한 것이 제13권 앞부분에 수록된 역상도(歷象圖) 23매이다. 역상도는 톨레미의 우주관, 티코 브라헤의 우주관, 메르쎈느(Merscene)의 우주관, 코페르니쿠스의 태양중심설의 우주관, 태양, 오성(五星), 일월식(日月蝕)을 도해한 천문도이다.[22]

대륙별 총설과 각국의 지지에서는 아시아, 유럽, 아프리카 및 남북아메리카에 대해 총설을 수록하고 그 밑에 각 대륙에 소속된 지방과 국가에 대한 내용을 대체로 강역(疆域), 풍기(風氣), 물산(物産), 생활, 궁실(宮室), 도시(都市), 문자, 상공업, 기용(器用), 재정, 정치, 관직제도, 교육, 예절, 형벌, 병제, 풍속 등의 항목으로 상술하고 있다. 해론(海論)에서는 해양의 선박, 진주와 산호 등의 산물과 조석관계, 해수의 염분 등에 대하여 적었다. 이러한 지지 부분에서는 기존의 지지 항목 체계와 다른 독특한 분류방식을 취하는데, 최한기 학문의 핵심적 개념인 기화를 기준으로 '기화생성문(氣化生成門): 강역(疆域), 산수(山水), 풍기(風氣), 인민(人民), 물산(物産)' '순기화지제구문(順氣化之諸具門): 의식(衣食), 궁성(宮城), 문자(文字), 역(歷), 농(農), 상(商), 공(工), 기용(器用)' '도기화지통법문(導氣化之通法門): 정(政), 교(敎), 학(學), 예(禮), 형금(刑禁), 속상(俗尙), 사빙(使聘)' '기화경력문(氣化經歷門): 각부(各部), 연혁' 등으로 분류하였다.[23]

---

22) 權五榮 「惠岡 崔漢綺의 學問과 思想 硏究」, 한국정신문화연구원 한국학대학원 박사학위논문 1994, 254~55면.

23) 楊普景 「崔漢綺의 地理思想」, 『震檀學報』 81, 1996, 292~94면.

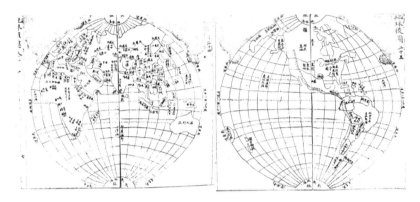

그림 4-5 『지구전요』의 「지구전후도」

제13권에는 「지구전후도(地球前後圖)」(그림 4-5), 「황청전도(皇淸全圖)」를
비롯해 각 대륙별 여러 나라의 지도들이 수록되었다. 이들 지도들은 『영환
지략』에 수록된 지도들을 저본으로 사용하여 그대로 모사한 것인데, 『영환지
략』에 없는 「일본도(日本圖)」가 추가된 점이 다를 뿐이다.[24] 『해국도지』에
도 지도가 수록되어 있지만 『영환지략』의 것과 비교해볼 때 정교함이 다소
떨어진다. 그러나 후대의 판본은 지도의 내용이 수정되어 상당히 정교해지
기도 했다.

『영환지략』에 수록된 지도는 당시 최신의 서양지도를 저본으로 제작된
것인데 원본상태를 변형하지 않고 대부분 그대로 그렸고 단지 지명들을 한
문으로 번역했을 뿐이다(그림 4-6). 서계여는 1843년 샤먼(廈門)에 공무 차
머무를 때 미국인 아빌(Abeel David, 雅裨理, 1804~46)을 만났는데, 그가 지
녔던 지도책과 더불어 이듬해 샤먼의 고을 사마[郡司馬]였던 곽용생(霍蓉生)
이 구득한 지도책이 더욱 상세하여 이 두 지도책을 바탕으로 『영환지략』의

24) 『지구전요』의 일본 부분은 『해국도지』나 『영환지략』에 수록된 내용이 소략하여 『해유록
(海遊錄)』에 수록된 내용을 주로 이용하였는데(崔漢綺 『地球典要』 凡例), 「일본도(日本
圖)」도 여기에 실린 것을 모사한 것으로 보인다.

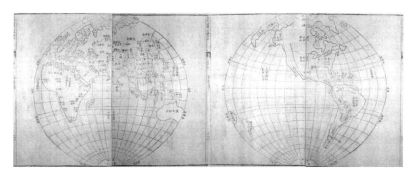

그림 4-6 『영환지략』의 세계지도

지도들을 제작했다.[25]

『지구전요』에 수록된 지구도(그림 4-5)를 1834년에 제작된 『지구전후도』
와 비교하면 다음과 같은 차이를 지적할 수 있다.

첫째, 경위선망의 조직은 등간격의 곡선으로 두 지도가 같다. 그러나 『지
구전요』의 지구도에서는 『지구전후도』의 외곽의 원에 표시된 눈금이 없다.

둘째, 『지구전요』의 지구도에서는 적도(赤道), 남북황도(南北黃道, 남북회
귀선), 남북흑도(南北黑道, 달의 궤도)가 점선으로 그려져 있지만 태양의 궤도
인 황도는 그려져 있지 않다. 따라서 황도에 표시되어 있던 24절기도 『지구
전요』의 지구도에서는 나타나 있지 않다.

셋째, 『지구전후도』의 외곽에 지역별 시각 차이를 계산하기 위해 표시되
었던 주야영단각분이 『지구전요』의 지구도에서는 보이지 않고 있다. 이는
이전의 서구식 세계지도에서 볼 수 있었던 천문, 역법과 밀접한 관련을 제거
함으로써 지도의 본래적 기능에 충실하고자 했던 것으로 풀이된다.

---

25) 徐繼畬 『瀛環志略』, 序. "道光癸卯 因公駐廈門 晤米利堅人雅裨理 西國多聞之士也 能
作閩語 携有地圖冊子 繪刻極細 苦不識其字 因鈞摹十餘幅 就雅裨理詢譯之 粗知各國之
名 然愢卒不能詳也 明年再至廈門 郡司馬霍君蓉生 求得地圖二冊 一大二尺餘一尺許 較
雅裨理冊子 尤爲詳密幷覓得."

넷째,『지구전후도』에 비해 대륙의 윤곽이 보다 정교해졌다.『지구전후도』
에서는 오세아니아 대륙이 남방대륙에서 분리되어 있지만 여전히 부정확한
모습을 취하고 있었는데『지구전요』의 지구도에서는 18세기 후반 제임스
쿡의 탐험으로 밝혀진 오세아니아 대륙이 온전한 모습을 갖추고 있다. 즉,
『지구전후도』에서는 오세아니아 대륙과 뉴기니섬이 미분리된 형태로 존재
하고 있으나『지구전요』의 지구도에서는 명확히 분리되어 있고 남방대륙은
더 이상 지도상에서 보이지 않는다. 이와 더불어 동남아시아, 인도, 동아시
아의 윤곽이 이전의『지구전후도』보다 명확해졌다.

다섯째,『지구전후도』에서는 각 대륙에서 자연적 경계를 이루는 하천이
비교적 상세하게 그려져 있는데『지구전요』의 지구도에서는 거의 그려져 있
지 않다. 대신에 국가간 경계를 그려 넣음으로써 세계 각국의 판도를 이해할
수 있게 배려하였다. 이는 제3세계에 대한 제국주의의 침략이 고조되면서
식민지 쟁탈이 심화되는 국제적 상황을 반영하는 것이기도 하다. 이와 더불
어『지구전후도』에서 볼 수 있는 해양의 많은 섬들은『지구전요』의 지구도
에서는 거의 생략되어 있다. 이러한 것은 지구도의 일차적인 목적이 국가간
경계와 세력 판도를 보여주는 것에 있음을 시사하는 것으로 볼 수 있다.

마지막으로 지적할 수 있는 것은 지명에서의 차이이다.『영환지략』을 저
술한 서계여도 지적하고 있듯이 이전 서구식 세계지도의 지명이 현실 지명
을 제대로 반영하지 못하는 경우가 많고, 또한 지명들이 새롭게 변했기 때문
에 이를 실제에 맞게 교정하는 것이 필요했다. 대표적으로 오세아니아 대륙
의 지명이 오대리아(澳大利亞)로 수정되었으며 무엇보다 아프리카의 지명이
대폭 바뀐 것이 특징이다.『지구전후도』에서는 아프리카의 지명이 전통적으
로 중국에서 부르는 명칭인 '-오귀(烏鬼)'[26]라고 되어 있는데,『지구전요』의

---

26) 오귀는 아프리카의 흑인 또는 흑인이 사는 지역을 의미한다. 1744년 진윤형(陳倫炯)이
　　저술한『해국문견록』에는 여러 오귀국이 기술되어 있고, 구대륙의 반구도가「사해총도」
　　라는 제목으로 수록되어 있는데 여기에도 아프리카 부분에 오귀 지명이 수록되어 있다

지구도에서는 당시의 실제 지명으로 바뀌어 있다.

이처럼 『지구전요』의 세계지도는 당시로는 가장 최신의 자료를 수록하였다는 점에서 의의가 있다. 비록 최한기가 중국에서 제작된 것을 다시 모사한 것이지만 최신의 자료를 국내에 소개하고 자신의 독창적인 기준에 따라 재편집한 사실은 중요하다. 무엇보다 『지구전요』의 세계지도가 조선의 지도학사상 지니는 가장 중요한 의의는 세계지도첩의 효시를 열었다는 점이다. 이전 시기 서구식 세계지도가 대부분 타원형 또는 양반구형의 병풍 또는 낱장으로 제작되었지만 최한기는 이를 지도책(Atlas)의 형태로 제작하여 세계의 모습을 개략적으로 보여주는 것을 넘어 각 지역의 구체적인 모습을 생생하게 보여주려 했던 점은 높이 평가할 만하다.

『지구전요』의 지구도는 목판본 지도로도 제작되었다. 국립중앙박물관에 소장된 『지구도(地球圖)』는 『지구전요』의 「지구전후도」와 형태와 내용이 일치한다(그림 4-7). 경위선의 조직, 남북회귀선, 북극권·남극권의 표시 등도 『지구전요』의 세계지도와 동일하다. 조선에서 제작되었지만 강화도나 제주도의 위치는 왜곡되어 있다. 지도의 하단에는 각 대륙과 주요 국가에 대한 내용이 간략하게 기재되었다.[27] 이러한 사실로 볼 때, 『지구전요』의 「지구전후도」도 1834년의 『지구전후도』처럼 목판본으로 간행되면서 지식인들에게 영향을 주었던 대표적인 서구식 세계지도라 할 수 있다.

한편 최한기는 서구식 세계지도 제작의 경험을 바탕으로 지구의도 제작했던 것으로 전해진다. 숭실대학교 한국기독교박물관에 소장된 청동 지구의는 최한기가 제작한 것으로 알려져 있는데, 현존하는 국내 유일의 단독 지구의다(그림 4-8). 지구의에 그려진 세계지도는 최한기의 『지구전요』에 실린 「지

---

(陳倫炯 『海國聞見錄』, 小西洋記).

27) 오상학 『옛 삶터의 모습, 고지도』, 통천문화사 2005, 36면. 『지구전요』의 세계지도는 『영환지략』의 지도를 저본으로 삼았기 때문에 『지구도』는 『영환지략』의 지도를 바탕으로 제작되었을 수도 있다.

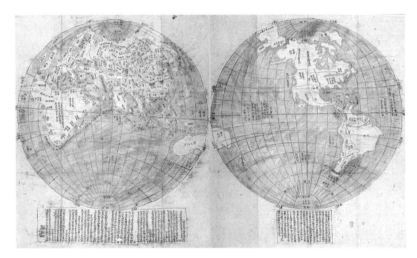

그림 4-7 목판본 『지구도』(국립중앙박물관 소장)

구전후도」와 동일하여, 『지구전요』의 저술시기인 1857년을 전후하여 최한기가 제작한 것으로 추정되고 있다.[28]

지구의는 직경 24센티미터 정도의 크기로 제작되었다. 10도 간격으로 경선과 위선이 있고, 북회귀선과 남회귀선, 황도를 표시하고 있다. 황도에는 하지, 동지 등 24절기가 새겨져 있다. 느티나무를 파서 사발모양의 받침대를 만들고 청동으로 만든 360도의 눈금을 새긴 둥근 고리를 받침 위에 붙여놓았다. 360도 눈금이 있는 둥근 고리는 지구의가 들어갈 수 있을 정도의 크기로 만들었고, 지구의의 남북 축을 수평으로 올려놓도록 고안되어 있다.

지구의에 새겨진 지도의 형태와 내용은 최한기의 『지구전요』에 수록된 「지구전후도」와 흡사하다. 그러나 일부 차이가 있는데, 『지구전요』의 세계지도에 없는 황도가 그려져 있고 거기에 24절기를 배치했다. 『지구전요』의 세계지도에 그려진 북극권과 남극권은 지구의에 표시되지 않았다. 황도가

28) 李燦 『韓國의 古地圖』, 汎友社 1991, 도판26.

그림 4-8 최한기 제작으로 추정되는 청동 지구의
(숭실대학교 한국기독교박물관 소장) 권두화보 22

그려져 있지만 북극권과 남극권이 표시되지 않은 점은 1834년 『지구전후도』
와 동일하다. 이러한 사실로 볼 때, 청동 지구의는 1834년 최한기의 『지구전
후도』와 『지구전요』의 「지구전후도」를 기초로 제작되었다고 할 수 있다.


## 2. 박규수의 지세의 제작

### 1) 박규수의 천문·지리학

혜강 최한기와 더불어 서양의 지리지식을 수용하는 데 적극적이었던 대표
적인 인물은 박규수(朴珪壽, 1807~77)이다.[29] 박규수는 제너럴셔먼호 사건
이나 강화도조약 체결에 깊이 관여한 19세기 후반의 저명한 문신이자, 김옥

29) 박규수에 대한 종합적 연구는 다음을 참조. 김명호 『환재 박규수 연구』, 창비 2008.

균, 유길준 등 개화파에 영향을 준 선구적 개화사상가로 평가된다. 북학파의 거두인 박지원의 손자로서 실학과 개화사상을 잇는 가교적 역할을 한 사상가로 높이 평가되기도 한다. 최한기가 관직으로 진출하지 않고 재야에서 학문 탐구에 몰두한 반면, 박규수는 중앙 관계(官界)로 진출하여 그의 사상을 실천으로 연결하려 노력했다. 19세기 후반 서양과 일본의 압력이 현실화될 때 정부고관으로서 유일하게 대일개국론을 주장했던 인물이다. 특히, 1840년 후반 이후 서세동점에 대처하기 위한 경세학(經世學)으로 학문적 방향 전환을 하면서, 관직에 들어선 초기부터 천문관측과 지도제작에 남다른 열정을 갖게 되었다.[30]

박규수의 천문과 지리에 대한 관심은 지방관 재직 시 천문관측과 위도측정으로 이어졌다. 그는 1849년 평안도 용강현령(龍岡縣令)으로 재직할 때, 그곳의 북극고도를 측정하여 다른 지역과의 시각차를 산정하였는데, 그의 학문적 동지였던 윤종의에게 보낸 다음의 편지로 파악해볼 수 있다.

이곳은 북극고도가 39도 반강(半强, 7/12)이 되는데, 이는 동짓날에 측정해 본 것입니다. 한양에 비하여 2도 가량 더 높으며 겨울에는 짧고 여름에는 길어, 낮시간이 일각(一刻, 15분)이 차이 날 터이나 아직 확인하지는 못했습니다. 「삼계도(三界圖)」에서 이곳의 북극 고도와 연경(燕京)으로부터의 편동(偏東)이 몇도인지 꼭 적어 보내주심이 어떨런지요. 이곳이 중국 산동의 어느 주부(州府)와 수평선상으로 일치하는지도 역시 적어 보내주시기 바랍니다. 그렇지 않으면 「삼계도」첩을 보내주면 좋겠습니다.[31]

그는 위도에 따라 지역의 주야(晝夜) 장단(長短)에 차이가 생기는 지구과

---

30) 金明昊「朴珪壽의 「地勢儀銘幷序」에 대하여」, 『震檀學報』 82호, 1996, 237~38면.
31) 『瓛齋集』 卷9, 書牘, 與尹士淵(己酉). 번역된 문장은 김명호(金明昊)의 앞의 논문에서 인용함.

학적 원리를 이해하고 있었으며 서울과의 비교도 시도하고 있다. 또한 지도 상의 경위선을 토대로 실제의 거리나 시각의 차이를 산정하려고 했던 것으로 보인다. 인용문에서 보이는 「삼계도」는 윤종의가 제작한 것으로 조선과 중국의 연해지방, 유구 등을 그린 지도이다. 윤종의의 『벽위신편』에 실려 있는데,[32] 조선의 서남해안과 중국 동해안의 고을명과 유구의 지명이 표시된 소략한 형태의 지도로 북극고도(위도), 편동(경도)이 수록되어 있다는 위 인용 문의 설명과는 차이가 있다. 따라서 원래 경위선이 기입된 대형의 지도를 책 자에 수록하기 위해 축소한 것이 『벽위신편』에 수록된 「삼계도」인 것으로 보인다.[33] 무엇보다 지도를 활용한 경위도의 측정, 시각차의 산정을 시도했 다는 점에서 지도의 활용도를 높인 사례로 평가된다.

이러한 지도에 대한 관심은 지도제작으로 직접 이어졌는데 용강현령 시절 에 오창선(吳昌善)과 안기수(安基洙)의 협조로 우리나라 전도인 『동여도(東 興圖)』를 제작하였다.[34] 이 지도는 10리 방격의 총 2권으로 이루어져 있는 데 천문학적 경위선을 사용하지 않고 전통적인 방격을 활용한 것으로, 서양 처럼 천체의 경위도에 입각한 지도의 제작에까지는 이르지 못하였다. 『동여 도』의 제작에 참여한 안기수는 윤종의가 소장한 중국15성(省) 지도를 모사 하고 성경지도(盛京地圖) 1폭을 추가하여 『신주전도(神州全圖)』를 제작하였 는데 박규수는 1853년에 이 지도의 발문을 써주기도 했다.[35]

---

32) 尹宗儀 『闢衛新編』, 沿海形勝, 朝鮮海防 附.
33) 특히 이 지도에서 주목할 것은 지금의 오끼나와를 그린 유구 부분이다. 유구의 지도는 조선 후기 지도첩에서 볼 수 있는 전통적인 유구의 모습과는 매우 다르게 되어 있다(배 우성 「정조시대 동아시아 인식의 새로운 경향」, 『한국학보』 94, 1999). 현재 서울대학교 규장각한국학연구원 소장의 『해동삼국도』에 그려진 유구의 모습과 거의 일치한다. 또한 전체적인 해안선의 윤곽, 타이완의 모습 등도 『해동삼국도』와 일치하고 있어서 『해동삼 국도』를 바탕으로 제작한 것이 「삼계도」일 가능성이 매우 높다. 『해동삼국도』의 대해서 는 다음을 참조. 오상학 「조선시대의 일본지도와 일본 인식」, 『대한지리학회지』 제38권 제1호, 대한지리학회 2003.
34) 韓章錫의 『眉山集』 卷7, 「東興圖序」.

그림 4-9  박규수의 평혼의(실학박물관 소장)

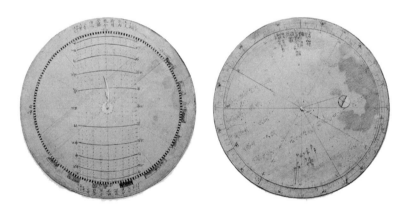

그림 4-10  박규수의 간평의(실학박물관 소장)

　　또한 박규수는 그의 천문학적 식견을 토대로 직접 평혼의(平渾儀)(그림
4-9), 간평의(簡平儀)(그림 4-10) 등의 천문관측기구를 제작하였고 부안현감

---

35) 朴珪壽『瓛齋集』卷4, 安魯源手摹神州全圖跋.

338

재직 시에는 이러한 의기(儀器)를 이용하여 노인성을 관측하였다.[36] 이와 같은 지도제작과 천문관측기구 제작의 경험은 지세의라는 지구의 제작까지 이어졌는데, 조선시대 독자적인 지구의의 제작사례로는 현재 확인된 기록을 통해 볼 때 최초에 해당한다.

### 2) 지세의의 제작

박규수는 1840년대 천문과 지리에 대한 정열적인 연구를 바탕으로 지세의를 제작했는데, 지세의를 제작한 때는 대략 1850년을 전후한 시기로 추정된다. 제작에 참고한 위원의 『해국도지』는 1845년 이후 조선에 유입되었다. 또한 박규수가 작성한 「지세의명병서」는 윤종의의 『벽위신편』과 남병철의 『의기집설(儀器輯說)』에도 실려 있는데, 이들의 저술이 1852년에서 1855년 이후의 저술로 추정되는 점을 고려한다면 대략 1850년을 전후한 시기에 지세의가 제작된 것으로 볼 수 있다.[37]

이 시기는 1840년 벌어진 제1차 중·영전쟁의 소식이 조선에 전해지면서 서양세력에 대한 위협을 서서히 느끼던 때였다. 이에 따라 그에 대한 대응의 필요성이 대두되었고, 박규수는 그 일환으로 세계의 지리, 각국의 위치와 세력판도, 종교 등에 대한 기본 지식을 고취할 목적으로 지세의를 제작하게 된 것이다.[38]

박규수의 지세의는 아쉽게도 현존하지 않기 때문에 지세의에 관한 그의 기록인 「지세의명병서」를 통해 모습을 그려볼 수밖에 없다(그림 4-11). 지세의는 둥근 구면에 세계지도를 그린 지구의 부분과 부속 관측도구로 크게 구분할 수 있다. 지도는 『해국도지』의 「지구정배면전도(地球正背面全圖)」를

---

36) 金明昊 「朴珪壽의 「地勢儀銘幷序」에 대하여」, 『震檀學報』 82호, 1996, 247면.
37) 같은 논문 246~47면.
38) 孫炯富 『朴珪壽의 開化思想硏究』, 一潮閣 1997, 59~60면.

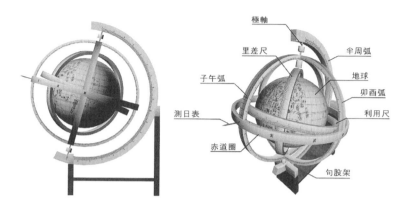

그림 4-11 박규수가 제작한 지세의의 복원도
(김명호·남문현 복원, 출처: 김명호 『환재 박규수 연구』 창비 2008) 권두화보 23

기초로 제작한 것으로 보이는데, 경위선을 그린 다음 대륙과 해양, 지형 등을 표현한 위에 각지의 국가명을 기입하였다. 지명을 구분하여 표기하기도 했는데, 흑색은 현재 명칭, 적색은 과거 명칭, 청색은 음역(音譯)된 서양어 명칭을 나타냈다. 간색(間色)으로는 서양의 각종 종교를 표시하였고, 적색 점으로 표시한 것은 중국 내지(內地), 적색 동그라미는 중국의 책봉국가에 해당하는 번봉(藩封)을 나타낸다.39) 『해국도지』에 수록된 지구도와는 달리 채색을 사용하여 다양한 내용을 수록한 점이 돋보인다. 그러나 이와 같은 세계지도를 그리기 위해 지구의용 지도를 사용하지는 않았던 것으로 보인다. 앞서 검토했던 아담 샬의 『혼천의설』에 수록된 지구의용 지도를 사용한 흔적은 전혀 보이지 않는다. 이보다는 『해국도지』에 실린 지구도를 기초로 구면상에 직접 그린 것으로 볼 수 있는데, 각종 채색과 기호를 사용해 지명과 종교 등을 구분하여 표시한 것은 그의 독창적인 방법으로 볼 수 있다.

---

39) 朴珪壽 『瓛齋集』 卷4, 「地勢儀銘幷序」. "軱據其書 作地球儀一具 其以三百有六十分 經緯於渾圓之面 而周布河海邱陵之象者 坤輿之全體也, 環列國地 墨以識之者今名也, 朱以注之者古名也, 以靑者夷語也, 以間色者西夷之雜敎也, 點朱者中國之內地也, 圈朱者藩封也."

부속 관측도구 부분을 보면 먼저 남북 양극에 회전하는 축을 설치하고, 이 축을 반주호(半周弧, 반원 형태의 고리)와 구고가(句股架, 직각 삼각형 형태의 시렁)로 받치는데, 위도에 맞추어 반주호를 남북으로 움직일 수 있도록 했다. 지구의의 바깥에 천문관측을 위해 자오호(子午弧), 묘유호(卯酉弧), 적도권(赤道圈), 이차척(里差尺), 이용척(利用尺)의 둥근 쇠고리 5개와 해시계인 측일표(測日表)가 덧붙여졌다. 양극을 축으로 동서로 회전하는 자오호에는 360도와 아울러, 이지한(二至限, 하지와 동지 사이에 해가 움직이는, 남북으로 23.5도 되는 지역)과 기후한(氣候限, 이지한에 표시된 24절기선)을 표시했다. 지구의의 허리 부분에는 자오권과 십자로 엇갈려 묶인 적도권이 설치되었고, 적도권에는 시각과 360도가 표시되며 적도권과 자오권의 교차점에 측일표를 세웠다. 적도권보다 안쪽에 있으면서 양극을 축으로 동서로 움직이는 이차척에도 360도가 표시되었다. 이용척은 이차척과 적도권 사이에 있으며, 묘유호와 적도권의 교차점을 축으로 삼아 남북으로 움직인다. 여기에도 360도가 표시되는데 이 이용척을 자오호의 이지한에 맞추면 황도권(黃道圈)이 되고, 위도에 맞추면 지평권(地平圈)이 되는 등, 다양한 기능을 하므로 이용척이라 했던 것이다.[40]

이러한 지세의의 기능은 탁지(度地, 땅을 헤아리는 것)와 측천(測天, 하늘을 관측하는 것)을 겸비한 것으로서 주목적은 지구 즉, 땅을 헤아리는 것에 있고, 여타의 천문관측은 이를 보충하는 것이다.[41] 그렇다면 박규수는 지세의를 어떻게 제작할 수 있었을까? 수학, 천문학 분야에 뛰어난 식견을 지니고 있었던 남병철은 박규수가 제작한 지세의의 유래를 동한(東漢) 때 장형이 만든 지동의(地動儀)에서 찾을 수 있다고 하면서, 이를 계승한 것은 청나라 건륭제 때 만들어진 지구의와 박규수의 지세의로 그중에서 박규수의 지세의가

---

40) 金明昊, 앞의 논문 248~49면.
41) 朴珪壽 『瓛齋集』 卷4,「地勢儀銘幷序」. "今是儀也 作輿圖於穹窿之體 以度地之具 而兼測天之用."

기능상 훨씬 뛰어나다고 극찬했다.[42]

지세의의 유래를 남병철은 장형의 지동의에서 찾고 있으나 이는 그의 착오로 보인다. 앞서 우주구조론 부분에서 다루었듯이 장형은 혼천설을 주장했던 학자로 땅을 계란의 노른자에 비유하였다. 이러한 혼천설의 옹호자로서 장형을 고려할 때 지구의와 유사한 지동의를 제작할 만도 하나 그 가능성은 그리 높지 않다. 앞서도 지적했지만 혼천설을 주장했던 장형은 땅의 모습을 서양의 지구설과 유사한 구의 모습으로 제시하지는 않았다. 이러한 학문적 배경으로 볼 때 장형의 지동의가 지구의와 유사하다고 보기는 어렵다. 실제로 지동의는 지구의와 같은 형태가 아니라 지진(地震)을 감지하는 지진계라는 사실을 기록에서도 확인해볼 수 있다.[43]

이와 더불어 건륭제 때 만들어진 지구의를 지적하고 있는데 기존 연구에서는 이 지구의를 『황조예기도식』에 실려 있는 지구의로 추정하였다(그림 4-12).[44] 남병철이 언급한 지구의는 바로 『황조예기도식』에 실려 있는 것을 가리키는 것으로 보이는데 이 지구의는 건륭제 때 만들어진 것이 아니라 1708년(강희 47) 이전에 제작된 것이다. 이 지구의는 중국 뻬이징 고궁박물원에 소장되어 있는데(그림 4-13), 기준 경선이 영국 부분에 그려진 것으로 보아 1708년 뻬이징을 지나는 자오선을 본초자오선으로 삼기 이전인 강희제 때에 제작되었다고 추정된다.[45] 『황조예기도식』이 건륭 연간(乾隆年間)에 간

---

42) 南秉哲 『圭齋遺藁』 卷3,「地球儀說」.

43) 『後漢書』 卷59, 張衡列傳. "陽嘉元年 復造候風地動儀 … 嘗一龍機發而地不覺動 京師 學者咸怪其無徵 後數日驛至 果地震隴西 於是皆服其妙."

44) 金文子「朴珪壽の實學: 地球儀の製作を中心に」,『朝鮮史研究會論文集』 17集, 1980, 158면.

45) 曹婉如 外 編『中國古代地圖集: 淸代』, 文物出版社 1997, 도판2, 3 해설 참조. 강희제 때 제작된 지구의와 『황조예기도식』에 수록된 지구의를 비교해보면 전체적인 구조는 유사하지만 받침대의 모습이 다르다. 후대에 받침대를 새로 제작했을 수도 있지만 확실치는 않다.

그림 4-12 『황조예기도식』에 수록된 지구의     그림 4-13 강희제 때 제작된 지구의
(중국 뻬이징 고궁박물원 소장)

행되었기 때문에 남병철은 여기에 수록된 지구의도 당연히 건륭 연간에 제
작된 것으로 보았던 것이다.

『황조예기도식』에 수록되었던 지구의를 보면 박규수의 지세의와는 많은
차이가 있음을 알 수 있다. 박규수의 지세의에서는 다양한 관측기구가 설치
되어 있었으나 중국의 지구의에는 지평권, 자오권, 그리고 북극 부분에 시각
반(時刻盤)이 부속 기구로 장치되어 있다. 이러한 지구의의 모습은 당시로서
는 일반적인 형태에 해당한다고 볼 수 있는데 일본에서 제작되었던 대부분
의 지구의들이 이와 유사한 형태로 되어 있다.46) 이로 볼 때 다양한 관측기
구들을 장치한 박규수의 지구의는 보통의 지구의와는 다른 그의 독창적인
발명품으로 보아야 할 것이다. 그의 뛰어난 천문·지리적 식견과 이전 시기

---

46) 秋岡武次郞 『世界地圖作成史』, 河出書房新社 1988, 193~95면.

평혼의와 간평의 제작 경험은 지세의 제작에 밑거름이 되었음은 물론이다.

이와 같은 지세의를 제작한 박규수는 서양의 지구설을 어떻게 이해하고 있었을까? 더 나아가 지리적 세계를 어떻게 인식하고 있었을까? 중화적 세계관을 극복하고 있었을까? 이러한 물음에 대한 답은 바로 그가 가진 세계 인식의 성격을 말해주는 것이기도 하다. 앞서 언급했듯이 이전 시기 북학파의 전통을 이어받은 박규수는 천문, 역법, 지리를 비롯한 서양의 학문을 통해 전통적인 천원지방의 사고를 극복할 수 있었고, 서양세력이 밀려오는 시점에서는 지구의를 직접 제작하여 세계의 지리와 정세를 고취하고자 했다.

그러나 그도 이전의 실학자들처럼 문화적 중화관에서 탈피하기는 어려웠다. 박규수는 서양의 지구설도 애초 중국의 『주비산경』에 근원을 둔 것이라 하여 중국기원설을 지지하였다. 더 나아가 서양의 오대주설을 비판함과 동시에 고대의 『산해경』 『목천자전』, 추연의 지리학설이 타당한 점이 있다고 하면서 대구주(大九州)의 명칭이 확립되면 오대주(五大洲)라는 이어(夷語)의 명칭은 삭제해도 된다는 견해를 피력했다. 이것은 중화문명, 성인의 도에 대한 확신으로 결론을 맺고 있는 「지세의명병서」에서도 잘 드러난다. 이처럼 이전 시대 실학을 착실히 계승, 발전시켰으면서도 화이사상(華夷思想)으로 회귀한 것은 중화적 세계관에서 탈피하지 못한 당시 실학의 한계를 반영하는 것이기도 하다.[47]

이러한 시대적, 개인적 한계에도 불구하고 그가 만든 지세의는 이후 김옥균을 비롯한 개화파들의 세계인식을 바꾸는 데 중요한 역할을 담당했던 것으로 보인다. 그는 말년에 김옥균이 방문하자 직접 지구의를 돌려 보이면서 "어느 나라든지 가운데로 돌리면 중국(中國)이 된다"고 하여 중화사상을 불식시키는 데 지구의를 활용했다.[48] 박규수의 지세의는 문헌으로 확인되는

---

47) 金文子, 앞의 논문 161~62면.

48) 申采浩 지음, 丹齋申采浩全集編纂委員會 엮음 『丹齋申采浩全集』 下(地動說의 效力), 을유문화사 1972.

조선 최초의 단독 지구의로서 최한기가 제작한 것으로 추정되는 청동 지구의와 더불어 전통적인 인식을 극복하는 데 중요한 역할을 담당했던 것으로 평가된다.


## 3. 기타 서구식 세계지도

최한기의 『지구전후도』로 대표되는 서구식 세계지도의 제작은 이 외에도 이전 시기 실학적 전통을 잇는 학자들에 의해 이어졌다. 이 시기의 서구식 세계지도 대부분은 민간에서 개인적으로 제작된 것들이다. 천주교에 대한 탄압이 거세지는 사회적 분위기에서 국가 주도하에 서구식 세계지도를 제작하는 것은 거의 불가능한 일이었다.

이 시기 서구식 세계지도를 제작했던 대표적인 사례는 1824년 하백원(河百源, 1781~1845)이 제작한 『태서회사이마두만국전도(泰西會士利瑪竇萬國全圖)』이다(그림 4-14).[49] 그는 알레니의 『직방외기』에 수록된 「만국전도(萬國全圖)」를 모사하였는데, 지도 제목을 보면 원작자를 알레니가 아닌 마테오 리치로 오인하였다. 그리하여 지도의 여백에 마테오 리치의 「지구도설」을 수록하였다. 그러나 전반적인 필사의 상태는 매우 정교하다.[50]

하백원과 더불어 서구식 세계지도의 제작에 심혈을 기울였던 인물은 윤종의이다. 그는 서양세력이 밀려오는 시대적 상황을 인식하고 이에 대한 대비를 목적으로 『벽위신편』을 저술하였다. 그는 성리학의 기초 위에서 현실의 개혁을 중시하고 있었고, 여기에다 고증학, 북학과 같은 새로운 학문에 대한

---

49) 그가 제작한 지도는 『규남문집(圭南文集)』 영인본(경인문화사 1977)에 흑백으로 실려 있다.
50) 하백원이 그린 『만국전도』와 『동국지도』에 대해서는 다음의 논문을 참조. 양보경 「규남 하백원 선생의 실학사상: 규남(圭南) 하백원(河百源)의 『만국전도(萬國全圖)』와 『동국지도(東國地圖)』」, 『역사학연구』 24, 호남사학회 2005.

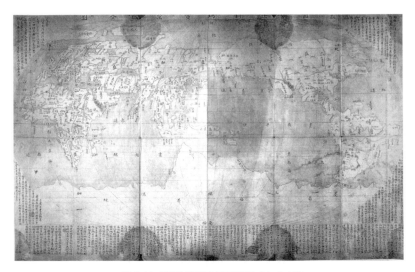

그림 4-14 하백원의 만국전도(하백원 후손가 소장)

수용에도 적극적이었다.[51] 특히 서양세력의 침략에 대비하여 세계지리를 이
해하려 하였으며 바다로부터의 공격을 방위하는 데에는『해국문견록』『해
국도지』등을 기초자료로 활용하였다. 윤종의의 대외인식은 천주교와 서양
에 대한 척사론(斥邪論)의 연장선상에 있지만 맹목적 척사가 아닌 지피(知
彼)를 전제로 한 척사를 주창한 점에서 다른 유학자들의 척사론과는 다르다.
그리하여『벽위신편』[52]에는 다양한 지도와 더불어 세계에 대한 지리지식이
상세하게 수록되었던 것이다.

　『벽위신편』에는 앞서 언급했던「삼계도」뿐만 아니라 1744년 중국의 진윤
형이 저술한『해국문견록』에 수록된 지도들이 그대로 수록되어 있다. 구대
류 중심의 세계지도인「사해총도」를 비롯하여「연해전도(沿海全圖)」「대만

51) 尹宗儀『闢衛新編』.
52)『벽위신편』은 1840년대초부터 저술에 착수하여 1848년 일단 완성하고 그 이후 수정, 보완
　　하여 1880년대에 완결한 것이다. 한국교회사연구소에서 해제본이 1990년에 출간되었다.

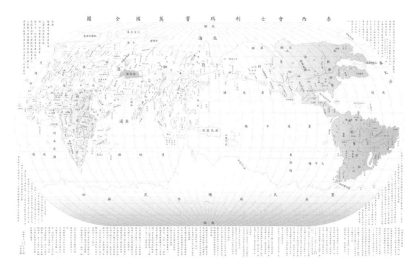

그림 4-15 하백원 만국전도의 현대 복원도(제작: 오길순)

도(臺灣圖)」「대만후산도(臺灣後山圖)」「팽호도(澎湖圖)」「경주도(瓊州圖)」가 『해국문견록』과 동일하게 수록되어 있다. 세계지도인 「사해총도」의 경우는 고려라는 표기가 조선국(朝鮮國)으로 수정된 것 외에는 『해국문견록』의 것 과 동일하다. 이와 더불어 『해국문견록』의 내용을 그대로 전재하여 지도와 지지를 상호보완적으로 활용하려 했다.

위의 하백원과 윤종의가 그린 세계지도 외에도 이 시기 제작된 것으로 『산해제국(山海諸國)』에 수록된 세계지도를 들 수 있다. 『산해제국』은 일종 의 종합적 지지(地誌)의 성격을 지닌 책으로 편자와 저술연대는 미상이다. 책의 표지에 '기수산방장책(杞壽山房藏冊)'이라 표기되어 있고, 판심에는 '이회당(二晦堂)'이라는 당호가 쓰여 있지만 누구의 것인지는 명확하지 않 다. 다만 책의 뒷부분의 단묘(壇廟)의 종묘(宗廟) 항목에 헌종실(憲宗室)까지 표기된 것으로 보아 대략 철종 연간(1850~63)에 저술된 것으로 보인다.[53) 현 재 원본은 국립중앙도서관에, 복사본은 서울대학교 도서관에 소장되어 있다.

『산해제국』의 권두에는 「지리(地理)」라는 제목하에 동국분야(東國分野), 지구전도, 중원조선일본교린(中原朝鮮日本交隣), 산경(山經), 수경(水經), 왕국경위(王國經緯), 한양성지(漢陽城池) 등의 목차가 수록되어 있지만 책의 내용과는 다소 다르다. 『산해제국』에는 「지구전도(地球全圖)」「조선지도」「중원조선일본교계도(中原朝鮮日本交界圖)」「중원조선교계도(中原朝鮮交界圖)」, 그리고 제목 미상의 세계지도가 수록되어 있다. 또한 『삼재도회』에 수록된 마테오 리치의 지구도설을 비롯하여 많은 지리적 내용을 여러 책에서 발췌하여 수록하였다. 특히 조선의 산줄기를 표로 정리했던 산경표[54]도 수록되어 있어서 눈길을 끈다.

『산해제국』에 수록된 지도는 총 5종으로 이 가운데 세계지도는 「지구전도」(그림 4-16)와 제목이 없는 세계지도 등 2종이 수록되어 있다. 「지구전도」는 하나의 원 안에 동반구와 서반구를 같이 그렸는데 전체적인 내용은 『삼재도회』에 수록된 마테오 리치의 「산해여지전도」와 유사하다. 대륙과 해양의 지명을 비롯하여 아프리카, 아메리카 대륙에 있는 지명들도 거의 일치하고 있다.

그러나 지도의 윤곽에서 차이가 보이는데 「지구전도」에서는 아시아, 아프리카, 유럽의 구대륙이 지도의 4분의 3 이상을 차지하여 상대적으로 신대륙이 매우 작게 그려져 있다. 또한 「산해여지전도」에 그려진 것과 매우 다르다. 이러한 대륙의 윤곽과 하천은 「산해여지전도」보다는 최한기의 『지구전후도』를 바탕으로 그려졌으며, 이에 수록된 지명은 대부분 「산해여지전도」

---

53) 『산해제국』을 최초로 학계에 소개한 원재연은 책의 앞부분만을 검토하여 저술시기를 1740년대로 추정하고 이를 바탕으로 여기에 수록된 지도를 해석하기도 했다(元載淵「조선 후기 서양인식의 변천과 대외개방론」, 서울대학교 박사학위논문, 2000, 139~46면). 그러나 책의 전체적인 내용이나 수록된 지도의 모습을 볼 때 18세기 중반의 저술로 보기에는 무리가 따른다.

54) 산경표(山經表)에 관한 연구는 다음을 참조. 楊普景「申景濬의 『山水考』와 『山經表』: 국토의 산천에 대한 체계적 이해」, 『토지연구』 5·6월호, 1992.

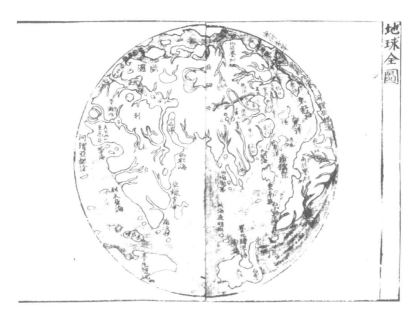

그림 4-16 『산해제국』에 수록된 「지구전도」(국립중앙도서관 소장)

에서 취했다고 할 수 있다. 1834년 제작된 최한기의 『지구전후도』를 바탕으
로 그려졌다는 사실은 『산해제국』의 저술시기(1850~63)와도 부합된다.

「지구전도」를 이전 시기 조선에서 제작된 서구식 세계지도와 비교했을
때 가장 두드러지는 특징은 지도를 새롭게 편집하고 수정했다는 점이다. 최
한기의 『지구전후도』, 하백원의 『만국전도』, 윤종의의 『벽위신편』에 수록된
지도들은 중국에서 들여온 한역의 서구식 세계지도를 거의 그대로 모사, 제
작한 것이었다. 따라서 지도의 내용도 대부분 원본 지도의 것을 그대로 따르
고 있다. 그러나 『지구전도』는 명말 마테오 리치가 제작했던 「산해여지전도」
와 최한기의 『지구전후도』를 바탕으로 새롭게 편집, 제작한 것이다. 특히 중
국 부분에서 『지구전후도』에서는 없는 '여진(女眞)'이라는 지명을 표기하였
고, 일본의 경우 '일본국(日本國)' 대신에 '왜(倭)'라고 하여 서구식 세계지

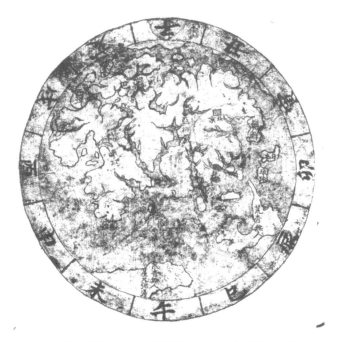

그림 4-17 『산해제국』에 수록된 구대륙 중심의 세계지도(국립중앙도서관 소장)

도에서는 좀처럼 보기 어려운 지명으로 표기하였다. 청나라에서는 금지된 '여진'이라는 명칭을 표기하였고 일본을 '왜'라고 표기한 것은 화이관이 반영된 것으로도 해석된다. 즉, 화이관에 입각하여 조선은 '화(華)', 오랑캐 민족이 세운 청나라와 일본을 '이(夷)'로 파악했던 조선중화주의적 사고를 엿볼 수 있다.

『산해제국』에는 또다른 서구식 세계지도가 수록되어 있는데 지도의 제목은 표시되어 있지 않다(그림 4-17). 지도는 일종의 모식도처럼 매우 소략하게 그려져 있는데 앞서 언급한 「지구전도」의 모습과 거의 유사하나 아메리카 대륙은 빠져 있다. 『지구전후도』에서 동양인에게는 매우 생소한 아메리카 대륙이 그려진 지구후도(地球後圖)를 제외하고 지구전도(地球前圖)만을 기

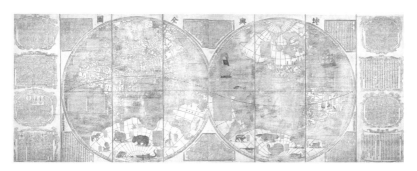

그림 4-18 『곤여전도』해동 중간본(숭실대학교 한국기독교박물관 소장) 권두화보 24

초로 그린 것이다. 오세아니아, 남방대륙에는 '황묘무인(荒杳無人)'이라 하여 『지구전후도』에 기술된 내용이 표기되어 있다. 수록된 지명은 조선, 일본, 유구, 뻬이징, 서양, 영길(英吉) 등이 전부이다. 서양에서 영국을 말하는 영길이 유일하게 표기되어 있는데, 이는 1840년 중영전쟁을 거치면서 영국이 서양의 대국으로 알려진 데서 기인한다고 볼 수 있다. 무엇보다 이 지도의 가장 큰 특징은 전통적인 방위표시를 따르고 있다는 점이다. 서구식 세계지도를 수용하면서도 전통적인 요소를 결합하고자 했던 대표적인 사례로 평가할 수 있다.

개인에 의한 서구식 세계지도의 제작 외에 국가적 차원에서도 지도가 제작되었다. 1840년에 이어 1860년의 제2차 중영전쟁은 서양에 대한 인식에 있어서 새로운 전기가 되었는데, 이 사건은 뻬이징에 파견된 조선 사신들에 의해 자세히 보고되어 다가온 서양의 위협에 대한 위기의식을 자극하였다. 이러한 상황에서 1860년 페르비스트의 『곤여전도』의 중간이 행해졌다(그림 4-18). 이를 통해 조선은 세계의 지리를 파악함으로써 밀려오는 서양세력에 대한 대비를 강화하고자 했다.

이때 판각된 판목 8매 가운데 6매가 현재 서울대학교 규장각한국학연구원에 남아 있다(그림 4-19). 판목의 규격이나 판각의 솜씨로 볼 때 개인적 작

그림 4-19 해동판 곤여전도 목판과 인쇄면(서울대학교 규장각한국학연구원 소장)

업이라고 보기는 어렵다. 특히 판목이 원래 조선의 규장각에 보관되어 있다
가 후에 조선총독부 학무국 학무과분실로 이관되었고, 이 분실이 폐지되자
다시 경성제대 부속도서관으로 옮겨져 보관되었던 사실을 고려한다면[55] 국

가적 사업으로 『곤여전도』의 중간이 이뤄졌음은 분명하다. 이 조선판은 뻬이징본의 초판과 거의 동일하나 단지 양반구의 직경이 143센티미터로 원도에 비해 약간 짧고 지명이나 주기에서도 미세한 차이가 보인다.

55) 田保橋潔 「朝鮮測地學史上の一業績」, 『歷史地理』 60-6, 1932, 26면.

# 10장

# 서구식 세계지도의 조선적 변형: 『여지전도』

## 1. 『여지전도』의 개관

조선시대에 제작된 세계지도 중 한역의 서구식 세계지도를 바탕으로 조선에서 변형하여 그린 대표적인 지도가 『여지전도(輿墜全圖)』이다(그림 4-20). 17세기 이래로 조선은 중국을 통해 도입한 서구식 세계지도인 마테오 리치의 『곤여만국전도』, 알레니의 『만국전도』, 페르비스트의 『곤여전도』 등을 다시 제작했다. 이러한 작업은 국가 주도로 진행되었지만 민간에서도 일부 학자들에 의해 이뤄져 조선 후기 지식인들에게 많은 영향을 주었다. 그러나 대부분 중국에서 들어온 한역의 서구식 세계지도를 그대로 판각하거나 모사하는 경우가 일반적이었고 이를 조선식으로 수정하거나 변형하는 사례는 매우 드물었다. 『여지전도』는 서양의 지리지식이 조선사회에서 어떻게 변용되는지를 구체적으로 보여주는 유일한 지도라는 점에서 의의가 있다.[1]

---

[1] 중국의 경우 명말청초부터 시작된 한역의 서구식 세계지도 제작은 보수적 분위기로 회귀하는 옹정제 이전까지 계속되었다. 서양학문에 대한 반발이 심화되기 시작하면서 중국의

그림 4-20 『여지전도』(서울역사박물관 소장) 권두화보 19

지도는 목판본으로 제작되었는데 규격은 세로 85센티미터, 가로 60센티
미터 정도이다. 지도에는 아시아, 유럽, 아프리카, 오세아니아 대륙이 그려져
있고 아메리카 대륙은 빠져 있다. 서양의 많은 지명이 수록되어 있으며 조선

---

지도제작도 전통적인 방식에 많이 의존하게 되는데 중국을 중심에 위치시킨 직방세계 중
심의 세계지도가 다시 제작되었으며 또 한편으로는 여기에다 서구식 세계지도를 가미하여
변형된 형태의 지도도 만들어졌다. 이의 대표적인 경우가 앞서 살펴본 영국도서관 소장의
『천하구변분야인적노정전도』, 서울대학교 규장각한국학연구원 소장의 『천지전도(天地全
圖)』 등이 대표적이다. 이러한 사례는 서양의 지리지식을 그대로 수용하는 것이 아니라 그
들의 입장에서 선택적으로 수용한 것인데, 세계지도의 경우 전체적인 모습은 중화적 세계
인식에 따라 중국을 여전히 중앙에 배치하였다.

의 윤곽도 비교적 잘 그려져 있다. 지도의 상단에는 중국의 '각성외번정리 (各省外藩程里, 각 성과 변방까지의 거리)'가 실려 있고 그 밑에는 조선 한성과 팔도의 관찰사영에서 측정한 북극고도와 한성을 중심으로 한 편도수(偏度 數), 그리고 중국 각지의 북극고도와 뻬이징을 중심으로 한 편도수가 기재되어 있다. 지도의 하단 여백에는 '건륭신강서역제부(乾隆新疆西域諸部, 건륭 제 때 개척한 신장과 서역의 여러 부)'와 지도에 대한 제작자의 간단한 설명을 주기하여 지도와 지지를 결합한 전통적인 양식을 띠고 있다. 그렇다면 이 지도는 언제, 누구에 의해 제작되었을까?

지도에는 지도의 제작자나 제작시기에 대한 주기가 전혀 없다. 따라서 지도의 제작시기는 추정할 수밖에 없는데 여백의 주기와 지도의 내용 등이 단서가 된다. 지도의 우측 상단에는 팔도 관찰사영의 북극고도와 편도수가 기재되어 있다. 조선에서는 일찍이 세종 때 서울의 삼각산, 강화도의 마니산, 제주도 한라산, 갑산부의 백두산 등에 역관(曆官) 윤사웅(尹士雄), 최천구(崔天衢), 이무림(李茂林) 등을 파견하여 북극고도를 측정한 바 있으나 그 수치는 전해지지 않았다. 1713년에는 청나라 사신 하국주(何國柱)가 한양의 북극고도를 측정하기도 하였다. 팔도 관찰사영의 북극고도 측정은 1791년(정조 15)에 이루어졌는데, 팔도여도(八道興圖)를 이용하여 한양을 중심으로 각도 관찰사영의 북극고도와 동서편도를 측정한 것이다.[2] 이러한 경위도의 측정은 지도제작에 이용하기 위한 것은 아니고 각도의 절기와 시각의 가감을 목적으로 한 것이다. 이때 측정한 수치는 『국조역상고(國朝曆象考)』에 실려 있는데 표 4-1과 같다. 이 표의 수치는 『여지전도』에 수록된 수치와 정확히 일치하고 있다. 이를 통해 볼 때 이 지도의 제작연대는 최소한 1791년 이후이다.

또한 지도의 내용과 전체적인 윤곽은 최한기의 『지구전후도』 가운데 「지

---

2) 『書雲觀志』 卷3, 故事.

표 4-1  한양과 팔도관찰사영의 북극고도 및 동서편도

표 4-1  한양과 팔도관찰사영의 북극고도 및 동서편도

| 장소 | 북극고도 | 동서편도 |
|---|---|---|
| 경도한성부(京都漢城府) | 37도 39분 | 편연경동(偏燕京東) 10도 30분 |
| 호서공주목(湖西公州牧) | 36도 6분 | 편한양서(偏漢陽西) 9분 |
| 영남대구부(嶺南大丘府) | 35도 21분 | 편한양동(偏漢陽東) 1도 39분 |
| 호남전주부(湖南全州府) | 35도 15분 | 편한양서(偏漢陽西) 9분 |
| 해서해주목(海西海州牧) | 38도 18분 | 편한양서(偏漢陽西) 1도 24분 |
| 관동원주목(關東原州牧) | 37도 6분 | 편한양동(偏漢陽東) 1도 3분 |
| 관북함흥부(關北咸興府) | 40도 57분 | 편한양동(偏漢陽東) 1도 |
| 관서평양부(關西平壤府) | 39도 33분 | 편한양서(偏漢陽西) 1도 15분 |

(『國朝曆象考』[영인본], 성신여자대학교 출판부 1982)

구전도』와 매우 유사하다. 러시아가 있는 유라시아 북쪽 지역을 제외하면 대부분 지역의 육지 윤곽과 지명이 일치하고 있다. 다만 『지구전후도』에 그려진 남극 대륙이 『여지전도』에서는 빠져 있는 점이 다르다. 그러나 이는 여백에 설명문을 수록하기 위해 의도적으로 삭제한 것이다. 이러한 것으로 볼 때 『여지전도』는 최한기의 『지구전후도』와 밀접한 관련을 지니고 있음에 틀림없다. 앞서 살펴보았듯이 최한기의 『지구전후도』는 1800년에 제작된 장정부의 지구도를 중간한 것이다. 따라서 엄밀하게 말한다면 『여지전도』는 장정부의 지구도나, 그의 중간본인 최한기의 『지구전후도』를 바탕으로 제작된 것이라 볼 수 있는데,[3] 그렇다면 『여지전도』는 최소한 중국의 장정부가 지구도를 제작한 1800년 이후 제작된 것으로 보아야 한다.

『여지전도』의 제작시기가 최소한 1800년 이후라 한다면 19세기 어느 시기에 해당할까? 1834년에 제작된 최한기의 『지구전후도』와는 시기적으로

---

[3] 역으로 장정부의 지구도가 『여지전도』를 바탕으로 제작된 경우를 이론적으로 가정해볼 수 있으나 여러 정황으로 볼 때 이러한 가능성은 매우 희박하다. 조선에서 제작된 지도가 중국으로 흘러가 지도제작의 기초자료가 되기도 어렵거니와 경위선이 없는 동양의 전통적 양식의 지도에서 서구식의 양반구도를 그려내는 것은 거의 불가능하기 때문이다.

얼마만 한 차이를 지니고 있을까? 이러한 물음에 대한 해답의 열쇠는 유라시아의 북쪽 지역에 있다. 『여지전도』에 그려진 고비사막 북쪽 지역은 『지구전후도』와 가장 차이가 많은 부분으로 『여지전도』에는 『지구전후도』에 없는 내·외몽골의 부(部) 명칭들이 자세히 표시되어 있고, 지금의 러시아인 아라사(俄羅斯)도 신번(新藩), 북번(北藩), 서번(西藩) 등으로 구분되어 있다. 이러한 표시는 중국의 서계여가 1848년에 펴낸 『영환지략』[4]의 「황청일통여지전도(皇淸一統輿地全圖)」에서 볼 수 있다. 특히 「황청일통여지전도」의 중국 북부 지역에 표시된 내·외몽골의 부·기(旂)의 숫자가 일치한다.

또한 오세아니아 대륙의 지명을 통해서도 『여지전도』가 『지구전후도』보다 늦게 제작되었음을 알 수 있다. 『지구전후도』의 오세아니아 대륙에는 '가본달리아'가 표기되어 있는데, 『여지전도』에서도 같은 지명이 수록되어 있다. 그러나 『여지전도』에는 '금칭신오대리아서양각국점거(今稱新烏大里亞西洋各國占據, 지금은 '신오대리아'라 부르는데 서양 여러 나라가 점거하고 있다)'라는 주기문이 추가되어 있다. 이는 지도의 기초자료로 1800년 장정부의 지구도를 활용하면서도 시대적인 변화를 추가한 것이다. '오대리아'라는 명칭은 『영환지략』『해국도지』 등에서도 볼 수 있다.

지도의 제작시기를 추정할 수 있는 또다른 단서는 지도 좌측 상단에 있는 주기이다. 여기에는 '차이서접미리견북계(此以西接未利堅北界, 이 서쪽으로 아메리카합중국 북쪽 경계와 접한다)'라는 주기가 기재되어 있다. 이 주기는 『지구전후도』에는 없는 것으로 『여지전도』에서 새롭게 추가된 것이다. 주기의 '미리견(未利堅)'은 아메리카합중국을 말하는 것으로 이전 마테오 리치나 페르

---

4) 『영환지략』은 1848년 초판이 10권 6책으로 간행되었는데 그 후에도 여러 차례 간행되었다. 일종의 세계지리서로서 매 권마다 지도가 수록되어 있는데 지도에 따라 설명을 붙이는 형식으로 되어 있다. 설명문은 중외(中外)의 여러 책에서 수집하였고 지도는 미국의 선교사 아빌과 다른 서양 선교사가 가지고 온 지도책을 근거로 제작한 것이다. 이 책은 1842년 위원이 저술한 『해국도지』와 더불어 조선에 바로 수입되어 많은 지식인들에게 큰 영향을 주었던 대표적인 저작이다.

비스트의 세계지도뿐만 아니라『지구전후도』에도 없는 지명이다. 반면에 위원의『해국도지』5)나 서계여의『영환지략』6)에서는 지도에서뿐만 아니라 하나의 항목으로 소상하게 기술되어 있다. 단지 '미리견'의 '미(未)' 자가『해국도지』에서는 '미(彌),'『영환지략』에서는 '미(米)'로 되어 있는 점이 다를 뿐이다. 이러한 모든 상황을 고려할 때『여지전도』는 1848년 이후, 개항 이전에 제작된 것으로 보아야 할 것이다.

그렇다면 이 지도를 만든 사람은 누구일까?『지구전후도』의 경우 태연재(泰然齋)라는 제작자의 당호가 기재되어 있는데 반해『여지전도』에는 제작자에 대한 언급이 전혀 없다. 따라서 현재로서는 지도의 내용과 다른 증거자료를 통해 추정할 수밖에 없다.

이 지도의 제작자를 추정할 수 있는 가장 중요한 단서는 지도상에 수록된 지지적(地誌的)인 사항들이다. 지도의 상단에는 '중조각성외번정리(中朝各省外藩程里, 중국의 각 성과 변방까지의 거리),' 그 밑에 '각도극고(各道極高, 조선 팔도의 북극고도)'와 '중국각성외번극고(中國各省外藩極高, 중국의 각 성과 변방의 북극고도)' 하단에는 '건륭신강서역제부'가 실려 있다. 이들 기록들은 김정호의『대동지지』에 수록된 것과 일치한다.『대동지지』에는 이에 대한 출전이 표시되어 있는데, '건륭신강서역제부'를 포함한 '중조각성외번정리'는『대청회전(大淸會典)』, 나머지 극고 자료는『역상고성』에서 수록한 것이다.7) 이러한 사실은『여지전도』와『대동지지』가 밀접한 관련이 있음을 말해주는 것으로 두 가지 가능성을 상정해볼 수 있다.

첫째는『여지전도』의 지지(地誌)적 사항을 필사하여『대동지지』에 수록한 경우이고, 둘째는『대동지지』의 자료를『여지전도』에 수록한 경우이다. 『대동지지』의 자료에는 출전까지 밝히고 있는 점으로 미루어 첫 번째 가능

---

5) 魏源『海國圖志』卷59, 彌利堅總記.
6) 徐繼畬『瀛環志略』卷9, 北亞墨利加米利堅合衆國.
7) 金正浩『大東地志』, 卷27, 程里考.

성은 다소 희박해 보인다. 오히려 두 번째의 경우와 같이『대동지지』의 자료를 지도에 수록한 것으로 보아야 할 것이다.

제작자를 추정하는 데 단서가 될 또다른 자료는『여지전도』와 같이 제작된 것으로 보이는『혼천전도』이다(그림 4-21).[8] 앞서 살펴본 것처럼 최한기의『지구전후도』는『황도남북항성도』라는 천문도와 같이 제작되었다. 조선시대 제작되었던 세계지도는 천문도와 하나의 세트를 이루는 경우가 많았다. 조선 전기에는『천상열차분야지도』와『혼일강리역대국도지도』, 숙종 대에 만들어진『건상곤여도』가 이에 해당한다. 이러한 사례는 조선시대 천문과 지리의 밀접한 관련 속에서 비롯된 것으로 볼 수 있다.

『여지전도』역시 단독으로 제작된 것이 아니라『혼천전도』라는 천문도와 같이 제작된 것인데 천문도의 제목, 크기, 글자의 모양, 전체적인 구도, 글자체 등을 통해 볼 때『여지전도』와 짝으로 제작되었음을 알 수 있다. 특히 현존하는『여지전도』가운데 간송미술관 소장의『현황회첩(玄黃繪帖)』에는「여지전도」와「혼천전도」가 같이 수록되어 있는데, 이는 처음부터 지도와 천문도가 한 쌍으로 제작되었음을 말해주는 것이다.

『혼천전도』는 서양 천문학의 영향을 받아 제작된 것이지만 성도(星圖)의 형식은 태조 대의『천상열차분야지도』처럼 전통적이다.[9] 규격은 규장각 소장본의 경우 세로 86센티미터, 가로 60.5센티미터로『여지전도』의 규격과 거의 일치하고 있다. 천문도의 상단과 하단에『여지전도』와 같이 여러 설명문이 수록되어 있다. 이 설명문들은 '칠정주천도(七政周天圖)' '일월교식도(日月交食圖)' '이십사절태양출입시각(二十四節太陽出入時刻)' '칠정신도(七

---

8)『혼천전도』에 대한 최근의 연구는 다음을 참조. 문중양「조선 후기 서양 천문도의 전래와 신·고법 천문도의 절충」,『한국 실학과 동아시아 세계』, 경기문화재단 2004.

9) 全相運『韓國科學技術史』제2판, 正音社 1988, 47~49면. 전상운은『혼천전도』의 제작 시기를 18세기라 하고 있지만 이에 대한 근거를 제시하지는 않았다.『혼천전도』가 지니는 전통적인 성격에 대해서는 문중양의 앞의 논문을 참조.

그림 4-21 『혼천전도』(국립민속박물관 소장)

政新圖)' '칠정고도(七政古圖)' '현망회삭도(弦望晦朔圖)' '이십사절신혼중성
(二十四節晨昏中星)' 등이다. 그리고 별의 숫자는 남북 항성이 모두 336좌
1,449성으로, 근남극불견성(近南極不見星, 남극 근처에 있어서 보이지 않는 별)
이 33좌 121성으로 기재되어 있다.

이 가운데 '칠정신도'의 설명문에는 하늘의 1도가 지상의 200리가 된다는
'1도=200리' 설을 채용하고 있다.[10] 이는 마테오 리치의 측천법인 '1도=
250리'와 다른 것으로 강희제 때 측량사업을 전개하면서 이전의 도량형을
개정하여 정식화한 것이다. 조선에서도 영조 대에 이를 수용하여 『동국문헌
비고』에 수록하였다. 이러한 '1도=200리'설은 김정호의 『대동지지』에서도
볼 수 있는데, 『대동지지』에서는 '1도=200리'설을 채용하여 경위리차(經緯
里差, 경위도와 거리의 차이)와 시각리차(時刻里差, 시각과 거리의 차이)를 자세하
게 다루고 있다. 여기에서는 땅이 둥글다는 지원설을 받아들이면서도 마테
오 리치의 측천법인 '1도=250리'가 아닌 '1도=200'리 설을 따른다. 이러한
사실은 『여지전도』와 『혼천전도』가 최소한 김정호와 관련을 지니고 있음을
말해준다.

김정호는 일찍이 최한기와 교분을 맺어 그를 위해 『지구전후도』를 판각
하기도 했고, 각종의 서학서를 그를 통해 열람할 수 있었던 것으로 보인다.
『대동여지도』를 판각하기 이전 1834년에 제작했던 『청구도』에는 김정호 자
신이 쓴 범례가 실려 있는데 지도의 축소, 확대의 원리를 『기하원본(幾何原
本)』[11]을 토대로 설명하기도 했다. 이와 같은 김정호의 서구식 세계지도 판

---

10) 「七政新圖」. "地體有南北極 折半爲赤道 周七萬二千里 經二萬二千九百一十七里餘 分
三百六十度 一日一周東行 一度爲二百里 三十度差一辰 此之午時對爲子時 此之夏至對
爲冬至 近極爲半年晝夜."

11) 그리스 유클리드 기하학을 중국어로 번역한 산학서(算學書)인데, 마테오 리치가 중국사
회에 서구산학을 소개하기 위해 그의 스승인 클라비우스가 편찬한 라틴어판 『유클리드
기하학서』를 서광계에게 적어준 것이다. 원서는 15권인데 6권으로 내용을 간추려 번역하
였다. 간행에 앞서 마테오 리치가 사망하자 서광계는 다시 빤또하, 우르씨스(Sabbathinus

각 경험과 천문, 역산을 비롯한 서학에 대한 이해는『여지전도』와 같은 세계
지도를 제작할 수 있는 충분한 기반이 되고도 남는다.

이와 같이『여지전도』는 1850, 60년대를 전후하여 탁월한 지도학자였던
김정호에 의해 제작된 것으로 추정할 수 있는데, 그는 무엇을 토대로 이 지
도를 제작할 수 있었을까? 앞서도 언급했지만『여지전도』의 윤곽, 지명 등
은『지구전후도』와 매우 유사하고 러시아 지역 등 일부는『영환지략』에 수
록된 지도와 유사하여 이들을 참고했던 것으로 볼 수 있다. 그러나 보다 구
체적인 지도의 제작과정은 지도의 우측 하단에 실려 있는 지도제작자의 주
기문을 통해 파악해볼 수 있다. 다음은 제작자가 기록한 것으로 보이는 주기
문의 전문이다.

천하의 땅을 살펴보면 대체로 이 외에는 없다. 산천의 명칭으로 말하면 상
서(尙書)의 우공(禹貢)편이 제일 낫다. 삼대(三代)부터 춘추·전국시대를 거쳐
당송(唐宋)에 이르기까지 땅에서 옛 명칭에 의거한 것이 조금도 없다. 이런 까
닭에 후대에 보는 자는 치민(淄澠)의 구별이 어렵게 된다. 이에 지금 직방(職
方) 상서(象胥, 譯官을 말함)의 여지서(輿地書)와 일통전지(一統全志) 등의 여
러 책을 섭렵하여 천하도를 만들었다. 지금의 명칭으로 옛것을 해치지 말고 단
지 옛것에 의거하여 지금을 참작하면 손가락으로 가리키는 것과 같다고 이를
만하니 경람(傾覽)하는 것을 편하게 하는 것이다. 기타 풍속, 방물의 속함은 태
사(太史)의 수장(收藏)에 있으니 나는 감히 참람되게 전하지 않겠다.[12]

지도의 주기문에 의하면 직방 상서(역관)의 여지서와 일통전지를 두루 참

de Ursis, 熊三拔) 두 신부의 교열을 거친 후 1607년 간행하였다(李元淳『朝鮮西學史
研究』, 一志社 1986, 119면).
12) 觀夫天下之地　大無外于是　而言其山川之名　尙書禹貢近之矣　自三粹歷春秋至戰國迄于
唐宋　而地之據古號者無幾　是以後之覽者　常眩於淄澠之辨也　肆今歷攷職方象胥　輿地書
及一統全志等諸書　而天下圖出焉　勿以今號而害古　但當據古而參今　則可謂如指掌　而便
傾覽耳　其他風俗方物之歸　太史之藏存焉　余不敢僭傳也.

고해 천하도를 제작했다고 밝히고 있다. 여기서 말하는 일통전지는 중국의 대표적인 통지(統志)인『대명일통지』『대청일통지(大淸一統志)』등을 가리키는 것이 분명하지만, 직방 상서의 여지서가 무엇인지는 확실치 않다. 아마도『직방외기』나『영환지략』등 역관이 번역한 세계지리서일 가능성이 매우 높다. 지도상의 내용을 토대로 본다면 초기 세계지리서인 알레니의『직방외기』, 페르비스트의『곤여도설』보다는 '태서신서(泰西新書)'라 불리는 양무서인『해국도지』『영환지략』이 이에 해당한다고 볼 수 있다. 또한 참고한 지도의 명칭에 대해서는 언급이 전혀 없다. 이를 통해 볼 때 지도제작에 바탕이 되었던 지도는 하나의 지도가 아니라 여러 지도일 가능성이 높다. 장정부의 지구도를 비롯하여 여러 서적에 수록된 지도를 참고하여 제작한 것으로 보인다.

이 과정에서『여지전도』는 다른 지도에 비해 지명의 표기에 유의하였음을 밝히고 있다. 즉, 이전 시기의 책이나 지도에서는 당시 지명만을 표기하는 경향이 많았는데 이 지도에서는 당대 지명과 아울러 과거의 지명도 함께 표기했다. 이는 지도 좌측하단의 '건륭신강서역제부'에서 볼 수 있는데 지도상에서는 지명을 수록할 공간의 문제로 일부 지역에만 제한적으로 표기되어 있다. 이와 같이 과거 지명을 중요시하는 점은 이 지도의 복고적 성격과 관련된 중요한 점이다. 산천명의 표기에 있어서『서경』의「우공」을 가장 높게 평가하고 있는 점에서도 복고적 성격이 잘 드러나 있다.

그렇다면 이러한 지도를 제작한 목적은 무엇일까? 주기문에서는 지도제작의 구체적인 목적이 명시되어 있지 않다. 지도제작의 목적을 이해하기 위해서는 이 지도가 제작된 1850, 60년대 상황을 고려해야 한다. 중국은 이미 아편전쟁을 겪으면서 서양세력의 실체를 피부로 느껴 이에 대한 대비를 서두르게 되었지만 조선은 아직까지 위기를 피부로 느끼는 상황은 아니었다. 그러나 중국의 소식을 접하는 일부 지식인들은 이에 대한 최소한의 대비를 갖추게 되는데 이 과정에서 출현한 것 중의 하나가 바로『여지전도』인 것이다.

364

## 2.『여지전도』의 세계인식

『여지전도』는 양반구도로 제작된 서구식 세계지도를 기초로 조선에서 변용해 제작한 대표적인 세계지도로, 서양의 지리지식이 조선에서 어떻게 수용되고 있었는가를 구체적으로 파악해볼 수 있는 중요한 자료이다. 여기서는 지도의 전체적인 윤곽과 지명, 여백의 설명문 등을 분석하여『여지전도』가 표상하고 있는 지리적 세계에 대한 인식이 어떠했는가를 밝히고자 한다.

### 1) 지도의 세계상과 내용

『여지전도』는 양반구도를 기초자료로 활용했음에도 불구하고 아메리카 신대륙이 그려진 반구도를 제외시키고 구대륙과 오세아니아 대륙을 대상으로 그린 점이 특징이다. 이러한 사례는 일찍이 중국에서 볼 수 있는데 1744년 간행된 진윤형의『해국문견록』에는 구대륙만을 대상으로 한 세계지도가「사해총도(四海總圖)」라는 제목으로 수록되어 있다(그림 4-22). 이 지도는 청조 전기에 제작된 유일한 세계지도로 이후 세계지도 제작에 많은 영향을 주었다.[13)]

지도는 반구도에서처럼 원형으로 세계를 표현하였지만 적도나 경위선 등은 그려져 있지 않다. 유라시아나 아프리카 대륙의 윤곽은 기존의 서구식 세계지도에 비해 소략하다. 아프리카의 지명들은 전통적으로 흑인을 지칭했던 '-오귀(烏鬼)'가 표기되어 이전의『곤여만국전도』나『곤여전도』와 같은 서구식 세계보다는 중국의 전통적인 지리지식을 많이 포함하고 있다. 내부 해안선의 윤곽과 지명 등에서『여지전도』와 많은 차이가 있지만 지도가 표현하고 있는 지리적 세계의 범위는 거의 동일하다.

이처럼 구대륙과 신대륙으로 이루어진 양반구도 가운데 오세아니아 대륙

---

13) 松浦茂「淸朝の『皇輿全覽圖』作製とその世界史的な意義に關する硏究」,『硏究成果報告書』, 2007, 29면.

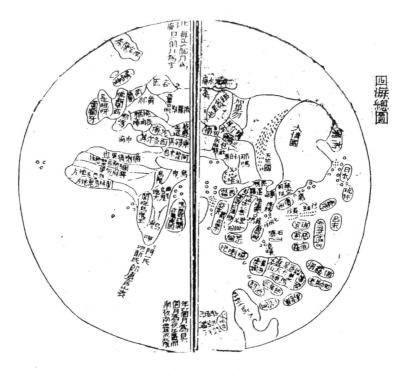

그림 4-22 『해국문견록』의 「사해총도」

을 포함한 구대륙만을 세계지도에 표현한 이유는 무엇일까? 마테오 리치가
제작했던 서구식 세계지도는 대부분 타원형으로 제작되어 이 안에 신대륙까
지 포괄하고 있었다. 그러나 페르비스트의 『곤여전도』는 양반구도로 제작하
였는데, 지구설에 대한 이해가 없으면 『곤여만국전도』보다 지도를 이해하기
가 더 어려웠던 것으로 보인다. 물론 마테오 리치의 『곤여만국전도』도 지구
설이 뒷받침이 되어야 제대로 이해되지만 반드시 그런 것만은 아니었다. 이
는 조선시대 지식인들이 『곤여만국전도』와 같은 서구식 세계지도를 해석하
는 방식을 통해서도 알 수 있다.

　이처럼 「사해총도」나 『여지전도』에 신대륙이 제외된 것은, 양반구도 가운

데 동양인들에게는 생소한 신대륙을 그린 지도는 큰 의미를 지니지 못했기 때문이다. 더욱이 대륙의 동단에 위치한 조선의 지식인에게 미지의 세계인 신대륙이 이해되기에는 많은 어려움이 있었다. 신대륙이라는 공간이 당시 조선 지식인에게 의미있는 장소로 이해되기 위해서는 최소한의 관계가 역사적으로 성립되어 있어야 했다. 이것은 실제의 경험 속에서 획득되든지 아니면『산해경』에 나오는 지명처럼 상상 속에서 획득될 수도 있다. 그러나 신대륙에 표기된 지명들은 아주 생소한 것들이다. 따라서 신대륙은 객관적인 실재 여부를 떠나 인식된 세계에서 사라졌던 것이다. 그리하여 직방세계를 중심으로 한 구대륙의 지도가 세계지도로 다시 그려졌다고 할 수 있다.

『여지전도』가 포괄하고 있는 지리적 세계는 아시아, 아프리카, 유럽, 그리고 탐험을 통해 새롭게 발견된 오세아니아 대륙까지이다. 오세아니아 대륙을 제외한다면 오히려 조선 전기『혼일강리역대국도지도』가 그려냈던 지리적 세계의 범위와 거의 일치한다.『지구전후도』의「지구전도」를 기초로 제작되었지만 각 대륙의 크기나 모양에는 다소 차이가 있다. 이러한 차이를 나열하면 다음과 같다.

첫째, 세계를 형상화한 모양에서 두 지도가 다르다. 둥근 지구를 전제로 투영법을 사용해 평면에 그린「지구전도」는 원형으로 세계를 그렸지만『여지전도』에서는 흡사 전통적인 천원지방의 세계관을 반영하듯이 원이 아닌 사각형에 세계를 묘사하였다.

둘째,『지구전후도』에 그려진 천문과 관련된 요소들이『여지전도』에는 그려져 있지 않다. 경위선망을 비롯하여 적도와 24절기를 표시한 황도, 경도와 위도를 나타내는 눈금 표시 등을 전혀 볼 수 없다. 또한 중국의 전통적인 지도제작법의 하나로 잘 알려진 방격도 지도에는 그려져 있지 않다.

셋째, 각 대륙의 배치와 크기에 차이가 있다.『지구전후도』는 경위선을 등간격으로 수정한 평사도법을 사용하였는데 중국은 중앙이 아닌 동쪽으로 치우쳐 있다. 반면『여지전도』에서는 중국이 중앙에 배치되었고 유럽과 아프리카 대륙은 축소되어 그려져 있다. 대신에 조선과 일본, 유구, 동남아시아 등이 실제보다 확대되어 표현되었다. 이로 인해 동남아시아의 말레이반도가 아프리카 남단보다 더 남쪽에 그려져 있다. 또한『지구전후도』와는 달리 만리장성 이북인 몽골, 러시아 지역이『지구전후도』보다 훨씬 확대되어 그려진 점이 특이하다. 이는 흡사 메르카토르 도법에서 극지방으로 갈수록 면적이 확대되어 그려지는 것과 비슷한 느낌을 준다.

넷째, 건륭제 때 청국의 판도로 편입된 신장과 서역 지방이 자세하게 표시된 점이『지구전후도』와 다르다. 신장은 지금의 타림분지에 해당하는 지역으로 중국으로 흡수된 뒤 이곳에 이리장군(伊犁將軍)과 부도통령대대신(副都統領隊大臣) 등의 관직을 두면서 신장이라 불리었다.[14] 지도에는 이 신장 지역과 더불어 인도, 묵덕나국(默德那國, 페르시아) 등을 비롯한 서역의 여러 나라들도 상세하게 그려져 있다.

다섯째,『지구전후도』에는 산지의 표시가 전혀 없으나『여지전도』에는 산지를 그려 넣었다. 산지의 표현은 조선의 전통적인 산줄기 중심으로 그려진 점이 독특하다. 조선시대 제작된 전도에서는 산지를 중국과 같이 독립된 산으로 그려 표현하지 않고 산줄기로 이어 그리는 것이 일반적이었다. 이러한 것은 동양에서도 중국, 일본과는 다른 조선지도학의 특징이기도 하다.[15]

이 밖에『지구전후도』에 표시되어 있는 북극과 남극의 표시가『여지전도』에는 없으며 북극과 남극에 있는 육지의 모습이 보이지 않는다. 조선의 윤곽은『지구전후도』와는 비교할 수 없을 정도로 정교해졌으며 팔도의 표기와 백두, 지리, 묘향 등 주요 산들도 그려져 있다. 일본의 경우도『지구전후도』보다 자세하게 그려졌으나 혼슈우의 윤곽 가운데 남쪽 부분이 두툼하게 그려져 독특한 형태를 띠고 있다. 이는 조선과 일본을 새롭게 그려 추가했다는 것을 말해주는 것이다.

---

14) 臧勵龢 等編『中國古今地名大事典』, 商務印書館 1972.
15) 海野一隆, 李燦 譯「韓國 地圖學의 特色」,『韓國科學史學會誌』5-1, 1983.

『여지전도』는 『지구전후도』와 달리 지도의 여백에 지지적인 항목을 수록하고 있는 점이 특징이다.[16] 지도의 상단과 하단에 '중조각성외번정리'가 실려 있는데 중국과 내·외몽골, '건륭신강서역제부'까지 실려 있다. 이 정리 자료 바로 밑에는 조선의 '각도극고' '동서편도(東西偏度)'와 '중국각성외번 극고' '동서편도'를 수록하였다. 이러한 지지적 항목은 김정호의 『대동지지』에도 똑같이 수록되어 있는데, '중조각성외번정리'는 『대청회전』, 나머지 극고 자료는 『역상고성』에서 전재한 것이다.

주기 항목으로 수록된 지역은 당시 중국의 판도에 있었던 중국 본토의 각성과 내·외몽골, 건륭제 때 흡수된 신장 지역, 그리고 역사적으로 중국과 교류가 있었던 서역의 나라들이다. 지도에도 이들 지역이 대부분 표시되어 있다. 중국 본토의 경우는 『지구전후도』와는 비교할 수 없을 정도로 매우 상세하게 지명을 수록하였다. 몽골의 경우 각 부 소속의 기수(旗數)도 표시하였다. 각 성(省)과 몽골 지역 등 판도 내의 행정구역을 점선으로 나타내었는데 신장 지역은 당시 중국의 판도 내에 있었지만 점선으로 표시하지는 않았다. 이와 같이 지지적 항목으로 수록된 지역은 서양으로까지 확대되지 않은 점이 특징이다. 이미 이 시기에는 서양의 실체가 구체화되는 단계로 지도상에도 그려지고 있지만 지지 항목으로 수록될 정도의 비중은 지니지 못했다고 볼 수 있다.

---

16) 지도와 지지를 결합하는 형식은 중국을 비롯한 동아시아 고지도에서는 흔히 볼 수 있는 특징적인 모습이다. 추상적인 공간을 전제로 하는 서양의 근대 지도학에서는 각종 기호와 범례가 문자(Text)를 대신하게 되지만 동양에서는 문자와의 결합이 근대적 측량에 의한 지도제작술이 지배하기 전까지 이어지게 되었던 것이다(Yee Cordell, "Reinterpreting Traditional Chinese Geographical Maps," J. B. Harley and David Woodward, eds., *The History of Cartography* vol.2, book.2, University of Chicago Press 1994, 64면).

## 2) 세계인식의 특성

1840년 중국이 영국과의 아편전쟁에서 패한 후 서양이라는 지역과 서양인은 더 이상 관념상의 존재가 아니었다. 중국인들은 그들의 지닌 힘을 직접 경험함으로써 조야(朝野)에서 위기의식을 느끼기 시작했다. 중국을 통해 이러한 시대적 변화를 간접적으로 접할 수 있었던 조선에서도 일부 위기감이 감돌기는 했으나 그 자체로 염려할 만한 것은 아니었다. 아직 대부분의 위정자는 상황의 심각함을 느끼지 못하는 상태였다. 이러한 시대적 상황에서 김정호는 『여지전도』라는 세계지도를 제작하여 여러 사람들에게 지리적 세계에 대한 이해를 제공하려 했다.

『여지전도』는 지구설을 전제로 하는 서양의 양반구도를 기초로 제작되었지만 구대륙과 오세아니아 대륙이 그려진 지구전도만을 취하고 신대륙 부분은 수용하지 않았다. 그리고 주기문에 천하의 땅은 이 지도에 그려진 것 외에는 없다고 과감하게 말하기도 했다. 또한 경위선이나 적도, 황도 같은 천문과 관련된 부분을 배제하여 흡사 평평한 대지를 전제로 한 것처럼 지도를 그렸다. 둥근 지구를 평면상의 종이에 2차원으로 표현할 때 나타나는 투영법의 문제는 『여지전도』에서는 전혀 고려되지 않은 듯 보인다.

그러나 지도를 자세히 검토해보면 지도의 작자로 추정되는 김정호는 지구설 자체를 부정했다고 보이지는 않는다. 그가 동양의 전통적인 천원지방이라는 천지관을 바탕으로 지도를 제작했다면 동서남북 사방의 끝에는 사극(四極)의 개념을 사용했을 것이다. 그러나 지도상에는 남극과 북극이라는 용어가 보이고 동서의 끝이라는 용어는 보이지 않고 있다. 지도의 상단에는 '차이북즉북극지하(此以北卽北極之下, 이것의 북쪽은 북극의 아래이다)'라는 주기가 보이고, 하단에는 '차남극하야구(此南極下野區, 이 남극 아래의 들판)'라는 문장이 수록되어 있다. 이는 『지구전후도』에서처럼 둥근 지구를 전제로 한 북극과 남극을 명시적으로 인정한 것이라 생각된다.

또한 지도 좌측 상단에는 '차이서접미리견북계'라는 주기가 있다. 이 서쪽

370

으로는 미리견(未利堅, 미합중국)의 북쪽 경계와 접하고 있다는 것인데, 이를 통해 볼 때 지도제작자는 지구가 둥근 것을 알고 있었으며 그렇기 때문에 백해(白海)의 위쪽 부분에서 미합중국과 접하고 있다는 사실을 지적한 것이다. 아메리카 대륙이 그려져 있지 않지만 그 존재 자체를 부인하지는 않은 것으로 보인다. 이 주기의 바로 옆에는 '자춘분지추분위주 자추분지춘분위야(自春分至秋分爲晝 自秋分至春分爲夜)'라는 문장이 쓰여 있다. 즉, 북극 부근에서는 춘분에서 추분까지는 낮이 되고 추분에서 춘분까지는 밤이 되는 극지방의 특성을 기재한 것이다. 이러한 극지방의 특성은 둥근 지구의 자전과 공전에 의해 생기는 현상으로 지도의 제작자가 지구과학적 지식이 전무한 상태에서 이러한 문장을 수록했다고는 볼 수 없다. 이러한 지구과학적 지식들은 이미 마테오 리치의 『곤여만국전도』에서 소상하게 수록된 이래로 여러 서학서에서 소개되었던 내용들이다.

이처럼 김정호는 지구설을 인정하고 있으면서도 양반구도처럼 둥근 지구의 모습으로 세계를 그리지는 않았다. 사실 서양의 지구설을 가장 잘 이해할 수 있는 방법은 지구의였다. 그러나 지구의의 제작이 그리 용이하지만은 않았다. 마테오 리치도 둥근 지구의에 지도를 그리는 어려움 때문에 불가피하게 평면에 지도를 그릴 수밖에 없었음을 토로하기도 했다.[17] 그러나 공처럼 둥근 지구의 모습은 천원지방의 전통적인 세계관을 지녔던 사람들에게는 엄청난 충격으로 다가왔을 것이다. 또한 지구설의 입장에서 본다면 중심이라는 것은 언제나 상대적인 것으로 환원된다. 중화적 세계관에서는 중국이 항상 세계의 중심이었지만 지구설에서는 지구상의 어떤 나라도 중심이 될 수 있다. 지구설이 지니는 이러한 급진적 측면을 수용하기에는 당시 조선의 유교적 전통이 너무 강고했던 것으로 보인다.

이러한 연유로 김정호가 구상했던 세계는 직방세계를 중심으로 하는 세계

---

17) 利瑪竇「地球圖說」. "原宜作圓球 以其入圖不便 不得不易圓爲平 反圈爲線耳 欲知其形 必須相合連東西二海爲一片可也."

였다. 그러나 이전 시기 중국에서 그려졌던 직방세계 중심의 지도와는 다른 모습을 띠고 있다. 직방세계 중심의 지도에서 직방세계의 외연은 역사적으로 중국과 통교했던 주변국에 한정되어 있고 이러한 나라들도 구체적인 영역은 그려지지 않은 채 단지 명칭만 수록되는 경우가 일반적이었다. 그러나 『여지전도』에는 당시 객관적 실재로서 인정된 유럽과 아프리카 등이, 비록 규모가 축소되어 있지만 서쪽 편에 분명하게 자리 잡고 있다. 특히 유럽에 있는 나라들은 서양 선교사들의 여러 서적을 통해 실재하는 국가로 인정된 것들이다. 직방세계의 외연이 뚜렷하게 확장되어 있음을 알 수 있다. 흡사 조선 전기의 『혼일강리역대국도지도』를 연상케 하지만 이 지도와는 차원을 달리한다. 즉, 『혼일강리역대국도지도』는 유라시아 대륙에 걸친 원제국의 팽창에 따라 직방세계의 외연이 확대되어 나타난 것이지만 『여지전도』는 서구에서 대탐험을 거치면서 나타나는 지리적 세계의 확대에 기초하고 있다. 가장 본질적인 차이는 세계에 대한 인식에서 볼 수 있는데, 『혼일강리역대국도지도』는 지구설과는 무관한 평면상의 대지를 전제로 하고 있으나 『여지전도』는 지구설을 인정한 위에서 제작된 것이다. 『여지전도』에서 보여주는 세계는 지구설을 바탕으로 그려냈던 양반구도의 세계를 재구성한 것이라 할 수 있다.

그렇다면 이 지도는 중화적 세계인식에서 탈피하고 있을까의 문제가 대두된다. 『여지전도』에서 가장 눈에 띄는 점은 중국의 위치이다. 서구식 세계지도에서 볼 수 있는 중국의 위치는 정중앙이 아닌 경우가 대부분이다. 그러나 이 지도에서는 유럽, 아프리카 대륙을 축소함으로써 중국을 중앙으로 배치했다. 이것은 『여지전도』가 기본적으로 중화적 세계인식에 기초하고 있음을 극명하게 보여주는 사례이다. 유럽, 아프리카, 오세아니아 대륙까지 표현하여 지리적 외연이 상당히 확대되었지만 중국을 세계의 중앙에 배치하여 중화적 세계인식을 강하게 고수하고 있다. 이러한 경향은 지도 여백의 서문에서도 엿볼 수 있는데, 『상서』의 「우공」을 지지의 모범으로 내세우는 복고적 측면을 통해서도 드러난다.


## 3. 전통적 세계인식의 지속


1860년 제2차 중영전쟁은 서양세력에 대한 조야의 위기의식을 고조시켰고 이로 인해 국가에서는 페르비스트의 『곤여전도』를 중간하면서 세계지리에 대한 이해를 높여나갔다. 그러나, 최한기나 윤종의 같은 일부의 학자들은 『해국도지』『영환지략』과 같은 당대 최신의 자료를 입수해 이를 기초로 세계지도를 제작한 반면에, 국가적 사업으로 추진했던 세계지도의 제작에서는 200여 년 전에 제작되었던 구래(舊來)의 지도를 다시 판각한 정도였다. 당시 국가 권력층의 세계인식은 오히려 시대에 뒤떨어지는 모습을 보이기도 했던 것이다.

이 시기 서구식 세계지도가 일부 학자들에 의해 계속 제작되어 전통적인 인식을 변화시키는 데 영향력을 확대해갔지만 여전히 주류는 전통의 직방세계 중심의 중화적 세계인식이었다. 앞서 살펴본 『여지전도』는 서양의 지리지식을 전통적인 세계인식의 틀로 변용시킨 대표적인 보기였다. 서양의 지리지식을 있는 그대로 수용하는 것이 아니라 전통적인 인식틀로서 재해석하고 새롭게 표현해냈다. 하지만 전통의 중화적 세계인식은 여전히 지속되고 있었다.

이러한 중화적 세계인식은 척사론이 천주교의 탄압과 맞물려 세력을 확장함에 따라 더욱 강고해졌다. 이 시기 척사론의 대표적인 인물이었던 화서(華西) 이항로(李恒老, 1792~1868)도 서구식 세계지도를 열람하여 지리지식을 확장하기도 했으나 여전히 전통적인 해석에 머무르는 모습을 보여주고 있다. 다음의 인용문은 이를 잘 보여준다.

유□정(柳□程)이 새로 간행된 천지도(天地圖)를 얻었는데, 하늘을 북극과 남극으로 나눠 두 편으로 만들고, 지구를 양계와 음계로 나누어 두 편으로 만든 것이다. 나누어보면 두 개가 되고 합쳐보면 하나가 되니 보기에 편하다. 서양인이 뜻으로서 추측하여 손으로 그린 것으로 실제로 답사하고 사물을 보아서 만들어낸 것은 아니다. … 하늘에 비록 양극이 있어도 자미(紫微) 하나일 뿐이다. 땅에 비록 양면이 있어도 미려(尾閭 ,대해의 밑에 위치하여 바닷물이 쉴 새 없이 새는 곳) 하나일 뿐이다. 두 개의 극이 합한 후에 하나의 하늘이 되고, 두 개의 계(界)가 합한 후에 하나의 땅이 된다. 나누어져 두 개가 되는 이치를 모른다면 음양이 짝하는 설을 모르게 되고, 합쳐서 하나가 되는 원리를 모르면 태극이 통회(統會)하는 설을 모르게 된다.[18]

이항로가 열람한 천지도 간행본은 1834년 최한기가 목판으로 간행했던 『지구전후도』였을 것으로 추정된다. 『지구전후도』에는 지구의 양반구도뿐만 아니라 천문도인 「적도남북항성도」도 같이 수록되어 있기 때문이다. 그는 지구설 자체를 부정하고 있지는 않다. 그러나 지구도의 모습은 추론에 의해 가능한 것이고 실제 답사에 의해 터득한 것은 아니라고 하여 객관세계로서 바로 수용하지는 못하고 있다. 또한 이러한 양분구도를 전통적인 음양론과 역학(易學)에 입각하여 이해하고 있다. 더 나아가 그는 중국이 여전히 천지의 중심임을 강조하기도 하여 지리적 중화관을 고수하는 면을 보이기도 했다.[19]

---

18) 李恒老『華西集』卷25, 雜著, 地球圖辯. "柳□程得新刊天地圖本 蓋分北極南極爲天象者二片 分陽界陰界爲地球者二片 分看則爲二合看則爲一 而便於考閱 似是洋人 以意推測 以手模象而已 非眞足踏其地 目覩其物而得之也 … 天雖有兩極 而紫微一而已 地雖有兩面 而尾閭一而已 二極合然後 方爲一天 二界合然後 方爲一地 不知分而爲二之妙 則迷於陰陽對偶之說矣 不知合而爲一之原 則迷於太極統會之說矣."

19) 李恒老,『華西集』卷17, 雜著, 鳳岡疾書. "天包地外 地居天中 則其四隅八面無非世界 獨以中國爲主何也 曰北極出地三十六度 南極入地三十六度 然後夏長冬短春秋均分寒熱溫涼 各極其功生長遂成 各得其序若非中國 則風氣不均生物不平 不如中國最得天地之中."

374

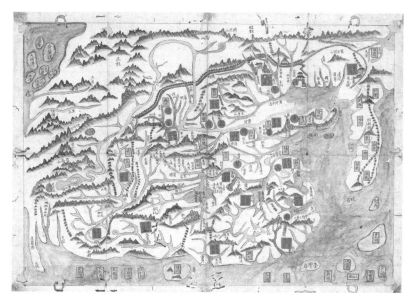

그림 4-23 직방세계 중심의 세계지도(국립중앙박물관 소장)

19세기에는 서양의 지리지식을 일부 반영하면서도 전통적인 중화적 세계인식에 기반을 둔 세계지도를 볼 수 있다. 국립중앙박물관에 소장된 세계지도가 대표적이다(그림 4-23). 지도의 제목은 '중국지도'라 되어 있지만 이것은 원 제목이 아니고 후대 소장자가 붙인 것이다. 지도는 전통적인 직방세계를 표현하면서 서양의 일부 국가를 포함하고 있다. 얼핏 보기에 김수홍의 『천하고금대총편람도』와 유사한 듯 보이나 이 지도에는 인도차이나반도가 분명하게 표현되어 있고, 서쪽의 대서양이 그려져 있다.

중국 부분은 명대 13성과 역대 국명이 수록되어 있다. 중국은 이미 청나라로 바뀐 지 오래지만 지도에는 여전히 명대 행정구역을 고수하는 전통 회귀적 성격을 보여준다. 이는 오랑캐 국가인 청나라를 거부하고 명나라를 중화로 인정하는 전통적 화이관이 반영된 것이다.

성수해에서 발원한 황허는 노란색으로 부각되어 그려져 있고, 만리장성과 목책의 표현도 선명하다. 서쪽에는 대서양(大西洋), 하란국(荷蘭國), 회회조국(回回祖國, 默德那) 여송조국(呂宋祖國), 영규려(英圭黎), 소서양(小西洋) 등의 지명이 보이는데, 영국, 네덜란드와 같은 유럽의 지명과 아라비아, 동남아시아의 지명이 혼재되어 있다. 이는 이 시기 서양을 비롯한 외국에 대한 인식이 정교하지 못했던 상황을 반영하는 것이기도 하다. 동남쪽 해안에는 일본, 유구를 비롯하여 대만부(臺灣府)도 보인다. 천흥국과 같은 『산해경』에 나오는 국명도 보이는데 여전히 전통적인 세계인식에 머물러 있음을 엿볼 수 있다.

이와 더불어 황해 부분에는 전횡도와 서복도(徐福島)가 그려져 있다. 전횡은 중국 제(齊) 나라 사람으로 한나라 고조가 천하를 통일하자 그의 무리 500명과 함께 발해의 섬(전횡도)으로 들어갔다가 한고조를 섬길 수 없다 하여 자결한 인물로 이후 충절의 상징으로 추앙되었다. 반면에 서복은 진나라의 도사로 진시왕의 환심을 사 동남동녀 수천 명을 이끌고 불로장생의 신약을 찾아 나섰던 인물로 무병장수를 기원하는 신선사상과 관련된다. 서복도는 서복이 불로장생의 신약을 찾아 바다로 출발했던 곳이다. 불사이군(不事二君)이라는 성리학적 명분이 강조되면서도 한편으로 무병장수를 기원하는 신선사상의 맥이 유지되던 현실을 엿볼 수 있다.

이처럼 19세기에는 서구식 세계지도를 통해 인식의 전환을 이루어갔던 일부 선진적인 학자와는 달리 이항로처럼 서구의 지리지식을 접하면서도 전통적인 인식을 계속 고수하는 지식인들이 당시의 주류를 형성하고 있었다고 볼 수 있다. 이에 따라 직방세계의 중심의 전통적인 세계지도도 계속 제작되었는데, 낱장의 형태보다는 지도첩의 형태로 주로 제작되었다. 이의 대표적인 지도로는 성신여자대학교 박물관 소장의 『전세보(傳世寶)』에 수록된 세계지도(그림 4-24)와 『여지도』첩에 수록된 「여지전도(輿地全圖)」(1824)(그림 4-25)[20] 등을 들 수 있다.

그림 4-24 『전세보』에 수록된 세계지도(성신여자대학교 박물관 소장)

　『전세보』는 19세기 전반기에 필사된 책으로 각종의 지도와 전통적인 천문, 역학에 대한 다양한 내용이 수록되어 있다. 여기에 수록된 세계지도는 전통적인 직방세계의 범위를 크게 벗어나지 않고 있다. 중국 이외에 조선, 일본, 유구국 등의 나라가 크게 그려진 정도이다. 일본의 모습은 비교적 정확한 윤곽을 지니고 있으나 유구는 신숙주의 『해동제국기』에 실려 있는 것을 그대로 답습하여 왜곡을 시정하지 않고 있다. 이에 반해 『여지도』첩에 수록된 「여지전도」는 직방세계의 영역을 표현하고 있으나 서쪽 끝에 영길려국(英吉黎國), 화란서(和蘭西) 등 서양의 국명도 수록하여 변화된 현실을 일부

<hr />

20) 국립지리원·대한지리학회 『한국의 지도: 과거·현재·미래』, 2000, 도판4.

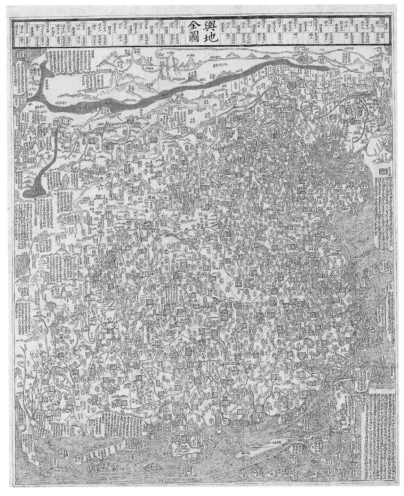

그림 4-25 『여지도』첩의 「여지전도」(서울역사박물관 소장) 권두화보 25

반영하고 있다.

　직방세계 중심의 지도와 더불어 17세기 출현한 원형 천하도도 민간에서
계속 제작되었다. 이 시기의 원형 천하도도 이전 시기와 마찬가지로 지도책

378

의 첫 부분에 삽입되었는데, 목판본도 몇종 제작되었다. 그림 4-26은 이 시기에 제작된 여지도첩에 수록된 원형 천하도이다. 여기에는 다른 원형 천하도와 다르게 경위선이 그려져 있다. 북극과 남극이라는 표시와 함께 위선은 동일 간격의 직선, 중앙경선을 제외한 경선은 동일 간격의 곡선으로 그려져 있다. 이러한 경위선 조직은 마테오 리치의『곤여만국전도』와 알레니의『만국전도』와 유사하다.

그렇다면 이 원형 천하도에 다른 지도에 없는 경위선이 그려진 이유는 무엇일까? 이에 대해 대부분의 학자들은 서구식 세계지도의 영향을 지적하고 있다. 서구식 세계지도에 그려진 경위선을 모방하여 천하도에 그려 넣음으로써 지도의 권위를 높이고자 했다는 것이다. 평평한 땅을 전제로 그려진 원형 천하도에 둥근 지구를 전제로 그려지는 세계지도의 경위선을 그리는 것은 모순이다. 이는 투영법으로 제작된 서양 세계지도에 대한 이해의 부족 때문이기도 하지만 이 지도의 제작의도에 기인하는 바도 있다.

이 원형 천하도가 수록된 지도첩에는 팔도의 지도도 수록되어 있는데, 여기에는 하늘의 별자리인 28수가 배치되어 있다. 조선의 전역을 28개 영역으로 나누어 28수의 별자리를 배치했다. 이것은 천지상관적 사고의 한 형태인 분야설을 적용한 것으로 하늘의 영역을 지상 세계에 대응시켜 하늘에서의 변화를 관찰하여 지상세계에서 일어나는 일을 점치고자 했던 것이다.[21] 함경도 지도를 보면 함경도 지역을 가로질러 실선으로 경계가 그려져 있고 북쪽은 '기(箕),' 남쪽은 '미(尾)'의 분야에 배정되어 있다. 분야설에 기초해서 하늘과 땅을 대응시키고자 했기 때문에 원형 천하도에 하늘의 영역을 상징하는 경위선이 기입될 수 있었던 것이다.

원형의 천하도는 19세기에도 가장 대중적으로 보급된 세계지도였다. 서울뿐만 아니라 지방에서도 간행되었다. 그림 4-27의 천하도는 1849년 경상도

---

21) 吳尙學「傳統時代 天地에 대한 相關的 思考와 그의 表現」,『문화역사지리』11호, 1999.

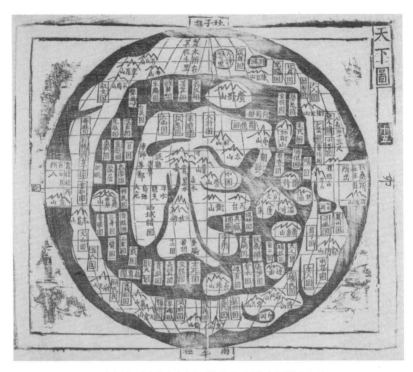

그림 4-26 경위선이 기입된 원형 천하도(서울역사박물관 소장)

조령에서 '금호산인(錦湖散人)'이 간행한 것이다. 지도가 도회지 지식인들의
전유물에서 점차 지역적으로 확산되면서 대중화되는 경향을 엿볼 수 있다.
앞서 지적했듯이 천하도가 보여주는 세계는 유학자들의 중화적 세계인식과
배치되지 않기 때문에 계속 제작되면서 영향력을 확대할 수 있었다. 그리하
여 구한말 오횡묵(吳宖默, 1834~?)이 1894년에 펴낸 『여재촬요(輿載撮要)』
에는 지구도와 함께 원형 천하도가 세계지도로 수록되기도 했다. 이처럼 원
형 천하도가 강한 생명력을 지닐 수 있었던 것은 서구의 지리지식이라는 외
래의 것에 자극을 받았지만 전통 속에서 해법을 구했기 때문인 것으로 풀이

380

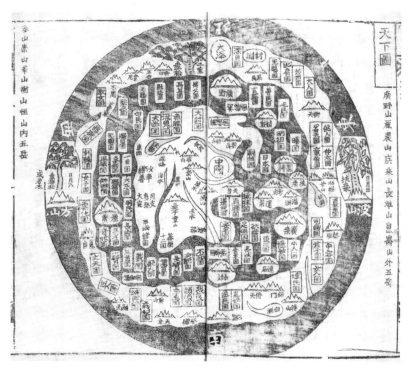

그림 4-27 금호산인이 간행한 지도책의 원형 천하도(서울대학교 규장각한국학연구원 소장)

된다.

19세기에도 여전히 성리학이 사회운영의 원리로 기능하고 있었다. 물론 성리학이 담고 있는 내용과 강조점은 달라질 수 있지만 기본 골격은 시대가 변해도 지속된다. 당시의 지리적 세계인식 역시도 이와 밀접한 관계가 있다. 전통적인 중화적 세계인식이 극복되고 새로운 인식이 자리 잡기 위해서는 당시 사회를 지배하고 있던 성리학적 이념체계의 근본적인 변화가 전제되어 야 한다. 전통적인 세계인식이 기초하고 있던 이념에서의 근본적인 변화가 없는 한 세계인식의 전환은 오랜 시간을 요하는 지난한 과정이라 할 수 있다. 원형 천하도가 일제강점기에도 한학을 배우고 신식교육을 받지 못한 지방의 식자층에서 세계를 보여주는 지도로서 여전히 인정되고 있었던 사실이 이를 대변해준다.

15, 16세기 전통적인 세계지도의 제작 흐름이 17세기 이후 서구식 세계지도의 도입으로 강한 충격을 받지만 세계인식의 전환을 이루기에는 미흡하였다. 결국 인식의 전환은 개항 이후 서구의 문명이 급속도로 유입되고 서구식 교육제도가 정착되면서 가능해졌는데, 전통적인 천원지방, 중화적 세계인식에서 탈피하여 지구설, 5대양 6대주의 세계지리를 이해하는 방향으로 나아갔던 것이다.

# 결론

본 연구에서는 조선시대 사람들이 세계를 어떻게 인식하고 있었는가를 현존하는 세계지도를 통해서 파악하고자 하였다. 인간의 거주공간을 포함하는 세계(땅)의 전체적인 형상과 그 내부구조에 대한 인식을 조선시대 세계지도의 분석을 통해 밝히고자 한 것이다. 특히 서구식 세계지도로 대표되는 서양의 지리지식이 유입되면서 전통적인 인식이 어떻게 변해갔는가를 개항기 이전까지 시계열적으로 고찰해보았다. 이를 통해 도출된 결론과 지도학사적 함의를 정리하면 다음과 같다.

중국을 중심으로 하는 동양문화권의 대표적인 천지관은 천원지방으로, 하늘은 둥근 데 비해 땅은 네모지면서 평평한 것으로 인식했다. 이러한 사고는 서양문명과의 직접적인 접촉을 하게 되는 19세기말까지 이어져 내려왔다. 땅을 계란의 노른자로 비유했던 혼천설이나 『대대례』의 일부 기록을 보면 둥근 지구가 연상되기도 하나, 이것은 어디까지나 비유적 표현에 불과한 것이었고 둥근 지구를 상정한 것은 아니었다. 이와 더불어 중국을 중심에 두고 세계를 인식하는 중화적 세계인식이 유학의 확립과 더불어 지배적인 사고로 이어지면서 세계지도의 제작에도 반영되었다.

조선에서의 세계지도 제작은 중국에서 전래된 천원지방의 천지관에 따라 평평한 대지를 전제로 하였고, 중국의 전통적인 중화적 세계인식을 계승하였다. 현존하는 15세기의 대표적인 지도는 1402년에 제작된 『혼일강리역대국도지도』이다. 이 지도는 조선왕조의 개국 초기 국가적 사업으로 중국, 일본, 조선의 지도를 합하여 편집, 제작한 것이다. 세계의 형세와 모습을 파악하려는 실용적인 차원보다는 조선왕조 개국의 정당성을 드러내기 위한 목적으로 제작되었다.

『혼일강리역대국도지도』는 광대한 영토를 개척했던 원제국 시기의 지도를 바탕으로 제작되었는데, 조선과의 교류가 거의 없었던 유럽과 아프리카 대륙이 지도에 그려진 것은 중국으로 전파된 이슬람 지도학의 영향으로 가능했다. 이처럼 『혼일강리역대국도지도』는 직방세계를 표현한 중국 중심의 세계지도에 비해 광범한 영역을 그려냈다. 직방세계의 외연이 대폭 확대된 것인데, 지도의 이면에 담겨 있는 세계인식은 중화적 세계인식에서 탈피한 것은 아니었다. 여전히 중국을 세계의 중심으로 인식하였고 소중화인 조선을 중국에 버금가는 문화국가로 부각시켰다. 조선인에게는 거의 미지의 지역에 해당하는 아프리카와 유럽이 생략되지 않고 표현될 수 있었던 것은 당시의 개방적 대외인식과 깊은 관련을 지닌다.

16세기에 들어서 조선사회는 주자성리학이 향촌사회까지 뿌리를 내리게 되고, 정치적으로는 성리학에 정통한 사림세력이 중앙정계로 진출하면서 국가통치의 이념으로서 유교가 더욱 굳건하게 자리를 잡았다. 대외관계에 있어서도 15세기에 비해 중국과의 사대정책이 큰 비중을 차지하면서 문화적 중화관인 화이관이 지배적인 세계인식으로 굳어져 갔다. 중화인 중국과 소중화인 조선 이외에는 이(夷)로 인식했으며, 중국과 조선의 관계도 군신관계로 규정한 것이다. 따라서 세계에서 중요한 지역으로 의미가 부여된 곳은 중국과 조선 정도이며 그 주변의 나머지 지역은 별다른 의미를 지니지 못했다.

바로 이러한 세계인식이 반영된 것이 이 시기를 대표하는 세계지도인 『혼일역대국도강리지도』이다. 이 지도는 중국 양자기의 지도를 바탕으로 한 것인데 이전 시기 『혼일강리역대국도지도』와 달리 세계가 크게 축소되었다. 즉, 교류가 거의 없었던 유럽과 아프리카, 심지어 아라비아가 지도상에서 사라지고 중국 전통의 직방세계로 회귀하였다. 중국과 조선을 가장 중요한 지역으로 부각시켜 그렸고 나머지 주변 조공국은 지명만 표기하는 정도에 그치고 있다. 유교적 기준에 입각하여 의미있는 지역을 선택적으로 그려냈던 대표적인 보기이다.

17세기 이후 조선에 전래된 다양한 서구식 세계지도들이 모사, 제작되면서 지식인들에 많은 영향을 미쳤다. 마테오 리치의 『곤여만국전도』를 비롯하여, 알레니의 『만국전도』, 페르비스트의 『곤여전도』 등의 서구식 세계지도와 『직방외기』『곤여도설』 등의 세계지리서는 조선의 지식인 사회에 커다란 파장을 불러일으켰다. 당시 대부분의 사람들은 중국을 중심으로 한 직방세계를 천하로 인식하고 있었는데, 서구식 세계지도를 통해 더 넓은 세계를 천하로 인정하게 되었다. 세계의 중심에 위치한 중국과 그 주위의 이역(夷域)으로 구성되는 지리적 중화관을 부정하게 된 것이다. 중국 이외에 더 넓은 세계가 있음을 알게 되었고 그들도 상당한 수준의 문화를 지니고 있다는 사실을 점차 인정하게 되었다.

그러나 서구식 세계지도를 통해 세계에 대한 인식이 확장되었다 하더라도 전통적인 천원지방의 천지관을 극복하고 지구설을 즉각 수용할 수는 없었다. 눈에 보이는 평평한 대지에서 눈으로 확인할 수 없는 둥근 지구로 인식을 전환하는 것은 당시의 평균적 지식인에게는 쉽지 않은 일이었다. 하지만 서양의 천문, 역법의 원리를 이해하고 인정했던 학자들은 서양의 천문·지리학이 토대를 이루는 지구설을 서서히 수용하기 시작했다. 그리하여 영조 때 국가적 사업으로 편찬된 1770년의 『동국문헌비고』에 지구설이 수록될 수 있었다. 이를 통해 지리적 중화관을 서서히 극복할 수 있었으나 문화적 중화관인 화이관까지 극복하기에는 유교적 원리가 너무나 강하게 사회를 지배하고 있었다. 일부 홍대용과 같은 학자는 화와 이를 구분하는 것은 무의미하다는 '화이일야'를 주장하며 문화적 중화관을 극복하려 했으나 대부분의 학자들은 여전히 문화적 중화관을 고수했다. 서양의 선진문물도 그 기원은 중국에 있다는 '중국원류설'이 문화적 중화관을 고수하는 중요한 논거로 활용되었다.

서구식 세계지도를 통한 서양 지리지식의 유입은 전통적인 세계지도 제작에도 변화를 몰고 왔다. 이의 대표적인 것이 원형 천하도의 출현이다. 원형 천하도가 17세기 이후 조선에서 출현한 것은 내부보다는 외부적 요인에서 기인한다. 17세기 이래로 조선은 중국을 통해 서양의 지리지식을 접하게 되었고, 이로 인해 지리적 세계인식은 기존의 전통적인 인식에 비해 매우 확장되었다. 원형의 천하도는 보다 넓어진 세계인식을 담아내기 위해 만들어진 것으로 표현 방식과 내용은 전통에 의존하였다. 인간의 경험을 초월한 다양한 세계까지 묘사하고 있던 『산해경』을 기초자료로 삼아 내대륙-내해-외대륙-외해의 구조를 만들고 『산해경』에 수록된 지명을 각각의 위치에 배치하였다. 또한 사서(史書)에서 보이는 실제 지명을 내대륙에 배치하고 신선사상과 관련된 지명도 상당수 기입했다. 원형 천하도에 담겨 있는 세계인식의 특성은 다음과 같이 정리된다. 첫째, 원형 천하도는 전통적인 천원지방의 천지관에 입각하고 있다. 원형 천하도의 원은 둥근 지구를 상정한 것이 아니라 하늘을 표현한 것이다. 둘째, 중화적 세계인식을 여전히 고수하고 있다. 직방세계보다 훨씬 넓은 세계를 표현하고 있지만 세계의 중심이 여전히 중국이라는 사실에는 변함이 없다. 셋째, 우주지적 특성으로서 삼재사상이 반영되어 있다. 단순히 땅만을 그린 것이 아니라 하늘과 땅, 그리고 인간세계를 동시에 표현함으로서 천지인 상관관계를 드러내고자 했다. 넷째, 신선사상이 반영되어 있다. 도교 관련 서적에 나오는 신선적 지명, 일월처의 신목 등은 불로장생, 무병장수를 갈망하는 당시의 신선사상과 이어진다. 이는 인간의 기본적인 정서에 해당하는 것으로 성리학적 원리가 지배하고 있던 조선사회에서도 비공식적 부문에서 끈질기게 유지되고 있었다.

서구식 세계지도에 자극 받아 출현한 원형의 천하도가 민간에서 유행하는 한편, 전통적인 형태의 세계지도도 계속 제작되었다. 15, 16세기의 전통적 세계지도는 국가적 사업에 의한 것이었지만 이 시기의 전통적 세계지도는 민간에서도 제작되기 시작했다. 1666년에 제작된 김수홍의 『천하고금대총편람도』가 대표적이다. 이 지도는 전통적인 양식을 따르면서도 서양의 지리지식이 일부 반영되어 있다. 왕반의 지문이 실려 있는 지도는 조선 전기 세계지도의 양식을 계승하여 국가적으로 제작된 대표적인 사례이다.

18세기 후반 꽃망울을 터뜨리던 서학 연구의 분위기는 19세기로 접어들면서 쇠퇴의 길을 걷게 된다. 특히 천주교 탄압은 서학에 대한 연구를 더욱 어렵게 하였다. 18세기의 주체적이고 개방적인 시대적 분위기는 서서히 고립적이고 배타적인 것으로 변해갔다. 영국을 비롯한 서양열강은 동아시아로 진출하면서 주도권을 장악하기 위해 치열한 경합을 벌이고 있었다. 이양선들의 해안 출몰은 조선정부의 폐쇄적 고립주의를 더욱 자극하기도 했다. 이러한 시대적 상황으로 인해 지리지식을 비롯한 서양학문에 대한 관심이 크게 위축될 수밖에 없었다.

그러나 이러한 상황에서도 일부의 선각자들은 서양의 지리지식들을 들여와 세계지도로 제작했다. 이의 대표적인 것은 최한기의 『지구전후도』와 『지구전요』에 실려 있는 지도들이다. 최한기는 18세기 북학파의 전통을 계승하면서 서양학문의 주체적 수용을 통해 독자적인 영역을 구축했던 뛰어난 학자였다. 그는 당시 세계질서의 변화를 명확히 인식하고 있었으며 이에 대한 대책을 강구하기 위해 우선적으로 세계지리의 이해를 강조하였다. 이 과정에서 최신의 세계지도를 제작한 것이다.

1834년 제작된 『지구전후도』는 중국 장정부의 지구도를 기초로 제작된 것인데 이전 시기 선교사들이 제작했던 서구식 세계지도에 비해 진일보한 것이었다. 특히 『지구전후도』는 목판본으로 제작되어 민간에 널리 유포되면서 세계인식의 변화에 영향을 주기도 했다. 『지구전요』에 수록된 세계지도는 1848년 서계여의 『영환지략』에 수록된 지도에 근거하고 있는데, 이전 시기의 『지구전후도』에 비해 변화된 상황을 잘 반영하고 있다. 특히 남방대륙의 모습이 정확해졌으며 러시아의 진출도 반영되어 있다. 『지구전요』의 세계지도는 앞서 제작된 『지구전후도』처럼 목판본으로 제작되어 세계에 대한 이해를 제고시켰는데, 국립중앙박물관 소장의 『지구도』가 대표적인 사례다.

서구식 세계지도와 더불어 지구의의 제작도 이루어졌다. 박규수는 개화사상을 주도한 선각자였으며 천문지리학에도 높은 식견을 갖추고 있었다. 그가 만든 지세의는 서구식 지구의의 영향을 받았으면서도 전통적인 요소들을 가미하여 제작한 것으로 보인다. 숭실대학교 한국기독교박물관에는 최한기가 제작했다는 지구의도 남아 있는데 당시에는 세계지도에 비해 큰 영향을 미치지는 못했던 것으로 보인다. 1860년에는 1674년에 제작된 페르비스트의 『곤여전도』가 중간되기도 하였다. 1860년 제2차 중영전쟁을 목도한 조정에서는 서양세력의 실체를 피부로 느끼게 되면서 위기감이 고조되었고 이과정에서 페르비스트의 『곤여전도』가 다시 제작되었다.

서구식 세계지도에 영향을 받아 독특하게 변용된 지도도 제작되었는데 『여지전도』가 대표적이다. 『여지전도』는 지구설에 기초한 서양의 양반구도를 기본자료로 삼았지만 동양의 전통적인 지도제작의 전통을 따라 방형(方形)으로 세계를 그렸다. 또한 동양과는 전혀 관계가 없던 신대륙은 지도에서 제외했고 전래의 중화적 세계인식을 따라 유럽, 아프리카 대륙은 실제보다 훨씬 작게 축소했다. 이러한 점은 서양의 지리지식을 수용하면서도 세계에 대한 인식에서는 여전히 전통적인 요소를 강하게 고수하고 있었다는 것을 보여준다. 이와 더불어 이 시기에도 원형 천하도가 계속 제작되었고 특히 목판본 지도책으로 제작되면서 민간에 널리 유포되었다. 또한 직방세계 중심의 세계지도도 꾸준히 제작되면서 전통적인 중화적 세계인식을 이어가기도 했다. 이러한 전통적인 인식은 개항 이후 서양문물이 유입되고 근대적 교육

388

제도가 정착되면서 급속하게 변모하게 된다.

　이상을 지도학사적으로 조망해보면, 조선의 전 시기에 걸쳐서 천원지방과 중화적 세계인식에 기반을 둔 직방세계 중심의 전통적 세계지도가 주류를 이루고 있었는데, 17세기 이후 전래된 서구식 세계지도가 주류적 흐름에 충격을 가하면서 원형 천하도가 출현했으며 19세기에는 『여지전도』와 같은 변용된 형태의 세계지도도 제작되었다고 정리할 수 있다. 여기에서 인식의 변화와 관련하여 제시할 수 있는 중요한 시사점은, 세계지도에 대한 분석을 통해 볼 때 조선시대의 세계에 대한 인식이 단선적인 방향으로 진행되지는 않았다는 사실이다. 15세기 세계지도에 표현되어 있던 유럽과 아프리카 대륙이 16세기 이후 전통적인 세계지도에서는 대부분 사라지고, 서구식 세계지도가 도입된 후에도 한편으로는 전통적인 세계인식을 고수하는 원형 천하도와 같은 세계지도가 19세기까지 널리 유행했다. 따라서 세계인식의 흐름을 진화론에 입각하여 저차(좁은 세계)에서 고차(넓은 세계)로 진행했다고 보기만은 어렵다. 오히려 조선시대의 세계인식은 주어진 시대적 조건 속에서 다양하게 변화했다고 볼 수 있으며 17세기 이후로는 단일한 세계인식이 지배하기보다는 전통적 세계인식, 서구식 세계인식, 변용된 세계인식 등 여러 세계인식이 복합적이면서 중층적으로 작용하고 있었다고 결론지을 수 있다.

[ 지도목록 ]

390

【참고문헌】

1. 자료

■ 중국 자료

南懷仁『坤輿圖說』(中華書局 影印本, 1985).

徐繼畬『瀛環志略』(국립중앙도서관 소장본, 古260-3-1-6).

艾儒略『職方外紀』(中華書局 影印本, 1985).

王圻『三才圖會』(上海古籍出版社 影印本, 1988).

尤侗『外國竹枝詞』(中華書局 影印本, 1994).

魏源『海國圖志』(岳麓書社出版 影印本, 1998).

陸次雲『譯史紀餘』『八紘荒史』(中華書局 影印本, 1985).

仁潮『法界安立圖』(藏經書院 影印本, 1912).

章潢『圖書編』(서울대학교 규장각 소장본, 奎中2653).

周致中『異域志』(中華書局 影印本, 1985).

陳倫炯『海國聞見錄』(서울대학교 규장각한국학연구원 소장본, 奎中6473).

湯若望『渾天儀說』(서울대학교 규장각한국학연구원 소장본『崇禎曆書(奎中 3418)』所收).

玄奘『大唐西域記』(商務印書館 影印本, 1968)

『古今圖書集成』(鼎文書局 影印本, 1977).

『大戴禮』(자유문고 번역본, 1996).

『道藏』(文物出版社 影印本, 1994).

『明史』(中華書局 影印本, 1997).

『文選』(上海古籍出版社 影印本, 1998).

『佛祖統紀』(藏經書院 影印本, 1910).

『史記』(中華書局 影印本, 1997).

『尙書』(十三經注疎本, 『尙書正義』).

『愼子』(中華書局 影印本, 1985).

『呂氏春秋』(中華書局 影印本, 1991).

『列子』(中華書局 影印本, 1985).

『元史』(中華書局 影印本, 1997).

『六經圖』(서울대학교 중앙도서관 소장본, 1320~56).

『爾雅』(十三經注疎本, 『爾雅注疎』).

『周禮』(十三經注疎本, 『周禮正義』).

『周髀算經』(商務印書館 影印本).

『周易』(十三經注疎本, 『周易正義』).

『晉書』(中華書局 影印本, 1997).

『漢魏六朝百三名家』(서울대학교 규장각한국학연구원 소장본, 奎中3025)

『和漢三才圖會』(서울대학교 규장각한국학연구원 소장본, 奎中6561).

『淮南子』(劉安 原著, 劉治 編著, 春風文藝出版社 影印本, 1992).

『後漢書』(中華書局 影印本, 1997).

『欽定書經圖說』(서울대학교 규장각한국학연구원 소장본, 古181.112 So57h).


■ 조선 자료

權近 『陽村集』(아세아문화사 영인본, 1974; 민족문화추진회 번역본, 1978~80).

金萬重 『西浦漫筆』(洪寅杓 譯註本, 一志社 1987).

金錫胄 『息庵先生遺稿』(서울대학교 규장각한국학연구원 소장본, 奎6772).

金正浩 『大東地志』(아세아문화사 영인본, 1976).

_____ 『輿圖備志』(한국인문과학원 영인본, 1991).

南秉哲 『圭齋先生文集』(서울대학교 규장각한국학연구원 소장본, 奎4155).

盧景任 『敬菴先生文集』(민족문화추진회 한국문집총간 74권).

朴珪壽 『瓛齋叢書』 1~6 (성균관대 대동문화연구원 영인본, 1996).

朴宗采 『過庭錄』 (김윤조 역주본, 태학사 1997).

徐居正 『東文選』 (민족문화추진회 국역본, 1968).

徐命膺 『保萬齋叢書』 (서울대학교 규장각한국학연구원 소장본, 古0270).

申叔舟 『海東諸國紀』 (國書刊行會 영인본, 1975).

申采浩 『丹齋申采浩全集』 (丹齋申采浩全集編纂委員會編, 을유문화사 1972).

安鼎福 『雜同散異』 (아세아문화사 영인본, 1981).

_____ 『東史綱目』(경인문화사 영인본, 1989).

_____ 『順庵集』 (민족문화추진회, 한국문집총간 229~230).

梁誠之 『訥齋集』 (아세아문화사 영인본, 1973).

吳宖默 『輿載撮要』 (서울대학교 규장각한국학연구원 소장본, 奎15568).

魏伯珪 「寰瀛誌」 (경인문화사 영인본, 『存齋全書』, 1974).

兪晩柱 『通園稿』 (서울대학교 규장각한국학연구원 소장본, 古3428-327).

_____ 『欽英』 (서울대학교 규장각한국학연구원 영인본, 1997).

柳夢寅 『於于野談』 (李月英 역주본, 한국문화사 1996).

尹宗義 『闢衛新編』 (한국교회사연구소 영인본, 1990).

尹行恁 『碩齋稿』 (서울대학교 규장각한국학연구원 소장본, 古3428-270).

李圭景 『五洲衍文長箋散稿』 (동국문화사 영인본, 1959).

李奎報 『東國李相國集』 (동국문화사 영인본, 1958; 민족문화추진회 번역본, 1982).

李器之 『一菴集』 (서울대학교 규장각한국학연구원 소장본, 奎6344).

李晩采 『闢衛編』 (闢衛社 영인본, 1931).

李晬光 『芝峰類說』 (경인문화사 영인본, 1970; 을유문화사 번역본, 1994).

李栻 『願學日記』 (연세대학교 도서관 소장본).

李裕元 『林下筆記』 (성균관대학교 대동문화연구원 영인본, 1961).

李瀷 『星湖僿說』 (민족문화추진회 국역본, 1982).

_____ 『星湖全集』 (민족문화추진회 한국문집총간 198~200권).

李鍾徽 『修山集』 (서울대학교 규장각한국학연구원 소장본, 奎4574).

李趾秀 『重山齋集』 (서울대학교 규장각한국학연구원 소장본, 奎5574).

李衡祥 『南宦博物』 (한국정신문화연구원 고전자료편찬실 영인본, 1979).

李頤命 『疎齋集』 (민족문화추진회 한국문집총간 172권).

張維 『鷄谷漫筆』(민족문화추진회 한국문집총간 92권).

鄭東愈 『晝永編』(서울대학교 고전간행회 영인본, 1971).

丁若鏞 『與猶堂全書』(경인문화사 영인본, 1970; 민족문화추진회, 『국역 다산
　　　　시문집』).

鄭齊斗 『霞谷集』(민족문화추진회 한국문집총간 160권).

正祖 『弘齋全書』(문화재관리국 장서각 영인본, 1978).

趙龜命 『東谿集』(서울대학교 규장각한국학연구원 소장본, 奎4330).

趙泰億 『謙齋集』(민족문화추진회 한국문집총간 189~190권).

崔漢綺 「地球典要」(여강출판사 영인본, 『明南樓全集』 所收, 1986).

河百源 『圭南文集』(경인문화사 영인본, 1977).

洪大容 『湛軒書』(경인문화사 영인본, 1969; 민족문화추진회 국역본, 1974~75).

洪良浩 『耳溪洪良浩全書』(민족문화사 영인본, 1982).

黃胤錫 『頤齋全書』(경인문화사 영인본, 1976).

_____ 『頤齋亂藁』(한국정신문화연구원 탈초본, 1994~2003).

黃中允 『東溟先生文集』(서울대학교 규장각한국학연구원 소장본, 古3428-428).

『高麗史』(아세아문화사 영인본, 1972).

『國朝寶鑑』(세종대왕기념사업회 영인본, 1976).

『國朝曆象考』(성신여자대학교 출판부 영인본, 1982).

『山海諸國』(국립중앙도서관 소장본).

『書雲觀志』(성신여자대학교 출판부 영인본, 1982).

『松都志』(아세아문화사 영인본, 1986).

『承政院日記』(국사편찬위원회 영인본, 1961).

『輿地圖書』(국사편찬위원회 영인본, 1973).

『類苑叢寶』(아세아문화사 영인본, 1980).

『才物譜』(아세아문화사 영인본, 1980).

『朝鮮王朝實錄』(국사편찬위원회 영인본, 국역 CD).

『增補文獻備考』(고전간행회 영인본, 1957; 세종대왕기념사업회, 『(국역)증보문
　　　　헌비고』, 1979).

『海行摠載』(민족문화추진회 번역본, 1974~81).

## 2. 저서

■ 국내

Mark Monmonier 지음, 손일·정인철 옮김 『지도와 거짓말』, 푸른길 1998.

姜在彦 『조선의 西學史』, 民音社 1990.

강재언 지음, 이규수 옮김 『서양과 조선: 그 이문화 격투의 역사』, 학고재 1998.

建設部 國立地理院 『韓國古地圖目錄』, 1979.

京城帝國大學 『朝鮮古地圖展觀目錄』, 1932.

國立建設研究所 『韓國地圖小史』, 1972.

국립민속박물관 『천문, 하늘의 이치 땅의 이상』, 2004.

국립지리원·대한지리학회 『한국의 지도: 과거·현재·미래』, 2000.

국사편찬위원회 『한국고지도목록 DB』, 1995.

국토해양부 국토지리정보원 『한국 지도학 발달사』, 2009.

權五榮 『崔漢綺의 學問과 思想 研究』, 集文堂, 1999.

金容雲·金容局 『東洋의 科學과 思想』, 一志社 1984.

金哲淳 『韓國民畵論考』, 藝耕 1991.

김명호 『환재 박규수 연구』, 창비 2008.

김영식 『중국의 전통문화와 과학』, 창작과비평사 1986.

김용운·김용국 『한국수학사』, 열화당 1980.

김인규 『북학사상의 철학적 기반과 근대적 성격』, 다운샘 2000.

김주환·강영복 『지도학』, 대학교재출판사 1980.

김태준 『홍대용평전』, 민음사 1987.

까를로 로제티 지음, 서울학연구소 옮김 『꼬레아 꼬레아니』, 숲과나무 1996.

나카야마 시게루 지음, 김향 옮김 『하늘의 과학사』, 가람기획 1991.

남문현 『한국의 물시계』, 건국대 출판부 1995.

노혜정 『「지구전요」에 나타난 최한기의 지리사상』, 한국학술정보 2005.

대한지리학회 『한국지지』, 국립지리원 1984.

都珖淳 『神仙思想과 道敎』, 汎友社 1994.

류강 지음, 이재훈 옮김 『고지도의 비밀』, 글항아리 2011.

류제헌 『중국의 역사지리』, 문학과지성사 1999.

멀치아 엘리아데 지음, 이동하 옮김『聖과 俗』, 학민사 1983.

미야 노리코 지음, 김유영 옮김『조선이 그린 세계지도』, 소와당 2010.

閔斗基 편저『日本의 歷史』, 지식산업사 1976.

박이문『문명의 미래와 생태학적 세계관』, 당대 1998.

_____『문명의 위기와 문화의 전환』, 민음사 1996.

박종채 지음, 김윤조 역주『역주 과정록』, 태학사 1997.

방동인『한국의 지도』, 세종대왕기념사업회 1976.

배우성『조선 후기 국토관과 천하관의 변화』, 일지사 1998.

徐敬浩『山海經 硏究』, 서울대학교 출판부 1996.

서울대학교 규장각『海東地圖』, 1995.

서울역사박물관『李燦 寄贈 우리 옛地圖』, 2006.

서정철『서양 고지도와 한국』, 대원사 1991.

孫炯富『朴珪壽의 開化思想硏究』, 一潮閣 1997.

송영배『諸子百家의 思想』, 玄音社 1994.

藪內淸 지음, 兪景老 편역『中國의 天文學』, 전파과학사 1985.

숭실대학교 한국기독교박물관『한국기독교박물관 상설도록』, 2004.

스켈톤 지음, 안재학 옮김『탐험지도의 역사』, 새날 1995.

야마다 케이지 지음, 김석근 옮김『朱子의 自然學』, 통나무 1991.

야부우치 기요시 지음, 전상운 옮김『중국의 과학문명』, 민음사 1997.

엘리자베스 클레망 외『철학사전』, 동녘 1996.

영남대학교 박물관『韓國의 옛 地圖』, 1998.

오상학『옛 삶터의 모습, 고지도』, 통천문화사 2005.

오홍석『인간의 대지』, 고려원 1994.

元慶烈『大東輿地圖의 硏究』, 성지문화사 1991.

이광린『한국개화사연구』, 개정판, 일조각 1995.

李揆穆『都市와 象徵』, 一志社 1988.

李能和『朝鮮 道敎史』, 普成文化史 1986.

이문규『고대 중국인이 바라본 하늘의 세계』, 문학과지성사 2000.

이상태『한국 고지도 발달사』, 혜안 1999.

이용범『중세서양과학의 조선전래』, 동국대학교 출판부 1988.

_____『韓國科學思想史硏究』, 東國大學校出版部 1993.

李元淳『朝鮮西學史硏究』, 一志社 1986.

이은성『曆法의 原理分析』, 정음사 1985.

李燦·楊普景『서울의 옛 지도』, 서울학연구소 1995.

李燦『韓國의 古地圖』, 汎友社 1991.

이희수『한·이슬람 교류사』, 문덕사 1991.

이희연『지도학』, 법문사 1995.

任德淳『文化地理學: 文化와 地理와의 關係』, 법문사 1990.

全相運『韓國科學技術史』, 과학세계사 1966.

_____『韓國科學技術史』제2판, 正音社 1988.

_____『한국과학사의 새로운 이해』, 연세대학교 출판부 1998.

_____『한국과학사』, 사이언스북스 2000.

정옥자『조선 후기 조선중화사상 연구』, 일지사 1998.

정재서 역주『산해경』, 민음사 1985.

정재서『불사의 신화와 사상』, 민음사 1994.

조너선 스펜스 지음, 주원준 옮김『마테오리치, 기억의 궁전』, 이산 1999.

趙明基 外『韓國思想의 深層硏究』, 宇石 1982.

朝鮮總督府 編『朝鮮金石總覽』上卷, 1919.

조셉 니덤 지음, 이석호 외 옮김『中國의 科學과 文明』1,2,3권, 乙酉文化史 1985.

조셉 니덤 지음, 콜린 로넌 축약, 이면우 옮김『중국의 과학과 문명: 수학, 하늘과 땅의 과학, 물리학』, 까치 2000.

崔韶子『東西文化交流史硏究: 明, 淸時代 西學受容』, 삼영사 1987.

토마스 사우월 지음, 이구재 옮김『세계관의 갈등』, 인간사랑 1990.

通度寺聖寶博物館『通度寺聖寶博物館 名品圖錄』, 1999.

프랑케, 金源模 역『東西文化交流史』, 단대출판부 1977.

하우봉 외『朝鮮과 琉球』, 아르케 1999.

韓國古代史硏究會『韓國史의 時代區分』, 新書苑 1995.

韓國圖書館學硏究會『韓國古地圖』, 1971.

한상복『해양학에서 본 한국학』, 해조사 1988.

한영우·안휘준·배우성 『우리 옛지도와 그 아름다움』, 효형출판 1999.

許英煥 『서울의 古地圖』, 삼성출판사 1991.

玄奘法師 지음, 권덕주 옮김 『大唐西域記』, 우리출판사 1983.

洪始煥 『地圖의 歷史』, 전파과학사 1976.

洪以燮 『朝鮮科學史』, 正音社 1949.


■ 국외

J. ニーダム 『中國の科學と文明』 第6卷(地の科學), 思索社 1976.

葛劍雄 『中國古代的地圖測繪』, 商務印書館 1998.

葛川繪圖研究會 編 『繪圖のコスモロジー』, 地人書房 1988.

京都大學文學部地理學敎室 編 『地理の思想』, 1982.

久武哲也·長谷川孝治 編 『地圖と文化』, 地人書房 1989.

堀淳一 『アジアの地圖いま むかし: 文化史散步』, スリーエーネットワーク
　　　　1996.

宮紀子 『モンゴル帝國が生んだ世界圖』, 日本經濟新聞出版社 2007.

楠本正繼 『宋明時代儒學思想の研究』, 廣池學園, 1972.

藤井讓治·杉山正明·金田章裕 編 『大地の肖像』, 京都大學學術出版會 2007.

福永光司 『道敎思想の研究』, 岩波書店 1987.

山口正之 『朝鮮西敎史』, 雄山閣 1969.

三好唯義·小野田一幸 『日本古地圖コレクション』, 河出書房新社 2004.

＿＿＿＿ 『世界古地圖コレクション』, 河出書房新社 1999.

徐宗澤 編 『明淸間耶穌會士譯著提要』, 中華書局 1958.

船越昭生 『鎖國日本にきた康熙圖の地理學史的研究』, 法政大學出版部 1988.

小川琢治 『支那歷史地理研究』, 弘文堂 1928.

野間三郎·松田信·海野一隆 『地理學の歷史と方法』, 大明堂 1959.

王成組 『中國地理學史』, 商務印書館 1988.

王庸 『中國地圖史綱』, 生活讀書新知三聯書店 1957.

＿＿＿＿ 『中國地理圖籍叢考』, 商務印書館 1947.

應地利明 『繪地圖の世界像』, 岩波新書 1996.

＿＿＿＿ 『世界地圖の誕生』, 日本經濟新聞出版社 2007.

李孝聰 『歐洲收藏部分中文古地圖叙錄』, 國際文化出版公司 1996.

_____ 『美國國會圖書館藏中文古地圖叙錄』, 文物出版社 2004.

臧勵龢 等編 『中國古今地名大事典』, 商務印書館 1972.

曹婉如 外 編 『中國古代地圖集: 明代』, 文物出版社 1995.

_____ 『中國古代地圖集: 戰國-元』, 文物出版社 1990.

_____ 『中國古代地圖集: 清代』, 文物出版社 1997.

織田武雄 『地圖の歷史: 日本篇』, 講談社 1974.

陳正祥 『中國地圖學史』, 商務印書館香港分館 1979.

靑山定雄 『唐宋時代の交通と地誌地圖の硏究』, 吉川弘文館 1963.

秋岡武次郎 『世界地圖作成史』, 河出書房新社 1988.

_____ 『日本地圖史』, 河出書房 1955.

土浦市立博物館 『世界圖遊覽: 坤輿萬國全圖と東アジア』 1996.

海野一隆 『地圖の文化史: 世界と日本』, 八坂書房 1996.

弘中芳男 『古地圖と邪馬台國』, 大和書房 1988.

黃時鑒·龔纓晏 『利瑪竇世界地圖硏究』, 上海古籍出版社 2004.

黑田日出男·M. E. ベリ·杉本史子 『地圖と繪圖の政治文化史』, 東京大學出版會 2001.


Allen, John and Doreen Massey. *Geographical Worlds*. Oxford University Press 1995.

Bagrow, Leo. *History of Cartography*. Harvard University Press 1964.

Chinese Academy of Surveying and Mapping. *Treasures of Maps: A Collection of Maps in Ancient China*. Harbin Cartographic Publishing House 1998.

Harley, J. B. and David Woodward eds. *The History of Cartography* vol.2, book.2. University of Chicago Press 1994.

_____. *The History of Cartography*. vol.1, University of Chicago Press 1987.

Harley, J. B. *The New Nature of Maps: Essays in the History of Cartography*. Johns Hopkins University Press 2001.

Henderson, John B. *The Development and Decline of Chinese Cosmology*. Columbia University Press 1984.

Monmonier, M. *How to lie with maps*. University of Chicago Press 1996. [손일·정

인철 옮김 『지도와 거짓말』, 푸른길 1998.]

Needham, Joseph. *Science and Civilisation in China* Vol.3(Mathematics and the Science of the Heavens and the Earth). Cambridge University Press 1959.

Needham, Joseph, Wang Ling and D. J. Price. *Heavenly Clockwork* 2nd ed. Cambridge University Press 1986.

Robinson, Arthur H. and Barbara Bartz Petchenik. *The Nature of Maps: Essays toward Understanding Maps and Mapping.* University of Chicago Press 1976.

Skelton, R. A. *Maps: A Historical Survey of Their Study and Collecting.* The University of Chicago Press 1972.

_____. *Explorer's Maps: Chapters in the Cartographic Record of Geographical Discovery* 1958.

Smith, Richard. J. *Chinese Maps: Images of 'All Under Heaven.'* Oxford University Press 1996.

Thrower, N. J. W. *Maps and Civilization: Cartography in Culture and Society.* University of Chicago Press 1996.

Turnbull, David. *Maps are Territories: Science is an atlas.* University of Chicago Press 1989.

Woodward, David ed. *Art and cartography: six historical essays.* The University of Chicago Press 1987.

## 3. 논문

### ■ 국내

Ledyard, Gari 「「天下圖」의 유래에 대하여」, 『문화역사지리』 7호, 1995.

Choi, Young Joon "The Impact of Western Culture on Modern Korean Geography," 『地理學과 地理敎育』 9, 1979.

高橋正 「『混一疆理歷代國都之圖』 研究 小史: 日本의 경우」, 『문화역사지리』 7호, 한국문화역사지리학회 1995.

공훈의 「조선실학자의 중화적 세계관 극복에 관한 연구」, 서울대학교 석사학위

　　　　논문, 1985.

구만옥 「朝鮮後期 '地球'說 受容의 思想史的 의의」, 하현강교수정년기념논총
　　　　간행위원회 편 『韓國史의 構造와 展開』, 혜안 2000.

_____ 「천상열차분야지도 연구의 쟁점에 대한 검토와 제언」, 『동방학지』 140,
　　　　2007.

權五榮 「惠岡 崔漢綺의 學問과 思想 研究」, 한국정신문화연구원 한국학대학
　　　　원 박사학위논문, 1994.

김기혁 「우리나라 도서관·박물관 소장 고지도의 유형 및 관리실태 연구」, 『대
　　　　한지리학회지』 41권 6호, 2006년.

김명호 「환재 박규수 연구(3)」, 『민족문학사연구』 8호, 1995.

_____ 「朴珪壽의 「地勢儀銘幷序」에 대하여」, 『震檀學報』 82호, 1996.

金文植 「18세기 서명응의 세계지리인식」, 『韓國實學研究』 11, 2006.

金良善 「明末淸初 耶蘇會宣教師들이 製作한 世界地圖와 그 韓國文化史上
　　　　에 미친 影響」, 『崇大』 6호, 1961.

_____ 「明末淸初耶蘇會宣教師들이 製作한 世界地圖」, 『梅山國學散稿』, 崇
　　　　田大學校博物館 1972.

_____ 「韓國古地圖研究抄」, 『梅山國學散稿』, 崇田大學校 博物館 1972.

_____ 「韓國古地圖研究抄」, 『崇大』 제10호, 1965.

_____ 「韓國實學發達史」, 『梅山國學散稿』, 崇田大學校 博物館 1972.

金一權 「古代 中國과 韓國의 天文思想 研究」, 서울대학교 박사학위논문,
　　　　1999.

김인규 「조선 후기 화이론의 변용과 그 의의」, 『유교사상과 동서교섭』, 1996.

羅逸星 「「천상열차분야지도」와 각석 600주년」, 『東方學志』 93, 1996.

_____ 「朝鮮時代의 天文器機研究: 天文圖篇」, 『東方學志』 42, 1984.

盧大煥 「19세기 전반 西洋認識의 변화와 西器受用論」, 『한국사연구』 95,
　　　　1996.

_____ 「조선 후기의 서학유입과 서기수용론」, 『진단학보』 83, 1997.

_____ 「19세기 東道西器論 形成過程 研究」, 서울대학교 박사학위논문, 1999.

盧禎埴 「芝蜂類說에 나타난 地理學的 內容에 관한 研究」, 『大邱教育大學
　　　　論文集』 4호, 1969.

_____「西洋地理學의 東漸: 특히 韓國에의 世界地圖 傳來와 그 影響을 中心으로」, 『大邱敎大論文集』 제5집, 1969.

_____「西洋地圖에 나타난 韓半島의 輪廓變遷에 관한 硏究」, 『大邱敎育大學 論文集』 11호, 1975.

_____「外國地圖上에 나타난 韓半島의 表面上 變化에 관한 硏究」, 『大邱敎育大學 論文集』 12호, 1976.

_____「韓國古地圖資料 및 그 硏究成果와 새 方向摸索을 위한 一硏究」, 『大邱敎育大學 論文集』 13호, 1977.

_____「韓國古地圖의 地理學的 硏究」, 경희대학교 대학원 석사학위논문, 1978.

_____「板刻 地球前後圖考」, 『靑坡盧道陽博士古稀紀念論文集』 명지대학교 출판부 1979.

_____「韓國古世界地圖의 特色과 이에 대한 外來的 影響에 관한 硏究」, 『大邱敎育大學 論文集』 18호, 1982.

_____「地球球體說의 受用의 外來的 影響에 관한 硏究」, 『大邱敎大論文集』 제19집, 1983.

_____「西歐式 世界地圖의 受用과 抵抗」, 『大邱敎育大學 論文集』 20호, 1984.

_____「古地圖에 나타난 外國地名을 통해서 본 視野의 擴大」, 『大邱敎大論文集』 제22집, 1986.

_____「韓國의 古世界地圖硏究」, 효성여자대학교 박사학위논문, 1992.

노혜정 「최한기의 지리사상 연구: 『地球典要』를 중심으로」, 서울대학교 박사학위논문, 2003.

문중양 「18세기 조선실학파의 자연지식의 성격」, 『한국과학사학회지』 21권 1호, 1999.

_____「조선 후기 서양 천문도의 전래와 신·고법 천문도의 절충」, 『한국 실학과 동아시아 세계』, 경기문화재단 2004.

朴庚圭 「朝鮮朝 天文圖의 比較 分析」, 충북대학교 석사학위논문, 1995.

박권수 「서명응의 역학적 천문관」, 『한국과학사학회지』 제20권 1호, 1998.

박명순 「天上列次分野之圖에 대한 고찰」, 『한국과학사학회지』 제17권, 1995.

朴星來 「星湖僿說 속의 西洋科學」, 『진단학보』 59호, 진단학회 1985.

_____ 「한국 근대의 서구과학 수용」, 『동방학지』 20, 1978.

_____ 「마테오 리치와 한국의 西洋科學受容」, 『東亞研究』 제3집, 1983.

朴熙秉 「『欽英』의 성격과 내용」, 『欽英』(영인본), 서울대학교 규장각 1997.

裵祐晟 「18세기 官撰地圖製作과 地理認識」, 서울대학교 박사학위논문, 1996.

_____ 「古地圖를 통해 본 조선시대의 세계인식」, 『震檀學報』 83호, 震檀學會 1997.

배우성 「옛 지도와 세계관」, 『우리 옛지도와 그 아름다움』, 효형출판 1999.

_____ 「정조시대 동아시아 인식과 「해동삼국도」」, 『정조시대의 사상과 문화』, 돌베개 1999.

_____ 「정조시대 동아시아 인식의 새로운 경향」, 『한국학보』 94, 1999.

_____ 「서구식 세계지도의 조선적 해석, 「천하도」」, 『한국과학사학회지』 제22권 제1호, 2000.

徐鍾泰 「巽菴 丁若銓의 實學思想」, 『東亞研九』 24集, 1992.

손형부 「「闢衛新編評語」와 「地勢儀銘幷序」에 나타난 박규수의 西洋論」, 『歷史學報』 127집, 1990.

申炳周 「19세기 중엽 李圭景의 學風과 思想」, 『韓國學報』 제75집, 一志社 1994.

楊普景 「목판본 「東國地圖」의 편찬 시기와 의의」, 『규장각』 14, 1991.

_____ 「申景濬의 『山水考』와 『山經表』: 국토의 산천에 대한 체계적 이해」, 『토지연구』 5·6월호, 1992.

_____ 「崔漢綺의 地理思想」, 『震檀學報』 81, 1996.

_____ 「韓國의 옛 地圖」, 『韓國의 옛 地圖』, 영남대학교 박물관 1998.

_____ 「규남 하백원 선생의 실학사상: 圭南 河百源의 『萬國全圖』와 『東國地圖』」, 『역사학연구』 24, 호남사학회 2005.

吳尙學 「鄭尙驥의 「東國地圖」에 관한 研究: 製作過程과 寫本들의 系譜를 중심으로」, 『지리학논총』 24, 1994.

_____ 「정상기의 동국지도에 관한 연구」, 『지리학논총』 24호, 1995.

_____ 「傳統時代 天地에 대한 相關的 思考와 그의 表現」, 『문화역사지리』 11호, 1999.

_____ 「『탐라순력도』의 지도학적 가치와 의의」, 『耽羅巡歷圖研究論叢』, 제주시 탐라순력도연구회 2000.

_____ 「조선시대의 일본지도와 일본 인식」, 『대한지리학회지』 제38권 제1호, 대한지리학회 2003.

_____ 「다산 정약용의 지리사상」, 『茶山學』 10호, 다산학술문화재단 2007.

元載淵 「조선 후기 서양인식의 변천과 대외개방론」, 서울대학교 박사학위논문, 2000.

柳正東 「天命圖說에 관한 研究」, 『東洋學』 12, 檀國大學校 東洋學研究所 1982.

李文揆 「고대 중국인의 하늘에 대한 천문학적 이해」, 서울대학교 대학원 박사학위논문, 1997.

李相泰 「朝鮮時代 地圖研究」, 동국대학교 박사학위논문 1991.

李元淳 「朝鮮實學知識人의 漢譯西學地理書 이해: 서구 지리학에 관한 계몽적 開眼」, 한국문화역사지리학회편, 『한국의 전통지리사상』 11-40, 1991.

_____ 「崔漢綺의 世界地理認識의 歷史性: 惠岡學의 地理學的 側面」, 『문화역사지리』 4호, 1992.

이은성 「천상열차분야지도의 분석」, 『세종학연구』 제1집, 1986.

李燦 「韓國의 古世界地圖에 관한 研究: 天下圖와 混一疆理歷代國都之圖에 대하여」, 『1971년 문교부 학술연구 조성비에 의한 연구보고서』, 1971.

_____ 「고한국지도의 역사적 고찰」, 공간 63, 1972.

_____ 「韓國의 古世界地圖: 天下圖와 混一疆理歷代國都之圖에 대하여」, 『韓國學報』 제2집, 一志社 1976.

_____ 「韓國 古地圖의 發達」, 『韓國古地圖』, 韓國圖書館研究會 1977.

_____ 「朝鮮時代의 地圖冊」, 『韓國科學史學會誌』 제8권 제1호, 1980.

_____ 「韓國地圖發達史」, 『韓國地誌:總論』, 建設部 國立地理院 1982.

_____ 「韓國의 古地圖」, 『韓國의 古地圖』, 汎友社 1991.

_____ 「조선시대의 지도책」, 한국문화역사지리학회 엮음 『한국의 전통지리사상』, 민음사 1992.

_____ 「朝鮮前期의 世界地圖」, 『학술원논문집』 제31집, 1992.

_____「韓國 古地圖의 發達」,『海東地圖』, 서울대학교 규장각 1995.

李孝聰「유럽에 전래된 中國 古地圖」,『문화역사지리』 7호, 한국문화역사지리
　　　학회 1995.

林宗台「17·18세기 서양 지리학에 대한 朝鮮·中國學人들의 해석」, 서울대학
　　　교 박사학위논문, 2003.

_____「17·18세기 서양 세계지리 문헌의 도입과 전통적 세계 표상의 변화」,
　　　『한국 실학과 동아시아 세계』, 경기문화재단 2004.

_____「서구 지리학에 대한 동아시아 세계지리 전통의 반응: 17~18세기 중
　　　국과 조선의 경우」,『한국과학사학회지』 26-2, 한국과학사학회 2004.

_____「이방의 과학과 고전적 전통: 17세기 서구 과학에 대한 중국적 이해와
　　　그 변천」,『東洋哲學』 제22집, 한국동양철학회 2004.

張保雄「利馬竇의 世界地圖에 관한 硏究」,『東國史學』 12, 1975.

全相運「璇璣玉衡(天文時計)에 對하여」,『古文化』 2집, 1963.

_____「三國 및 統一新羅의 天文儀器」,『古文化』 3, 1964.

_____「조선 초기의 지리학과 지도」,『한국과학사의 새로운 이해』, 1998.

정인철「카시니 지도의 지도학적 특성과 의의」,『대한지리학회지』 41-4, 대한
　　　지리학회 2006.

천기철「『職方外紀』의 저술 의도와 조선 지식인들의 반응」,『역사와 경계』
　　　47, 부산경남사학회 2003.

崔爽祐「전근대 傳統 知識人의 對西洋 인식」,『국사관논총』 76, 1997.

崔永俊「朝鮮後期 地理學 發達의 背景과 硏究傳統」,『문화역사지리』 제4호,
　　　1992.

河宇鳳「實學派의 對外認識」,『國史館論叢』 76, 國史編纂委員會 1997.

한미섭「開化期 學術誌의 地理 關聯 內容에 대한 硏究」, 서울대학교 석사학
　　　위논문, 1992.

한영우「우리 옛 지도의 발달과정」,『우리 옛지도와 그 아름다움』, 효형출판
　　　1999.

_____「프랑스 국립도서관 소장 한국본 여지도」,『우리 옛지도와 그 아름다움
　　　』, 효형출판 1999.

_____「프랑스 국립도서관 소장 韓國本 輿地圖에 대하여」,『韓國學報』 91·

92, 1998. [한영우 외, 1999, 『우리 옛지도와 그 아름다움』에 재수록]

海野一隆 지음, 李燦 옮김 「韓國 地圖學의 特色」, 『韓國科學史學會誌』 5-1, 1983.

■ 국외

Fuchs, W. 織田武雄 譯 「北京の明代世界圖について」, 『地理學史研究』 2, 1962.

高橋正 「中世イスラーム地理學再評價への試み」, 『人文地理』 12-4, 1960.

_____ 「東漸せる中世イスラム世界圖」, 『龍谷大學論集』 第374號, 1963.

_____ 「『混一疆理歷代國都之圖』 再考」, 『龍谷史壇』 56·57, 1969.

_____ 「『混一疆理歷代國都之圖』 續考」, 『龍谷大學論集』 400·401, 1973.

_____ 「元代地圖の一系譜: 主として李澤民圖系地圖について」, 『待兼山論叢』 9, 1975.

_____ 「中國人的世界觀と地圖」, 『月刊しにか』 6-2, 1995.

堀淳一 「アジア地圖の表情をかいまみる」, 『月刊したか』 6卷 2号, 1995,

宮崎市定 「妙心寺麟祥院藏の混一歷代國都疆理地圖について」, 『神田博士還曆記念書誌學論集』, 1957.

金文植 「徐命膺的易學世界地理觀」, 『國際儒學研究』 第5輯, 1998,

金文子 「朴珪壽の實學: 地球儀の製作を中心に」, 『朝鮮史研究會論文集』 17集, 1980.

能田忠亮 「漢代論天考」, 『東方學報』 4, 1933.

牧野洋一 「朝鮮に存在した地圖二種について: 大明地圖と淸代の地圖帳について」, 『地圖』 6-3, 1968.

山口正之 「昭顯世子と湯若望」, 『靑丘學叢』 5集, 1931.

_____ 「淸朝に於ける在支歐人と朝鮮使臣」, 『史學雜誌』 44-7號, 1933.

山田慶兒 「朱子の宇宙論序說」, 『東方學報』 36, 1964.

石山洋 「蘭學者と世界地圖」, 『月刊しにか』 6-2, 1995.

船越昭生 「鎖國日本にきた「康熙圖」」, 『東方學報』 38, 1967.

_____ 「『坤輿萬國全圖』と鎖國日本: 世界的 視圈成立」, 『東方學報』 41, 1970.

_____ 「朝鮮におけるマテオ·リッチ世界地圖の影響」,『人文地理』23卷 第
　　2號, 1971.

_____ 「マテオリッチ作成世界地圖の中國に對する影響について」,『地圖』
　　第9卷, 1971.

_____ 「在華イエズス會士作成地圖と鎖國時代の地圖」,『人文地理』24-2號,
　　1972.

_____ 「中國傳統地圖にあらわれた東西の接觸」,『地理の思想』, 地人書房
　　1982.

小川琢治 「近世西洋交通以前の支那地圖に就て」,『地學雜誌』 258卷 160號,
　　1910.

_____ 「利瑪竇の「萬國全圖」と『幾何原本』に就いて」, 史林6卷 3號, 1928.

松浦茂 「淸朝の『皇輿全覽圖』作製とその世界史的な意義に關する硏究」,『硏
　　究成果報告書』, 2007.

室賀信夫·海野一隆 「日本に傳われた佛敎系世界地圖について」,『地理學史
　　硏究』1, 柳原書店 1957.

辻稜三 「李朝の世界地圖」,『月刊韓國文化』3卷 6號, 1981.

_____ 「李朝を中心に發達した朝鮮地図」,『地図』 19-2, 1981.

王益厓 「中國地理學史」, 林致平 外『中國科學史論集 1』, 中華文化事業出版
　　委員會 1958.

汪前進·胡啓松·劉若芳「絹本彩繪大明混一圖硏究」,『中國古代地圖集: 明代』,
　　文物出版社 1995.

李燦「李氏朝鮮の世界地圖「天下總圖」」,『月刊しにか』6卷 2号, 1995.

任金城·孫果淸 「王泮題識輿地圖朝鮮摹繪增補本初探」,『中國古代地圖集: 明
　　代』, 文物出版社 1995.

長谷川孝治「地圖史硏究の現在: 1980年代以降の動向を中心に」,『人文地理』
　　45卷 2号, 1993.

張保雄 「李朝初期 15世紀たすりて製作された地圖に關する硏究」,『地理科
　　學』16호, 1972.

長正統「內閣文庫所藏およひその'朝鮮國圖'諸本についての硏究」,『史淵』第
　　119輯, 九州大學 1982.

田保橋潔「朝鮮測地學史上の一業績」,『歷史地理』60-6, 1932.

鮎澤信太郎「利瑪竇の世界地圖に就いて」,『地球』26卷 4號, 1942.

_____「マテオ·リッチの世界圖に關する史的研究: 近世日本における世界
　　　地理知識の主流」,『横浜市立大學紀要』18, 1953.

_____「マテオ·リッチの『兩儀玄覽圖』について」,『地理學史研究』1, 柳原
　　　書店 1957.

鄭錫煌「楊子器跋輿地圖及其圖式符號」,『中國古代地圖集: 明代』, 文物出版
　　　社 1995.

曹婉如·河紹庚·吳芳思(Frances　Wood)「現存最早在中國制作的一架地球儀」,
　　　『中國古代地圖集: 明代』, 文物出版社 1995.

中村榮孝 「海東諸國紀の撰集と印刷について」,『海東諸國紀』, 圖書刊行會
　　　1975.

中村拓「東亞地圖の歷史的變遷」,『續大陸文化研究』, 京城帝大 大陸文化研
　　　究院 1943.

_____「東亞の古地圖」,『横濱市立大學紀要』A-19, No.88., 1958.

_____「朝鮮に傳わる古きシナ世界地圖」,『朝鮮學報』39·40, 1967.

陳觀勝「利瑪竇對中國地理學之貢獻及其影響」,『禹貢』5号 3·4 合卷, 1936.

川村博忠「オーストリア國立圖書館所藏のマテオ·リッチ世界圖『坤輿萬國全
　　　圖』」,『人文地理』40卷 5號, 1988.

_____「島原市本光寺藏『混一疆理歷代國都之圖』の內容と地圖學史的意義」,
　　　島原市敎育委員會　編　『島原市本光寺所藏古文書調査報告書』,
　　　1994.

靑山定雄「古地誌地圖等の調査」,『東方學報』第5冊, 1935.

_____「明代の地圖について」,『歷史學研究』1卷 11號, 1937.

_____「元代の地圖について」,『東方學報』8冊, 1938.

_____「李朝に於てる二三の朝鮮地圖について」,『東方學報』9, 1939.

秋岡武次郎「安鼎福筆地球儀用世界地圖」,『歷史地理』61-2號, 1933.

_____「南懷仁著の坤輿圖說に就りて(一)(二)(三)(四)」,『地理敎育』29-1號,
　　　1938.

海野一隆「天理大圖書館所藏大明圖について」,『大阪學藝大學紀要』6號, 1958.

_____「湯若望および蔣友仁の世界圖について」,『人文地理の諸問題』, 大明堂 1968.

_____「古代中國人の地理的世界觀」,『東方宗教』42, 1973.

_____「朝鮮李朝時代に流行した地圖帳: 天理圖書館所藏本を中心として」,『ビブリア』70, 1978.

_____「李朝朝鮮における地図と道敎」,『東方宗教』57, 1981.

_____「世界地圖の中のアジア-西方からの視線-」,『月刊しにか』6卷 2号, 1995.

洪煨蓮「考利瑪竇的世界地圖」,『禹貢』第五卷 第三·四合期, 1936.

弘中芳男「島原市本光寺藏『混一疆理歷代國都地圖』」1·2,『地圖』27-3·4, 1989.


Baddley, J. F. "Father Matteo Ricci's Chinese World-Maps." *Geographical Journal* 50. 1917.

Blakemore, M. J. and J. B. Harley. "Concepts in the history of cartography: a review and perspective." *Cartographica* 17:4. 1980.

Cordell D. K., Yee. "Chinese Cartography among the Arts: Objectivity, Subjectivity, Representation." J. B. Harley and David Woodward eds. *The History of Cartography* vol.2, book.2. University of Chicago Press 1994.

_____. "Reinterpreting Traditional Chinese Geographical Maps." J. B. Harley and David Woodward eds. *The History of Cartography* vol.2, book.2. University of Chicago Press 1994.

_____. "Traditional Chinese Cartography and the Myth of Westernization." J. B. Harley and Woodward eds. *The History of Cartography* vol.2, book.2. University of Chicago Press 1994.

_____. "Taking the World's Measure: Chinese Maps between Observation and Text." J. B. Harley and Woodward eds. *The History of Cartography* vol.2, book.2. University of Chicago Press 1994.

Edgerton Jr., Samuel Y. "From Mental Matrix to Mappamundi to Christian Empire: The Heritage of Ptolemaic Cartography in the Renaissance." David

Woodward ed., *Art and Cartography: six historical essays*. The University of Chicago Press 1987.

Heawood, E. "The relationships of the Ricci maps." *Geographical Journal* 51-4. 1918.

Hulbert, H. B. "An Ancient Map of the World." *Bulletin of the American Geographical Society of New York* 36. 1904. [Reprinted in Acta Cartographica 13. 1972]

Jacob, Christian "Toward a Cultural History of Cartography." *Imago Mundi* Vol. 48, 1996.

John, D. Day "The Search for the Origins of the Chinese Manuscript of Matteo Ricci's Maps." *Imago Mundi* Vol. 47, 1995.

Karamustafa, Ahmet T. "Introduction to Islamic Maps." J. B. Harley and David Woodward eds. *The History of Cartography* Vol.2, Book.1. University of Chicago Press 1992.

Ledyard, Gari "Cartography in Korea." J. B. Harley and David Woodward eds. *The History of Cartography* Vol.2, Book.2. University of Chicago Press 1994.

Lewis, G. Malcolm, "The Origins of Cartography."J. B. Harley and David Woodward eds. *The History of Cartography*. University of Chicago Press 1987.

Mackay, A. L. "Kim Su-hong and the Korean Cartographic Tradition." *Imago Mundi* 27. 1975.

McCune, Shannon. "Some Korean Maps." *Transactions of the Korean Branch of the Royal Asiatic Society* 50. 1975.

_____. "The Chonha Do-A Korean World Map." *Journal of Modern Korean Studies* 4. 1990.

_____. "World Maps by Korean Cartographers." *Journal of Social Science and Humanities* vol.45. Korean Research Center 1977.

Nakamura, Hiroshi. "Old Chinese World Maps Preserved by the Koreans." *Imago Mundi* 4. 1947.

Rufus, W. C. "Korean Astronomy." *Transactions of the Korea Branch* Vol.26. Royal Asatic Society 1936.

Rufus, W. C. and Lee, Won-chul. "Marking Time in Korea." *Popular Astronomy* 44. 1936.

Stephenson, F. R. "Chinese and Korean Star Maps and Catalogs." J. B. Harley and David Woodward eds. *The History of Cartography* vol.2, book.2. University of Chicago Press 1994.

Wallis, Helen. "The Influence of Father Ricci on Far Eastern Cartography." *Imago Mundi* 19. 1965.

Woodward, D. "Medieval Mappaemundi." J. B. Harley and David Woodward eds. *The History of Cartography*. University of Chicago Press 1987.

Yi, Ik Seup. "A Map of the World." *Korean Repository* 1. 1892.

[ 찾아보기 ]

424

426

432

서남동양학술총서
조선시대 세계지도와 세계인식

초판 1쇄 발행/2011년 4월 29일
초판 2쇄 발행/2012년 1월 18일

지은이/오상학
펴낸이/강일우
책임편집/황혜숙 성지희
펴낸곳/(주)창비
등록/1986년 8월 5일 제85호
주소/413-120 경기도 파주시 회동길 184
전화/031-955-3399 · 편집 031-955-3400
홈페이지/www.changbi.com
전자우편/human@changbi.com
인쇄/한교원색

ⓒ 오상학 2011
ISBN 978-89-364-1324-8 93980